L'OLIVIER

L'OLIVE

L'HUILE D'OLIVE

PARIS. — TYPOGRAPHIE TOLMER ET ISIDOR JOSEPH,
rue du Four-Saint-Germain, 43.

FIG. 26. — L'OLIVIER, SYMBOLE DE LA PAIX

La Justice et la Paix aux Pieds de Venise. (Palais ducal, Salle des Ambassadeurs.) (Voir page 35.)

A. COUTANCE

PROFESSEUR DES SCIENCES NATURELLES AUX ÉCOLES DE MÉDECINE DE LA MARINE

L'OLIVIER

HISTOIRE — BOTANIQUE
RÉGIONS — CULTURE — PRODUITS — USAGES
COMMERCE — INDUSTRIE, ETC.

Ouvrage orné de 120 Vignettes

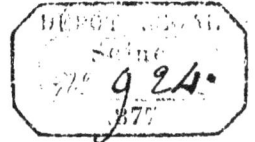

J. ROTHSCHILD, ÉDITEUR

13, RUE DES SAINTS-PÈRES, 13

1877

TABLE DES MATIÈRES

TABLE DES NOMS D'AUTEURS

CITÉS DANS L'OUVRAGE

INTRODUCTION

Les divers instruments de l'industrie humaine, silex, bronze ou fer, ont marqué ses étapes vers le progrès. Les plantes sont aussi pour l'homme des instruments de travail, et les peuples qui ont eu le privilége de posséder les meilleures d'entre elles, le blé, la vigne et l'Olivier, ont marché plus vite que ceux pour lesquels d'autres céréales et d'autres fruits ont été les sources de la fécule, de l'alcool et de l'huile, ces choses indispensables à la vie. L'histoire de l'Olivier va nous en donner la preuve.

Placé près du berceau des civilisations mères des nôtres, né comme elles sur les bords de la Méditerranée, l'Olivier a eu sur leur développement une influence profonde.

Contemporain des premiers peuples nommés par l'histoire, la sienne est associée aux traditions des plus antiques nations. Fils de l'Orient, il a été le témoin de toutes les grandes scènes religieuses qui se sont déroulées sous ce ciel ardent, et il a pénétré dans les symboles du Christianisme, comme il a été mêlé aux fables naïves écloses dans l'imagination des Grecs.

C'est une grande figure que celle de cette espèce venue jusqu'à nous à travers les âges, et aussi jeune dans son cortége de vieux souvenirs, qu'au jour où la colombe rapportait à Noé le rameau de la paix et de l'espérance.

C'est une entité puissante que celle de cette plante admirablement adaptée aux climats qu'elle habite, providentiellement appropriée aux besoins de l'homme à travers la succession des temps, des institutions et des choses.

Les individus et les peuples se sont succédé d'année en année, de siècle en siècle sur ces rivages que le Créateur lui donna pour patrie; elle y est toujours, puisant dans le même sol, élaborant au même soleil, les éléments de la séve blonde dont, pour notre utilité, ses fruits se remplissent.

Les Oliviers de Gethsémani revivent dans ceux qui, portant le poids des années, ombragent encore la terre sacrée qui but la sueur sanglante du Sauveur ; comme autrefois, les plus beaux Oliviers croissent dans les vallées d'Andalousie, aux lieux où ils rendirent la Bétique célèbre.

En Grèce, l'olive se montre et tombe aux mêmes époques de l'année qu'aux temps homériques, et Childe Harold peut dire à l'Attique : « Ton ciel est toujours bleu, tes rochers toujours aussi sauvages, tes bocages sont aussi frais, tes plaines aussi verdoyantes, tes Oliviers mûrissent comme au temps où tu voyais Minerve te sourire. »

Les coteaux de l'Etrurie et de la Ligurie, où le colon romain cultivait l'Olivier en pratiquant les préceptes de Columelle et de Palladius, portent les mêmes arbres, dont les fruits enrichissent l'habitant de la même contrée.

L'huile sacrée que les filles de Cécrops versaient dans la lampe qui veillait devant l'image de Minerve Poliade, brûle aujourd'hui dans les lampadaires en vermeil de la Confession des Apôtres, sous le dôme de Saint-Pierre. L'onction qui consacre nos basiliques, n'est que le souvenir de celle de Jacob sur la pierre de Béthel. D'Aaron à Pie IX, la même huile a sacré les pontifes de l'ancienne et de la nouvelle loi, comme elle a coulé sur le front des rois de Saül, au dernier grand jour de Reims.

Merveilleuse tradition dans les traits, les services rendus, et les symboles exprimés : merveilleuse continuité qu'explique l'immutabilité de l'Olivier depuis soixante siècles.

Le perfectionnement des espèces n'a que faire en présence des grandeurs et des beautés de ces plantes qui, pareilles au blé, à la vigne, et à l'arbre dont nous parlons, ont été créées parfaites dès le premier jour et prêtes à jouer leur rôle en ce monde.

C'est ce grand fait de la permanence de l'espèce qui donne à l'Olivier une figure accentuée, une personnalité vigoureuse, un caractère ineffaçablement gravé sur l'une des pages de la nature.

Buffon l'a dit avec la magie de son grand style : les individus sont les formes passagères de quelque chose d'impérissable. « Les espèces sont les seuls êtres de la nature, êtres perpétuels aussi anciens, aussi permanents qu'elle, que, pour mieux juger, nous ne considérons plus comme une collection ou une suite d'individus semblables, mais comme un tout indépendant du nombre, indépendant du temps ; un tout toujours vivant, toujours le même, un tout qui a été compté pour un dans les ouvrages de la création, et qui par conséquent ne fait qu'une unité dans la nature. »

C'est à l'un des plus remarquables de ces êtres indépendants du nombre, à l'une des plus puissantes de ces unités indépendantes du temps, que nous allons consacrer cette étude.

Souvent il arrive qu'après avoir réuni les matériaux d'un travail, on devient, avant d'avoir mis de l'ordre dans ce chaos, le jouet de singuliers mirages. Les préoccupations de l'esprit prennent corps, on est assiégé par les personnages évoqués des quatre coins de l'histoire. J'ai subi cette étrange fantasmagorie, et pendant cette enquête sur l'Olivier, j'ai cru, parfois, me trouver au milieu d'une foule bigarrée venue de tous les bords de la Méditerranée.

Virgile y coudoyait Mistral, Sophocle s'entretenait avec Vanière ; Columelle et l'abbé Rosier ne semblaient pas du même avis ; Caton s'efforçait en vain de les mettre d'accord ; dans un autre groupe Horace et Brillat-Savarin parlaient gastronomie ; Galien présentait à Garidel un athlète dont il lui faisait toucher les muscles roidis et huilés. Ici Callimaque écoutait Carcel, et Pandrose recevait les compliments d'un frère lai chargé du soin des lampes au saint lieu. Plus loin les députations de Vénafre, de Nice et d'Aix, fermes et résolues autour de leurs jarres, se toisaient du regard. Un peu à l'écart, de blonds enfants de la tribu de Lévi porteurs du parfum d'onction regardaient avec curiosité des chevaliers de la Sainte-Ampoule. Ailleurs enfin Tournefort et Gouan remettaient leurs notes à de Candolle, un nautonnier de Phénicie fraternisait avec un capitaine de Martigues, des teinturiers de Tyr serraient la main des savonniers de Marseille, tandis que un *olearius* grossier du Vélabre apostrophait un honnête marchand de denrées de la Canebière.

C'étaient bien les témoins dans l'enquête sur l'Olivier, mais quelle confusion ! Syriaques, Grecs, Italiens, Provençaux parlaient à la fois. C'était l'occasion d'élever le rameau d'Olivier, ce drapeau blanc des anciens, avec lequel on apaisait les foules tumultueuses ou hostiles, et de leur tenir ce discours :

« Messieurs, nous vous entendrons tous : mais comme il est nécessaire de mettre un peu de régularité dans cette opération, voici dans quel ordre se feront les dépositions : pour la première séance nous convoquons tous ceux qui ont à parler de l'Olivier en général, la seconde sera consacrée aux communications sur l'olive, la troisième aux informations sur l'huile.

« Désirant d'abord faire l'étude historique de l'Olivier, nous nous renseignerons près des auteurs sacrés ou profanes, anciens et modernes, pour établir sa place dans les légendes et la vie des peuples, fixer la date du commencement de son rôle en Orient et en Grèce, et montrer à quel point il a été mêlé aux usages et coutumes des nations, comme symbole ou récompense.

« Après l'Histoire littéraire viendra l'histoire naturelle de l'arbre. Nous dirons les noms qu'il a portés, sa famille, ses parentés, ses caractères, les différentes formes sous lesquelles il se présente : les conditions de sa vie. Nous parlerons de son origine, de ses migrations, des régions qu'il habitait et qu'il habite encore, des procédés à l'aide desquels on le propage, et qui le rendent plus fertile. Les botanistes et les agronomes de tous les temps et de toutes les régions oléifères seront entendus.

« La seconde partie de l'enquête aura trait à l'olive, à sa formation, à sa composition, à sa récolte, à l'étude de ses variétés, de ses usages économiques, à sa conservation. Nous prendrons nos informations près des physiologistes, des chimistes, et des témoins nombreux qui connaissent l'olive sous ses différents aspects.

« La troisième et dernière partie de l'enquête sera consacrée au produit essentiel de l'Olivier, à l'huile d'olive. Nous parlerons de son extraction, de ses falsifications, de sa conservation. Enfin nous résumerons ses usages dans les rites sacrés, l'hygiène, la médecine et l'économie domestique. C'est aux renseignements et aux témoignages les plus divers que nous devrons puiser. Législateurs, théologiens, agronomes, médecins, chimistes, fabricants, gourmets, nous aurons besoin de vous. »

Tel est l'ordre dans lequel nous avons recueilli les éléments de cette étude, tel est aussi le plan de cet ouvrage.

PREMIÈRE PARTIE

L'OLIVIER

CHAPITRE PREMIER

HISTOIRE DE L'OLIVIER

I. Légendes sacrées. — Au plus lointain des âges, presque au seuil des temps historiques, l'Olivier se présente à nous.

Ici, c'est la majesté grandiose d'une scène biblique qui sert de cadre à son entrée dans le monde; ailleurs, c'est la gracieuse intervention d'une divinité grecque qui le fait apparaître aux regards des hommes charmés et surpris. Les plateaux désolés de l'Arménie, les rivages sonores et découpés de l'Attique, tels sont les lieux où les traditions les plus reculées nous le montrent pour la première fois.

Là-bas, près des sommets voilés de l'Ararat, une nef immense, à la forme étrange vient d'échouer. Les eaux qui la portaient depuis cent cinquante jours [1] sur leur surface enflée s'écoulent dans toutes les directions avec des remous et des courants désordonnés. Les flancs robustes du gigantesque édifice ont heurté la montagne; il se relève, touche encore, et retombe enfin pour toujours : les pièces de sa colossale membrure grincent et se disjoignent avec un fracas terrible, auquel de ses profondeurs de rauques rugissements ont répondu.

Un spectacle saisissant dut alors se dérouler aux regards des hôtes passagers de cette mystérieuse demeure. Des versants de l'Ararat, la plaine immense s'étendait à perte de vue. Se précipitant avec des gron-

1. *Genèse*, ch. vii, v. 24. — Et les eaux couvrirent toute la terre pendant cent cinquante jours.

dements sourds dans le fond des vallées, les eaux cherchaient le lit des fleuves, et découvraient partout les sommets dévastés. La terre, dépouillée de son manteau de verdure, apparaissait comme un désert de boue. Tordus ou brisés, retenant dans leurs branches les herbes longues arrachées à la prairie, les arbres semblaient figés dans un linceul de fange. La mort et le silence interrompu par le roulement lointain des flots, planaient sur cette scène de destruction.

Sur l'épave immobile, un vieillard et ses enfants ont tenu conseil. Que faire? Les chemins de l'air sont libres ; un oiseau au noir plumage étend les ailes et part. Sous l'impur limon gisent assez de cadavres, le corbeau ne reviendra pas : les jours se passeront, mais tout entier à son horrible curée, le messager funèbre ne reparaîtra plus.

Les heures se succèdent dans l'attente, il est urgent de sortir. Les nuées se sont déchirées, mais de la terre s'élèvent des vapeurs épaisses qui dérobent l'horizon. La colombe quittera l'arche à son tour : dans son vol rapide elle pourra parcourir de vastes étendues, et son retour est assuré si l'état du sol ne lui permet pas de s'y poser.

Depuis sept jours un soleil ardent a réchauffé la terre; la vie s'est réveillée intense et active sous les alluvions fertilisantes. Les Oliviers déshonorés ne reverdiront plus; ce n'est pas d'ailleurs une de leurs branches souillées que la faible colombe pourrait briser; sans peine, au contraire, elle détachera de leurs pieds, parmi les pousses nouvelles et molles, un rameau verdoyant au feuillage immaculé; et le soir, messager fidèle, elle reviendra vers l'arche, — portant dans son bec un rameau d'Olivier [1].

Salut, rameau consolateur, gage de paix entre la nature et l'homme : sois bénie, ô branche verte, signal du réveil de la terre, premier présent de sa fécondité nouvelle.

Noé comprit, en le voyant, « que les eaux s'étaient retirées de la terre ». Les portes de l'arche s'ouvrirent, le patriarche en sortit le dernier, et son premier soin fut de planter la vigne. Mais l'immortel Olivier

---

1. *Genèse*, ch. VIII. — 10. Il attendit encore sept autres jours, et il envoya ensuite la colombe hors de l'arche, — 11. Qui revint à lui vers le soir, portant dans son bec un rameau d'Olivier dont les feuilles étaient toutes vertes. Noé reconnut donc que les eaux étaient retirées de dessus la terre.

renaissait partout, sa vie s'était conservée sous les eaux, et le déluge n'avait pu tarir sa séve généreuse !

Cette terre d'Orient, sur laquelle nous venons de voir renaître l'Olivier, portait deux autres arbres qui faisaient avec lui la richesse des populations : c'étaient la vigne et le figuier. Quand on pèse les services qu'ils ont rendus à l'humanité dans la suite des siècles, on hésite sur le rang à leur accorder. Cependant lorsqu'après les récits du déluge, on avance dans l'histoire du peuple de Dieu, le grand rôle de l'Olivier s'accentue de plus en plus : c'est bien l'arbre par excellence de cette terre brûlée et féconde, c'est bien l'arbre caractéristique de ces horizons témoins des plus grandes scènes de ce monde.

Nous trouvons d'ailleurs dans le texte sacré lui-même une charmante légende qui assure à l'Olivier le premier rang.

Au livre des *Juges*, ch. ix, nous lisons :

« 8. Les arbres allèrent un jour pour s'élire un roi, et dirent à l'Olivier : Soyez notre roi.

« 9. L'Olivier leur répondit : Puis-je abandonner mon suc et mon huile, dont les dieux et les hommes se servent, pour venir m'établir parmi les arbres ? »

Ainsi l'Olivier fut jugé digne par les arbres eux-mêmes de devenir leur roi. Cette acclamation unanime, à laquelle sa modestie sut résister, lui assure à double titre le premier rang parmi les plantes. Il ne tenait qu'à lui d'être le chef glorieux et populaire d'une monarchie élective. Dans cette position suprême, il n'avait rien à craindre des révolutions, les vicissitudes forestières n'ayant pas pour les cimes couronnées les mêmes périls que les agitations humaines pour les fronts ceints du bandeau royal.

— Puis-je abandonner mon suc et mon huile dont les dieux et les hommes se servent, pour venir m'établir parmi les arbres ? —

Que peu d'hommes auraient si bien parlé ! Gloire donc à l'Olivier. Sur les hauteurs où le suffrage des arbres l'appelait, les sources bénies de son suc et de son huile se seraient en effet à jamais taries pour nous.

L'Olivier méritait beaucoup, il eut sa récompense. Quand le Sauveur des hommes parut sur la terre de Judée, il fut choisi pour être le témoin des principaux actes de l'épopée divine.

A l'est de Jérusalem, au delà du torrent de Cédron, et des flancs désolés de la vallée de Josaphat, se dresse la montagne sainte à laquelle il a donné son nom, la montagne des Oliviers. La terre presque nue y est d'une couleur rouge et sombre, des vignes noires et brûlées, quelques bouquets d'hysope croissent au milieu des pierres et des ruines.

C'est de ce lieu célèbre, au voisinage de Betphagé et de Béthanie, que Jésus enverra chercher l'ânon qu'il montera pour entrer à Jérusalem [1]. Il descendra la montagne par le chemin pierreux qu'ombragent

[Fig. 1. — MONTAGNE DES OLIVIERS.

çà et là les Oliviers, escorté par une multitude transportée de joie, qui jonche le sol du feuillage austère de l'arbre [2]. Le soir il reprendra cette voie de triomphe, pour aller passer la nuit à Béthanie [3]. Pendant deux jours encore, il descendra le matin la montagne et la gravira le soir. Le jour suivant, assis sous un Olivier, il pleurera sur Jérusalem et prédira la ruine du temple, au lieu même où Titus dressera sa tente [4].

1. MARC, ch. XI; — LUC, ch. XIX; — MATTHIEU, ch. XXI.
2. LUC, ch. XIX, v. 37; — MARC, ch. XI, v. 8.
3. MARC, ch. XI, v. 11.
4. MARC, ch. XIII, v. 3 et 4.

Ce sera sous un des Oliviers de la montagne de ce nom, qu'il dira le *Pater*, et qu'il annoncera le jugement dernier. C'est encore là qu'il reviendra avec ses disciples après avoir célébré la Pàque [1].

Que d'heures solennelles s'écoulèrent sous ces feuillages sacrés, où le Sauveur passait les nuits après avoir prêché le jour dans le temple [2]! Ils ont entendu les paroles qui ont régénéré le monde, ils ont été les témoins des épanchements intimes des derniers instants, et quand le Fils de l'homme s'endormait, ils étendaient l'abri de leurs rameaux sur le front de Celui qui n'avait pas un lieu où reposer sa tête.

Et vous, Oliviers de Gethsémani! la torche des soldats de Titus n'a pu vous détruire : vous avez jailli de vos racines vivaces, et vous couvrez de nouveau de vos bras séculaires cette terre de l'agonie qui but la sueur sanglante! Vous étiez là, dans cette nuit sombre où Jésus, se sentant triste jusqu'à la mort, s'en allait, dans son angoisse profonde, de son Père à ses disciples, et de ses disciples à son Père; trouvant ici le calice amer de l'inexorable justice, et là le lourd sommeil de l'ingratitude oublieuse. Vous étiez là quand le doux Maître tendit sa joue au baiser du traître, et quand sa parole renversa les gens par lesquels il se laissa lier comme un vil malfaiteur!

L'arbre de la croix fut-il un Olivier? On l'a dit et écrit en maint recueil. « Aucuns dient que l'arbre de la croix était ung palmier; les aultres maintiennent que c'estait ung Olivier, » écrivait Jéhan de Tournay, bourgeois de Valenciennes, qui visita les lieux saints en 1487.

A quelques milles de la ville sainte, sur la gauche, on trouve un couvent et une grande église, qui sont la propriété des Russes. L'église fut bâtie au lieu où fut, dit-on, coupé l'Olivier de la croix. Son bois fut associé avec deux autres essences, le cèdre et le cyprès. Le cèdre venait du Liban, et l'Olivier du lieu que nous venons d'indiquer, qui porte aujourd'hui le nom de Sainte-Croix.

Un dernier honneur était réservé à l'arbre dont nous retraçons les fastes. Le Sauveur quitta la terre sur cette même montagne des Oliviers, où, sous les feuillages vénérés, tant de grandes choses s'étaient accomplies! C'est là, pensent les scrutateurs de l'avenir, c'est là qu'au der-

---

1. MARC, ch. XIV, v. 26.
2. LUC, ch. XI, v. 37; — ch. XXII, v. 39.

nier jour du monde, le Christ descendra dans sa gloire pour juger les hommes.

On trouve souvent l'Olivier employé pour cacher un sens mystique, soit dans les Saintes Écritures, soit sur les monuments des divers âges chrétiens. Il n'est pas toujours facile de deviner l'esprit sous la lettre, et de savoir ce qu'il représente. Ainsi, que penser de ces deux versets de l'*Apocalypse*, au chapitre xi :

Fig. 2. — Jardin des Oliviers.

« 3. Mais je donnerai à mes deux témoins de prophétiser durant mille deux cent soixante jours, étant revêtus de sacs.

« 4. Ce sont les deux Oliviers et les deux chandeliers qui sont placés devant le Seigneur de la terre. »

Saint Paul, voulant rendre hommage à la dignité israélite, et donner une leçon d'humilité à la vanité des Romains nouvellement convertis, emprunte à l'Olivier une comparaison magnifique, bien choisie pour faire comprendre l'association des éléments hétérogènes dont la primitive Église se trouva formée.

S'adressant à un Romain régénéré par le baptême, Paul lui disait :

« J'en conviens, des branches sont tombées à terre; mais toi, Olivier
sauvage, tu as eu la faveur d'être enté sur celles qui demeuraient; c'est
ainsi que tu as été rendu participant du tronc et de la séve de l'Olivier
franc. Tu n'as donc pas le droit de te glorifier aux dépens des rameaux;
songe que ce n'est pas toi qui porte le tronc, mais que c'est le tronc
qui te porte. » *(Rom., xi.)*

Fig. 3. — NOÉ RECEVANT LA BRANCHE D'OLIVIER.

Dès les premiers temps de l'Église, les artistes chrétiens se plurent à
retracer aux fidèles les scènes grandioses de l'Ancien Testament, berceau
de leur foi. Descendons dans ces catacombes de Rome où la société
chrétienne germa dans l'ombre, pour épanouir ensuite ses rameaux
vigoureux et magnifiques sur le monde entier : là nous reverrons d'abord
le rameau d'Olivier porté vers l'arche par la colombe. Une des fresques
du cimetière de la voie Ardéatine nous montre Noé dans une auge en
bois (fig. 3), recevant la branche d'olivier que la colombe vient de laisser
tomber dans ses mains. Au cimetière de la voie Lavicane, une autre peinture nous présente encore Noé sous les traits d'un enfant flottant sur

l'eau dans une boîte à couvercle : la colombe arrive vers lui, le vert
rameau entre les pattes. Sous le porche de Saint-Marc, à Venise (fig. 4),
à droite en entrant, se détache sur un fond d'or une mosaïque reprodui-
sant la même scène biblique : le patriarche ouvre une petite lucarne pour
recevoir du messager fidèle le signe de la paix : la simplicité naïve de
ces tableaux est inexprimable, et leur charme cause plus d'émotions que
les grandes compositions modernes.

Une fresque d'un plafond de la voie Ardéatine représente des
colombes aux pieds d'arbres qui nous semblent figurer les Oliviers après

Fig. 4. — RETOUR DE LA COLOMBE. (Mosaïque de Saint-Marc, Venise.)

le déluge. L'un de ces arbres est même brisé, et sur son tronc dévasté de
jeunes pousses apparaissent, et la colombe en approche en se posant sur
les petites élévations qui lui permettent de ne pas souiller ses pattes dans
la fange diluviale [1].

Aux premiers jours de la révélation divine, la persécution ardente,
implacable voulut noyer dans le sang la nouvelle foi. A Rome surtout,
les chrétiens durent cacher leurs mystères sous des arcanes connus
d'eux seuls. C'est ainsi que l'agneau symbolisa le Fils, et la colombe
le Saint-Esprit (fig. 5, 6). Nouvel emblème, la colombe portait cependant encore son attribut visible, la branche d'Olivier, — autre signe
d'amour et de paix. L'olive donne l'huile qui, avec le pain et le vin,
est le troisième bienfait que Dieu a départi aux hommes dans l'ordre

---

1. Voyez Dom GUÉRANGER, *Sainte Cécile et la société romaine*, p. 286. F. Didot.

de nature et de grâce ; et le moyen de l'action sacramentelle de l'Esprit-Saint sur l'homme [1].

Ces types divins de la nouvelle alliance, l'agneau et la colombe au rameau vert, se retrouvent côte à côte dans les peintures de la primitive Église, au cimetière Priscille par exemple.

L'auteur d'une fresque de la catacombe de Sainte-Agnès (fig. 7), voulant symboliser les noces du Fils de Dieu avec son Église, nous présente le Christ au milieu de ses disciples : au-dessous, une femme entourée de festons représente l'épouse sacrée ; près d'elle, la colombe portant le rameau d'Olivier indique que l'Esprit-Saint l'assiste dans sa mission terrestre.

Dans le même lieu, les deux allégories mystiques sont réunies sur un plafond de l'âge des Antonins. Au centre d'une croix, le bon pasteur et sa brebis : entre les bras de cette croix, quatre colombes posées sur le rameau d'Olivier (fig. 8).

Noé dans l'arche représente le genre humain purifié par les eaux du déluge et recevant de la colombe

Fig. 5, 6. — FIGURES SYMBOLIQUES DE LA PRIMITIVE ÉGLISE.

le signe de la paix. — Cette figure, dit le *Pontificale romanum*, se réalise aujourd'hui lorsque, les eaux du baptême ayant effacé tous nos péchés, l'onction de l'huile vient donner beauté et sérénité à nos visages. — Le cimetière de Lucine à Rome figure ce double mystère. L'artiste chrétien y a représenté un néophyte sortant des eaux baptismales : la colombe portant en son bec un rameau d'Olivier plane au-dessus (fig. 9). C'est une application textuelle de ces paroles de Tertullien : « Dans l'ordre spirituel, lorsque la terre, c'est-à-dire notre chair, remonte du lavoir sacré laissant derrière elle ses anciens péchés, la colombe de

---

1. Dom GUÉRANGER, *Sainte Cécile et la société romaine*, p. 283. F. Didot.

l'Esprit-Saint vole sur nous, apportant la paix de Dieu. » (*De Baptismo,* cap. VII.)

Une pierre sépulcrale du cimetière de Priscille représente dans un même motif la colombe au rameau d'Olivier et un poisson (fig. 10, 11). Là encore, ces deux signes symbolisent l'Esprit-Saint et le Christ. Le poisson, en grec IXΘΥC, est l'anagramme de cette formule : IHΞΟΥC ΚΡΙΣΤΟC ΘΕΟΥ ΥΙΟC ΣΩΤΗΡ, Jésus-Christ, Fils de Dieu, Sauveur [1].

Pour symboliser la force dont l'Esprit-Saint remplissait les chrétiens,

Fig. 7. — FRESQUE DE LA CATACOMBE DE SAINTE-AGNÈS.

quand, par le mystère de charité sainte, il les avait remplis de sa divinité, les peintres des catacombes faisaient encore intervenir le rameau d'Olivier porté par la colombe. On le voit planer au-dessus de la tête de jeunes martyrs ayant la force de confesser la foi du Christ au milieu des flammes.

Dans les églises catholiques, sans chercher beaucoup, le feuillage de l'Olivier apparaît toujours quelque part. A Rome, les deux plus célèbres basiliques de la chrétienté, Saint-Jean-de-Latran et Saint-Pierre, sont ornées de mosaïques représentant la colombe portant le

---

1. Voyez *Sainte Cécile et la société romaine*, p. 291. F. Didot.

rameau d'Olivier. Dans la première, on retrouve cette image sur le sol et comme motif décoratif dans de petits frontons contre les piliers principaux. A Saint-Pierre, l'Olivier apparaît au bec de la colombe au sommet et à la base des piliers, ainsi que sur les bas côtés et les cintres des

Fig. 8. — PLAFOND DE LA CATACOMBE DE SAINTE-AGNÈS.

trois premières chapelles. Enfin, dans l'une et l'autre basilique, de splendides écussons, surmontés des emblèmes pontificaux, la tiare et les clefs, nous offrent le même motif, la colombe et l'Olivier sous trois fleurs de lys.

Les monuments décoratifs de la cité papale, qui souvent ont un caractère religieux, ont arboré quelquefois ce symbole pacifique : c'est ainsi que la colombe au rameau surmonte un obélisque dressé sur la belle place Navone. Étrange contraste que cet emblème dans les murs de la cité qui a peut-être subi le plus de siéges et d'assauts, et qui pourtant devrait être le centre de la paix universelle.

Dans le Midi, on se visite le dimanche des Rameaux en portant des branches d'Olivier auxquelles sont suspendus des fruits secs, des gâteaux, des rubans et des fleurs : l'usage remonte aux Phocéens.

Fig. 9. — Fresque du cimetière de Lucine, a Rome.

Le rameau d'Olivier est associé souvent aux saintes images : dans son voyage à travers les Cyclades, Chateaubriand note ce détail. — La felouque était lavée, soignée, parée comme une maison chérie : elle avait un grand chapelet

Fig. 10, 11. — Arcanes de la primitive église.

sur la poupe, avec une image de la Panagia surmontée d'une branche d'Olivier. — Souvenir des temps anciens, comme nous le disons ailleurs !

Comme arbre religieux, l'Olivier est chanté dans les poésies populaires et dans les chansons naïves des peuples chrétiens. Voici une des fraîches *coplas* de l'Andalousie :

> La Virgen quiso sentarse
> Al abrigo de un olivo ;
> Y las hojas se volviéron
> A ver el recien nacido.

— La Vierge voulut s'asseoir à l'ombre d'un Olivier, et les feuilles se retournèrent pour voir son fils nouveau-né. —

Il existe une légende portugaise racontée par M. O. Merson, dans le récit d'un voyage dans la patrie de Camoëns.

— L'église de Nossa Senhora da Oliveira (Notre-Dame de l'Olivier),

Fig. 12. — NOSSA SENHORA DA OLIVEIRA.

à Guimaraens, a reçu son nom d'une légende curieuse. Au temps des Goths, Wamba était un jour occupé au labourage d'un champ. Il conduisait lui-même la charrue, et, l'aiguillon à la main, il activait ses bœufs, lorsque les envoyés de la noblesse vinrent le trouver au milieu de cette occupation et lui annoncèrent son avénement au trône. Surpris et incrédule, Wamba, qui n'avait jamais rêvé la couronne, leur répondit qu'il serait roi lorsque son aiguillon aurait pris des feuilles; et en même temps il l'enfonça dans le sol. Par un effort extraordinaire de végétation, ou plutôt par une intervention immédiate du ciel, l'aiguillon prit racine à l'instant et se couvrit de branches, de feuilles et de fruits.

Le souvenir de ce prodige n'est pas consacré seulement dans le vocable de l'Église. En face de Nossa Senhora da Oliveira, sur la place du Collége, le Padrao (monument) témoigne du culte dont la tradition de l'Olivier est entourée. Le Padrao, petite construction gothique du commencement du quatorzième siècle, a été élevé tout près de l'endroit où s'est accompli le miracle, et l'Olivier lui-même, l'Olivier de Wamba, le roi laboureur, ou l'un de ses rejetons, est là, ceint d'une balustrade de fer, étendant ses rameaux restés jeunes et vigoureux, honoré, vénéré, et un peu adoré, je crois, par toutes les générations qui se succèdent dans le pays depuis une dizaine de siècles. —

Nous dirons, en terminant, un mot du rôle de l'Olivier dans la com-

Fig. 13. — VANEL.　　　Fig. 14. — NICOLAS OLIVIER.

position des blasons de la chevalerie et de la noblesse. Le chêne, le pin, le palmier, le laurier s'y voient fréquemment : il en est de même de notre arbre. Nous emprunterons à l'*Armorial* d'Hozier quelques exemples de blasons illustrés par le feuillage de l'arbre de Minerve.

Voici les armoiries de la noble famille de VANEL, en Languedoc (fig. 13).

D'azur, à trois rocs de l'échiquier d'or, posés deux et un qui est de roque. Écartelé d'azur, à une colombe d'argent becquée de gueules prenant son essor et tenant dans son bec un rameau d'Olivier de sinople qui est de Joyes, et sur le tout d'argent, à un chêne de sinople mouvant d'une terrasse de même qui est de Vanel.

GASPARD FULCRAND DE SAINT-JULIEN, seigneur du Puech, d'Albaigne et de la Devèze, portait aussi la colombe au rameau vert dans ses armes.

D'azur, à deux lions, d'or affrontés accompagnés d'une fleur de lys aussi d'or posée en chef, et d'une colombe d'argent placée à la pointe de l'écu et portant dans son bec un rameau d'Olivier de sinople.

D'autres écussons nous présentent l'Olivier sans la colombe, tel est celui de Nicolas Olivier (fig. 14).

D'azur, à un Olivier d'or mouvant d'un croissant de même, surmonté de trois étoiles d'or rangées en fasce.

Enfin, pour citer un quatrième exemple, Jean de Ficte, deuxième du nom, seigneur de Souci, portait le blason suivant:

Fascé contrefascé d'azur et de sable de quatre pièces, celles d'azur chargées d'une branche d'Olivier d'or posée en fasce.

II. Le Paganisme. — Transportons-nous maintenant sur d'autres rivages, une merveilleuse épopée va se dérouler à nos regards, l'Olivier doit en être le héros.

Parmi les cités célèbres de la Grèce, la ville fondée par Cécrops resplendit d'un éclat incomparable, et l'histoire de la république athénienne résume les faits les plus glorieux et les plus mémorables de la terre illustre où Sparte, Argos, Thèbes, brillèrent tour à tour.

A l'aurore de la ville fameuse qui devait être le berceau des arts, se place un fait extraordinaire dont le souvenir ineffaçable aura sur sa destinée une influence profonde; ce fait primordial, c'est l'apparition de l'Olivier.

« Cécrops, par les bienfaits d'une civilisation inconnue, attira promptement autour de lui les habitants de l'Attique dispersés jusque-là, errants et misérables. C'était le temps où les dieux parcouraient la terre, prenant possession des villes où on devait leur rendre un culte particulier [1] ».

Neptune et Minerve assistèrent à la fondation de la cité que Cécrops venait de faire surgir.

> L'honneur de la nommer entre eux deux contesté
> Dépendait du présent de chaque déité.
> Neptune fit le sien d'un symbole de guerre,
> Un coup de son trident fit sortir de la terre
> Un animal fougueux, un coursier plein d'ardeur
> Minerve l'effaça donnant à la contrée
> L'Olivier qui de paix est la marque assurée [2].

1. Beulé, L'Acropole.
2. La Fontaine, Les Filles de Minée.

« Cécrops réunit alors les hommes et les femmes, et recueillit les voix. Les hommes se prononcèrent pour Neptune, les femmes pour Minerve, et, comme il s'en trouva une de plus, la déesse l'emporta [1]. »

En vain Neptune en appela de ce lointain verdict du suffrage le plus universel qui se soit vu. Les douze dieux réunis sur l'aréopage entendirent le témoignage de Cécrops, et Minerve triompha de nouveau.

Hallirhotius, fils du Dieu de la mer, voulut venger son père, en cherchant à renverser l'Olivier; il se blessa dans cet acte impie, et mourut.

Minerve devint ainsi la déesse protectrice de la ville, lui donna son nom, et fut honorée à Athènes plus qu'en aucun lieu de la terre. L'Olivier, qu'elle avait fait naître sur le rocher, frappé par le trident du dieu des ondes, fut entouré d'une enceinte, et près de l'autel et de la statue consacrés à la déesse on n'en éleva qu'aux dieux qui lui étaient particulièrement chers : à son père Jupiter, qui porta le nom de Μοριος, tiré de celui des oliviers Μοριαι; enfin à Vulcain le boiteux, son frère.

Ainsi, de par le suffrage universel et à la majorité d'une voix de femme, furent dévolus à l'Olivier et à Minerve leur prééminence sur le sol de la Grèce.

Le rocher frappé par Neptune était l'Acropole. C'est là que l'Olivier primitif fut gardé par la caste des guerriers qui seule occupait ses sommets. Les laboureurs et les gens de métier s'établirent sur les pentes et dans la plaine voisine.

Lorsque les voiles des pirates passaient à l'horizon, ou quand les phalanges ennemies de Thèbes ou d'Éleusis se montraient dans les défilés du Parnes, artisans et laboureurs se groupaient autour de l'Olivier sacré dans les défenses de l'Acropole. La force principale de cette citadelle, son élévation, était accrue par le lacis des Oliviers sauvages qui déjà croissaient naturellement sur les pentes du roc [2].

Le centre de la Grèce, disait le rhéteur Aristide, c'est l'Attique. Celui de l'Attique c'est Athènes, et le centre d'Athènes c'est l'Acropole. Il aurait pu ajouter que le centre de l'Acropole c'était l'Olivier.

1. BEULÉ, L'Acropole.
2. BEULÉ, ch. I, p. 8.

C'est autour de ce centre que se déroula toute l'histoire de la célèbre république. L'Olivier de Minerve et les temples qui l'entourèrent bientôt étaient le refuge au moment du danger, refuge dont la sécurité fut augmentée lorsque, soixante ans après la guerre de Troie, les Pélasges eurent remplacé par des murs une partie des Oliviers sauvages qui garnissaient les pentes.

Cependant, lorsque les Perses, conduits par Xerxès, envahirent l'Attique, ni ces murs ni ces Oliviers entremêlés à la hâte de quelques barricades par les ministres des autels, les vieillards ou les pauvres gens qui n'avaient pu ni voulu fuir, ne sauvèrent l'Acropole[1]. Des étoupes enflammées lancées par les barbares y mirent le feu, et bientôt des lueurs sinistres, enveloppant la montagne et dévorant ses temples, apprirent à la flotte athénienne, immobile à Salamine, que l'Olivier sacré avait disparu.

Il avait disparu, mais la vie s'était réfugiée dans ses racines profondes, et lorsque la pluie eut délayé la cendre et qu'on eut enlevé les décombres accumulés par Mardonius, sur le lieu du désastre un prodige nouveau vint réjouir la montagne sainte, et renouer la chaîne des traditions sacrées.

« Quand les Athéniens vainqueurs rentrèrent dans leur pays, la ville et l'Acropole n'étaient plus qu'un monceau de ruines, mais l'Olivier sacré du temple d'Érechthée avait repoussé d'une coudée la première nuit : image de la rapidité avec laquelle un peuple, dans tout l'élan de sa jeunesse et de son génie, allait réparer ses désastres ; la fortune semblait avoir rasé une ville entière, œuvre inégale de temps encore grossiers, pour qu'elle se relevât brillante, une et immortelle, au plus beau siècle de l'art[2]. »

Tout était donc à refaire autour de ce rameau d'Olivier, mais il était le souvenir vivant de la patrie, et devint un symbole d'espérance après le déluge de feu qui venait de dévorer Athènes, comme il le fut après le déluge des eaux.

La sculpture, la peinture concoururent par d'immortels chefs-d'œuvre à célébrer l'Olivier. Phidias, Praxitèle et toute une pléiade de génies

---

1. Le serpent Erichtonius, à la garde duquel l'Olivier était confié et qui vivait dans un souterrain près du puits de Neptune, avait déjà disparu.
2. BEULÉ, ch. I, p. 2.

lumineux retracèrent la naissance de l'arbre de Minerve : recouvrant
ainsi du manteau diapré de la fiction le sens abstrait de cette légende,
qui n'est autre que le triomphe de la colonie égyptienne sur la colonie
maritime phénicienne, aux bords de l'Ilissus.

Les siècles ont passé sur cet épanouissement prodigieux de l'art,
dont l'Olivier fut le thème favori ; d'autres barbares sont venus, et il
a fallu la sagacité des chercheurs modernes pour refaire cette page de
marbre ciselée sur le rocher de l'Acropole à la gloire de l'arbre dont
nous faisons l'histoire.

Leur œuvre patiente découvre l'Olivier partout, et l'on peut leur appliquer avec justesse ces vers d'Horace :

> Sunt quibus unum opus est, intactæ Palladis arcem
> Carmine perpetuo celebrare, et
> Undique decerptam fronti præponere olivam.
>
> (Horace, liv. I, ode vii, v. 5.)

L'Olivier vivant eut d'abord sa place d'honneur dans l'Acropole
restaurée ; une petite phrase insignifiante a permis de retrouver cette
place. Philocorus raconte — qu'une chienne entra un jour dans le temple
de Minerve Poliade, descendit dans le Pandroseïon, sauta sur l'autel
de Jupiter Hercéen et s'y coucha à l'ombre de l'Olivier sacré. —
. Comme le fait remarquer Athénée : « Puisque, suivant la coutume des
temps homériques, l'autel de Jupiter, protecteur de l'enceinte, était dans
une cour découverte, l'Olivier sacré, père de tous les Oliviers de la
Grèce, recevait donc l'air et la lumière nécessaires à son existence
dans le temple entièrement ouvert de la fille de Cécrops, la belle Pandrose. »

Ce fait était d'ailleurs bien indiqué dans les paroles que chantaient
les vainqueurs des Panathénées, lorsqu'ils allaient consacrer dans le
temple de Minerve Poliade la branche d'Olivier qu'ils venaient de cueillir
dans le temple voisin de Pandrose.

La vue que nous donnons ici de l'Erechtheion, d'après M. Beulé, représente à gauche le temple de Pandrose contenant l'Olivier, à droite le
temple de Minerve Poliade, où brillait la lampe de Callimaque (fig. 15).

C'était honorer singulièrement Minerve que de lui consacrer des
statues en bois d'Olivier. Pausanias parle d'une de ces œuvres primiti-

ves, travail d'Endœus, Athénien et élève de Dédale, et qui rappelait par son attitude les modèles égyptiens[1].

La plus célèbre de toutes ces statues en Olivier fut celle que l'on croyait tombée du ciel et que l'on conservait dans le temple de Minerve placé dans l'Erechtheion. Elle était d'un travail grossier, mais ses formes étaient cachées par le magnifique péplum que lui brodaient les vierges d'Athènes. C'était le *Palladium* : il faisait face à l'Orient, mais à la mort d'Auguste il se retourna vers l'Occident.

D'autres dieux avaient aussi leurs statues en bois d'Olivier, car Hérodote raconte que les Épidauriens, voulant représenter leurs divinités, envoyèrent demander des Oliviers aux Athéniens.

Le Parthénon, ce chef-d'œuvre élevé en l'honneur de Minerve, devait aussi raconter la gloire de l'Olivier. Le fronton occidental, travail d'Alcamène, était consacré à la lutte des deux divinités, lutte féconde d'où notre arbre devait sortir. Le triomphe complet de la déesse y était sculpté dans d'admirables marbres, c'est-à-dire que non-seulement Pallas était figurée faisant naître l'Olivier, mais domptant le cheval que Neptune venait de faire sortir du roc. Dans un angle, Cécrops apparaissait sans voiles dans une mystérieuse nudité, et près de lui le fleuve Ilissus, dont les bords vont se couvrir d'Oliviers, laissait éclater sa joie.

Sur la frise du Parthénon se déroulait la grande pompe des Panathénées, toute une épopée à la gloire de Minerve et de l'olivier. Ici c'étaient des Métœques portant des bassins pleins d'huile d'olive, prix des vainqueurs aux jeux panathénaïques; plus loin, c'étaient les Thallophores, leurs branches d'Olivier à la main.

Dans l'avenue qui menait au Parthénon, la naissance de l'Olivier fut encore sculptée dans le marbre et forma un groupe décoratif monumental. Un Olivier, en marbre de l'Hymète, se dresse entre les statues de Minerve et de Neptune. Un bas-relief du Louvre, que nous reproduisons ici, nous présente l'arbre sacré entre les deux divinités (fig. 16).

Les médailles représentaient ce sujet éminemment national. Stuart a

---

1. Le même auteur (livre X, ch. xix) parle aussi d'une tête en bois d'Olivier recueillie par des pêcheurs Méthymnéens : voulant savoir si cette image bien différente de celles que les Grecs dédiaient à la divinité, était celle d'un héros ou d'un dieu, il leur fut répondu d'adorer en elle Bacchus Phallénien.

dessiné une médaille d'Athènes, où l'on voit encore Minerve et Neptune debout de chaque côté de l'Olivier. La déesse tient l'arbre par une branche et semble le faire sortir de terre.

Voici, sur une monnaie de cuivre d'Athènes, Neptune et Minerve se disputant la possession de l'Attique et la création de l'Olivier (fig. 17).

Les monnaies de la république étaient [frappées à l'effigie de Pallas.

Fig. 16. — BAS-RELIEF ANTIQUE DU LOUVRE.

La déesse porte un casque autour duquel apparaît la feuille de l'arbre qui lui était consacré. Nous reproduisons un tétradrachme d'Athènes d'ancien style, où ces détails se remarquent (fig. 18).

Au revers de la pièce, les attributs de la divinité se voyaient encore. Voici deux tétradrachmes, celui de gauche, de très-ancien style, celui de droite, de style récent, époque de Périclès : l'oiseau de Minerve et le rameau d'Olivier y sont figurés. La chouette est même perchée sur un vase d'huile d'olive dans la seconde empreinte (fig. 19, 20).

Voici encore le revers d'une médaille d'or de Philippe jeune, où se voit un personnage tenant en main le rameau d'Olivier (fig. 21).

La chouette, perchée sur deux rameaux croisés d'Olivier, se rencontre souvent sur les antiquités grecques. (Voy. DE CAYLUS, t. I, p. 151, n° 11, pl. LV.)

La figure ci-jointe représente un centaure plantant un Olivier. Elle

Fig. 17.

Fig. 18.

sert de motif décoratif à un vase de style très-ancien trouvé à Kamirus, à Rhodes, vase conservé au Musée britannique (fig. 22).

Les statues de Minerve n'avaient pas toujours l'Olivier parmi les attributs de la déesse, mais il était rare de ne pas le retrouver quelque

Fig. 19.

Fig. 20.

Fig. 21.

part. Sur une pierre signée par Aspasius, la déesse est coiffée d'un casque; sur la partie qui protège la nuque, s'enroule la branche d'Olivier.

Voilà la place que tenait cet arbre célèbre dans les fastes et dans les œuvres d'art d'un grand peuple. La poésie ne resta pas muette quand le marbre parlait si haut.

Le plus beau morceau peut-être de la poésie grecque est celui où le chœur célèbre les beautés de la terre de Colone, et qui contient la fameuse strophe β consacrée à l'Olivier. Au dire de Plutarque, c'est le seul passage que Sophocle lut devant le tribunal quand ses enfants l'accusèrent de mal gérer sa fortune. Plus longtemps encore que les fron-

tons mutilés du Parthénon ces vers raconteront de siècle en siècle
l'amour d'un peuple pour l'arbre qui symbolisait la patrie.

— Là croît un arbre que n'a jamais produit l'Asie, ni la grande île de Pélops
habitée par les Doriens, un arbre qui vient de lui-même sans culture, l'effroi des
lances ennemies; l'Olivier à la feuille bleuâtre qui ombrage le berceau de l'enfance,
élève dans cette contrée ses rameaux vigoureux. Les chefs ennemis, jeunes ou
vieux, ne pourront jamais l'arracher ni le détruire; Jupiter Morios et Minerve aux
yeux bleus veillent sur leur arbre chéri. —

La vénération pour l'Olivier était telle, que l'on n'employait que des
vierges et des hommes purs pour le cultiver. Dans quelques districts de
l'Attique, on exigeait même un serment de chasteté de la part de ceux

Fig. 22 — CENTAURE PLANTANT UN OLIVIER.

qui s'occupaient de la récolte des olives. Les délits concernant l'arbre
sacré étaient portés devant l'Aréopage; la confiscation des biens, l'exil
même punissaient les profanateurs.

Ce respect des Athéniens pour l'Olivier s'étendit à toute la Grèce :
quand les Lacédémoniens, conduits par Archidamus, fils de Zeuxidamus,
pénétrèrent dans l'Attique, ils épargnèrent les Oliviers, et sacrifièrent
à Minerve leur protectrice.

Cet arbre formait aussi, soit seul, soit associé à d'autres essences, des
bois sacrés. Antigone conduisant Œdipe vers Colone, dit à son père :

Χῶρος δ'ὅδ' ἱερός, ὡς σάφ' εἰκάσαι. Βρύων
Δάφνης, ἐλαίας, ἀμπέλου. . . . . .

Le lieu où nous sommes est sacré, comme l'annoncent ces ombrages épais de lauriers, de vignes, d'Oliviers [1]. Le plus souvent, le rapport des bois sacrés d'Oliviers était affermé et consacré au culte de la déesse [2].

L'Eirésioné, branche d'Olivier entourée de bandelettes de laine et de fruits d'arbres, jouait un grand rôle dans certains actes publics religieux. On dit que Thésée, naviguant en Crète et ne pouvant lever l'ancre à cause d'une tempête, offrit à Apollon une branche d'Olivier, et qu'après avoir tué le Minotaure, il consacra ce mode de supplication. A son retour, il institua la fête des moissons, appelée *Pyanepsia*, pendant laquelle on promenait encore l'Eirésioné chargé de fruits de l'année, de flacons pleins d'huile, de miel et de vin. Les Athéniens, dans les épidémies, élevaient encore vers le ciel cette branche d'Olivier, et obtenaient la fin de leurs maux (L.L.).

De là à l'emploi du feuillage de l'Olivier dans les opérations de la magie, il n'y a qu'un pas. Dans *Œdipe à Colone*, le fils de Laïus demande comment il accomplira un sacrifice expiatoire aux divinités de l'Attique, et le chœur lui indique une prière avant laquelle il devra déposer, à droite et à gauche, trois fois neuf rameaux d'Olivier :

Τρὶς ἐννέ αὐτῇ κλῶνας ἐξ ἀμφοῖν χεροῖν
Τιθεὶς ἐλαίας τασδ' ἐπεύχεσθαι λιτας;,

Ovide, au livre VII de ses *Métamorphoses*, nous montre Médée composant le philtre mystérieux qui doit rendre la jeunesse au vieil Éson. Le suc de plantes de Thessalie, le sable des rivages de l'Orient, la chair de l'orfraie, les entrailles de loup, le foie d'un vieux cerf, la tête d'une corneille de neuf siècles, etc., etc., bouillonnent dans la chaudière d'airain. A ce moment, l'amante de Jason confond et mêle en tout sens ces affreux ingrédients avec un vieux rameau desséché d'Olivier. Soudain la branche, agitée dans le vase bouillant, reverdit; bientôt après elle se couvre de feuilles et se charge d'olives mûres.

Arenti ramo jampridem mitis olivæ
Omnia confundit, summisque immiscuit ima.
Ecce vetus calido versatus stipes aheno
Fit viridis primo, nec longo tempore frondens
Induit, et subito gravidis oneratur olivis.

Théophraste et Pline après lui parlent d'un Olivier merveilleux

---

1. *Œdipe à Colone*, vers 15 et suivants.
2. *Lys. in areopag.*, p. 133.

dont la chute fut le signal de la ruine de Mégare. Un oracle avait prédit la fin de la cité quand un arbre rendrait des armes : un vieil Olivier du forum ayant été abattu, des lances furent trouvées dans l'intérieur du tronc, et Mégare succomba [1].

Aux cérémonies funèbres, le rameau d'Olivier trempé dans l'eau lustrale remplissait le même office que le rameau de buis dans les coutumes chrétiennes. Aux funérailles de Misène, Enée :

> Idem inter socios pura circumtulit unda,
> Spargens rore levi et ramo felicis olivæ [2].

Les Pythagoriciens se faisaient ensevelir dans un mélange de feuilles de myrte et d'Olivier. Varron, qui a si bien écrit sur la culture de l'arbre de Pallas, réclama l'honneur de cette sépulture.

L'emploi du bois de l'Olivier pour les sacrifices propitiatoires ou pour des usages profanes était absolument interdit.

Le respect pour l'Olivier s'introduisit en Italie avec le culte de Minerve. Il n'eut pas cependant, dans cette nouvelle patrie, le relief qu'il conserva toujours en Grèce, à l'histoire de laquelle il était intimement uni. Les Romains l'apprécièrent surtout comme un arbre utile, et Phèdre dans sa fable — *Arbores in Deorum tutela,* — le place sur le piédestal de l'utilité. Qu'on en juge :

> Olim quas vellent esse in tutela sua,
> Divi legerunt arbores. Quercus Jovi,
> Et myrtus Veneri placuit, Phœbo laurea,
> Pinus Cybelæ, populus celsa Herculi.
> Minerva admirans, quare steriles sumerent,
> Interrogavit. Causam dixit Jupiter :
> Honorem fructu ne videamur vendere.
> At me Hercules narrabit quod quis voluerit,
> Oliva nobis propter fructum est gratior.
> Tunc sic deorum genitor atque hominum sator :
> O nata merito sapiens dicere omnibus !
> Nisi utile est, quod facimus, stulta est gloria [3].

L'Olivier n'en fut pas moins chez eux un arbre religieux, qu'il fallait respecter, sinon adorer. Julius Obsequens rapporte que les

---

1. PLINE, livre XVI, LXXVI.

2. *Enéide,* livre VI, vers 229 et 230. — Dans un tableau de Nicolas Poussin représentant le sacrement de confirmation aux premiers âges de l'Église, l'eau bénite est présentée aux assistants avec un rameau d'Olivier.

3. PHÈDRE, livre III, fable XVII.

aruspices, consultés dans un grand danger public, prescrivirent de faire deux statues en bois d'Olivier, les armes à la main, et de leur adresser des supplications. Au livre II de la *Divination* [1], Cicéron raconte gravement ce fait. — Au lieu occupé par le temple de la Fortune, il coula du miel d'un Olivier; les aruspices ordonnèrent que l'on fît de

Fig. 23. — L'OLIVIER SYMBOLE DE PAIX.

cet arbre mystérieux une caisse dans laquelle on renfermerait des sorts.

Qu'est devenue, à l'heure actuelle, cette grande légende de l'Olivier; ne vit-elle plus que dans les anciens poëtes de la Grèce, et pour la retrouver faut-il remonter le cours des âges? Faut-il retourner aux bords de l'Ilissus, gravir l'Acropole et interroger les grandes ruines du Parthénon, ou bien fouiller à leurs pieds et parmi les débris accumulés par le temps et la barbarie, chercher au milieu des terres cuites, des antéfixes, des tresses, des têtes de Méduse, les guirlandes d'Olivier qui décoraient la frise dans toute son étendue? Non, restons chez nous; ne sommes-nous pas par notre génie artistique les fils de la Grèce? pourrions-nous avoir perdu avec ce grand souvenir la leçon qu'il contient, sous la plus poétique des fictions?

Le Louvre, cette page merveilleuse de l'art moderne, expose au plafond de la salle Henri II illustré par Blondel, la légende célèbre de la création de l'Olivier devant l'Olympe assemblé. Pénétrons encore dans ce splendide palais, dernière et grandiose expression de l'art contemporain [2] au milieu de l'Athènes moderne : gravissons ces

1. Ch. XLI.
2. Le nouvel Opéra.

degrés de marbre blanc enchâssés dans le rouge antique et l'onyx : levons les yeux vers la voûte de ce magnifique escalier : dans l'éclat éblouissant d'une lumière mille fois répercutée, l'Olivier, verdoyant nous apparaît. Minerve est là avec son immortel et chaste sourire, présentant à la terre de l'Attique le rameau pacifique, sérieuse et éternelle leçon bien placée par un artiste regretté au seuil du temple des arts et des plaisirs. Puissions-nous ne jamais oublier le sens de cette allégorie; et quand, aux jours de calme, nous monterons ces marches blanches, souvenons-nous, à la vue du rameau vert, que Minerve seule, c'est-à-dire la Sagesse, peut donner aux peuples l'Olivier, c'est-à-dire la paix, la paix qui féconde.

III. L'Olivier symbole de paix. — Le souvenir de la colombe rapportant à Noé la branche d'Olivier, signal du retour de la paix sur la terre, resta dans la mémoire des nations. De même que ce rameau verdoyant apprit aux hommes que la nature, déchaînée par la colère de Dieu, avait repris son sourire, de même chez les peuples riverains de la Méditerranée, il est devenu le symbole des suppliants, la sauvegarde des envoyés, l'emblème de la paix, et cette tradition s'est perpétuée de siècle en siècle jusqu'à nous :

Et supplicis arbor olivæ.

Thébaïde, livre XII, vers 492.

Voyons d'abord l'usage que les anciens en faisaient sur le champ de bataille où il remplissait le même rôle que le drapeau des parlementaires chez nous (fig. 23).

Voici des vaincus qui viennent demander à Énée la faveur d'enlever leurs morts du champ de bataille, ils se présentent avec le rameau d'Olivier :

Velati ramis oleæ veniamque rogantes.

Énéide, livre XI, vers 101.

Le vainqueur les respectera sous peine de violer le droit des gens, car Ovide le dit expressément :

Adjuvat in bello pacatæ ramus olivæ.

Ovide, *Pontiques*, livre I, épît. I.

Dans le récit des malheurs d'Hypsipile, le poëte nous montre le fils d'Eson prenant sur le champ de bataille le rameau d'Olivier qui ceignait le front de Mopsus, et demandant la paix :

> Æsone natus
> Palladios oleæ, Mopsi gestamina, ramos
> Extulit, et socium turba prohibente proposcit
> Fœdera : . . . . . .
>
> STACE, *Thébaïde*, livre V, vers 317.

C'était le rameau d'Olivier à la main que les vaincus allaient demander la paix, et que les femmes se jetaient au milieu des combattants pour les séparer.

Voici Jocaste, dans toute la majesté du malheur, allant au milieu de l'armée des Grecs supplier Polynice de tenter une réconciliation avec son frère : à la branche d'Olivier qu'elle porte est attachée une bandelette noire :

> Exangues Iocasta genas et brachia planctu
> Nigra ferens, ramumque oleæ cum velleris atri
> Nexibus.
>
> *Thébaïde*, livre VII, vers 475 et suiv.

Les ambassadeurs portaient aussi la branche d'Olivier qui assurait leur inviolabilité. Énée dépêche des envoyés à Latinus :

> Ire jubet ramis velatos Palladis omnes.
>
> *Enéide*, livre VII.

Les députés de Marseille vont au-devant de César, l'Olivier de Minerve à la main :

> Hostem propinquam
> Orant Cecropiæ prælata fronde Minervæ.
>
> LUCAIN, *Pharsale*, livre III, vers 305.

Junon introduisant dans les murs d'Athènes les femmes d'Argos qui vont demander à Thésée le secours de ses armes contre Thèbes, met elle-même entre leurs mains les rameaux d'Olivier et les bandelettes des suppliants :

> Ipsa manu ramosque oleæ vittasque precantes
> Tradit.
>
> *Thébaïde*, livre XII, vers 468.

L'Aurore ira conjurer Stilichon de secourir la Phrygie : la fraîche divinité mettra sa grâce et ses charmes sous la sauvegarde du pacifique emblème, à la place duquel elle offrira les larmes qui l'inondent.

In te jam spes una mihi : pro fronde Minervæ
Has tibi protendo lacrymas.

CLAUDIEN, *Invectives contre Eutrope*, livre II.

Le poëte Stace nous montre, dans une scène caractéristique, ce rôle protecteur de la branche d'Olivier pour les ambassadeurs. Voilà Tydée debout au milieu d'une assemblée, le verdoyant rameau atteste son caractère :

Constitit in mediis ramus manifestat olivæ
Legatum.

Il a parlé, mais il échoue dans sa mission. Il rejette alors l'objet qui le rendait sacré ; ce n'est plus qu'un ennemi, on le presse de toutes parts, et Tydée doit se hâter et fuir :

Festinatque vias, ramumque precantis olivæ
Abjicit.

Thébaïde, livre II, vers 478.

Dans d'autres circonstances, le même emblème sera l'indice d'intentions pacifiques. Enée remontant le Tibre, se présente à Pallas, fils d'Évandre, le rameau d'Olivier à la main.

Tum pater Æneas puppi sic fatur ab alte,
Paciféræque manu ramum prætendit olivæ.

Ailleurs, c'est Hénioché qui rassure Médée, sa belle maîtresse, en lui montrant le rameau d'Olivier aux mains des Argonautes :

Cerno
Tegmina jam vittas frondemque imbellis olivæ.

VALERIUS FLAC., *Argonaut.*, livre V, vers 352.

Ulysse suivi de Diomède pénètre chez le roi de Scyros pour y découvrir Achille, mais il a soin de se présenter à Lycomède avec le symbole ordinaire d'intentions paisibles :

. . . . . . et ostensa præfatur oliva.

Achilléide, livre II, vers 53.

Diomède, gendre de Daunus, va porter le Palladium à Énée, et pour calmer l'effroi que pourrait causer aux Troyens les armes grecques, il se présente avec le symbole de la paix :

Prætendens dextra ramum canentis olivæ.

SILIUS ITALICUS, *Punicorum*, livre XIII, vers 69.

Enfin, l'impitoyable Alecto elle-même, quand elle se glisse chez

Turnus sous les traits de Calybé, s'abrite sous la branche d'Olivier pour souffler la rage au cœur du roi latin :

> Induit albos
> Cum vitta crines ; tum ramum innectit olivæ.

Enéide, livre VII, vers 417 et 418.

La navigation chez les anciens était périlleuse, et l'art nautique dirigeait au milieu des mers peu connues de frêles navires. Chaque barque était mise sous la protection d'une divinité tutélaire dont l'attitude suppliante semblait implorer le farouche Neptune. Pour rendre encore cette pose plus touchante, une branche d'Olivier était placée entre les mains de l'image du dieu protecteur[1]. Cet usage s'est conservé dans les mers de la Grèce, et la *panagia* qui orne l'avant des felouques de l'Archipel élève encore la branche d'Olivier au-dessus des flots.

A la lecture de ce qui précède, chacun se demandera, comme nous l'avons fait souvent, comment les anciens s'y prenaient pour avoir toujours à leur disposition ce rameau d'Olivier, nécessaire dans tant de circonstances de la vie. Aristophane, dans les *Ecclesiazusæ*, nous donne la clef de ce mystère : la branche d'Olivier faisait en quelque sorte partie du mobilier. Le Chœur, faisant l'énumération des objets à emporter dans un déménagement, parle de ce rameau avec tous les ustensiles de ménage et les provisions :

> . . . . . τοὺς θαλλὸς καθίστη πλησ.ον.

Vers 743.

Ce pauvre et glorieux rameau desséchait dans quelque coin de la maison, et avait donné lieu, chez les Grecs, à ce dicton très-employé :

> ωσπερ παλαίαν ειρέσιωνην καυσεται.

PLUTUS, vers 1054.

c'est-à-dire combustible comme un vieux rameau d'Olivier.

On vit quelquefois, à Rome, l'Olivier figurer dans les fêtes instituées pour rappeler le souvenir de quelque grande victoire qui avait amené la fin d'une guerre et rendu la paix à la patrie. Un jour, deux cavaliers inconnus apportèrent à Rome la nouvelle de la bataille gagnée sur les

---

1.   Data ergo, acceptaque, patrio more fide, protendit
       Ramum oleæ, a tutela navigii raptum.

Satiricon, c. VIII.

bords du lac Régille. Pour perpétuer cette date, Fabius institua une pompe dans laquelle on vit jusqu'à 5,000 chevaliers romains monter au Capitole le front ceint d'olivier.

La Paix, symbolisée par Minerve debout près de l'Olivier, se montrait au revers des monnaies ou médailles impériales, comme le représentent le revers d'un médaillon de bronze de Marc-Aurèle, et celui d'un médaillon d'or d'Adrien (fig. 24, 25).

L'Abondance, compagne de la Paix, devait aussi, dans ses personni-

Fig. 24.

Fig. 25.

fications, porter la branche mystique. L'art et la poésie représentent en effet cette gracieuse divinité couronnée d'épis, l'Olivier dans une main, une corne exubérante dans l'autre. Nous la retrouvons ainsi symbolisée, dans une belle statue assise de l'une des salles du Louvre (1519). Au musée des Antiques, la grande mosaïque placée aux pieds de Melpomène, nous offre encore l'Abondance et la Paix suivant le char de la Victoire : elles élèvent d'une main le feuillage aimé, signal de toutes les prospé- rités.

Au delà même de cette vie, le rameau de la paix jouait un rôle : les Champs Élysées n'étaient-ils pas d'ailleurs l'image pacifiée de ce monde. De même que tout ce qui passait le Styx devait avoir subi la loi commune du trépas, l'Olivier des enfers n'était sans doute qu'une ombre de l'arbre de Pallas. C'est ce qui ressort de ce passage de la *Thébaïde*, où Stace nous montre Amphiarus descendant aux sombres bords, une branche *expirante* d'Olivier à la main :

Ramumque tenet morientis Olivæ.

Livre VIII, vers 89.

Était-ce aussi l'ombre d'un rameau d'Olivier que tenait aux enfers le premier roi de Rome, lorsque la Sybille le présenta à Enée ?

> Quis procul ille autem ramis insignis Olivæ
> Sacra ferens ? Nosco crines incanaque menta
> Regis romani.
>
> *Enéide*, VI, 809.

> Qui est cettuy qui là loing en sa main
> Porte rameaux d'Olive illustrement ?
> A son gris poil et sacre accoutrement
> Je recognois l'antique roy romain.
>
> RABELAIS, livre III, ch. x.

La signification pacifique de la branche d'Olivier s'est conservée jusqu'à nous à travers les âges. Imitateurs de l'antiquité, les poëtes épiques ont rarement manqué l'occasion de le faire apparaître. Voltaire en gratifie Henri IV (*Henriade*, x) :

> Il tenait d'une main cette Olive sacrée,
> Présage consolant d'une paix assurée.

Et ailleurs :

> . . . . . . Le front calme et serein,
> Mahomet marche en maître et l'Olive à la main.
>
> *Mahomet*, II, 2.

L'art, à son tour, a gravé cet emblème dans les chefs-d'œuvre du moyen âge et de la renaissance, et le présente encore chaque jour à nos yeux quand il veut symboliser la paix. Partout il apparaît comme un gage d'espérance au-dessus de la fumée des batailles, ou des travaux de la civilisation.

Je l'ai vu rayonner aux lambris des palais d'une fière république qui ne livra jamais les pages de son livre d'or aux mains de l'envieuse Égalité. Là, près des coupoles de Saint-Marc, un des titans du grand art vénitien a consacré l'une des salles du palais ducal au triomphe de Lépante dont Venise pouvait si justement s'enorgueillir. Le pinceau de Paul Véronèse a célébré ce grand jour dans la *Sala del collegio* : Au-dessous du Christ, Venise, entre son doge et Saint-Marc, tient en main le glaive qui décide des batailles, et l'Olivier qui couronne les nobles efforts. Partout à la voûte on aperçoit la glorification de la paix symbolisée par la verte branche. Ici c'est la Justice et la Paix présentant à Venise l'une sa balance, l'autre son rameau : nobles présents desquels on peut dire ce qu'on lit aussi près d'eux : — *Custodes liber-tatis.* — *Reipublicæ fundamentum.* — *Robur imperii.* — Là, sur un entablement, c'est une allégorie, l'aigle et l'Olivier : ailleurs, une jeune femme joue avec des colombes à l'ombre de l'arbre de Pallas : plus loin, l'agriculture paît ses agneaux sous les abris du même feuillage : enfin, touchante image de la paix domestique, une belle fille au doux sourire apparaît avec ces trois choses, emblèmes gracieux des jours de calme : le chat, ami fidèle de la maison ; tranquille la cigogne, hôte béni des toits hospitaliers ; l'immortel Olivier, dont les rameaux dominent et couronnent cette scène charmante (voy. la fig. 26 comme frontispice en face du titre).

Les contemporains ne l'ont pas oublié, nos monuments en font foi. Voyez, à la façade intérieure du Louvre : partout l'Olivier se montre enlacé au lierre ou au chêne. Ce n'est pas un motif banal de décoration : les feuillages unis du chêne et de l'arbre de Minerve, par exemple, signifient paix et puissance. Ces deux sources de grandeur pour les peuples ne sont-elles pas corrélatives l'une de l'autre ? La force naît de la paix, de même que la force assure la paix :

Si vis pacem, para bellum.

Les voûtes du Louvre nous offrent le même symbolisme. Voici le lieu consacré aux gloires de Bouvines (salle 1) : levez la tête, une divinité fend les nues, tenant en main l'image de Minerve et le rameau de l'arbre qu'elle a choisi. A côté, c'est un roi qui rend à la France la paix depuis longtemps disparue, en lui tendant la Charte de ses libertés ; le rameau d'olivier, aux mains de la sagesse, brille plus haut dans les splendeurs d'un ciel pur (salle 2).

Plus loin, c'est la France accueillant la Peinture, la Sculpture, l'Architecture ; un génie élève au-dessus de ces nobles figures l'emblème de la paix, sans laquelle les arts ne sauraient fleurir (Meynier, 1819).

Et ce n'est pas seulement comme armes parlantes et comme souvenir de l'antiquité que le feuillage de l'Olivier nous apparaît dans la décoration des temples et des palais : il a plus d'une fois été déployé dans des circonstances analogues à celles où il le fut dans les temps les plus reculés. Il suffirait de descendre dans les détails de l'histoire pour le prouver. Ainsi, lorsque le roi Louis XII entra dans Gênes, qui s'était rendue à discrétion, les jeunes filles vêtues de blanc et tenant à la main la branche d'Olivier furent placées sur son passage.

Voici un exemple plus remarquable encore de la pérennité de ce symbolisme. La première République française voulut copier les républiques grecque et romaine : le rameau d'Olivier ne pouvait être oublié, elle en fit un pompeux usage. Ainsi, le 10 brumaire an VI (1797), le général Berthier et le citoyen Monge sont admis à l'audience publique du Directoire pour lui présenter le traité de Campo-Formio. Berthier, revêtu des insignes de son grade, entra tenant en main une branche d'Olivier, symbole du message de paix dont il était chargé.

Le 27 pluviôse an VI (1798), Rome ouvrait ses portes à l'armée française. Alexandre Berthier monta au Capitole pour remercier la République romaine au nom de la République française. Après avoir fait arborer le drapeau tricolore, il s'exprima ainsi : — Mânes de Caton, de Pompée, de Brutus, des Cicéron, des Hortensius, recevez l'hommage des Français libres dans la capitale où vous avez tant de fois défendu les droits du peuple et illustré la République romaine. Les enfants des Gaulois viennent dans ce lieu auguste, l'Olivier de paix à la main, rétablir les autels de la liberté. —

Nous empruntons à J. Klaczko, député au Parlement de Vienne et auteur d'une biographie de M. de Bismarck, le fait suivant qui n'est encore qu'une allusion au rôle pacifique de l'Olivier.

Le célèbre homme d'État, visitant le midi de la France, s'arrêta à la fontaine de Vaucluse, et voulut cueillir une petite branche d'Olivier sur le tombeau de Laure et de Pétrarque. A quelqu'un qui lui demandait ce qu'il en voulait faire, il répondit en l'introduisant dans son porte-cigare : « C'est afin de l'offrir en temps utile à messieurs les rouges en signe de réconciliation ». C'est qu'il pensait sans doute, ajoute le critique, que les empires naissent des bouleversements démocratiques.

L'un des épisodes les plus tragiques de nos discordes civiles fut encore une réminiscence du rôle pacifique du rameau d'Olivier parmi les hommes. Nous avons relu avec tristesse les lignes suivantes dans le *Moniteur universel* du 28 juin 1848 : — « Pendant le trajet de l'archevêque à la Bastille, il s'entretenait avec une extrême sérénité du texte saint : « *Pastor bonus dat animam suam pro ovibus suis.* »

L'autorité militaire a fait cesser le feu, on a cassé une branche d'arbre sur le boulevard, et cet insigne de paix a précédé seul le prélat et les deux ecclésiastiques, qui sont montés ensemble sur la barricade. » — On sait le reste. Il était réservé à la sauvagerie moderne de méconnaître ce signe de paix que tous les siècles avaient respecté, et de clore d'une aussi lugubre façon ce symbolisme pacifique dont l'Olivier a été la plus noble expression.

IV. Couronnes et palmes d'Olivier. — La divinité seule eut des couronnes dans l'antiquité. Bacchus, le premier, après la conquête des Indes, se couronna de pampres. D'après Phérécide, ce fut Saturne qui les inventa, bien qu'il ignorât que la planète qui devait porter son nom fût comprise dans une vaste couronne. Diodore dit que Jupiter fut le premier dieu couronné après le combat des Titans. Fabius Pictor fait dater cette coutume de Janus, roi d'Italie, tandis que Léon l'Égyptien assure qu'Isis se couronna la première d'épis de blé.

La matière des couronnes a beaucoup varié, cependant le règne végétal en a fait les principaux frais. Les fleuves se couronnaient de roseaux, Saturne de figues nouvelles, Hercule de peuplier, Pan d'hyèble, Lucine de dictame, Vénus de roses, les Lares de romarin. A l'Olivier était réservé l'honneur de ceindre le front de Minerve, la chaste déesse, et d'embellir celui des Grâces.

La couronne d'Olivier était surtout employée chez les anciens comme récompense de la valeur ou de l'adresse. Chez les Grecs, le vainqueur du prix du stade recevait une couronne d'Olivier sauvage, prise sur un arbre célèbre placé derrière le temple de Jupiter. (Pausanias, liv. V, ch. 5.)

Pindare, dans sa troisième Olympique, a dit en beaux vers l'origine de cet arbre sacré. — Autrefois, des sources ombreuses de l'Ister, le fils d'Amphytrion apporta l'Olivier pour qu'il devînt le plus beau souvenir des luttes olympiques.

Après avoir persuadé le peuple hyperboréen, adorateur d'Apollon, dans sa haute sagesse il lui demanda pour la vaste enceinte de Jupiter un arbre qui pût à la fois donner de l'ombre aux spectateurs et des couronnes à la vertu, —

Aux courses de l'Élide, où le prix était disputé par d'alertes jeunes filles, la couronne d'Olivier récompensait aussi la plus agile.

Il en était encore ainsi dans les jeux funéraires. Le premier, dans les champs de Pise, le pieux Alcide, honorant la cendre de Pélops, essuya avec la couronne d'Olivier sauvage la poussière de sa chevelure...

> Pulveremque fera crinem detersit Oliva.
>
> *Thébaïde*, livre VI.

Aux jeux célébrés en l'honneur d'Anchise, Énée, s'adressant à ceux qui vont disputer le prix de la course, dit :

> Tres præmia primi
> Adcipient, flavaque caput nectentur Oliva.

— Les trois premiers vainqueurs recevront trois prix, et l'Olivier triomphal ceindra leurs fronts.

La force physique n'était pas seulement honorée chez les anciens : l'esprit avait aussi ses luttes, les Muses y présidaient; et la verte branche, ou la couronne d'olivier, était encore la meilleure récompense des vainqueurs.

Au livre IIIe des *Géorgiques*, Virgile, justement fier de sa renommée grandissante, s'en réjouit en pensant à l'honneur qui en reviendra à son pays, pour lequel, grâce à lui, les Muses thébaines auront quitté les sommets de l'Hélicon. Sur les rives du Mincio, la tête couronnée d'Olivier, il distribue le prix aux vainqueurs du ceste, de la course, etc.

> Ipse caput tonsæ foliis Olivæ,
> Dona feram.

Une autre preuve que la couronne d'Olivier était donnée comme prix de poésie se trouve dans la *Vie de Dominitien*, par Suétone. Cet empereur institua, en l'honneur de Minerve, les jeux albins, sur la montagne d'Albe. On y joignit des combats de poètes et d'orateurs; la couronne du premier prix de poésie était ornée de bandelettes et de feuilles d'or; celle du second était tout simplement de feuillage d'Olivier.

C'est ce qui fit dire à Martial (liv. IX, épig. 24 à Carus) :

> Albanæ livere potest pia quercus Olivæ
> Cinxerit invictum quod prior illa caput.

— Désormais le chêne peut être jaloux de l'Olivier du mont Albain. —

Et plus loin, quand il reproche à Philomusus de savoir quelle tête César doit couronner d'Olivier :

Cujus Iulæ capiti nascantur Olivæ.

Epig. 36.

Ces usages étaient un souvenir de la Grèce, où, dans les joûtes littéraires et musicales des Panathénées, le vainqueur recevait une couronne d'Olivier et une mesure d'huile.

Pour que le chêne ne fût pas jaloux de l'Olivier, on mêla parfois leur feuillage afin d'en tresser des couronnes. Pourquoi, s'écrie le poëte Stace pleurant son père, pourquoi le chêne sur ma tête ne se maria-t-il pas à l'Olivier, lorsqu'aux jeux capitolins je chantais la gloire de Jupiter?

Heu ! quod me mixta quercus non pressit Oliva,
Et fugit speratus honos...

STACE, *Silve* III, livre V.

Ce n'est pas seulement comme récompense de l'agilité et de la force, ou comme prix de la poésie, que la couronne d'Olivier était décernée : elle eut encore de plus hautes destinations. Athènes introduisit la coutume de donner des couronnes aux bons citoyens, en ceignant de deux branches d'Olivier réunies le front de Périclès.

Duobus Oleæ connexis ramulis clarum Periclis cingendo caput.

VALERIUS MAX., livre II, ch. VI,

Cornélius Népos écrit aussi : « Pour prix de tous les services rendus à sa patrie, Thrasybule reçut du peuple une couronne d'honneur faite de deux rameaux d'Olivier ; et comme c'était un hommage librement offert par la reconnaissance publique, cette récompense le combla de gloire sans lui faire un seul envieux. »

Les anciens représentaient Minerve couverte de ses attributs belliqueux, et cependant avec l'Olivier de la paix sur la tête :

Caput contecta fulgenti galea ; et oleagina corona tegebatur ipsa galea.

APULÉE, *Mét.*, livre X.

Voilà sans doute la raison pour laquelle les poëtes nous représentent certains fonctionnaires sacrés, portant aussi sur leur casque la couronne d'Olivier. Ici c'est le vaillant Umbron, grand prêtre de la nation des Marrubiens, et messager du roi Archippe :

> Quin et Marubia venit de gente sacerdos,
> Fronde super galeam et felici comptus Oliva,
> Archippi regis missus fortissimus Umbro.
>
> *Enéide*, livre VII, vers 750.

Ailleurs, c'est Amphiarus, prêtre d'Apollon, qui réunit ainsi les
emblèmes de la guerre et de la paix :

> . . . . . frondenti crinitur cassis Oliva
>
> *Thébaïde*, livre IV, vers 217.

Voici Énée lui-même, debout sur la proue d'un navire, — une coupe à
la main, l'Olive sur la tête :

> Ipse, caput tonsæ foliis evinctus Olivæ
> Stans procul in prora paterum tenet...
>
> *Enéide*, livre V, vers 774.

Festus nous montre les ministres des triomphes portant des couronnes
d'Olivier : souvenir de Minerve, déesse de la guerre et de la paix, dont
la pompe du triomphe inaugurait l'ère.

Partout nous retrouvons l'Olivier : on en couronnait les morts, dit
Artémidore, pour apprendre qu'ils étaient enfin vainqueurs des combats
de la vie ; et quand un fils naissait dans une maison à Athènes, on sus-
pendait à la porte une couronne d'Olivier, symbole de l'agriculture à
laquelle l'homme est destiné.

Ainsi la vie commençait et finissait par des couronnes d'Olivier, de
même que plus tard chez les chrétiens nous la verrons aussi commencer
et finir par des onctions faites du suc de l'olive.

V. — LITTÉRATURE DE L'OLIVIER. — Nous venons de suivre
l'Olivier à travers les légendes et les monuments, disons maintenant la
place qu'il occupe dans les livres anciens et modernes ; monuments
aussi, plus durables peut-être que ceux de pierre et de marbre.

Rien ne prouve mieux la célébrité d'un homme que le nombre des
biographes qui ont raconté sa vie. Les petites renommées tentent peu les
historiens ; le succès, le bruit et l'éclat attirent, ainsi que les grandes
infortunes ; et quand à cela viennent se joindre une importance réelle,
un rôle magistralement joué, un niveau supérieur atteint, nul regard
n'est à l'abri de ce rayonnement. Parle-t-on du siècle que ces illustrations ont rempli, parle-t-on des nations dont elles furent l'honneur ? il

faut s'incliner devant elles. C'est ainsi que César, Jeanne d'Arc, Cromwel, Napoléon, ont eu et auront encore de nombreux panégyristes ou historiographes; on ne peut traverser leurs temps sans les voir.

Il en est de même, à plus forte raison, des illustrations végétales qui ne sont ni d'une époque ni d'un lieu. Compagnes de l'humanité, les siècles passent, elles demeurent, et d'âge en âge grandissent leurs titres à notre reconnaissance.

La biographie de l'Olivier aurait donc la longueur des temps; et comme le soleil, dont il tire sa force, eut à toutes les époques ses adorateurs et ses poëtes, l'arbre dont nous parlons a tour à tour été salué par toutes les générations dans les pays qu'il habite. Législateurs, agronomes, voyageurs, littérateurs, botanistes, tous ont parlé de lui.

Deux considérations nous imposaient une bibliographie complète de l'Olivier. Premièrement : produire un de ses titres de gloire les moins contestables; secondement, indiquer les sources où nous avons puisé les matériaux de cette histoire, pour que d'autres puissent faire plus ou mieux que nous.

Nulle part il n'est aussi souvent question de l'Olivier et de ses produits que dans les livres saints. Dès les premières pages de la Bible, il en est mention, et le texte sacré revient sans cesse sur la culture de l'arbre, la récolte de ses fruits, les emplois de son huile. La poésie biblique elle-même emprunte souvent à l'Olivier des images pleines de grandeur et de réalisme.

« Ce qui restera d'Israël, dit Isaïe (chap. xvii, 6), sera comme une grappe de raisin qui aura été laissée par les vendangeurs, et comme lorsqu'on dépouille l'Olivier il en reste deux ou trois olives au bout d'une branche, ou quatre ou cinq au haut de l'arbre. »

C'est que de tous les arbres il était le plus important, et le plus fécond sur cette terre brûlée de la Palestine, dont le Seigneur disait par la bouche du prophète :

« Je ferai naître dans le désert le cèdre, l'épine blanche et les Oliviers : je ferai croître ensemble dans la solitude les sapins, les ormes et les bouïs. » (ISAIE, ch. xli, 19.)

Les poëmes d'Homère étaient aussi sacrés pour les Grecs que les livres de l'Ancien Testament l'étaient pour les Juifs. Lui aussi nous fait connaître les régions méditerranéennes où croissait l'Olivier, et cet arbre occupe le premier rang parmi les plantes dont il parle. Il distingue l'Olivier cultivé, ἐλαίη, de l'Olivier sauvage, φυλίη (*Odys.*, v. 477), et tout en rappelant la manière dont on le cultivait sur les rivages de l'Ionie, il sait peindre dans de beaux vers la physionomie de l'arbre au feuillage bleu.

HÉRODOTE, 454 ans avant J.-C., parcourut en voyageur une partie des régions oléifères, et parla de cette culture dans diverses contrées. Par lui nous savons que l'Olivier, si commun en Palestine, n'était pas cultivé dans la Babylonie, dont les plaines arrosées convenaient mieux aux céréales.

THÉOPHRASTE (370) a éclairé l'histoire de l'Olivier dans ces temps reculés. Beaucoup d'auteurs répétèrent après lui ce qu'il avait dit de l'arbre de Cécrops soit dans l'*Androtion* (*De myrto et olea*), soit dans l'histoire des plantes proprement dites, soit dans le traité : *Des causes des plantes*.

Il faut encore citer de 200 à 250 ans avant J.-C. Nicandre (*Theriaca alexipharmaca geoponica*); puis Cassianus Bassus, auteur des *Géoponiques*, titre sous lequel il a réuni, vers 919, des fragments mutilés d'agronomes grecs qui, chronologiquement, prennent place après Nicandre, et sont précieux pour l'histoire culturale ancienne de l'Olivier; enfin Théocrite qui, mêlant à ses idylles la description des lieux et des choses, a placé de gracieux tableaux sous l'ombrage de l'arbre de Pallas.

CATON l'Ancien (147), après avoir occupé les plus grandes charges de l'État et monté triomphalement au Capitole, se retira dans le pays des Sabins, où il faisait valoir une petite terre. Il finit là ses jours sous les Oliviers, et consigna dans son ouvrage intitulé : *De re rustica*, les résultats de son expérience personnelle.

TÉRENTIUS VARRON, un des hommes les plus savants de son siècle, au témoignage de Cicéron, composa à quatre-vingts ans un traité d'agriculture. L'Olivier y est l'objet d'une étude spéciale, comme l'un des arbres les plus précieux de l'Italie. Varron écrivit sur l'agriculture plutôt en érudit qu'en praticien, bien qu'il ait habité ses terres de Cumes et de Casinate, où les beaux Oliviers n'étaient pas rares.

VIRGILE se place, par ses *Géorgiques*, au nombre des auteurs qui nous ont le mieux fait connaître la place importante de l'Olivier dans l'agriculture des anciens. Virgile n'était cependant pas originaire de l'une des contrées les plus fertiles de l'Italie; pas plus alors qu'au-·jourd'hui, le feuillage aimé de Pallas ne brillait sur les coteaux de Mantoue.

Au premier siècle de notre ère, paraît COLUMELLE. Ses deux traités : *De re rustica* et *De arboribus*, renferment de très-longs et très-complets détails sur la culture de l'Olivier, la conservation des olives, la préparation de l'huile et ses usages. Nous savons peu de choses de la vie de Columelle, si ce n'est qu'il était né à Cadix, et qu'il passa son enfance sous les beaux Oliviers qui croissaient dans les terres que Marcus Columelle, son père, possédait dans la Bétique. C'est sans doute aux souvenirs qu'ils avaient laissés dans son esprit et dans son cœur, que nous devons cette phrase tombée de sa plume :

... Olea quæ prima omnium arborum est.

Ch. VIII, livre V.

STRABON le géographe, Dioscorides, un botaniste, sont utiles à consulter sur des faits importants de l'histoire de notre arbre.

PLINE l'Ancien a consacré son livre XV à la culture de l'olivier et aux différentes espèces d'huile. Çà et là, dans ces longs écrits, on trouve des faits curieux se rattachant au même sujet. Pline, il ne faut pas l'oublier, parle de ce qu'il a lu plutôt que de ce qu'il a vu.

ATHÉNÉE, écrivain du troisième siècle de notre ère, a sauvé de l'oubli, dans son *Banquet des savants*, une foule de détails concernant les usages économiques de l'olive et de son huile, et nous en montre l'importance dans la vie matérielle des Grecs.

GALIEN, ORIBAZE, PAUL D'ÉGINE, ont fait mention de l'Olivier dans plusieurs endroits de leurs écrits, mais ce n'était qu'au point de vue de l'usage thérapeutique des différentes parties de l'arbre et de son huile.

Au quatrième siècle, ISIDORE, de Séville, et surtout PALLADIUS, ont traité de l'Olivier au point de vue agronomique. On peut cependant dire avec Schoëll que si Palladius, lequel a souvent copié ses devanciers, parle d'une façon plus précise que Columelle des arbres fruitiers de l'Italie, il y a une exception à faire pour l'Olivier. Columelle n'a pas eu de maître dans l'histoire agricole et industrielle de notre arbre, et nul ne l'a surpassé.

Il faut laisser passer dix siècles avant de retrouver dans les livres des traces de la préoccupation des hommes au sujet de l'Olivier. Au quinzième siècle, en 1486, Piero de Crescenzi se souvint de cet arbre· utile au livre des : Prouffilts champêtres et ruraulx.

En 1550, Pier Vettori, souvent cité avec éloges par G. Presta, publia le *Trattato delle lodi et della coltivazione degli Ulivi*. — Ce livre montre que l'Olivier n'avait pas cessé, durant le moyen âge, d'être un des arbres utiles de l'Italie, mais que sa culture n'avait fait aucun progrès depuis Pline.

De Vettori date le réveil de la littérature agronomique. En 1554 paraît le *Prædium rusticum* de Charles Estienne, avec une large place pour l'Olivier. En 1588, Giambatista Porta, gentilhomme napolitain, donne l'*Olivetum*, spécialement consacré à l'arbre dont il est ici question.

C'est aussi du seizième siècle que se montrent les premiers essais de classification botanique des variétés culturales de l'Olivier. Césalpin (1583), d'Arrezzo, pays d'Oliviers, Clusius, et plus tard les deux Bauhin (1623), s'y exercent.

Le dix-septième siècle voit également paraître le *Théâtre d'agriculture et Mesnage des champs*, d'Olivier de Serres, nom cher à l'agriculture et particulièrement à l'Olivier. Caldenbach Christophe écrit à Tubingen l'*Olea* (1679), et vers la fin du siècle, Tournefort donne des Oliviers qu'il avait étudiés dans le Midi, et dans son grand voyage en Orient, une nomenclature plus précise qu'on ne l'avait fait jusqu'alors.

Au commencement du dix-huitième siècle, Pierre Joseph Garidel, professeur d'anatomie, publie une Histoire des plantes qui naissent aux environs d'Aix et dans plusieurs autres endroits de la Provence. L'Olivier, cela se comprend, devait occuper dans cet ouvrage une place importante. Garidel admet onze variétés d'Oliviers, dont il établit et discute la synonymie d'après Clusius, Cœsalpin, C. Bauhin, Tournefort et le Jardin royal de Montpellier : Garidel ne parlait pas des plantes, par oui-dire; sa métairie du Tholonet était plantée d'Oliviers, et là il pouvait comparer à l'aise les diverses formes que revêt l'arbre caractéristique de la Provence.

Antoine Gouan [1], professeur de botanique à Montpellier, était bien placé pour déterminer les Oliviers de cette région, soit dans le pays lui-même, soit dans le Jardin royal. Il a été plus sobre de variétés que Tournefort. Il admet seulement onze formes de l'*Olea europœa* cultivé, et substitue un nom simple aux phrases descriptives employées par ses prédécesseurs. Beaucoup d'auteurs n'ont adopté que les variétés agricoles de Gouan, auxquelles ils ont ajouté quelques formes signalées par Rozier.

En 1756, Jacob Vanière, de la compagnie de Jésus, mit en vers latins les pratiques agriculturales de la région méridionale qu'il habitait. Béziers revendique avec juste raison l'honneur d'avoir produit Vanière; le *Prædium rusticum* n'est pas, en effet, une œuvre sans mérite et sans utilité. Le poëte connaît et aime les choses dont il parle, et son vers élégant et sonore est un écho des *Géorgiques*. Comment Vanière eût-il oublié les Oliviers du fécond territoire de Béziers, station jadis privilégiée du Languedoc méridional pour l'arbre de Minerve? Il énumère les services qu'il rend, la façon dont on le traite, les dangers qu'il court dans les froids hivers; il le place enfin au plus haut rang dans l'estime des hommes :

> ... neque enim est quæ pallida quamquam
> Blandius agricolis arbor spectetur avaris;
> Sive racemato faciat spem flore, nigrantes
> Prodiga seu fetu curvaverit ubere ramos.

Le marquis de Grimaldi, un des hommes les plus remarquables de la production oléifère, écrivait vers ce temps, en Italie, les *Inztruzione por la nuovo manifattura dell Olio introdotta nella Calabria*, et appelait ainsi un nouvel intérêt sur l'Olivier.

L'*Encyclopédie* de 1765 contient sur l'Olivier, les olives et l'huile, des articles importants qui résument les idées du temps. Une nomenclature agricole peu claire contient dix-neuf variétés.

D'après Bernard, l'administration du pays (la Provence) aurait fait publier, à une époque qu'il ne précise pas, un traité sur la culture de

---

1. Gouan, *Hortus regius monspeliensis*, 1768. — *Flora monspeliaca*, 1765.

l'Olivier : ce livre, paraît-il, ne renfermait que des choses communes, connues de tous; il servit seulement à témoigner de l'importance que l'on attachait à la culture de cette plante.

Vers 1787 ou 1788, SIEUVE, de Marseille, écrivit un mémoire sur la culture de l'Olivier. Ce travail fut soumis à l'Académie des sciences; il eut un certain succès, même hors de France, car il est cité souvent par Giovanni Presta.

L'attention de l'Académie des sciences semble avoir été éveillée sur la culture de l'Olivier par le mémoire de Sieuve : car, peu de temps après, elle proposa un de ses prix pour récompenser le meilleur travail sur la culture de cet arbre, et les moyens les plus efficaces de se débarrasser des insectes qui lui nuisent.

M. DE LA BROUSSE fut l'auteur du travail couronné dans cette circonstance; l'ouvrage eut trois éditions.

Un littérateur, lauréat de l'Académie française et des Académies de Rouen, Pau, etc., ISNARD étudia les insectes qui attaquent l'Olivier. Bernard, au sujet du travail de cet auteur, a dit : « Quelle confiance peut inspirer un naturaliste qui n'a trouvé que deux ailes à des phalènes! »

L'abbé ROZIER, seigneur de Chèvreville, consacre un article très-important à l'Olivier dans son grand *Dictionnaire d'agriculture*, dont la publication, commencée vers 1777, demanda plusieurs années. Cet article est divisé en treize chapitres, dans lesquels l'auteur traite successivement tout ce qui se rapporte aux espèces, au climat, à la multiplication, à la culture, à la taille, aux maladies de l'arbre et à la récolte des olives. Le grand ouvrage de Rozier est un des traités les plus importants d'agriculture française, et les auteurs étrangers lui ont fait de nombreux emprunts en ce qui concerne l'olivier particulièrement [1].

Parmi les écrits concernant l'arbre dont nous faisons l'histoire, il faut donner une place à part à l'ouvrage suivant, dû aux recherches de Giovani Presta, de Gallipoli, dans la terre d'Otrante; il a pour titre :

DEGLI ULIVI, DELLE ULIVE
e della
MANIERA DI CAVAR L'OLIO.

---

[1]. ROSIER, pour son article Olivier, profita des travaux cités plus loin, de ceux de Bernard, d'Amoreux et de Couture.

Ce traité complet de l'Olivier parut vers 1786. Il a été imprimé en 1781, et fait partie d'une collection intitulée : *Collana di opere scelte edite ed inedite di scrittori di terra d'Otranto diretta da Salvatore Grande. Lecce tipografia editrice Salentina.* L'auteur s'est inspiré des travaux des anciens sur la culture de l'Olivier et de tous les documents modernes venus au jour avant lui. L'Olivier y est considéré au point de vue littéraire et économique; l'ouvrage est partagé en trois parties, l'Olivier, — l'olive, — l'huile, et complété par deux mémoires sur les variétés d'huile obtenues par Presta lui-même sur les territoires qu'il habitait. Ce livre, de près de 600 pages in-12, contient des renseignements fort intéressants sur le rôle de l'Olivier dans la basse Italie au dix-huitième siècle; mais tout cela est délayé dans des longueurs inutiles.

A la même époque, et dans le même pays, Vincenzo Pétagna fit paraître à Naples (1787) les *Institutiones botanicæ*, où une attention particulière est donnée à l'Olivier et à ses variétés.

Un membre de la Société d'agriculture d'Aix, David, publia en ce temps sur l'Olivier un ouvrage bien fait, au jugement de Bernard, et qui fut très-répandu dans la province.

Barthes, seigneur de Marmonières, traita le même sujet en quatre chapitres. L'auteur prévient qu'il n'empruntera rien aux anciens auteurs, Caton, Varron, etc. Son livre contient de bons préceptes dus à l'expérience de ses contemporains, ce qui vaut mieux que de consulter les classiques.

Le marquis des Pennes s'occupa particulièrement, dans un mémoire du temps, des pépinières et de leur nécessité.

En 1782, l'Académie des belles-lettres, sciences et arts de Marseille, justement préoccupée de l'importance de l'Olivier, proposa, pour sujet d'un prix, un travail complet sur la culture de cet arbre. Trois mémoires furent présentés parmi lesquels l'Académie distingua en première ligne celui de Bernard, directeur adjoint de l'observatoire royal de la Marine de Marseille. Ce savant, paraît-il, ne dédaignait pas d'abaisser de temps à autre ses regards sur notre humble planète pour en étudier les productions utiles.

Le travail de Bernard modestement intitulé : *Mémoire pour ser-*

vir à l'histoire naturelle de l'Olivier, est partagé en cinq chapitres dont les titres sont : I. Olivier et ses variétés, II. Culture, III. Maladies, IV. Des moulins, V. Extraction de l'huile. Il fait partie d'une collection de mémoires pour servir à l'histoire naturelle de la Provence publiée en 1788 par Didot fils aîné.

PARMENTIER a fait l'éloge de ce travail, qui décèle, dit-il, un observateur exact, attentif, et accoutumé à bien voir. Bernard ne dédaigne pas l'expérience des anciens, et fait aussi appel à l'observation directe. Son livre est rempli de faits et de préceptes qui n'ont pas vieilli.

PIERRE-JOSEPH AMOREUX, de la Société royale de Montpellier, obtint après Bernard le premier accessit. Il se plaignit beaucoup du jugement des académiciens de Marseille, et attribua le second rang qui lui était donné à ce qu'il avait négligé les Oliviers de la Provence pour ceux du bas Languedoc. Bernard fit toucher du doigt les imperfections du travail de son compétiteur, qui reproduisait, entre autres choses, toutes les erreurs de ses prédécesseurs sur l'histoire naturelle des insectes qui attaquent l'Olivier.

M. COUTURE, curé de Miramas, fut classé le troisième. Pas plus qu'Amoreux il ne fut content. Il attaqua Bernard, qui se défendit vigoureusement, et lui reprocha d'avoir gratifié de douze pattes un des insectes de l'Olivier, et d'avoir cru à l'influence des femmes sur la marche de la séve des arbres.

En 1803 parut un grand dictionnaire d'histoire naturelle. L'Olivier n'y pouvait être oublié, et ce fut l'illustre Parmentier qui rédigea l'article qui le concernait. Il apprécie les grands travaux de Rosier et de Bernard, et pense que même, après ces bons observateurs, il reste encore quelque chose à faire : « Il serait à souhaiter, dit-il, qu'on pût réunir les connaissances pratiques et éparses dans un précis qui indiquerait clairement les espèces les plus convenables aux localités, qui résistent davantage aux hivers, qui ont le moins d'ennemis à redouter, et dont on retire la meilleure qualité d'huile. »

Parmi les auteurs qui ont fait de l'Olivier le sujet de leurs méditations, il faut citer un poëte italien de Brescia, Cesare Arici, qui fit paraître, vers 1808, un poëme en quatre chants intitulé : *La Collivazione degli Ulivi*. Ce n'est pas, il faut le dire, une œuvre pratique, où l'on puisse aller chercher l'art de faire produire l'Olivier, mais cette légère poésie est pleine de charme. Le compatriote de Virgile a bien répondu aux ordres de Minerve, des lèvres de laquelle il a entendu tomber ces mots :

Tu di pace, cantor, con molle verso
Canta dell' arbor mio, sacro alla pace.

L'abbé **J. B. Picconi**, auquel a été dédié un genre de la famille des Oléacées, écrivit, à Savone, en 1810, un livre en deux volumes intitulé : *Æconomia Olearia*. Ce travail contient une bonne nomenclature des Oliviers de la Ligurie. De Candole le cite dans le *Prodrome*, et cependant G. A. Pritzel n'en fait pas mention dans le *Thesaurus*.

Après 1815, les esprits longtemps détournés vers la guerre, revinrent aux choses de la paix, et l'essor agricole, qui ne s'est pas ralenti depuis, se manifesta. L'Olivier était une des plantes les plus précieuses de notre territoire, puisque Parmentier avait dit : « De tous les arbres que l'industrie de l'homme a su mettre à profit, l'Olivier mérite sans contredit le premier rang. » (*Dict. d'Hist. nat.*, t. XVI, p. 209.)

En 1819, **Jean-Florimon Bondon**, de Saint-Amans, insère un travail sur l'Olivier dans un grand traité de Poiteau et Turpin sur les arbres fruitiers, pendant que Loiseleur Deslongschamps aborde le même sujet dans un manuel des plantes usuelles indigènes.

Gabriel-Alonzo de Herrera avait fait paraître vers 1513, en Espagne, un traité d'agriculture générale qui fut longtemps dans ce pays le code cette science. En 1818, ce livre important fut réédité à Madrid, avec des additions et des modifications considérables. Simon de Rojas Clemente y énuméra et décrivit les espèces d'Oliviers connues ou cultivées dans la Péninsule. Tous les auteurs plus modernes, Tablada par exemple, ont adopté les vues de Clemente sur les formes que revêt l'olivier dans ce pays. Ce botaniste eut dans sa patrie l'autorité de Gouan chez nous en pareille matière.

J. A. Risso, professeur d'histoire naturelle à Nice, ne pouvait oublier l'Olivier dans son histoire naturelle des principales productions de l'Europe méridionale, et principalement de celles des environs de Nice. Un article important est consacré à l'arbre des bords de la Méditerranée : quarante variété d'Oliviers y sont décrites : nombre considérable qui n'avait pas encore été dépassé en France.

Vers la même époque à peu près, un auteur toscan, TAVANTI, édita un ouvrage en deux volumes sur la culture de l'Olivier et l'histoire naturelle de cet arbre. Travail estimé auquel tous les auteurs postérieurs ont eu recours quand ils ont voulu parler de l'importante région oléifère où vécut Tavanti.

Dans le *Dictionnaire pittoresque* de 1826, l'article *Olivier* est consciencieusement traité ; l'auteur a puisé ses renseignements aux lieux mêmes où chez nous l'arbre prospère, en Provence et dans le Languedoc.

C'est à Teramo que fut publié en 1838 le traité de Ghiotti, *Suela coltivazione dell Olivo ;* des planches accompagnaient le texte de cet ouvrage, recommandable surtout au point de vue pratique, et que les auteurs italiens actuels aiment à citer.

L'Olivier ne pouvait être négligé dans le grand *Dictionnaire* de D'ORBIGNY de 1840. Rien d'important de ce qui a trait à l'histoire économique de l'arbre n'y est oublié. Quant à la classification des variétés de l'*O. sativa*, c'est celle de Gouan qui, nous le verrons, en a judicieusement restreint le nombre.

H. MARGOT, dans une *Flore de Zante* qui parut en 1841, à Genève, a décrit utilement les Oliviers de cette région oléifère.

La date de 1844 est importante dans la bibliographie de l'Olivier, c'est celle de la publication du volume du *Prodrome* qui contient le groupe des *Oléinées*. L'état civil de l'Olivier, si l'on veut nous passer cette expression, s'y est trouvé définitivement établi ; l'arbre de Minerve nous apparaît entouré de tous les membres de cette famille des Oliviers qu'il domine par sa valeur et les souvenirs poétiques qu'il rappelle, tels à certains jours aiment à se montrer les chefs d'empires dans l'éclat de leur puissance. Près d'eux, se pressent ceux auxquels la hiérarchie du sang assigne des rangs divers sur les marches du trône.

M. le comte de GASPARIN, qui occupe une situation élevée parmi les agronomes français, après avoir publié un mémoire spécial sur la culture de l'Olivier (1818), fait à cette plante une place importante dans son traité d'agriculture qui parut en 1848. La partie économique de la production oléifère y est surtout étudiée avec le plus grand soin. Le livre de M. de Gasparin a été lu et apprécié par presque tous les auteurs italiens et espagnols qui, depuis lui, se sont occupés du même sujet : ils s'appuient souvent sur son autorité.

MM. JACQUES et HERINCQ, dans leur *Flore des jardins de l'Europe* (1850), n'ont pas négligé l'article *Olivier*. Aux deux variétés *d'olea* du prodrome, ils subordonnent cinq sous-variétés. Quant à leurs sous-variétés dites agricoles, ils ont, comme dans le dictionnaire de d'Orbigny, adopté la synonymie de Gouan.

Le *Cours d'arboriculture* de M. Du Breuil (1850) n'a pas passé sous silence un arbre qui occupe une si large place parmi nos productions agricoles. D'excellents préceptes, accompagnés de figures, y sont donnés au sujet de la taille du végétal et de sa direction. L'auteur a fait avec soin, d'après M. Guérin-Méneville, l'histoire vraie de quelques insectes ennemis de l'Olivier, et joint à l'appui des descriptions de fidèles dessins. Quant à la nomenclature des variétés cultivées, il a été moins bien inspiré, et s'en est tenu à peu près à la liste de Bernard, un peu vieille, il faut en convenir.

Nous mentionnerons ici un ouvrage ayant pour titre : *Guide pratique de la culture de l'Olivier, son fruit et son huile*, Paris, Eug. Lacroix, éditeur. L'auteur est M. REYNAUD, de Nîmes. Ce livre, qui ne vise pas à faire l'histoire complète de l'Olivier, est un recueil d'observations simples sur l'industrie oléifère dans le département du Gard. À ce point de vue il contient d'utiles renseignements et des préceptes basés sur une longue pratique.

En 1870, M. GUSTAVE HEUZÉ, inspecteur général d'agriculture, a composé les cartes agricoles qui constituent un magnifique atlas, sorti des presses de l'Imprimerie nationale, sous les auspices du ministère de l'agriculture et du commerce. La carte 6 représentant les limites septentrionales des différentes cultures en France ; la carte 27 représentant l'intensité de la culture de l'Olivier dans nos départements méridionaux, sont des documents de premier ordre à consulter pour l'histoire de l'Olivier. Il en est de même des rapports de la grande enquête agricole faite en 1868 sur toute l'étendue du territoire français : nulle part on ne trouverait de détails plus précis et plus variés sur le sujet qui nous occupe.

Parmi les petits traités d'agriculture publiés par la librairie agricole de la maison rustique, nous citerons celui qui est intitulé l'*Olivier*, et dont l'auteur est M. A. RIONDET, agriculteur à Hyères. C'est un résumé très-succinct des points principaux de la culture de l'arbre dans le département du Var. Tout ce que l'histoire de l'Olivier présente de controversable, le nombre et la valeur des variétés cultivées, par exemple, a été laissé de côté par l'auteur, qui n'a voulu pour ce petit manuel, que le côté pratique, exposé le plus simplement possible.

L'Espagne est une des régions privilégiées de l'*Olea europœa*. La culture de cet arbre, un peu négligée comme les autres sources de la prospérité publique, a cependant été l'objet d'études variées. J'ai sous les yeux la seconde édition d'un livre intitulé *Tratado del cultivo del Olivo en España, y modo de mejorarlo*, par D. José DE HIDALGO TABLADA, Madrid, 1870, libreria de la señora viuda é hijos de don José Cuesta, editores, calle de Carretas, n° 9.

Cet ouvrage est des plus intéressants à consulter pour une histoire générale de l'Olivier. Il est rempli de faits précis et peu connus; il aborde les points discutés et les juge avec talent, souvent avec bonheur. L'auteur connaît parfaitement l'arbre dont il parle, il a vécu sous ses ombrages, suivi les progrès de sa culture et touché les ennemis qui le menacent sans cesse. De bonnes figures aident le texte.

Le sud de l'Italie a été fécond en agronomes ayant fait de l'Olivier le sujet d'ouvrages spéciaux. Parmi eux se range le professeur Girolamo Carusso, qui a fait paraître en 1870, à Palerme, un livre intitulé : *Coltivazione degli Olivi e manufattura dell' olio*. Un fait qui démontre la valeur de ce travail, c'est qu'il a été rapidement épuisé, et que nous ne l'avons plus retrouvé à Naples, en 1874, dans les principales librairies.

Le professeur ACHILLE BRUNI a publié sur la culture de l'Olivier de nombreux articles dans le journal agricole *la Campagna* de Palerme. Nous citerons encore à la date de 1871, comme se rattachant aux questions oléifères, la brochure de M. Domenico Capponi, président du comice agricole de San Remo, sur la fabrication de l'huile d'olive.

La librairie Gaetano Brigola, de Milan, a édité, en 1875, deux opuscules qui font partie de la bibliothèque de l'agriculture. Le premier, — *Manuale teorico pratico per la Coltivazione dell' Olivo*, — est dû à la plume d'un professeur d'agriculture et de sciences naturelles à l'école royale de Caltanisetta. L'auteur ne sort pas des limites étroites de la culture pratique, et ce petit livre, accompagné de figures, remplira trèsutilement son but. Il est complété en quelque sorte par un second opuscule intitulé *L'Olio d'Oliva*, du docteur Alessandro Bizzarri, de Florence.

Nous terminerons cette bibliographie de l'Olivier par le livre de M. Giulo Cappi, édité par la Typographie sociale Ligure de San Remo, en 1875. Il a pour titre: *La coltivazione dell' Olivo e l'estrazione dell' olio nelle provincie oleifere italiane poste 'a confronto con i metodi piu razionali e moderni, opera originale illustrata con disegni delle macchine piu perfette.*

C'est une enquête fort étendue sur la culture de l'Olivier et son exploitation industrielle sur toute la surface de l'Italie. C'est à l'aide de documents transmis par les comices agricoles que ce travail a été fait. Bien que le plan dans lequel il est conçu, ait exposé l'auteur à beaucoup de répétitions, c'est un livre d'un intérêt sérieux, et nous en souhaitons de semblables à notre pays.

M. Cappi voit dans l'Olivier une des sources de la richesse de son pays, et ses sentiments patriotiques lui font désirer pour ce bel arbre les destinées les plus prospères et l'extension la plus grande. Nous n'y contredirions pas, si par un abus exagéré peut-être du principe des nationalités, M. Cappi ne semblait vouloir comprendre dans les frontières italiennes toutes les contrées où croît l'Olivier, depuis Trente jusqu'à Perpignan sans doute. A ce compte les Grecs pourraient plus justement considérer la Provence comme une dépendance de l'Attique, car l'arbre de Minerve est venu directement de Phocée à Marseille, d'où il a rayonné vers l'est et l'ouest.

Ceci dit, nous n'avons que des éloges à donner au travail de M. Cappi, fruit d'une expérience consommée au point de vue pratique, et d'une entente parfaite des conditions économiques et industrielles de la production oléifère. Il augure bien de l'avenir de l'Olivier dans toute la

péninsule ; nous nous associons à ces vœux. Pour nous l'Olivier n'a
pas de patrie dans le sens étroit du mot ; c'est un des serviteurs les
plus utiles de l'homme, qu'il soit né sur les bords de l'Ilissus, aux
penchants de l'Atlas, ou sur les côteaux du Picenum.

Telles sont les sources nombreuses dans lesquelles on peut puiser
les matériaux d'une histoire générale de l'Olivier ; un grand nombre
d'entre elles nous ont été d'un secours précieux.

Cela n'eût pas suffi si nous n'avions pas vu nous-même les régions
oléifères. Nous avons visité souvent la Provence, d'Avignon à Marseille
et de Marseille à Nice. En 1874 et 1875, nous avons parcouru l'Italie,
de Vintimille à Venise et du lac Majeur au Vésuve. Nous regrettons de
n'avoir pas aussi fait connaissance avec la Grèce et l'Espagne : malheureusement la branche d'Olivier n'inspire aucun respect aux descendants de Périclès et ne préserve pas des rançons forcées. Quant à la
patrie du Cid, il n'était pas alors commode d'aller y chercher l'arbre
de la paix.

CHAPITRE II

HISTOIRE NATURELLE DE L'OLIVIER

I. Place dans les classifications. — Avant de parler de l'Olivier lui-même, il est nécessaire de faire connaître la famille végétale à laquelle il appartient. Ce n'est pas que notre célèbre plante puisse en retirer un honneur bien considérable, cette famille n'ayant pas en dehors de lui une place fort élevée dans la hiérarchie des plantes, au point de vue du nombre, ou de l'importance des espèces. L'Olivier lui donne son nom et la remplit de sa personnalité puissante.

L'Olivier appartient à la famille des Oléinées (*Oleineœ*, Hoffmanns et link, *Fl. port.*, 1806). Cette famille est aussi désignée sous le nom d'Oléacées (*Oleaceœ*, Lindley, *Nat. syst.*, ed. 2; *Prodrome*, DC, ordo CXXVII, t. VIII, p. 273).

Les botanistes rangeaient autrefois dans ce groupe d'élégants arbustes les jasmins, qui, avec les lilas, formaient à l'Olivier la plus gracieuse des parentés. Mais l'arbre de Minerve est, paraît-il, d'un autre sang, nous voulons dire d'une autre séve que le jasmin : chaque fois que par la greffe, ce *conjungo* des plantes, on a voulu lier ces deux êtres, il y a eu fort mauvais ménage, et la mort de l'un des conjoints s'en est toujours suivie.

L'Olivier, au contraire, a d'étroites relations de famille avec le frêne et le phillyrea, auxquels il s'associe volontiers par la greffe. D'autre

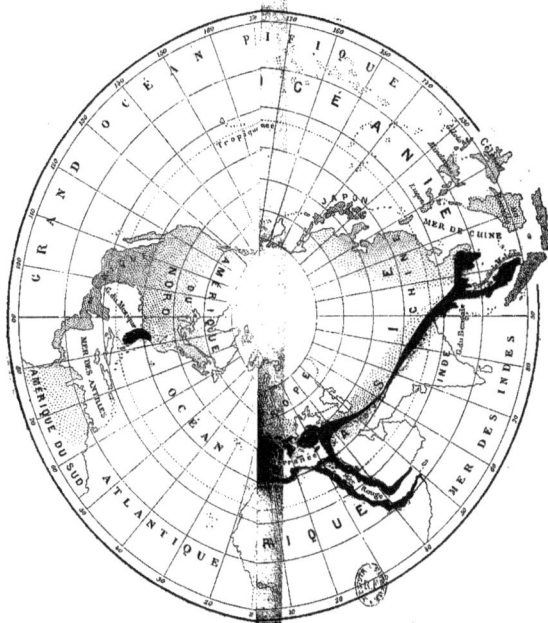

Fig. 27. — Répartition des coraux dans l'hémisphère nord.

part, comme le lilas peut contracter la même union avec le frêne et le phillyrea, on peut dire que cet élégant arbuste, honneur et parure du printemps, est vraiment de la parenté de l'Olivier.

Adrien de Jussieu, considérant que parmi les Oléacées, les uns avaient un fruit sec comme le frêne, les autres un fruit charnu comme l'Olivier, fit deux parts de la famille, les Fraxinées et les Oléinées.

De Candolle, dans le *Prodrome*, a poussé plus loin la division. Remarquant que dans le groupe des frênes (*Fraxinées*) de A. de Jussieu, le fruit était tantôt une samare indéhiscente comme dans le frêne, tantôt une capsule déhiscente comme dans le lilas (*syringa*), il a fait dans cette part des Oléacées deux sections dont le frêne et le lilas sont les types.

Constatant encore que dans le groupe des Oliviers (*Oléinées*) de A. de Jussieu, la semence était tantôt pourvue d'un albumen comme l'Olivier, tantôt dépourvue d'albumen comme le chionanthus, de Candolle a fait dans cette part des Oléacées deux sections dont l'Olivier et le *chionanthus* sont les types.

En résumé, la famille des Oléacées se subdivise ainsi :

OLÉACÉES

FRUIT SEC		FRUIT CHARNU	
Samare indéhiscente.	capsule déhiscente.	albumen.	pas d'albumen
I. Fraxinées.	II. Syringées.	III. Oléinées.	IV. Chionanthées.

Telles sont les divisions naturelles de la famille de l'Olivier, divisions qui forment autant de tribus : et s'il fallait, comme dans les familles patriarcales, chercher pour chacune d'elles un chef, le frêne, le lilas, l'Olivier, le chionanthus, le seraient à bon droit, chacune de ces plantes occupant le premier rang du groupe dont elles font partie, et en résumant le mieux les caractères.

Nous savons maintenant où trouver l'Olivier, et ce n'est pas parmi les *fruits secs* de sa famille, ni parmi les individus *sans albumen* que nous irons le chercher : qu'on nous passe cette remarque, qui, dans sa forme vulgaire, peut aider la mémoire à retenir les caractères de la tribu où commande l'arbre utile dont nous faisons l'histoire.

Dans ce groupe viennent se placer près de lui de grands arbres dont la taille dépasse souvent la sienne : les picconia de Madère, les visiania du Népaul, de la Chine et des grandes îles de la Sonde, le stereoderma de Java, et l'osmanthus du Japon. Puis des arbustes comme le kellaua de l'Abyssinie, le myxopyrum grimpant de Java, les notolæa nombreux de la Nouvelle Hollande. Le genre Olivier est représenté dans toutes ces contrées chaudes du globe. Enfin, sur les bords de la Méditerranée, il se mêle au phillyrea qui lui ressemble tant, au troène élégant; mais il ne peut suivre ce dernier vers le nord, sa frilosité l'enchaîne aux rivages de l'Europe méridionale.

Tels sont les genres qui, avec l'Olivier, formentla tribu des Oléinées. Lui-même est compris dans un genre, Olea (Tournefort, *Institutiones*, t. 370; Linné, *Gen.*, n. 20), dont les nombreuses espèces se ressemblent plus entre elles qu'à aucune autre des genres ci-dessus nommés. Ces analogies se résument dans la diagnose suivante, signalement commun de tous les individus du genre.

Calice court, campanulé, à quatre dents, rarement tronqué. Corolle à tube court, limbe à quatre divisions planes étalées, rarement nulle. Deux étamines insérées au fond du tube de la corolle, opposées exertes, hypogynes dans les apétales. Ovaire à deux loges contenant chacune deux ovules collatéraux, suspendus au haut de la cloison. Style très-court terminé par un stigmate bifide. Le fruit est une drupe à noyau dur et osseux, ou chartacé et fragile, creusé de une ou de deux loges et ne contenant par suite d'un avortement que une ou deux graines. Semence inverse, albumen charnu, embryon inverse, droit. Cotylédons foliacés.

A l'aspect extérieur, ce sont des arbres ou arbustes à feuilles opposées très-entières, coriaces; aux fleurs souvent odorantes, blanches, en grappes ou en panicules.

Lorsque de Candolle inscrivit les Oléacées au Prodrome, le genre *Olea* comptait au plus vingt-neuf espèces. Elles furent réparties en deux sections : I *Gymnelœa*, renfermant une seule espèce, à corolle nulle, à étamines hypogynes, c'est l'*Olea apetala* de la Nouvelle-Zélande. La section II *Euelœa*, où la corolle présente un limbe à quatre divisions, et où les étamines sont insérées à la base de la corolle, renferme toutes les autres espèces du genre.

Cette section elle-même a été partagée en deux sous-sections ren-

fermant ici les espèces à panicules grappes ou corymbes axillaires, là
les espèces à panicules terminales.

La première sous-section renferme des Oliviers à fleurs hermapho-
dites, et des espèces à fleurs dioïques par avortement, ce qui constitue
les éléments d'une dernière division. Voici, en résumé, comment se
répartissent les espèces du genre.

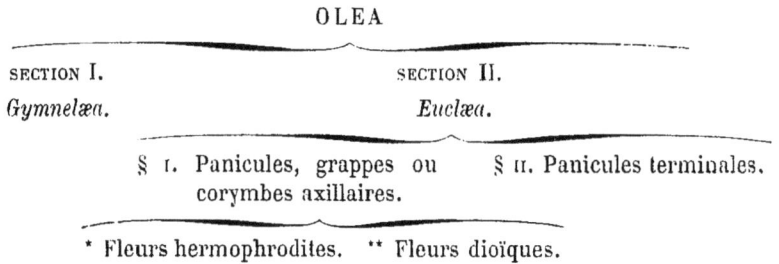

OLEA

SECTION I.	SECTION II.
Gymnelæa.	*Euclæa.*

§ ɪ. Panicules, grappes ou   § ɪɪ. Panicules terminales.
corymbes axillaires.

* Fleurs hermophrodites.   ** Fleurs dioïques.

L'espèce dont nous faisons l'histoire appartient à celle des dernières
divisions, où les fleurs sont hermaphrodites.

Linné, pour la distinguer, la nomma *Olea europœa*, ou Olivier
d'Europe. Ce nom est mal choisi, puisque l'arbre que l'on désigne
ainsi n'habite pas uniquement l'Europe, et n'en est même pas originaire. Admettons qu'en la désignant ainsi on a voulu dire que c'était
la seule espèce du genre *Olea*, s'accommodant au climat du midi de
l'Europe.

L'*Olea europœa* présente deux formes distinctes qu'il est impossible
de méconnaître. L'auteur de la famille des *Oleaceæ* du Prodrome les
admet, suivant en cela l'exemple de Linné. Ces deux formes ou sous-
espèces sont :

OLEA EUROPÆA.

α. *Oleaster* (Olivier sauvage).

β. *Sativa* (Olivier cultivé).

Linné les désignait ainsi, et dans l'ordre suivant :

Olea europœa α (Olivier cultivé).

Olea europœa β (Olivier sauvage).

Linné a-t-il voulu indiquer que la variété β procède de la variété α, c'est-
à-dire que l'Olivier sauvage dérive du cultivé? M. de Candolle, en ren-
versant l'ordre, a-t-il pensé et voulu dire le contraire? La question est

importante, et nous la soulèverons et discuterons ailleurs. Pour le moment, nous nous contenterons de faire remarquer que le זזד des Hébreux, l'Ελαία des Grecs, l'*Olea* des Latins, notre Olivier enfin, correspondent à l'*Olea europœa* α de Linné, et à l'*Olea europœa* β du Prodrome. Le Κοτινοσ des Grecs, l'*Oleaster* des Latins, correspondent, au contraire, aux variétés β de Linné, α de de Candolle [1]. Nous reviendrons bientôt sur leurs caractères distinctifs, mais auparavant nous allons entrer dans quelques considérations sur la distribution géographique du genre *Olea* tout entier, afin de pouvoir la comparer à celle de l'espèce *Olea europœa*.

II. DISTRIBUTION GÉOGRAPHIQUE DES ESPÈCES DU GENRE OLIVIER (OLEA). — Les Oliviers ne sont pas groupés dans la même région du globe. Les espèces sont séparées les unes des autres par des distances considérables ou reliées par des intermédiaires appartenant au même groupe végétal.

Bien que se rencontrant souvent dans les contrées tempérées, ainsi que le sont les rivages de la Méditerranée, on doit reconnaître cependant qu'ils ont plutôt une tendance vers les parties les plus chaudes de la terre. Ce qui constitue entre eux une relation climatérique évidente.

Dans l'hémisphère boréal, les Oliviers se montrent sur les versants méridionaux du grand massif qui borne l'Inde au Nord. Quelques espèces descendent de là vers le détroit de Malacca, et apparaissent peut-être dans la Cochinchine (*O. microcarpa*), qu'ils ne dépassent pas : d'autres s'avancent par la Perse jusque vers les parties les plus occidentales de l'Asie. En les suivant dans cette direction, on voit les espèces du genre devenir de plus en plus rares, et celui-ci finit par ne plus être représenté que par l'*Olea europœa*. C'est de ces parties occidentales de l'Asie que provient notre Olivier cultivé, c'est de là qu'il a été propagé sur tous nos rivages méditerranéens. Telle est, du moins, l'une des opinions les plus répandues.

---

1. L'*Oleaster* des Latins est aussi l'*Oleaster* d'Hoffmanns et Link. — Le *sutiva*, ainsi désigné par Hoffmanns et Link, est le *lancifolia* de Mœnch ; le *gallica* de Miller

Que l'Olivie rcultivé soit venu de plus loin, c'est possible : il pouvait trouver dans les montagnes du nord de l'Inde des altitudes à sa convenance ; mais on a souvent fait remarquer qu'il ne s'éloigne jamais beaucoup des bords de la mer ; en outre, il y a une lacune sans intermédiaires entre les Oliviers du Népaul, du Silhet et lui.

Les Oliviers se montrent encore dans l'hémisphère sud : les espèces y sont totalement différentes de celles de l'hémisphère nord, et elles habitent non loin de la mer des parties plutôt chaudes que tempérées.

Un centre de concentration nous apparaît au sud du continent africain et dans les îles adjacentes, Madagascar, Maurice et la Réunion. Il ne faut pas chercher d'Oliviers ailleurs, car l'Olivier à fleurs apétales de la Nouvellele-Zélande, et l'*Olea paniculata* de Port-Jackson sont de faibles exceptions à ce groupement, et la première de ces espèces pourrait même être considérée comme un genre à part.

Ainsi voilà deux centres de production des Oliviers, le nord de l'Inde d'une part, le Cap de l'autre. Des espaces considérables les séparent, sans qu'il existe entre eux d'intermédiaires. Si toutes les espèces du genre doivent descendre d'un type primitif, en admettant les idées darwiniennes, cette dissociation en deux groupes paraît difficile à comprendre.

Au sujet de la production de formes équivalentes séparées ainsi par des distances énormes, Grisebach reconnaît l'obscurité du mystère, et combat la façon dont certaine école résout ces difficiles problèmes : « Les prosélytes de l'hypothèse de l'évolution, dit-il, n'ont pas toujours évité la tendance à embellir par des .images fallacieuses l'histoire des organismes, en acceptant la disparition de continents entiers, ou d'autres voies de communication terrestre. » Ajoutons, avec l'éminent auteur de *la Végétation du globe*, que devant ces portes closes il faut avouer ingénuement les lacunes de notre science.

Un autre fait plus surprenant encore, c'est la présence dans les Florides, la Géorgie, la Caroline, et même la Virginie, de l'*Olea americana*, seule espèce du genre signalée dans le Nouveau Monde. Une remarque, non moins curieuse à faire, c'est que, des deux seules espèces dioïques par avortement, l'une, l'*Olea dioïca*, habite les provinces du Silhet dans l'Inde, et l'autre les Florides, se trouvant ainsi placées à peu près sur le même parallèle et sous des méridiens presque diamétralement opposés. C'est l'occasion de répéter, avec Grisebach : « Chaque espèce de plante a sa sphère climatérique sans que cela soit applicable dans la même mesure aux genres et aux familles. »

Nulle part, dans les diverses régions habitées par les Oliviers, l'étude géologique des couches terrestres n'a pu faire découvrir d'une façon bien précise des traces d'espèces ayant précédé celles qui parent actuellement le globe. Telle est l'opinion de M. G. Planchon dans son étude sur la flore quaternaire des tufs calcaires de Castelnau. Dans les gypses d'Aix, M. de Saporta a trouvé des vestiges douteux d'un *Olea* qu'il nomme *Olea proxima*. Cela ne suffit pas, à notre sens, pour dire que le genre *Olea* a fait partie de la végétation tertiaire du continent.

L'Olivier est donc postérieur aux dernières dislocations dont la surface terrestre a été le théâtre : il est sans doute contemporain de l'homme.

La carte suivante (fig. 27) indique la distribution géographique des espèces du genre dans l'hémisphère nord, espèces dont l'énumération terminera ce chapitre.

GENRE OLEA

ESPÈCES.	ASIE.	RÉGION.
Olea ? microscarpa.	Cochinchine.	
— maritima.	Iles du détroit de Malacca.	
— ? parviflora.	Ile de Pénang.	
— Lindleyi.	Silhet.	
— Heyneana.	Inde orientale.	
— compacta.	Sirmore, Kamaon.	
— dioïca.	Sirmore, Chittagong.	
— attenuata.	Murtaban.	
— dentata.	Birmanie.	
— salicifolia.	Silhet.	
— roxburghiana.	Inde orientale.	
— glandulifera.	Népaul.	
— acuminata.	Népaul.	
— acm. longifolia.	Kamaon.	
— cuspidata.	Kamaon.	
— Europæa.	Asie Mineure, Syrie.	

	EUROPE.	
Olea Europæa.	Tous les rivages méditer. et le Portugal.	

ESPÈCES.	AFRIQUE.	RÉGION.
Olea Europæa.		Égypte, Tripoli, Tunis, Algérie, Maroc.
— verrucosa.		
— brachybotrys.		
— foveolata.		
— concolor.		Cap de Bonne-Espérance.
— exusparata.		
— humilis.		
— capensis.		
— laurifolia.		

	OCÉANIE.	
Olea apetala.	Nouvelle-Zélande.	
— paniculata.	Nouvelle-Hollande.	

	AMÉRIQUE.	
Olea americana.	Floride, etc.	

III. Forme primitive de l'Olivier. — Après l'étude du genre *Olea*, nous abordons celle de l'espèce *O. Europæa*, dont voici les caractères :

Arbre de cinq mètres environ. Feuilles allongées ou lancéolées ; entières mucronées, glabres à la surface supérieure, poudreuses et blanchâtres en dessous ; fleurit aux mois de juin et juillet ; ses fleurs sont hermaphrodites, dressées et en grappes axillaires : les fruits sont pendants et ovoïdes (fig. 28 à 31).

Tous les botanistes ont reconnu deux variétés de l'*Olea Europæa* :

α *Oleaster* ou Olivier sauvage.

β *Sativa* ou Olivier cultivé.

Le premier se distingue du second par son écorce plus lisse et plus grise, par ses branches disposées d'une manière plus régulière, par ses rameaux plus ou moins quadrangulaires, et qui se terminent souvent en une pointe roide et piquante : par ses feuilles plus clair-semées, plus courtes, plus étroites, plus vertes, par son fruit plus petit, moins charnu, plus luisant (fig. 32).

Dans l'*Olea sativa*, au contraire, les rameaux inermes sont arrondis, les feuilles lancéolées, les fruits plus gros, moins nombreux (fig. 33).

Ainsi une seule espèce et deux formes distinctes. Voyons maintenant si ces deux formes dérivent l'une de l'autre, et dans le cas où il en serait ainsi, quelle est la patrie de la forme-mère.

Il y a bien longtemps que Théophraste écrivait : *Ex nucleo olivæ agrielaios nascitur*. Et Gaspard Bauhin, au siècle dernier, allant trop loin, disait : *Olea sativa si negligatur in sylvestrem abit*. On ne peut donc appliquer à notre arbre cet aphorisme d'Horace : *Fortes creantur fortibus et bonis*. L'Olivier cultivé retourne à l'*Oleaster* par semence, et ce dernier jouit seul du caractère de l'espèce telle que Cuvier l'a définie, — succession d'individus semblables qui se reproduisent.

On sent, dit Bernard dans son *Histoire naturelle de la Provence*, que

Fig. 28 à 31. — GRAPPE DE FLEURS D'OLIVIER.
A droite et à gauche, fleurs isolées.

tous nos Oliviers doivent avoir une origine commune, qui doit se rapporter à cette espèce qu'on voit croître et se perpétuer indépendamment de nos soins.

L'*Olea sativa* serait alors à l'*Oleaster* ce que les rosiers et les poiriers de nos jardins sont aux *rosa* et aux *pyrus* sauvages : Dieu aurait créé l'Olivier sauvage, nos soins auraient fait le reste.

C'est ce dernier point qui mérite toute notre attention, de lui dépend la primauté de l'une des formes de l'Olivier sur l'autre.

On ne peut nier que la culture rend l'*Oleaster* plus fertile, et le rapproche de l'*Olea sativa :* la nature du terrain et le travail de l'homme ont une influence marquée sur toutes les plantes. Cependant, et Bernard le fait remarquer, l'Olivier sauvage et celui qui a gagné le plus à la culture ne sont séparés que par des nuances, les soins n'ont pas même rectifié la qualité du produit essentiel, l'huile, qui est moins abondante, il est vrai, mais plus suave et de meilleure conservation quand elle provient de l'*Oleaster*. L'olive ne différera jamais autant du fruit de ce dernier, que la poire dite *duchesse*, par exemple, ne diffère du fruit du poirier sauvage. Malgré tout, ces améliorations dues à la culture et qui donnent à l'*oleaster* les caractères de la domesticité, ne font jamais perdre à celui-ci, c'est encore Bernard qui l'affirme, ne font jamais perdre tout à fait à l'*Oleaster* ses caractères distinctifs : il différera toujours de l'*Olea sativa* par quelques points.

Il arrive souvent qu'un *Oléaster* se produit au milieu des olivettes bien entretenues : il subit, pendant des années, les mêmes soins que ses voisins, les *Olea sativa*, jamais il ne se confond avec eux. Son fruit devient aussi volumineux, aussi abondant peut-être, mais la chair de ce fruit ne fournira jamais autant d'huile.

L'Olivier est éternel : il existe des localités, dans la Kabylie, dans la régence de Tunis, par exemple, où de temps immémorial les *Oleaster* sont exploités : on les taille, on les fume même, on les arrose (Pélissier), et malgré cela il n'y a pas eu passage à l'*Olea sativa* : ces arbres non greffés sont restés des *Oleaster*, et l'on peut répéter avec Théophraste : « *Neque Oleaster Olea, neque pyraster pyrus, neque caprificus ficus* fieri potest. » (*Hist. plant.*, lib. II, cap. 3.)

D'un autre côté, on a découvert en Hyrcanie, près de l'antique Cyrène, à Vénafre et sur plusieurs points de la Calabre, des plantations d'*Olea sativa* dont l'origine se perd dans la nuit des temps. Ils se sont, dit-on, perpétuellement reproduits de leurs souches sans dégénérer grandement : et cependant, que de plantes améliorées par la culture, puis

Fig. 32. — L'OLIVIER SAUVAGE.
(*Olea europæa*, variété *Oleaster*.)
Rameau fleuri.

abandonnées à elles-mêmes, dégénèrent sous nos yeux, même sans repasser par la semence !

Ces considérations inclinaient Giovanni Presta à douter que l'*Oleaster* fût l'arbre primitif. Il regret-
tait que l'on n'eût pas fait les
expériences suivantes que son
âge lui interdisait :

1° Cultiver des hybrides
d'*Oleaster* et de *sativa;* et
constater si quelques-uns de
leurs caractères peuvent se
transmettre par semence.

2° Améliorer les *Oleaster*
par la culture pendant un certain nombre de générations
successives par semences.

Ces expériences, pensait-il,
conduiraient : ou à constater
que l'*Oleaster* devient *sativa*,
et qu'il est la forme primitive,
ou à reconnaître que l'*Oleaster* ne devient pas *sativa*, et
que ces deux formes ont alors
une origine indépendante.

Admettre une double ori-
gine, c'est un moyen de sortir
d'embarras, et s'en tirer par
un *ex æquo* fait pour ména-
ger les susceptibilités de deux
concurrents recommandables,
mais c'est peut-être pousser
trop loin les choses. Si l'on

Fig. 33. — L'OLIVIER CULTIVÉ.
(*Olea europæa*, variété *sativa*.) Rameau fleuri.

admet que l'*Olea europæa sativa* est une forme primordiale, il n'est
plus nécessaire d'accorder le même honneur à l'*Oleaster*. Que celui-ci
disparaisse en effet de la création, et demain il reparaîtra partout de

la semence des Oliviers cultivés. C'est ce qui a dû se passer à l'origine, et la forme *Olea sativa* est seule nécessaire au début.

Faisant intervenir d'autres considérations dans la question, Giovanni Presta écrivait au siècle dernier : — « C'est faire offense au Créateur, que de croire qu'il ait donné le poirier, le figuier et l'Olivier sauvages à l'homme, au lieu du poirier, du figuier et de l'Olivier dits cultivés. » — Pour Presta sans doute, la descendance des arbres avait été déchue après la faute du premier homme, de même que le sol devint moins fécond. Le fruit défendu n'avait pas été le produit acerbe d'un arbre sauvage. De même que c'est en arrosant le sillon de ses sueurs que l'homme le fertilise, de même c'est à force de soins qu'il maintient et propage l'Olivier cultivé, dont tous les individus ne sont que l'extension merveilleuse par le monde du premier Olivier, un *Olea sativa*. Sans cette intervention permanente, l'*Oleaster* se multiplierait seul, parce que ses fruits germent plus facilement que ceux du *sativa*.

La primauté de l'*Olea sativa* fut aussi, nous l'avons vu, la pensée des hommes de science qui, voisins, comme Théophraste, des origines, n'ont pas recueilli parmi les peuples le souvenir de la transformation culturale de l'*Oleaster* en *sativa*. Ce fut encore l'opinion des poëtes ; c'est l'Olivier cultivé que Minerve fait naître sur le rocher de l'Acropole, ou que Cécrops apporte d'Égypte.

Nous n'avons voulu que poser un point d'interrogation en ce difficile sujet de controverse physiologique. Constatant le fait actuel, nous admettons les deux formes d'*Olea europœa*, *Oleaster* et *sativa*, tout en signalant leur inégalité. Le premier se perpétuant de semences, le deuxième ne le pouvant pas sans perdre ses caractères ou ses qualités acquises.

IV. Patrie de l'Olivier. — Nous nous rangeons à l'opinion exprimée par M. Alphonse De Candolle, et nous reconnaissons que le seul moyen de déterminer la patrie originaire de l'Olivier est de voir où l'espèce a d'abord été cultivée et indiquée.

Lorsque Sophocle, en parlant de la terre de Colone, dont le sol blanc et crayeux portait de si beaux oliviers, s'écrie : « Là croît un arbre que n'a jamais connu l'Asie », il parlait en Grec et non en naturaliste.

Sous la légende poétique, nous lisons clairement que ce fut Cécrops qui, venant d'Égypte, introduisit l'Olivier en Grèce ; avant cette époque, quinze cents ans avant notre ère, l'Olivier cultivé était inconnu dans cette région. L'olivier sauvage lui-même y aurait été porté par Hercule venant des régions hyperboréennes, et planté à Pise, où son feuillage couronnait les athlètes [1].

L'Olivier semble donc être venu d'Égypte en Grèce. Provenait-il des environs de Saïd, ainsi que l'a soutenu Pluche? Nous pouvons seulement affirmer que bien avant l'an 1500, bien avant Cécrops ou Cranaüs, les fruits de l'Olivier avaient été promis aux Hébreux comme une des meilleures choses de la terre de Chanaan.

Écoutons M. A. De Candolle dans la *Géographie botanique* de cet arbre : « Les livres sacrés le mentionnent si souvent comme spontané et cultivé (Hiller, *Hieroph.*, I, p. 175, 177 ; Rosenmüller, *Handb. bibl. Alt.*, IV, p. 258) ; son fruit et son huile sont tellement liés aux usages du peuple juif, l'espèce est encore si commune en Palestine, qu'on ne peut se refuser à voir dans la partie orientale de la région méditerranéenne le pays d'origine de l'espèce. Elle ne s'étendait pas bien loin, car les Perses, du temps d'Hérodote, ne faisaient pas usage d'huile d'olive, ce qui étonna les Grecs (Hérod., Strab., Régnier, *Écon. des Perses*, p. 282). »

Ce fait important que l'Olivier n'a pas de nom sanscrit, semble au savant auteur que nous venons de citer une preuve que la patrie originaire de notre arbre ne s'éloignait pas beaucoup des rivages de la Méditerranée, vers l'est. Ainsi, pour lui, les Oliviers sauvages trouvés dans le Caboul (Elphinstone, p. 46) et dans les régions basses ou abritées des bords de la mer Caspienne (Ledeb, *Fl. Ross.*, III, p. 38), proviennent d'une extension causée par les cultures.

Bien limitée ainsi, la patrie réelle de la plante dont nous faisons l'histoire s'étendait encore sur toute la Syrie, sur toute l'Asie Mineure. C'est même en Arménie que l'Olivier nous apparaît pour la première fois après le déluge. Tournefort, parlant de la fertilité de cette région, dit : « Il n'y manque que des Oliviers, et je ne sais où la colombe fut

---

1. Tournefort écrivait que c'était plutôt des monts Girapetra, en Crète, qu'Hercule dut rapporter l'Olivier sauvage, né de noyaux de l'espèce cultivée.

chercher un rameau [1]. « Cela prouve que la région de l'Olivier s'est
dès lors rapprochée des rivages, sur lesquels il est connu dès la
plus haute antiquité ; car, suivant l'observation de Thévenot [2], la
colombe lâchée le matin et rentrée le soir ne put aller à plus de vingt-
deux lieues à la recherche du rameau vert [3].

Tous les voyageurs, en Asie Mineure, s'accordent à considérer les
bords découpés de cette région comme la terre privilégiée de l'Olivier.
Aristote vantait les huiles de Clazomènes, île de la rade de Smyrne.
Pline le Jeune vantait à Trajan la production en huile de Pruse. Strabon parle des campagnes couvertes d'Oliviers qui existaient depuis
Sinope jusqu'en Bythinie. Dans son grand voyage, Tournefort retrouva
les alentours de Sinope remplis de ces beaux arbres (t. II, 208). Il vit
les environs de Smyrne occupés par de nombreux bois de cette essence,
de la plaine de Tcherpicai jusqu'à Ephèse. — Il fut surpris agréable-
ment de voir des collines couvertes naturellement de beaux Oliviers. —
(T. II, 512.)

Parmi les explorateurs contemporains, il est facile de choisir. Chateaubriand a vu les vallons de Pergame pleins d'Oliviers. M. P. de Tchihatchef [4], dans son monumental ouvrage sur l'Asie Mineure, fruit de longs
voyages dans cette intéressante contrée, l'a suivi le long des rivages
sinueux de la Cilicie, dont la zone maritime rappelle l'Andalousie et
possède des abris aussi favorables que ceux de la Ligurie. Il l'a vu
s'épanouir sur le rivage Ionien, qui semble un reflet des côtes de la
Grèce sur le miroir des flots égéens ; il l'a suivi jusqu'à Brousse, au
pied de l'Olympe, pour le voir disparaître presque complétement sur
les rives du Bosphore et jusqu'à Sinope, où il se montre encore. Si cet
arbre manque au centre de l'Anatolie, c'est que cette région est une
plaine de 974 mètres d'altitude, et que ces conditions de relief, dit
Grisebach, donnent lieu à un véritable climat de steppes et y réduisent
la végétation à une courte saison printanière. M. Tchihatchef a signalé

1. TOURNEFORT, *Voyage dans le Levant*, t. II, p. 336.
2. *Voyage en Orient*, ch. VIII, p. m. 231.
3. Les pigeons peuvent faire vingt-deux lieues en six heures.
4. Nous remercions ici le savant correspondant de l'Institut d'avoir, dans sa
traduction française de *la Végétation du globe*, de A. GRISEBACH, fait mention de
notre *Histoire du Chêne*, en des termes qui sont un honneur pour notre travail.

l'Olivier à 650 mètres d'altitude près du village d'Erigœz, à 100 kilomètres de la mer, et à 400 mètres sur le flanc méridional du Boulgar-
Dagh, à 96 kilomètres de la mer, entre Tarsus et Namrun.

Plus récemment encore, M. de Krafft a décrit les plantations d'Oliviers de la Menchié, cet oasis de Tripoli; M. Balansa a vu aussi de vastes
forêts d'Oliviers sauvages dans la Cilicie; et M. Lockroy a traversé à
l'est de Tortose, en Syrie, des forêts d'Oliviers, de poiriers et d'amandiers; « parmi ces oliviers quelques-uns étaient si vieux, qu'ils auraient
pu voir le Christ ».

L'Olivier semble donc avoir eu le même berceau que l'humanité et
la civilisation, sur le développement de laquelle son influence est
incontestable. Cet arbre, en effet, demande des soins nombreux. La
nécessité de l'irriguer dans ces contrées sèches exigeait un art et une
énergie, qui contribuèrent à développer la collectivité des efforts et
créèrent les relations sociales. Et quand cette énergie disparut avec la
conquête musulmane, la barbarie revint avec ses conséquences physiques et morales, l'aridité du sol, la diffusion des marais, les maladies,
la dépravation, la dépopulation.

M. Unger observe que presque toutes les plantes alimentaires viennent de la région limitée par les mers Méditerranée, Noire, Caspienne,
Persique et Rouge. L'Olivier ne dément pas cette observation; sa patrie
originaire est sur la ligne tracée des Moluques, en Irlande.

Une fois le point de départ de l'Olivier fixé, il peut être intéressant
d'étudier ses migrations sur les deux rives de la mer intérieure jusqu'aux rivages occidentaux de la presqu'île Ibérique. Après avoir fait
observer que l'Olivier n'a ni nom sanscrit ni nom cantabre, M. A. de
Candolle fait les remarques suivantes [1] : « Tous les noms vulgaires
autour de la Méditerranée dérivent de deux sources uniques, savoir:
le mot ελαια des Grecs ou *olea* des Latins; le nom hébreu *zait* ou *sait*,
qui a passé dans l'arabe *zaitum*. Les deux noms grec et hébreu, propagés sur les deux côtés, sont venus se réunir dans la péninsule Ibérique. Les Espagnols disent *olivo*, *oliveira*, et en Andalousie, *aceituno*
pour l'Olivier cultivé; *azebuche* pour l'Olivier sauvage. Les Portugais

1. DE CANDOLLE, *Géographie botanique*, p. 913.

disent *oliveira* pour l'Olivier cultivé, et *zambugeiro* pour le sauvage.
Les Arabes d'Alger disent *zemboudge* pour l'Olivier sauvage. De là
cette singularité apparente en langue espagnole, que le mot *aceite*
signifie huile et non vinaigre; c'est exactement le mot hébreu et arabe
pour huile *zeit* ou *seit*. »

L'auteur que nous citons tire la conclusion suivante de cette marche
des noms vulgaires, « que l'Olivier existait primitivement en Syrie et
en Grèce ; que les habitants de ces deux contrées ont commencé à en
extraire l'huile et à en cultiver l'espèce, sous des noms originaux distincts ; que les Hébreux, les Tyriens et ensuite les Arabes, ont porté
l'Olivier sur la côte méridionale de la Méditerranée, comme les Grecs
et les Romains sur la côte opposée. Enfin, que les deux importations
se sont confondues dans la péninsule Ibérique, où se trouve un mélange
de noms grecs et hébreux. »

Habitat actuel de l'Olivier. — Les botanistes désignent l'espèce
dont nous faisons l'histoire, sous le nom d'*Olea europæa* : le nom
qui lui conviendrait le mieux serait celui d'*Olea mediterranea*. Le
bassin de la Méditerranée, voilà, à peu d'exceptions près, la région de
l'Olivier à l'heure actuelle. Il semble se restreindre de plus en plus aux
contours mêmes de cette mer. Dans sa carte des domaines de la végétation du globe, à la fin du tome premier de cet important ouvrage,
A. Grisebach a figuré par une teinte bleue ce domaine méditerranéen,
qui est aussi celui de l'Olivier. Cette zone colorée, qui s'éloigne plus
ou moins des côtes, souffre de rares interruptions à l'est et à l'ouest
de la Crimée, sur le delta du Nil et le rivage des Syrtes.

Théophraste, je crois, a dit le premier, vers l'an de Rome 440, que
l'Olivier ne croît pas dans l'intérieur des terres à plus de 40 milles de
la mer (*Hist. plant.*, lib. VI, cap. 2, p. 550). Pline a naturellement
répété, propagé cette erreur, et beaucoup d'autres avec.

En un sens absolu, Théophraste se trompait : il voulait exprimer
seulement, sans doute, que l'Olivier tend vers la mer, et qu'il est d'autant plus fertile qu'il en est plus rapproché.

Cela est encore vrai ; l'Olivier tend vers la mer : le froid l'en rapproche sur les rivages nord, le chaud l'y pousse sur les rivages afri-

caïns. A part ce fait général, il peut vivre et produire dans l'intérieur des terres. On le trouve au centre de l'Espagne, au midi de la Sierra Morena. Olivier l'a vu dans l'ancienne Mésopotamie, à 100 lieues de la mer, aux environs de Merdin que l'on regarde comme l'ancienne Mardé ou Miridé [1]. En France, notre arbre atteint une ligne qui, passant par Narbonne et Montélimart, se dirige de Bagnères-de-Luchon au mont Saint-Bernard.

L'Olivier, avons-nous dit, se rapproche de la mer pour fuir le chaud ou le froid. Non-seulement il lui faut une moyenne de température élevée pour mûrir ses fruits, mais il ne faut pas un climat qui compense la rigueur des hivers par l'ardeur des étés. Les rivages de la mer seuls réalisent ces conditions climatériques d'étés moins chauds, d'hivers moins froids : voilà pourquoi l'Olivier les préfère. Fabien, cité par Pline au livre XV, parlait déjà de la nécessité des climats tempérés pour notre arbre ; tout le prouve encore aujourd'hui.

Il n'est pas facile de fixer d'une manière absolue les limites de l'habitat actuel de l'Olivier, parce que toutes les variétés cultivées sont plus ou moins sensibles au froid. On en a acclimaté quelques-unes en Crimée, qui supportent de basses températures. Or, il arrive souvent qu'en substituant à des variétés délicates des Oliviers plus rustiques, on croit que l'arbre s'est endurci ; c'est une illusion.

L'Olivier, dit Bonalumi, teinte de son feuillage vert pâle, à la surface du globe, la plus tempérée de toutes les lignes isothermes, — la ligne de 15° Celsius, — qui traverse les plus poétiques régions de la terre et des mers. Elle part de l'île la plus méridionale du Japon, touche le promontoire de la Corée, coupe par le milieu le Céleste-Empire, la mer Caspienne ; s'abaisse pour saluer les prophétiques sommets du Liban, remonte pour parcourir les homériques vallées de l'Anatolie, passe à Smyrne, franchit le fantastique Archipel grec, entre dans la suave Arcadie, traverse l'Adriatique, et par les collines fleuries de

1. Grisebach, dans sa *Végétation du globe*, dit que la culture de l'Olivier s'étend de Kendistan sur l'Euphrate jusqu'à Anah (34° L. N.) et à peu près aussi loin sur le Tigre. Dans ces régions, l'Olivier caractérise le sol occupé par des populations kurdes, tandis que le dattier dénonce les tribus arabes.

l'Arno, va côtoyer les incomparables plages de la Ligurie pour finir au pied des Pyrénées — (*ap*. G. Cappi).

Cette ligne idéale n'est qu'un à peu près; la teinte de l'Olivier oscille au-dessus ou au-dessous. Noisette fixait l'Olivier entre les **25°** et 43° degrés de latitude boréale. Ce sont approximativement les limites des rivages méditerranéens. D'après les observations de Gémellaro cité par de Candolle dans sa *Géographie botanique*, si l'on suit l'Olivier dans deux directions : 1° de la Provence au cap Nord, **2°** de la Crimée à la mer Blanche, on constate que lui seul monte moins haut par la ligne de l'ouest que par la ligne de l'est. Par la première il ne dépasse pas 44°, et par l'autre il ne dépasse pas 45°, tandis que les autres cultures montent plus haut par l'ouest que par l'est, comme l'indique le tableau suivant :

	OUEST.		EST.
Olea. . .	44°	. . . .	45°.
Orge. . .	70°	. . . .	66°.
Maïs. . .	50°	. . . .	50°.
Vigne. . .	51°	. . . .	49°.
Noyer. . .	56°	. . . .	52°.
Froment. .	64°	. . . .	61°.

Les limites altitudinales de l'Olivier présentent des contrastes qu'il est souvent difficile d'expliquer. Pourquoi, par exemple, s'élève-t-il plus aux environs de Nice, 44° lat. N., que sur l'Etna, 38° lat. N.? Pourquoi, dans les parages les plus méridionaux de l'Algarve en Portugal, devient-il chétif au-dessus de **292** mètres, et disparaît-il à 454 mètres? Questions difficiles à résoudre : nous donnons ci-dessous, sans autres réflexions, une série d'altitudes.

	Mètres.
Algarves.	454
Sierra Nevada.	974
Sierra Nevada (versant sud, sur quelques points. . .	1454
Canigou (limite culturale).	422
Ventoux (limite culturale).	500
Nice.	779
Apennins (limite culturale).	389
Etna.	715
Etna (limite culturale).	389
Macédoine.	390
Olympe de Chypre.	812
Phrygie.	399

	Mètres.
Phrygie (localement).	650
Lycie.	487
Cilicie.	650
Monts Pontiques (versant nord, est de Trébizonde). . .	325
Liban (versant occidental).	488

L'élévation de l'Olivier sur les montagnes varie également suivant l'exposition ; ainsi M. Gémellaro a trouvé, pour l'Etna, que sur le côté N. O. l'Olivier montait à 2,100 pieds, et sur le versant S. E. à 3,000 pieds, différence 900.

En dehors de la région oléifère proprement dite, l'Olivier peut croître dans des expositions et des altitudes favorables dans bien d'autres contrées ; il existe dans la Virginie, la Caroline, la Floride, la Californie, au Chili, sur les bords de l'Amazone et de l'Orénoque, au Pérou, etc. Il a été porté dans les Antilles, à la Guadeloupe (Matouba). D'après M. Richard, ancien directeur du jardin public à la Réunion, il fructifierait sur certains points de cette île. A Buitzborg, près de Batavia, par 6° 37 de latitude méridionale, 106° 48 longitude orientale, l'arbre de Minerve semble se complaire à une altitude de 280 mètres.

Dans l'étude que nous ferons plus loin des régions proprement dites de l'Olivier, nous verrons se réaliser les conditions climatériques qu'il préfère.

V. Les variétés de l'Olivier. — Que l'Olivier soit sorti d'une seule forme primitive, l'*Oleaster* ou le *sativa*, ou bien que ces deux formes aient coexisté à l'origine, il est certain que depuis longtemps le type s'est modifié de plusieurs manières, et que de nombreuses variétés ont pris naissance.

Chaque pays a compté, décrit et nommé les siennes, et les nuances qui les séparent les unes des autres n'étant pas toujours bien tranchées, il en résulte que les nomenclatures établies çà et là sont loin de se correspondre. Il est certain, d'un autre côté, que chaque région peut, en raison de son climat et des modes spéciaux de multiplication ; posséder des variétés qui n'existent pas un peu plus loin.

Quand il s'agit de juger les caractères botaniques qui constituent les variétés, caractères qui peuvent offrir plus ou moins de netteté, modifiés qu'ils sont par la mobilité même de la plante, les difficultés pour établir une nomenclature scientifique deviennent inextricables. Peu d'observateurs y ont réussi alors même, qu'ils bornaient leurs investigations à une région limitée. En comparant, par exemple, les nomenclatures des Oliviers de la Toscane ou de la Provence par les différents auteurs qui s'en sont occupés dans chacun de ces pays, on constate que les agronomes toscans, pour ne citer que ceux-là, ne sont d'accord entre eux, ni pour le nombre, ni pour la dénomination, ni pour les caractères des variétés qu'ils admettent. Si l'on vient ajouter à ces causes de confusion les difficultés créées par une synonymie échevelée, on sentira que non-seulement il est impossible de donner d'exactes nomenclatures locales, mais qu'une table générale qui comprendrait toutes les variétés cultivées de l'Olivier dans les régions oléifères est irréalisable dans l'état actuel des choses.

Ce n'était pas un dénombrement de variétés que faisait Pollux (liv. I, c. 12, nu. 14) en disant — *Olea sylvestris* Oleaster *appellatur si autem inserueris ramo domesticam, tales Oleæ* cotiniades *; sacra vero Olea* moria *quæ vero in Olympia* coronata *dicitur ; et omnes Oleæ domesticæ insertis sylvestribus* calami *vocantur.* — Les oliviers sacrés et les Oliviers domestiques n'étaient pas des formes distinctes.

Une longue culture multipliant les variétés, il n'est pas surprenant que les modernes en aient admis un plus grand nombre que les anciens. Les Egyptiens, qui propagèrent l'Olivier en Grèce, ne semblent avoir connu que trois variétés; les Hébreux cinq. Les Grecs donnèrent souvent le nom de l'Olivier accompagné d'une épithète à des plantes n'ayant avec lui que des rapports d'aspects. Aussi n'est-on pas sûr du nombre réel des variétés de l'arbre de Minerve connues par eux. M. G. Cappi porte ce nombre à quinze, nous nous contenterons d'en citer seulement neuf qui sont :

1. Callistephanos.	6. Myrtea.
2. Moria.	7. Paphia.
3. Orchosi.	8. Egyptiaca.
4. Præmedia.	9. Olivastre.
5. Phaulia.	

Les agronomes romains ne sont pas d'accord sur ce sujet. Virgile, par exemple, ne reconnaît que trois variétés :

Nec pingues unam in faciem nascuntur Olivæ.
Orchades, et radii, et amara pausia bacca.

Géorgiques, livre II, vers 85 [1].

— La grasse olive n'est pas partout la même, il y a l'olive ronde, l'ovale, l'amère bonne à broyer.

Caton, Varron, Columelle, Pline et Macrobe en comptaient un plus grand nombre : le tableau suivant établit la nomenclature des variétés signalées par eux.

CATON.	VARRON.	COLUMELLE.	PLINE.	MACROBE.
1. Albiceres.	Albiceres.	—	Albicera.	Albigerus.
2. Colminia.	Colminia.	Colminia.	Cominia.	—
3. Conditiva.	Conditanea.	—	—	Conditiva.
4. Licinia.	Liciniana.	—	Liciniana.	Liciniana.
5. Orchitis.	Orchitis.	Orchitis.	Orchitis.	Orchitis.
6. Posea.	Posca.	Posia.	Pausia.	Pausia.
7. Radius major.	Radius major.	Cercites.	Radius major.	Radius major.
8. Regia.	—	Regia.	—	—
9. Salentina.	Salentina.	—	Salentina.	Salentina.
10. Sergiana.	Sergiana.	Sergia.	Sergia.	Sergiana.
11. —	—	Algiana.	—	—
12. —	—	Calabrica.	—	—
13. —	—	Murtea.	—	Termutia.
14. —	—	Nevia.	—	—
15. —	—	Radiolus.	—	—
16. —	—	—	Ægyptia.	—
17. —	—	—	Prædulcis.	—
18. —	—	—	Phaulia.	—
19. —	—	—	Sidicinana.	—
20. —	—	—	Superba.	Hispanica.
21. —	—	—	Syriaca.	—
22. —	—	—	Contia.	—
23. —	—	—	—	Alexandrina.
24. —	—	—	—	Aquilia.
25. —	—	—	—	Picena.
26. —	—	—	—	Africana.
Total.. 10	9	11	15	14

Palladius ne cite pas toutes les variétés d'olives qu'il connaît, et ne

1. *Orchades*, de ορχις, arrondi.— *Radii*, en forme de navette. — *Pausia*, de *pavire*, broyer.

nomme que : la pausia, l'orchis, l'olive longue, la sergienne, la licienne et la comminienne.

On a cherché à établir une concordance entre les variétés connues des anciens et les nôtres ; c'est une chose très-difficile pour le plus grand nombre. Ainsi, pour le noter en passant, les commentateurs de Virgile (édition Pankoucke) croient que les *orchades* du poëte sont l'*Olea fructu maximo* de Tournefort, qui n'est autre que l'olive d'Espagne. Cela n'est pas, les *orchades* de Virgile doivent être rapportées à notre picholine ou coïasse. La *pausia* doit être l'*Olea media rotunda precox* de Tournefort, le mouraou ou négrette du Midi ; quand aux *radii* on ne saurait dire les variétés qui les représentent maintenant.

Les auteurs cités dans le tableau précédent sont unanimes à reconnaître les quatre variétés *orchitis, posea, radius major, sergiana*. Leur désaccord sur les autres variétés n'est peut-être pas réel, et provient de dénominations différentes. En prenant ces énumérations telles quelles, on voit qu'en négligeant l'Olivier sauvage que tous les Latins connaissaient, ils ont dénommé vingt-six variétés distinctes.

Vers la fin du siècle dernier, Presta voulut établir la concordance des variétés désignées par les agronomes latins avec celles du sud de l'Italie ; mais pour que son travail nous fût utile, il faudrait nous-même établir la concordance des variétés nombreuses reconnues par Presta avec les nôtres, ce qui n'est pas faisable.

Presta lui-même reconnaissait la difficulté de ce travail. — « C'est folie de vouloir retrouver la correspondance des olives nouvelles avec les anciennes : d'un pays à l'autre les noms changent, les olives elles-mêmes changent. Sous un même nom on désigne des olives différentes. En comparant les olives de la Provence, du Languedoc, avec celles de Toscane d'après leurs descriptions, on constate que bien peu se ressemblent : il en est de même de celles-ci avec les olives de Sicile, et de toutes avec celles qui furent connues des Latins. Et que dira-t-on en comparant les nôtres avec celles qui ont été décrites jusqu'ici ! On admirera la nature qui se plaît à diversifier, et il restera prouvé que chaque pays d'Oliviers a plusieurs variétés qui toutes lui sont propres. »

Une preuve indiscutable des difficultés de ce travail, c'est l'inégale importance des séries de variétés établies par les observateurs pour une même région. Voici les auteurs qui, à différentes époques, ont tenté ce dénombrement pour les régions oléifères françaises ; en regard de chaque nom, nous indiquons le nombre de variétés signalées par eux.

C. Bauhin.	7	Bernard.	21
Tournefort.	17	Valmont Bomare.	19
Hortus, Regius Monspeliensis.	10	Dictionnaire de 1803.	21
Garidel.	11	Dictionnaire pittoresque 1826.	15
Magnol.	11	Risso.	39
Dictionnaire encyclopédique.	19	Dictionnaire de d'Orbigny.	16
Gouan.	12	Jacques et Hérinq.	16
Rozier.	16	Du Breuil.	22
Miller.	5	J. Reynaud.	12
Sieuve.	6	Heuzé.	13
Amoureux.	17		

D'après M. G. Cappi, pour l'Italie :

Vettori n'en a signalé que.	8	Targioni.	11
Davanzati.	3	Tavanti.	20
Micheli.	60		

Parmi les écrivains lombards :

Gallo se borne à mentionner les *corti grosse*.
Tanara distingue seulement les petites et les grosses.
Piero Crescenzi se dispense de toute énumération en disant que les variétés sont nombreuses.

Cupani, pour la Sicile, en compte.	11
Grimaldi retrouve à Vénafre celles de Columelle.	10
Presta, pour la terre d'Otrante, en compte.	34
Moschettini, pour la Calabre, en signale.	12
Gandolfi, pour les États romains.	7
Vitturi, parmi les principales de Dalmatie.	4
Picconi, province de Gènes.	16

M. G. Cappi, en terminant ces citations, exprime le vœu que dans chaque région il soit fait des plantations d'étude où les diverses variétés d'Oliviers puissent être longtemps comparées dans les mêmes conditions. Presta et Bernard avaient formulé le même désir. Ce sera, en effet, la seule manière de pénétrer dans le dédale des variétés d'Oliviers. Quand ces plantations auront été faites et suivies quelque temps dans chaque pays, un établissement central dans chaque État réunira les exemplaires de chaque variété, et l'on aura ainsi l'expression vivante de la richesse oléifère d'une contrée. On aurait encore là un moyen de fixer les nouvelles variétés qui naissent certainement sous des influences diverses, et de retenir celles dont un abandon peut-être immérité a causé la perte définitive. C'est à nos départements oléifères à s'entendre pour une création qui rendrait d'immenses services et honorerait notre pays.

Nous avons tenté d'établir une synonymie des variétés les plus importantes : pour cela, nous avons pris comme point de départ douze types définis par Gouan, et quatre par Rozier. C'est à ces seize formes que nous avons essayé de rapporter la plupart de celles qui figurent sous les noms les plus divers dans différents ouvrages.

1.

Olea europæa angulosa, GOUAN.
Olea media oblonga angulosa, MAGNOL.
Olivæ majusculæ oblongæ, C. BAUHIN P.
Olivier à fruit médiocre et oblong, TOURNEFORT.
Olivière, gallinenque, ROZIER.
Olivier à gros fruit long et à bosses ou laurine, V. DE BOMARE.
Olea europæa laurifolia, RISSO ?
Laurine, DIC. ENCYCLOP.
Gallinenque, ou livière, laurine, DIC. D'ORBIGNY.
Angelon sage, olivier femelle en Languedoc, REYNAUD.
Olea media angulosa, oblonga majuscula, REYNAUD.

Caractères. — Fruit gros, rougeâtre, à long pédicule, bon à confire, résiste bien au froid, feuillage ordinairement maigre.

2.

Olea europæa viridula, GOUAN.
Olea media rotunda viridior, H. R. M.
Olea media rotunda viridior, TOURNEFORT.
Olivier à fruit long, d'un vert foncé, DIC. ENCYCLOP.
Verdale, ROZIER.
Olivier à fruit rond appelé verdale, V. DE BOM.
Verdale, verdaou, pourridale, J. et HÉRINCQ.
Verdale, verdaou, pourridale, REGNAUD.
Olivo verdejo, verdal, TABLADA.
Verdale (Béziers), verdava (Montpellier), DU BREUIL.
Avanturier (Fréjus), Calassen (Lorgues), DU BREUIL.
Olive verdale ou verdaou, HEUZÉ.

Caractères. — Fruit ovoïde tronqué à la base, à long pédicule, restant très-longtemps vert, pourrissant souvent à la maturité, variété médiocrement productive ; très-robuste au froid, arbre peu élevé.

3.

Olea europæa præcox, GOUAN.
Olea media rotunda præcox, H. R. M.
Olea media rotunda præcox, TOURNEFORT.
Olivier moureau, V. DE BOMARE.
Moureau, mourette, ROZIER.
Olea europæa præcox, RISSO.
Aulivo barralinquo, GARIDEL.
Mouraou, mourette, negrette, mourescale, DICT. D'ORBIGNY.
Olivier à fruit rond, ou le moureau, DICT. ENCYCLOP.
Olea pausia, VIRGILE.
Olea europæa argentata, CLEMENTE.
Olea nevadillo blanco, TABLADA.
Michellenque (Valros) mouraou (Montpellier), DU BREUIL.
Negronne mouretto (Aix), amande de Castres, DU BREUIL.
Olive negroune ou mouraou, HEUZÉ.

Caractères. — Fréquemment cultivée en Provence et en Languedoc, fruit de grosseur moyenne, ovoïde, de couleur très-foncée à sa maturité, porté sur un court pédicule, à noyau très-petit; feuilles épaisses, larges, nombreuses.

4

Olea europæa cranimorpha, GOUAN.
Oliva sativa, major oblonga fructu corni, H. R. M.
Un des trois aulivo barralinquo de GARIDEL.
Olivier pleureur, cournaud, cormaou, DICT. PITTOR.
Courgeole, tagliasqua, rapugnier, DICT. PITTOR.
Olivier de Grasse, BERNARD.
Olivier de Grasse, DICT. DE 1803.
Olea media oblonga fructu corni, TOURNEFORT.
Olea europæa corniola, corniole, RISSO [1].
Olivier ressemblant à celui du cornouillier, DICT. ENCYCLOP.
Cormeau corniau courgniole, JACQUES et HER.
Plant de Salon, Olivier à fruit de cornouillier, id.
L'Olivier à fruit de cornouillier, courmeau, ROZIER.
L'Olivier à fruit de corniau, V. DE B.
Olea europæa rostrata, CLEMENTE.
Olivo cornicabra, TABLADA.
Olivier de salon, salonenque (Marseille), Corniau (Montpellier), DU BREUIL.
Courniand ou plant de Salon (Salon, Saint-Thomas, Grasse), HEUZÉ.

---

1. L'*Olea europæa rostrata* de Risso, ne doit pas être distinct de l'*Olea europæa corniola* du même.

Caractères. — Fruit petit, arqué, pointu et très-noir, pédicule court, huile fine; variété très-productive, à branches inclinées vers la terre.

5

Olea europæa oblonga, GOUAN.
Orchades, VIRGILE.
Olivæ minores, et Genevenses, et ex Provencia, C. BAUHIN.
Olea fructu oblongo minore, TOURNEFORT.
Olea minor oblonga, H. R. M.
Olive picholine, GARIDEL.
Olive picholine, DICT. ENCYCL. — D'ORBIGNY, — J. REYNAUD.
Olive picholine, saurine, ROZIER.
Olivier à petits fruits, olive picholine, V. BOMARE.
Olea europæa saurina, O. saurine, RISSO.
Piquette, olivier a picholini (à Pézenas et Béziers), DICT. PIT.
Saurine, J. et HÉRIRCQ.
Saurin, saurine (Nîmes), saurenque (Aix), plant d'Itres, DU BREUIL.
Coïasse, colliasse (filaire et ordinaire), J. REYNAUD.
Olea europæa ovalis, CLEMENTE.
Olivo lechin, TABLADA.
Olive picholine, Heuzé.

Caractères. — Variété cultivée surtout en Provence, fruit allongé, oblong, à noyau bombé d'un côté, feuille large, huile fine et douce, estimée pour confire.

6

Olea europæa hispanica, GOUAN.
Oliva crassior circa hispanica nascens, CLUSIUS, HIST., 25.
Olivæ maximæ hispanicæ, C. BAUHIN.
Olea fructu maximo, TOURNEFORT.
Olivier à très-gros fruit, olivier d'Espagne, DICT. ENCYCL.
Olive d'Espagne, GARIDEL.
Olivier d'Espagne à très-gros fruit, V. BOMARE.
Olea europæa regalis, CLEMENTE.
Olivo sevillano, TABLADA.
Olivier d'Espagne, BERNARD. DICT. DE 1803.
Olive d'Espagne, Espagnole, plant d'Eiguières de la grosse espèce, D'ORBIGNY.
Plant de Fontvielle, J. REYNAUD.
Olive espagnole ou olivière, HEUZÉ.

Caractères. — Fruit plus gros que celui de toutes les autres variétés, quoique bien inférieur encore en volume à celui de certaines variétés exotiques : huile amère : estimé pour confire, cultivé surtout en Provence.

7.

Olea europæa sphœrica, GOUAN.
Olea maxima subrotunda, H. R. M.
Aulivo barralinquo, GARIDEL.
Olivier à fruit arrondi, ampoullaou, DICT. ENCYL.
Olivier à fruit presque rond, ROZIER.
Olivier ampoullaou, V.ᵉ BOMARE.
Olea major sub-rotunda, MAGNOL.
Barralinque, ampoullaou, J. et HER.
Omburolles et bouralinque, J. REYNAUD.
Olivo manzanillo, manzanilla, ROJAL.
Olea europæa pomiformis, CLEMENTE.

Caractères. — Fruit plus arrondi que celui des autres variétés, gris noir, donnant une huile délicate.

8.

Olea europæa racemosa, GOUAN.
Olea minor rotunda racemosa, H. R. M.
Bouteillau plant d'Aups, BERNARD, et DICT. DE 1803.
Olivier à fruit en grappe ou bouteillaou, V. BOM.
Bouteillaou, boutiniane, ribière, J. et HER., DICT. D'ORBIGNY.
Olivier bouquetier, la ribière, le répugnan, DICT. PITTORESQUE.
Le caïon à grappes, le rouget de Marseille, plan d'Aups, IDEM.
Boutiniane, benesage, J. REYNAUD.
Bouteilleau (Hérault, Vaucluse, Var), HEUZÉ.
Olivo racimæ, TABLADA.
Olea europæa racemosa, RISSO.

Caractères. — Fruit arrondi noir, à noyau court, en bouquets, donnant une bonne huile, mais qui dépose beaucoup. Cette variété est moins sensible au froid que les autres; son produit varie beaucoup d'une année à l'autre : abondant par intervalles.

9.

Olea europæa amygdalina, GOUAN.
Olea major angulosa amygdaliforma, TOURNEFORT, et H. R. M.
Olivier franc ou amellaou, V. ROMARE.
Olivier amandier, plant d'Aix, ROZIER.
Raymet, DICT. DE 1803, et BERNARD.
Olea europæa amygdalina, RISSO.
Olivier amandier, amellaou, amygdalin, DICT. PITTOR.
Amellinque, raymet, becu, plant d'Aix, ID. ID
Amellou, DICT. DE D'ORBIGNY
Amellinco, J. et HÉRINCQ.

Le grand olivier franc ou amellaou, Dict. encyclop.

Amellinque (Béziers), amandier (Nîmes), amellaou (Narbonne), Du
Breuil.

Olea europæa maxima, Clemente.

Olivo madrileno, olivo murcal, Tablada.

Amellaou, Heuzé.

Gros noir, J. Reynaud.

Caractères. — C'est une des variétés les plus répandues en Provence et en Languedoc. Fruit gros et ovoïde, de forme un peu analogue à celle d'une amande, arrondi à la base, aigu au sommet, noirâtre, piqueté, donne une bonne huile, et bon pour confire.

10.

Olea europæa atro-rubens, Gouan.

Sayerne, salierne, sajerne, Dict. de d'Orbigny, J. et Her.

Olea minor rotunda rubro-nigrescens, Tourn.

L'Olivier à petit fruit rond et noirâtre, en salierne, Dict. encycl.

L'Olivier à petit fruit rond et noir, V. Bomare.

Olea europæa atro-rubens, Olivier salierne, Risso

Sayerne, Rozier.

Sayerne (Nîmes); Sayerne, salierne (Montpellier), Du Breuil.

Caractères. — Le fruit est violet, noirâtre, et revêtu d'une couche
de poussière glauque, arrondi inférieurement, pointu au sommet,
feuilles petites. Cette variété, cultivée surtout en Languedoc, reste
basse, son huile est très-fine.

11.

Olea europæa subrontunda, Gouan.

O. Cayanne de Marseille, Aglandau à Aix, Bernard.

L'Olivier à petit fruit rond aglandau ou caïane. V. B.

Aglandaou ou caïanne, Dict. encycl.

Licinia, Dict. pittoresque.

Aglandou caïanne. Dict. de d'Orbigny.

Olivier caïanne de Marseille, aglandon, Dict. de 1803.

Cayone de Marseille, aglandou (Aix), Du Breuil.

Olivier aglandou, ou plant d'Aix, Heuzé.

Caractères. — Le fruit est petit et arrondi, très-amer; l'huile est
excellente. Cette variété est principalement cultivée aux environs
d'Aix.

12.

Olea europæa variegata, Gouan.

Olea minor rotunda ex-rubro et nigro variegata, Tournefort.

Olivier à petit fruit rond panaché de rouge, Garidel.

Olivier à petit fr. rond, pan. de rouge et de noir, pigau, V. B.
Marbrée, tiquetée, ROZIER.
L'olivier à pet. fr. panaché de rouge et de noir, pigau, DICT. ENCYCL.
Olea europæa guttata, olivier à fruit tacheté, RISSO.
Olive marbrée ou tiquetée, pigaou, pigale, DICT. D'ORB., J. et HER.

Caractères. — Le fruit, dont la grosseur est variable, passe du vert au rouge, et du rouge au violet. Il est toujours tiqueté de blanc.

Les variétés suivantes n'ont pas été indiquées par GOUAN, mais figurent dans la nomenclature de ROZIER.

13.

Olea europæa odorata, ROZIER.
Olivier de Lucques ou à fruit odorant, DICT. ENCYCLOP.
Olea minor lucensis fructu odorato, TOURNEFORT.
Olea minor lucensis odorato, H. R. P.
Olivier de Lucques, V. B.
Olea europæa ceraticarpa, CLEMENTE.
Olivier de Lucques, DICT. PITTOR.
Luquoire, Luques, J. et HERINCQ.
Olivier odorant, J. REYNAUD.
Olivier de Lucques (Digne), oliverole (Béziers), DU BREUIL.

Caractères. — Fruit très-allongé, courbé en bateau, rougeâtre, tiqueté de blanc, à odeur agréable, des meilleurs pour confire, mais se conservant médiocrement, feuilles larges et nombreuses.

14.

Olea europæa alba, ROZIER.
Olea fructu albo, TOURNEFORT.
Olea latiore folio fructu, albo, GARIDEL.
Olea alba, CLUSIUS.
L'Olivier à fruit blanc, DICT. ENCYOLOP., DICT. PITT., V. B.
L'Olivier à larges feuilles et à fruit blanc. DICT. 1863, BERNARD.
Olea europæa alba, RISSO.
Olive blanche, vierge, blancane, DICT. D'ORB., J. et HER.
Olivo varal, blanco, TABLADA.
Olive verge ou blanche (Draguignan), HEUZÉ.
Olivier blainiane, ou à la verge, J. REYNAUD.

Caractères. — Fruit ne rougissant ni ne noircissant à la maturité, fruit petit à chair blanche, ressemblant à de la cire, à noyau très-gros proportionnellement. Les feuilles de l'arbre sont courtes et larges, peu cultivé aujourd'hui.

15.

Olea europæa regia, ROZIER.
Olea fructu majori carne crassa, TOURNEFORT.

Olivæ majores et pulposiores, C. B. Pin.
Olivæ regiæ, Cæsalpin 73.   .
Aulivo tripardo, Garidel.
L'Olivier à gros fruit très-charnu, ou royal, Dict. encyclop.
Olea europæa regalis, olivier royal, Risso.
Royale, triparde, triparelle, Dict. d'Orbigny.
Olea europæa hispalensis, Clemente.
Olivo gordal, olivo real, Tablada.
Olive royale, Heuzé [1].

Caractères. — Fruit très-gros, moins cependant que celui de la
variété dite Hispanica, feuilles petites, étroites, allongées, mauvaise
huile, bon à confire.

16.

Olea europæa atro-virens, Rozier.
Olea fructu oblongo, atro-virente, Tournefort.
Olivo ponchudo, Garidel.
Olivæ oblongæ, atro-virentes, C. B. Pin.
Ponchudo, pointue, rougette, Dict. d'Orbigny.

Caractères. — Fruit oblong, en pointe à ses deux extrémités, prenant à la maturité une couleur rouge foncé, feuilles étroites, bonne
huile.

Nous pourrions pousser plus loin ce tableau, mais le nombre des
observateurs par lesquels les variétés que nous aurions à citer seraient
reconnues, deviendrait de moins en moins grand. Le tableau précédent ne contient pas cependant toutes les variétés nommées par
Tournefort, Bernard, Risso et de plus modernes, dont on ne saurait nier
la compétence.

Ainsi Bernard désignait, sous le nom de Ribies, un olivier à bois
cassant, que Risso a nommé *Olea europæa fragilis.* Il n'est plus
aujourd'hui question de cette variété, qui n'est pas la même que celle
que l'on désigne, d'après M. Heuzé, sous le nom de *Ribies* à Grasse et
à Draguignan.

Le caillet blanc de Bernard est-il le même que celui que désigne sous
ce nom M. Du Breuil, et qu'il indique à Draguignan? Le pruneau, le

1. M. Heuzé cite encore : l'Olivier caillet ou cayanne, à Tarascon, Hières, Draguignan et le Roussillon ; —l'olive Ribies, à Grasse et Draguignan ; — la noustrale,
près de Nice.

redonnan et la pardiguière de Cotignac, cités par Bernard en 1788, et par M. Du Breuil, en 1850, sont-ils des variétés bien réelles, bien distinctes de quelques-unes de celles comprises dans les autres nomenclatures? et s'il en est ainsi, comment se fait-il qu'elles n'aient point été indiquées ailleurs?

On pourrait multiplier les observations de ce genre, elles montreraient les difficultés du sujet. Certaines appellations ont été appliquées à des variétés très-diverses; telle est celle de Pignola en Ligurie. (*Voy. G. Cappi.*) Chez nous, les noms de caillet, caion, caillonne, caiane, cayanne, caione, sont tantôt synonymes, tantôt distincts, et créent une synonymie tellement enchevêtrée, que nous ne tenterons pas de l'éclairer.

Les caractères botaniques sur lesquels sont établies les variétés de l'*Olea europæa* n'ont pas généralement la valeur nécessaire pour rendre leur détermination facile.

La forme de l'olive est celui de tous qui semble devoir être invoqué le plus souvent. C'était l'opinion de Tavanti : ce savant avait réparti les variétés d'Oliviers de la Toscane en sept catégories, d'après les formes des fruits; ces catégories étaient :

1° les fusiformes;	4° les turbiniformes;
2° les cordiformes;	5° les cimbiformes;
3° les réniformes ;	6° les elliptiformes;
	7° les amigdaliformes.

La grosseur, la couleur du fruit, intervenaient ensuite, pour distinguer les unes des autres les olives de ces catégories. On comprend combien il était difficile de caractériser suffisamment les huit variétés à fruits fusiformes, par exemple.

Presta, qui admettait au moins cinquante-quatre variétés pour le seul territoire de Salente, a fait intervenir d'autres éléments de distinction : la figure ou la taille ne sont plus suffisantes; il fait usage du poids total de l'olive, et du rapport du poids total à celui du noyau.

Pour montrer combien il est difficile d'établir sur la grosseur, longueur et largeur une détermination de variétés, nous relevons dans Presta trente-sept mesures d'olives de différentes variétés, et nous établissons, à l'aide de deux chiffres séparés par un trait, les longueurs et les largeurs de chaque forme (les mesures sont exprimées en lignes).

Long.	Larg.	Long.	Larg.	Long.	Larg.	Long.	Larg.
18 — 10	11 — 9	9 — 7	8 — 7
15 — 13	10 — 9	9 — 7	8 — 7
14 — 12	10 — 7	9 — 7	8 — 6
14 — 7	10 — 7	9 — 6	8 — 6
13 — 9	10 — 7	9 — 6	8 — 6
12 — 10	10 — 7	9 — 6	8 — 5
12 — 9	10 — 7	9 — 6	7 — 5
12 — 8	10 — 7	9 — 6	7 — 5
12 — 6	10 — 6		
	10 — 6		

On voit déjà que des variétés différentes présentent des dimensions identiques ou, tellement voisines, que les différences ne frappent pas.

Presta a comparé encore le poids total de l'olive à celui du noyau. Nous disons au chapitre : *Physiologie de l'olive*, que le poids de ces fruits varie sur le même arbre avec le degré de maturité. Les rapports établis par Presta sont donc sujets à caution : nous les donnons cependant à titre de curiosité. Le chiffre supérieur exprime en grains le poids total, l'inférieur le poids du noyau.

$$\frac{200}{20} \quad \frac{180}{22} \quad \frac{95}{13} \quad \frac{90}{16} \quad \frac{65}{11} \quad \frac{70}{14} \quad \frac{60}{12} \quad \frac{60}{10} \quad \frac{60}{10} \quad \frac{45}{7} \quad \frac{45}{7} \quad \frac{50}{11} \quad \frac{50}{10} \quad \frac{50}{9} \quad \frac{50}{9}$$

$$\frac{42}{10} \quad \frac{42}{8} \quad \frac{40}{8} \quad \frac{40}{7} \quad \frac{40}{6} \quad \frac{40}{6} \quad \frac{38}{6} \quad \frac{35}{6} \quad \frac{25}{5}$$

Le poids total, dans ces formes diverses d'olives, varie donc de 25 à 200, et le poids du noyau de 5 à 22. Il n'est pas toujours facile de priver totalement ce noyau de sa pulpe.

Le rapport $\frac{200}{20}$ appartenait à la *permezana*, et le support $\frac{25}{5}$ à l'*ulivetta*.

En résumé, les éléments de cette détermination étaient incertains, parce que la figure, la taille, le poids peuvent varier sur le même arbre !

Risso, pensant que la taille du noyau présentait plus de fixité pour la même variété que la longueur du fruit, a fait intervenir ce caractère dans la détermination des nombreuses formes qu'il a admises. Ces longueurs varient entre 0^m,010 et 0^m,026. Les quarante variétés indiquées par Risso se répartissent le long de cette échelle de grandeurs ;

plusieurs d'entre elles sont identiques, ainsi la cellina et six autres formes ont un noyau de 0^m,020 de longueur ; la longueur 0^m,010 appartient au noyau du fruit de l'*Olea buxifolia*, Risso ; la taille extrême 0^m,026 appartient au noyau du fruit de l'*Olea macrocarpa*, Risso.

<table>
<tr><td>0,010</td><td>0,020</td><td>0,026</td></tr>
<tr><td>O. buxifolia.</td><td>O. præcox.</td><td>O. macrocarpa.</td></tr>
</table>

D'après le même auteur, la largeur du noyau varie de 0^m,008 à 0^m,018.

Tablada a fait une étude très-bonne des variétés espagnoles. Il commence par les diviser en trois groupes : variétés hâtives, variétés tardives, variétés incertaines. Il base la détermination de ces variétés sur la configuration du fruit, du noyau, des feuilles, la longueur, la largeur de l'olive et les poids comparés du fruit et du noyau. De bonnes figures accompagnent la description.

Les chiffres suivants expriment en millimètres la longueur du fruit et le diamètre de quelques variétés :

Long.		Diam.		Long.		Diam.	
39	—	19	Olea cranimorpha Gouan.	23	—	18	Olea regia.
35	—	28	Olea amygdalina, Gouan.	23	—	15	Olea præcox.
30	—	20		23	—	16	Olea racemosa.
30	—	18		23	—	15	.
28	—	16		23	—	12	Olea viridula.
28	—	15		22	—	16	
				21	—	19	
				20	—	15	

On voit par ce tableau que beaucoup de variétés présentent des dimensions très-voisines et insuffisantes pour les caractériser. Il en est de même de la forme du noyau, qui se distingue dans quelques variétés et se confond dans le plus grand nombre. C'est ce qui ressort des dessins de cette partie du fruit, que nous reproduisons plus loin d'après Tablada.

La comparaison des poids de la pulpe et du noyau a donné à Tablada les chiffres suivants ; le poids de la pulpe est exprimé par le numérateur, celui du noyau par le dénominateur.

$$\frac{7}{1} \quad \frac{12}{2} \quad \frac{11}{1} \quad \frac{3,2}{0,9} \quad \frac{2,5}{0,5} \quad \frac{2,5}{0,6} \quad \frac{1}{0,3} \quad \frac{3,6}{0,7}$$

$$\frac{4}{0,8} \quad \frac{4}{1,2} \quad \frac{3}{0,7} \quad \frac{3,1}{0,6} \quad \frac{2,2}{0,9} \quad \frac{2,6}{0,8} \quad \frac{2,7}{0,6} \quad \frac{3,8}{0,6}$$

Le poids de pulpe le plus élevé a été de 14 grammes pour l'olive d'Espagne, le plus faible de 1,3 pour le fruit de l'*Olea oblonga* de Gouan.

Ces détails ont leur importance, car la plupart des observateurs ont reconnu que les olives dans lesquelles la pulpe n'était pas, en poids, le triple de celui du noyau rendaient peu d'huile.

Fig. 34, 35, 36, 37. — Premier groupe. — OLIVES ARRONDIES A LEUR EXTRÉMITÉ LIBRE.

Nous avons dit que la description des variétés espagnoles, dans l'ouvrage de Tablada, était accompagnée de figures représentant le fruit, le noyau et la feuille de grandeur naturelle. Presta, lui aussi, a représenté cinquante-trois formes diverses d'olives appartenant aux variétés de ce pays; assurément, dans l'ensemble, on distingue des

Fig. 38, 39, 40, 41. — Deuxième groupe. — OLIVES POINTUES A LEUR EXTRÉMITÉ LIBRE.

différences profondes qui peuvent caractériser quelques types d'Oliviers, mais c'est tout, la forme ellipsoïdale plus ou moins allongée appartient au très-grand nombre.

Nous avons réuni côte à côte les formes d'olives les plus dissemblables de configuration et de taille parmi celles que Presta a représentées,
afin de donner au lecteur une idée des variations que peut présenter
le fruit de l'Olivier (fig. 34 à 41).

La forme des noyaux d'olive doit correspondre, on le comprend, à
celle du fruit, et comme pour ce dernier la grande majorité des confi-
gurations se rapproche tellement, qu'on ne peut baser sur elles de
dinstinction de variétés. Voici quelques formes de noyaux parmi les
plus tranchées (fig. 42 à 47).

La difficulté de bien caractériser les variétés de l'Olivier ne pourrait
conduire à nier leur existence ; elles sont bien réelles, et le premier
venu sait les reconnaître quand il les voit dans la nature. Mais leurs
affinités, leurs ressemblances sont telles, leurs modifications avec les

Fig. 42 à 47. — FORMES DIVERSES DE NOYAUX D'OLIVES.

lieux et les climats sont si nombreuses, qu'un classement ou un inven-
taire de ces variétés présente à l'heure actuelle les mêmes difficultés
qu'autrefois.

C'est pour cela que Gasparin et beaucoup d'autres n'ont pas voulu
aborder cette étude, et se sont bornés à répéter avec Caton : « Cultivez
la meilleure variété pour votre pays, pour votre localité, c'est-à-dire
celle qui produit la meilleure huile en plus grande quantité ».

VI. L'OLIVIER SAUVAGE. — L'antiquité connut parfaitement les deux
formes de l'*Olea europœa*, l'Olivier sauvage et l'Olivier cultivé.

Ce dernier portait le nom d'Ε'λαία dans tous ouvrages grecs. Homère
le désigne ainsi dans l'*Odyssée* (λ, 589 ; n, 116). Hésiode ne le nomme
pas autrement (*Oper et Dies*, V, 520). Plutarque (de *Aud. poem.*)
emploie ce vocable pour l'arbre et pour le fruit. Démosthène, Athénée
se servent du même mot.

Les expressions abondent pour désigner l'Olivier sauvage, l'Olivier stérile, et les écrivains emploient tour à tour les mots Κότινος, — Ἰαγος, — Ἀγριέλαιος, — φυλίν, — Ἐλαιος. D'après Pausanias, il y eut même d'autres appellations variant avec les localités : ainsi les habitants de Trézène désignaient sous le nom de Rhacos ou de *Rhacum intortum*, des Oliviers sauvages. C'est au tronc de l'un de ces Oliviers stériles que vint se heurter le char du malheureux Hippolyte.

Les Latins désignaient l'Olivier sauvage sous le nom d'*Oleaster*, et ne l'ont jamais confondu avec l'Olivier cultivé, *Olea*.

L'Olivier sauvage abondait en Grèce et en Italie. Ce fut Hercule, répètent Pausanias et Pindare, qui le premier introduisit cet arbre en Grèce, où son feuillage servait à couronner les vainqueurs aux jeux olympiens. Hercule rapporta ce trésor d'un voyage aux pays hyperboréens.

La massue du dieu était un tronc d'Olivier sauvage (Pausanias, livre II, ch. XXXI). C'est avec cette arme terrible qu'il terrassa le lion de Némée. Théocrite (*Idylle* XXV) représente Hercule racontant cette aventure à Phylée : « Je pars, tenant d'une main mon

Fig. 48.
MÉDAILLON D'HADRIEN.
Hercule portant un rameau d'Olivier'

carquois, de l'autre une dure massue du plus bel Olivier bien proportionnée, et encore revêtue de son écorce. J'avais moi-même trouvé cet arbre au pied de l'Hélicon et je l'avais arraché tout entier avec ses fortes racines. »

Un antique médaillon d'Hadrien que nous reproduisons ici rappelle ce double fait : la découverte de l'Olivier sauvage, Hercule en porte un rameau ; l'emploi de son bois en massue, la main du héros en est armée (fig. 48).

Par imitation, l'Olivier sauvage resta la matière des permissions de dix heures les plus respectables de ce temps-là. « Il tenait de la main droite un gros bâton recourbé d'olivier sauvage, dit un des personnages de Théocrite (*Idylle* VII). C'est pour cela sans doute que le sceptre des rois fut aussi jadis une robuste trique d'*Oleaster*.

Comme l'Olivier cultivé, l'Olivier sauvage a eu ses légendes. Virgile, au livre XII, le met en scène dans un poétique épisode, le dernier du grand poëme, le combat suprême d'Énée et de Turnus :

> Forte sacer Fauno foliis Oleaster amaris
> Illic steterat, nautis olim venerabile lignum;
> Servati ex undis ubi figere dona solebant
> Laurenti divo, et votas suspendere vestes.
>
> . . . .
> . . . .

— Sur le théâtre même du combat s'élevait un Olivier sauvage au feuillage amer consacré au dieu Faune : antique et vénérable objet de la piété des matelots, c'est là que, sauvés du naufrage par la puissante protection du dieu, ils acquittaient leurs vœux et suspendaient leurs dons et leurs vêtements.

C'est dans le tronc de cet Olivier, abattu sans scrupule par les Troyens, que la javeline d'Énée, poursuivant Turnus, s'était engagée. Le fils d'Anchise se consume en efforts impuissants pour retirer son arme; Turnus a invoqué les dieux, et l'arbre profané retient le fer qu'il a saisi. Il fallut l'intervention de Vénus pour que l'Olivier sauvage voulût bien laisser aller la lance du héros troyen.

Ovide a raconté les mésaventures d'un pasteur d'Apulie qui s'étant moqué d'une troupe de nymphes dont il contrefaisait les danses, et qu'il poursuivait de paroles obscènes, fut métamorphosé en Olivier sauvage :

> Improbat has pastor, saltuque imitatas agresti
> Addidit obscenis convicia rustica dictis,
> Nec prius obticuit, quam guttura condidit arbor.
>
> Arbor enim est, succoque licet cognoscere mores.
> Quippe notam linguæ baccis oleaster amaris
> Exhibet : asperitas verborum cessit in illas.

Au lieu d'une traduction littérale, voici celle de Benserade en rondeau; elle est originale et date de 1676 :

> Voyez-vous bien cet arbre triste et vieux,
> C'était jadis un sot malicieux,
> Sauvage dur, qui n'aimait qu'à médire
> Et devant qui les filles n'osaient rire.
> Enfin le fléau de l'ouïe et des yeux.
> En fruits amers il est fort copieux,
> L'écorce est rude, un feuillage ennuyeux
> Qui rien au cœur d'agréable n'inspire.
> Voyez-vous bien !

En olivier par le pouvoir des dieux
Il fut changé. Les nymphes de ces lieux
Lui souhaitaient quelque chose de pire.
Devant le sexe il ne faut jamais dire
Rien d'incivil ni de licencieux,
Voyez-vous bien !

De même qu'il y a des variétés nombreuses d'*Olea europæa sativa*, en existe-t-il d'*Olea europæa sylvestris?* Presta semblait le croire : et cet auteur qui pensait que c'était faire injure à la divinité que d'admettre que l'*Oleaster* avait précédé l'Olivier cultivé pensait cependant que les Oliviers sauvages venus par semence des différentes variétés d'*Olea sativa* différaient entre eux par quelques nuances comme celles-ci diffèrent elles-mêmes. De nos jours, un observateur habile, M. Prilleux, a vu souvent les *Oleaster* porter des fruits de formes diverses, ce qui semblerait aussi indiquer des variétés dans cette forme.

Ce qui est certain, c'est que les fruits de l'*Oleaster* sont plus petits que ceux de l'Olivier cultivé, et que même à poids égaux ils rendent moins d'huile. C'est pour cela que dans les pays où il existe des forêts d'*Oleaster* on

Fig. 49.
FRUITS DE L'OLEASTER.

récolte peu leurs fruits, parce que le produit ne compense pas le travail. Cependant tous les observateurs s'accordent à reconnaître que l'huile de l'*Oleaster* est d'une finesse extrême quand on la retire de fruits bien mûrs (9fig. 49).

Presta et beaucoup d'autres depuis ont établi les preuves de ce fait contrairement à l'opinion des anciens, à celle de Pline par exemple, qui soutenait que l'huile d'*Oleaster* était amère et bonne seulement pour l'usage médical. Pour Presta, c'était une huile exquise, digne d'être offerte à une tête couronnée, ce qu'il fit d'ailleurs en 1786 en en présentant gracieusement quelques échantillons à S. M. l'Impératrice de Russie et au roi des deux Siciles qui daignèrent les apprécier. Presta constata dans cette occasion que les *Oleaster* sortis de diverses variétés de *sativa* rendaient des quantités variables d'huile.

Dans les pays où il existe des vastes étendues d'*Oleaster*, comme dans

le nord de l'Afrique, on les greffe et l'on crée ainsi des olivaies de bon rapport, qui font la richesse du pays, — *Africæ peculiare quidem in Oleastro est inserere*, — Pline. Les Sarrasins portèrent cette coutume en Sicile. L'Olivier sauvage étant plus rustique que le cultivé résiste mieux aux excès de température, surtout aux froids et communique ces qualités aux greffes qu'il supporte. Sa racine pivotante va chercher la nourriture à de grandes profondeurs. Sa durée dépasse de beaucoup celle de l'Olivier cultivé.

La qualité de son bois surpasse celle de l'Olivier cultivé et ses racines noueuses conviennent à l'ébénisterie.

On trouve parfois le gui sur les branches de l'Olivier sauvage : les anciens nommaient *phaunos* le gui de l'Olivier.

VII. Durée de l'Olivier. — La durée des êtres qui l'entourent a toujours eu le privilége d'attirer l'attention de l'homme, dont la vie n'est qu'un songe rapide. Dans tous les temps et dans tous les lieux, les vieux arbres ont été entourés d'un respect religieux, et la légende a su embellir un passé qui se perdait dans la nuit des siècles. Tels furent, chez les Grecs, le palmier de Délos, le chêne de Dodone, le platane d'Agamemnon, l'agnus castus de Samos.

Parmi ces doyens vénérés du règne végétal, il faut placer l'Olivier. Ici, c'est l'Olivier sauvage d'Olympe, dont Hercule se couronna le premier après avoir remporté le prix dans les jeux où la Grèce conviait déjà ses fils ; là, c'est l'Olivier d'Athènes, souvenir d'une lutte mémorable ; puis celui d'Argos auquel Io métamorphosée en vache fut attachée par Argus (Pline, liv. XVI, ch. LXXXIX). Aussi le compilateur romain peut-il dire avec raison : — *Cariem vetustatemque non sentiunt Oleaster et Olea* (fig. 50). —

Pline a vanté l'antiquité des Oliviers du Linternum, qui, plantés par Scipion l'Africain, pouvaient avoir de son temps 250 ans. Mais l'Olivier dépasse cette durée, puisque Léon Alberti assure que les mêmes arbres résistèrent jusque vers le milieu du dixième siècle à toutes les vicissitudes.

Le compilateur romain, si crédule d'ordinaire, si large du gosier, comme l'écrit G. Presta, hésitait cependant à croire que l'arbre de

l'Acropole existât de son temps : Pausanias et Cicéron ne faisaient
pas tant de difficultés, et concédaient aisément à l'arbre de Minerve seize

Fig. 50. — ANTIQUE OLIVIER DES ENVIRONS DE NICE.
(D'après une photographie de M. Davanne.)

siècles d'existence. Il est difficile de discuter sur la durée d'un arbre
dont Virgile a dit :

Quin e caudicibus sectis (mirabile dictu)
Traditur a sicco radix oleagina ligno.

et nous croirons volontiers notre poëte Delille, quand il assure avoir
cueilli un rameau du fameux Olivier d'Athènes dont l'âge, en admettant
qu'il fût contemporain de la fondation de la ville de Cécrops, était de quarante siècles.

Quelques circonstances historiques permettent de fixer dans certaines limites la durée des Oliviers. On sait par exemple que les Turcs faisant peu de cas de l'olive, n'ont jamais planté d'Oliviers dans les pays soumis à leur domination. Lors donc que Joseph Piton de Tournefort nous assure que d'Ephèse à Smyrne il rencontra sur toutes les collines des Oliviers aussi fertiles que ceux de la Grèce, nous penserons qu'ils furent plantés là avant l'invasion musulmane. Nous ferons le même raisonnement pour les épaisses et fécondes forêts d'Oliviers de l'Hyrcanie. Il

Fig. 51. — OLIVIER DES ALPES-MARITIMES.
(D'après une photographie de M. Davanne.)

faudra croire encore avec G. Presta que les Oliviers qui peuplent les environs de l'antique Cirène, en Afrique, datent peut-être du temps fabuleux d'Aristée [1]. Enfin M. Bové, ancien directeur des cultures d'Ibrahim pacha, pense que les Oliviers de Fédamin, en Egypte, dont le tronc dépasse deux mètres de diamètre, sont antérieurs à l'ère de Mahomet, car depuis cette époque, dit-il, nulle plantation n'a été faite sur les bords du Nil, si ce n'est par les princes actuels.

Dans le midi de l'Europe les exemples de longévité sont fréquents

[1] En 1867, l'Algérie envoya à l'Exposition un tronc d'Olivier âgé d'au moins dix siècles.

chez l'arbre dont nous faisons l'histoire. G. Presta raconte que de son temps il existait, à la cure épiscopale de Vénafre, des actes de fondation d'un bénéfice ecclésiastique, consistant en un terrain sur lequel étaient onze pieds d'Oliviers liciniens, qui bien qu'âgés authentiquement de sept siècles, vieux de tronc et de ramure, avaient une verdeur et une fertilité incomparables.

Parmi les Oliviers célèbres, il faut citer celui de Saint-Rémo, nommé le *Vieux*. Ceux de Mausane et de Tarascon. Entre Villefranche et Nice, au quartier de Beaulieu, on voit encore un individu déjà célèbre en 1515

Fig. 52. — OLIVIER DES ALPES-MARITIMES.
(D'après une photographie de M. Davanne.)

pour son grand âge, il est connu sous le nom de Pignole. Son tronc a douze mètres et demi de circonférence à la base, et six mètres vingt-six à un mètre au-dessus du sol. Il est le seul dans la contrée qui résista au terrible ouragan de 1516 : depuis quelque temps son produit en huile est descendu à cent kilogrammes, mais autrefois il dépassait cent cinquante kilogrammes dans les bonnes années).

Faut-il croire ce que Bouche, dans son histoire de Provence, a dit d'un Olivier de Ceyreste? On lui donnait neuf ou dix siècles ; quoique l'accroissement de l'Olivier soit extrêmement lent, celui-ci avait un tronc creux et si prodigieusement gros qu'une vingtaine de personnes pouvaient s'y abriter. Le propriétaire de cet arbre colossal y établissait son ménage tous les étés; il y couchait avec toute sa famille; son cheval même y avait une petite place.

Nous avons réservé, pour en parler en finissant, les plus vénérables de tous les oliviers par les souvenirs qu'ils rappellent, et aussi par leur âge, ce sont les arbres sacrés, témoins des grandes scènes de la Passion.

Au dix-septième siècle, un voyageur, Monconys, assurait que l'on voyait encore à Jérusalem, dans le jardin de la maison d'Anne, l'arbre auquel fut attaché le Sauveur en, attendant le réveil du pontife; on lui montra aussi l'arbre sous lequel fut annoncé aux hommes le Jugement dernier.

Les plus célèbres sont ceux du Jardin dit des Oliviers. Ces arbres ont six mètres de circonférence, sur neuf ou dix mètres de hauteur. « Si l'on admet, dit M. Bové, que l'épaisseur de chaque couche soit d'un demi-millimètre, il ne serait pas déraisonnable de penser que les Oliviers dont il s'agit remontent au moins à deux mille années. »

Voici ce qu'en écrit Chateaubriand dans son *Itinéraire de Paris à Jérusalem*. « Au bord et presqu'à la naissance du torrent de Cédron, nous entrâmes dans le Jardin des Oliviers : il appartient aux Pères latins qui l'ont acheté de leurs propres deniers; on y voit huit gros Oliviers d'une extrême décrépitude.... Ils sont au moins du temps du bas empire. En voici la raison : en Turquie tout Olivier trouvé debout par les musulmans lorsqu'ils envahirent l'Asie ne paye qu'un médin au fisc, tandis que l'Olivier planté depuis la conquête doit au grand seigneur la moitié de ses fruits : or, les huit Oliviers dont nous parlons ne sont taxés qu'à huit médins. »

« Le Jardin des Oliviers, dit M. L. Enault, peut avoir soixante-dix pas de long et cinquante de large. — On y vénère huit Oliviers sous lesquels, dit la tradition, Jésus est venu souvent méditer et prier. Ces Oliviers auraient aujourd'hui dix-neuf cents ans : il n'y a rien là d'impossible. L'Olivier est pour ainsi dire immortel, parce qu'il renaît de sa souche. Le vieux tronc se creuse, on le remplit de pierres et de terre pour qu'il puisse résister au vent; chaque année on amoncelle autour de lui l'humus végétal, la cime monte encore, l'écorce rejette, et le vieil arbre noueux se pare de verdure et se couvre de fleurs et de fruits. Chaque Olivier est moins un arbre qu'un amas d'arbres. On dirait un faisceau de colonnes tordues et violemment réunies : les tiges nombreuses s'agglomèrent sous la même écorce et s'incorporent à la tige maternelle, pour assurer l'éternité de l'individu avec la perpétuité renaissante de ses membres. J'ai vu les plus beaux Oliviers du monde au Carmel, en Galilée, et dans la Samarie, en un mot dans tous les sites ou les plus heureuses circonstances favorisent sa croissance : je n'en ai vu nulle part qui présentassent un caractère de vétusté plus frappant que ceux de Gethsémani, plantés entre des rochers arides. »

Il est donc difficile de dire d'une façon précise combien vit l'Olivier, on peut cependant affirmer qu'il peut atteindre de nombreux siècles et toucher presque à l'immortalité. J'ai vu sur les bords du lac de Trasimène les Oliviers les plus usés, les plus vieux que j'aie jamais rencontrés, et je me disais, non sans probabilité d'être dans le vrai, que quelques-uns de ces vénérables arbres avaient sans doute vu passer Annibal.

Plus on cultive l'Olivier, plus on le force à être généreux et fertile, mais en revanche on abrége ses jours. Les anciens le savaient bien : — *Omnis cura fertilitatem auget, fertilitas senectam,* — disait Pline. Les soins le rendent débile et délicat, et par suite font sa vie plus courte : la fertilité l'abat et l'épuise.

La taille en couronne détermine chez cet arbre des plaies qui ne se cicatrisent jamais. Les gelées, les cryptogames, les insectes trouvent là une porte ouverte et pénètrent dans la place. Les Oliviers cultivés à la *Virgile*, c'est-à-dire qui ne sont ni taillés, ni fumés, fournissent une plus longue carrière, le revers de la médaille, c'est qu'ils sont peu productifs. Quoi qu'il en soit, l'Olivier dirigé parcourt encore une assez longue existence, ce qui n'est pas le dernier des motifs pour donner tous les soins à cet être éminemment utile.

Notons en terminant que chez les végétaux la durée des individus est souvent en relation avec le temps mis à atteindre la puberté, si l'on peut s'exprimer ainsi, c'est-à-dire l'âge de la fructification.

Les anciens croyaient que l'Olivier mettait un temps considérable à fructifier. Jamais, disait Hésiode, l'homme n'a vu les fruits de l'Olivier planté de ses mains. Veut-on voir ce que durent les préjugés ? plaçons en regard du dire d'Hésiode le proverbe provençal : — *Oulivie de toun gran, castagné de toun pairé, amourié tiouné*, — olivier de ton grand-père, châtaignier de ton père, amandier de toi.

L'Olivier met, il est vrai, du temps avant d'en arriver à une production moyenne, mais on sait bien aujourd'hui qu'au bout de vingt ans il peut déjà rapporter beaucoup.

VIII. Le bois de l'Olivier. —Les anciens estimaient le bois de l'Olivier et l'employaient à de nombreux usages. Varron rangeait l'arbre de Pallas parmi ces arbres secs et nerveux qui croissent lentement. Columelle le cite comme servant à faire de bons échalas pour la vigne (livre XI, II).

Pline parle souvent de ses qualités et de ses usages. « Le buis, le cornouiller et l'Olivier, écrivait-il, n'ont ni aubier, ni chair, ni moelle, ils ont même très-peu de sang. » Et ailleurs : « La vigne et l'Olivier se cassent plutôt qu'ils ne se fendent, ils n'ont point de nerfs. » Ainsi, ni aubier, ni chair, ni moelle, ni sang, ni nerfs, tel était pour Pline le bois de l'Olivier : nous avons peine à comprendre ce qui pouvait lui rester. Cependant le grand compilateur le considérait comme excellent. « On l'emploie, disait-il, à faire des rayons de roues, des coins, des chevilles, qui ont la durée du fer » (livre XVI, 76). « Il avait pour la construction des navires un avantage immense, avec l'Olivier sauvage, celui de n'être pas attaqué par les vers. Comme le chêne, il était facile à se courber » (livre XVI, 74 et 79).

Il n'est pas permis de douter que tous les peuples anciens qui cultivèrent l'Olivier pour ses fruits, ne se servissent de son bois. En Grèce, par exemple, pour ajuster les tambours dont se composaient les colonnes et faire disparaître l'intervalle des parties, on les polissait comme une table de marbre. « Pour cela, on attachait deux tronçons l'un sur l'autre par un axe de cèdre ou d'Olivier, autour duquel on les faisait rouler. Le frottement léger d'un sable fin entre les deux parties, rendait les surfaces unies et égales » (Émile Burnouf, *le Parthénon*). Chateaubriand, passant à Athènes, vit, chez M. Fauvel, un de ces coins en bois d'Olivier qui avait appartenu au Parthénon.

Dans son étude sur les bois d'Oliviers de l'Algérie, M. E. Lambert apprécie les qualités de notre arbre comme substance ligneuse. « Le bois d'Olivier, dit-il, a la fibre coriace et de la plus grande ténacité ; le grain serré et susceptible d'un beau poli ; la veine richement nuancée, toutes les rares qualités enfin que recherchent l'ébénisterie, le charronnage et tant d'autres emplois. » Plus loin il ajoute : « Ce bois, d'une densité énorme et d'une richesse exceptionnelle en carbone, fournit un chauffage et un charbon excellents. »

L'industrie moderne l'utilise. En Corse, on le préfère au chêne pour certaines parties des navires. La valeur du bois coupé égale celle de deux récoltes ordinaires, et dès la troisième année les baliveaux qui l'ont remplacé commencent à produire. Le bois des racines d'Olivier présente parfois des effets qui peuvent rivaliser avec ceux des bois les plus précieux.

Dans tous les pays à Oliviers, on fait des meubles fort beaux avec son bois ; les artisans de Sorrente le travaillent admirablement. Les habitants de Bethléem en font des chapelets, des médaillons, des crucifix, qu'ils vendent aux pèlerins en Terre Sainte. Nous avons visité à Nice la fabrique de A. Ruegger, où se travaille le bois d'Olivier : nous avons vu là de charmants objets, mosaïques, écrins, petits meubles, etc., et c'est avec un couteau à papier en Olivier sculpté provenant de cette maison que nous avons coupé bien des pages dont la substance est venue se fondre dans cette histoire, écrite à la gloire de l'arbre dont il provenait.

IX. L'OLIVIER ET LES ANIMAUX. — L'homme n'emprunte guère à l'Olivier que son fruit et son bois ; son feuillage n'a pour lui qu'une utilité très-secondaire ; quelques animaux au contraire le recherchent.

Nous pouvons montrer Idas habituant ses agneaux à paître par l'attrait des feuilles de l'arbre de Pallas.

> Idas. — Me teneras salices juvat aut Oleaster putare
> Et gregibus portare, novas ut carpere frondes
> Condiscant. . . . .

— Je coupe les tendres branches du saule et d'Oliviers sauvages et en les donnant à mes agneaux, je les accoutume à paître le feuillage.

CALPURNIUS, églogue II, Crocale, vers 44.

Ailleurs c'est le grave Lucrèce qui nous apprend que « les chèvres à la barbe longue aiment tant l'Olivier, qu'il semble ruisseler pour elles de nectar et d'ambroisie ; or il n'est pas d'arbre qui pousse une feuille plus amère au goût des hommes. »

> Barbigeras Oleaster eo juvat usque capellas,
> Effluat ambrosia quasi vero et nectare tinctus :
> Qua nihil est homini quod amaria frondeat estu.

Eupolis, dans sa pièce des *Chèvres*, introduit les animaux parlant eux-mêmes de leur nourriture. « Nous nous nourrissons de toutes sortes de plantes que la terre porte. . . . . du pin, de l'Olivier sauvage, du lierre. . . . . (*in Macrobe*, sat., liv. VII, ch. v).

De tout temps les chèvres ont été un fléau pour les jeunes plantations d'Oliviers. Varron recommandait bien de les écarter, il prétendait même que lorsqu'un de ces arbres bourgeonnant a été brouté ou seulement léché par la chèvre, il devient stérile. Le crédule Pline rapporte le fait sans y démêler le vrai du faux.

En Grèce, on connaissait fort bien le mal que font les animaux aux Oliviers. Théocrite, le chantre des bergers, nous les montre attentifs à défendre ces arbres de leurs atteintes.

Ici c'est Battus qui dit à Corydon, en parlant des génisses (*Idylle* IV) :

« Comme ces vilaines bêtes rongent les branches d'Olivier. »

Là c'est Comatas qui s'interrompt pour crier à ses chèvres :

« Loin d'ici mes chèvres ! passez ici sur le penchant de la colline, près de ces bruyères » (*Idylle* V).

Pourquoi Columelle dit-il (liv. VII, IX) que les porcs aiment les forêts d'Oliviers sauvages ? C'est le fruit tombé plutôt que le feuillage qui les attire.

Si certains quadrupèdes recherchent avec avidité les feuilles de l'Olivier, beaucoup d'oiseaux sont très-friands de ses fruits.

« L'Olivier, dit Pisthétærus (dans les *Oiseaux*, d'Aristophane), c'est le temple des oiseaux vénérés ; ce n'est ni à Delphes, ni à Ammon qu'il faut aller les invoquer, mais dans les bois d'arbousiers ou d'Oliviers sauvages sur lesquels ils se tiennent. »

Le poëte veut dire que c'est l'appât des fruits qui les attire, car il ajoute plus loin :

> Τά τε κατ᾽ ὄρια, τα τε κοτίνοτραγα, τά τε κομαροφαγα.

Les grives surtout recherchaient les olives, et les gourmets, à leur
tour, recherchaient les grives qui en avaient été nourries. Columelle
conseillait de leur donner des olives sauvages. Martial, au contraire,
préfère pour elles les olives, et les meilleures olives, celles du Picenum,
par exemple,

> Si mihi Picena turdus pulleret oliva,
>
> Liv. IX, épig. 55.

Quand la saison des olives était passée, les grives maigrissaient et
perdaient de leur valeur.

> Non sic destricta macrescit turdus oliva,
>
> CALPURNIUS, églogue III.

L'Olivier sauvage, d'après Virgile, ne déplaisait pas aux abeilles, et
ce poëte, dans ses conseils, exprime le désir que cet arbre ou un palmier
couvre de son ombre le vestibule de leur demeure,

> Palmaque vestibulum aut ingens Oleaster inumbrat,
>
> Géorg., livre IV, vers 20.

Pline affirme que les abeilles ne touchent pas aux fleurs de l'Olivier,
et que par conséquent il vaut mieux exclure cet arbre du voisinage des
ruches. Varron dit, au contraire (de Re rust., III, 16), que l'abeille sait
extraire le miel de l'Olivier. Qui croire? Aristote complique la question
en pensant que c'est de la feuille et non de la fleur que l'abeille tire son
nectar; nous ne donnerons pas raison à Aristote, et Virgile, à notre
avis, ne s'est pas trompé.

CHAPITRE III

LES RÉGIONS DE L'OLIVIER

I. LA JUDÉE. — Au livre II d'Esdras (ch. IX), nous lisons :

25. . . . ils ont possédé une bonne terre, et des maisons pleines de toutes sortes de biens, . . des vignes et des plants d'Oliviers, et beaucoup d'arbres fruitiers.

Telle était la terre vers laquelle Moïse conduisit les Hébreux à travers le désert. Ce grand législateur, auquel il fut seulement permis d'entrevoir du haut d'une montagne et dans le mirage d'un ciel d'Orient, la terre promise, connaissait ses ressources et sa merveilleuse fécondité. Il savait « que l'huile y coulait de la pierre la plus dure, » suivant la métaphore poétique des écrivains sacrés, c'est-à-dire que l'Olivier y croissait partout, dans les plaines fertiles comme sur les sommets les plus arides. La présence de l'Olivier, l'abondance d'huile devaient suffire pour peindre la fertilité et la prospérité d'une contrée. Isaïe se servira de cette expression, — *cornu filius olei*, — pour désigner une terre riche et grasse (Ch. v, v. 1).

La législation des Hébreux, avant leur entrée dans la terre de Canaan, fut en quelque sorte calquée sur la nature des productions qu'ils devaient y trouver. Moïse voulut surtout faire de sa nation un peuple d'agriculteurs, et toutes ses prescriptions législatives eurent pour but de lui donner en abondance l'huile, le blé, le vin, et de l'attacher par conséquent à la culture de l'Olivier, du froment et de la vigne, ces trois sources providentielles de l'huile, de la fécule et de l'alcool, éléments indispensables de l'alimentation humaine.

Pour encourager les plantations d'Oliviers et de vignes, dans un pays comme la Palestine, où tant de localités pierreuses, peu propres au labourage, convenaient si bien à ces deux plantes, Moïse exempta du service militaire et des travaux publics tous ceux qui se livreraient à ce labeur, jusqu'à la première récolte.

Le repos de la terre pendant la septième année était applicable aux plants d'Oliviers comme à toutes les autres cultures (Exode, ch. xxiii v. 2).

Parmi les châtiments promis au contempteur de la loi, la stérilité des Oliviers est annoncée comme un des plus terribles : Vous aurez des Oliviers dans toutes vos terres, et vous ne pourrez en avoir d'huile pour vous en frotter, parce que tout coulera et tout tarira (Deutéronome, ch. xxviii, v. 40).

Moïse voulait non-seulement attacher les Hébreux aux productions de leur nouvelle patrie, mais les éloigner à tout jamais d'un retour en Égypte. C'est pour cela, ainsi que le fait observer Guénée, qu'il multiplia dans les cérémonies religieuses l'usage du suc huileux de l'Olivier, que la contrée du Nil ne produit pas : c'est pour cela qu'il défendit de manger de l'agneau et du chevreau cuits dans le lait, comme le faisaient les peuples qui manquaient d'huile; substituant ainsi un corps gras d'origine végétale, aux graisses animales.

Grâce à cette sage législation la Judée fut bientôt couverte d'Oliviers, et l'une des régions les plus productives en huile. Ce ne fut pas seulement aux vignes et aux blés que les renards à la queue desquels Samson avait attaché des flambeaux mirent le feu, d'immenses étendues de plants d'Oliviers brûlèrent aussi.

Ces derniers constituaient une des richesses principales du pays, et Samuel pouvait dire aux Juifs qui demandaient un roi à grands cris :
— Il prendra aussi ce qu'il y aura de meilleur dans vos champs, dans vos vignes et dans vos plants d'Oliviers, et il le donnera à ses serviteurs (Rois, ch. viii, v. 13.)

La culture de l'Olivier avait acquis une telle importance, qu'à la fin du règne de David elle constituait une section des plus sérieuses de l'administration publique concernant l'agriculture. Nous lisons au livre I, ch. xxvii des Paralipomènes :
— 28. Balanan de Geder avait autorité sur les Oliviers et figuiers de la campagne. Joas sur les magasins d'huile.

Lorsque Sennachérib voulut détourner les Israélites des sages conseils d'Ezéchias, il leur promit « une terre fertile, abondante en vin et en pain, une terre de vignes et d'Oliviers, une terre d'huile et de miel, — semblable à la leur (Rois, liv. IV, ch. xviii).

La captivité de Babylone qui, pendant soixante-dix ans, livra la Judée à l'abandon et à la dévastation, dut porter à cette branche de l'agriculture comme à toutes les autres un préjudice énorme. C'était surtout sur les hauteurs que se montraient les Oliviers, la terre y était industrieusement retenue par des murs en pierres sèches; durant les années de la captivité tous ces travaux disparurent, et la plupart des arbres furent déracinés.

Néhémie, gouverneur de la Judée pour Artaxercès, essaya de maintenir avec les Israélites restés en Palestine les ressources agricoles du pays, et de lui conserver pour de meilleurs jours ses richesses naturelles.

10. Mes frères, mes gens et moi, nous avons prêté à plusieurs de l'argent et du blé; accordons-nous tous je vous prie à ne leur rien redemander et à leur quitter ce qu'ils nous doivent.

11. Rendez-leur aujourd'hui leurs champs et leurs vignes, leurs plants d'Oliviers et leurs maisons : payez même pour eux le centième de l'argent du blé, du vin et de l'huile, que vous avez accoutumé d'exiger d'eux (Esdras, liv. II, ch. v).

Le feuillage de l'Olivier, malgré tant de ruines, rayonnait encore, çà et là sur les hauteurs comme un signe d'espérance, et Néhémie célébrant la fête des Tabernacles, pouvait dire aux vaincus qu'une délivrance prochaine allait consoler :

15.... Allez sur les montagnes et apportez des branches des Oliviers (Esdras, liv. II, ch. viii).

La fécondité de la race juive était un remède à tous les maux : les traces de l'abandon disparurent rapidement après le retour du peuple exilé. La Palestine redevint florissante pendant l'espace de temps qui s'écoula entre la fin de la captivité et l'expédition de l'empereur Adrien. Qu'on lise la Mischna, ouvrage où les décisions des anciens casuistes juifs ont été recueillies, et l'on y verra les plus grands détails sur la récolte des olives, sur les dîmes qu'on en devait payer, sur les meilleures espèces d'olives dont quelques-unes étaient spéciales à la contrée. « Ce pays est étendu et fertile, il a de grandes plaines du côté de Samarie et du côté de l'Idumée : le reste est parsemé de montagnes dont la culture demande beaucoup de soins; mais les soins et le travail ne manquent pas, tout y est en valeur, et l'abondance y règne, il est rempli d'Oliviers, de palmiers et d'autres arbres à fruits.»

L'historien Josèphe, qui avait commandé en Galilée et y avait fait la guerre, d'abord contre les Juifs révoltés, ensuite contre les Romains, disait de cette région : « Le sol y est à la fois gras et léger, abondant en pâturages, propre à toutes sortes de productions, et rempli d'arbres de toute espèce : on y voit surtout de grandes plantations de vignes et d'Oliviers. » Et ailleurs, parlant des bords du lac de Tibériade : « Le sol y est si fertile qu'il ne se refuse à aucune espèce d'arbres, et la température de l'air y est telle que le noyer qui se plaît dans les pays froids, le palmier qui aime les grandes chaleurs, le figuier et l'Olivier qui demandent un air plus doux, réussissent également dans ce canton.»

Les Oliviers abondaient surtout aux environs de Jérusalem : la montagne de ce nom en était couverte, et Strabon nous apprend que lorsque Titus fit le siége de la ville sainte, il y trouva assez d'Oliviers à couper pour combler les fossés qui entouraient la cité.

Des monuments publics encore existants montrent l'Olivier comme symbole de la fertilité de la Judée; sur des médailles frappées par les Romains lorsqu'ils eurent subjugué ce pays, on voit la Judée gisant captive à l'ombre de ses Oliviers plantureux.

La Mischna, Josèphe et d'autres auteurs considéraient la culture de l'Olivier comme la plus importante de toute la Palestine. Les auteurs grecs et latins disent peu de chose des huiles et des olives de Judée, parce que la Grèce et l'Italie étaient favorisées sous ce rapport. C'était du côté de l'Égypte que les exportations se faisaient, d'où vient l'adage des anciens docteurs juifs : — Que font les dix tribus? Elles apportent de l'huile en Égypte. — Là en effet la culture de l'arbre dont nous parlons était peu étendue; les olives et les huiles étaient de qualités inférieures à celles de la Judée. Voilà pourquoi les Israélites, habitués chez eux aux excellents produits de l'Olivier, s'accoutumaient difficilement à ceux des autres contrées. A Césarée même, où l'on faisait au peuple des distributions gratuites d'huile, il avait obtenu de recevoir la gratification en argent, pour pouvoir tirer son huile de la Judée. Ainsi cette contrée privilégiée, après avoir prélevé sur la production de ses Oliviers tout ce qui lui était nécessaire en huile, pour son alimentation, ses bains, ses parfums, ses médicaments, son éclairage, en avait pour l'exportation.

Les huiles d'olive de Thécoa, de Rhagabé étaient considérées par les auteurs de la Mischna comme les meilleures. Les olives et les huiles de Bethsan ou Scythopolis sont aussi vantées par les commentateurs de cet écrit. On distinguait trois espèces d'olives excellentes, la Nétoupha. la Saphschuni et la Bischani ; cette dernière était aussi nommée *pudibonde*, soit parce qu'elle rougissait de donner moins d'huile que les autres, soit parce qu'elle leur faisait honte de n'en pas donner autant qu'elles.

Les Juifs savaient conserver les olives dans la saumure pour les manger chez eux ou les vendre à l'étranger. Pline vantait celles de la Décapole.

« Decapoli Syriæ perquam parvæ oleæ nec cappari majores, carne tamen commendantur ; quam ob causam italicis transmarinæ preferuntur in cibis, quum oleo vincantur (liv. XV, ch. vi). »

Cent trente-cinq ans après la naissance du Christ, sous l'empereur Adrien, successeur de Trajan, les Juifs, furieux du projet du César romain d'ériger à Jérusalem un temple en l'honneur de Jupiter Capitolin, se révoltèrent. Ce fut un épouvantable malheur pour la Palestine, bientôt noyée dans le sang et couverte de ruines ; la misère y fut grande et les Talmudistes, pour la constater de la manière la plus frappante, remarquèrent qu'après la soumission les olives étaient devenues tellement rares dans la contrée, qu'il fallut plusieurs années pour qu'elles redevinssent communes. C'est que les armées romaines laissèrent sur leur passage la dévastation la plus complète ; leurs lois militaires ne leur prescrivaient pas, comme celles données par Moïse aux Juifs, de respecter les Oliviers des territoires ennemis, partout ils jonchèrent le sol de leurs débris.

Julien, par haine du christianisme, Constantin, pour le relever partout, rendirent à la Judée une partie de sa prospérité agricole. Elle disparut encore devant l'invasion persane conduite par Cosroës, en 613. Enfin, en 636, Omar prit Jérusalem, et la contrée des Oliviers et des palmiers s'achemina de décadence en décadence, sous la domination musulmane, vers l'état actuel.

Le travail accumulé des hommes, quand il a fécondé une terre généreuse, ne peut cependant être anéanti en un seul jour. Même entre la conquête d'Adrien et celle d'Omar, les Talmudistes vantaient encore la fertile beauté des plaines de Jamnia, de Sarone et de Jezraël. De beaux et grands Oliviers y croissaient en foule et fournissaient une huile d'une qualité supérieure. Au cinquième siècle, du temps de saint Jérôme, la renommée vantait encore le fertile terroir et la beauté des Oliviers de Samarie, près de Sichem. Un siècle après, Antonin martyr, voyageant en Terre-Sainte, rapportait que le territoire de Nazareth abondait en Oliviers et en vignes.

Vers la fin de la dysnatie des Ommiades, ce malheureux pays fut ravagé par des tremblements de terre dont sa belle végétation eut beaucoup à souffrir. Pendant trois cents ans après la mort d'Haroun-al-Raschid, la Palestine fut foulée tour à tour par les Ikhschidites, les Fatimites et les Ortokides. Malgré les dévastations, on était frappé de la beauté des plantations d'Oliviers que l'on rencontrait de Césarée à Jérusalem. Le mont des Oliviers, couronné par la basilique de Sainte-Hélène, portait encore sur ses flancs de vieux Oliviers ; Béthanie était ceinte d'une vaste forêt de ces arbres, et l'huile d'olive était assez abondante pour qu'il fût permis aux plus pauvres de s'en servir pour des fritures de sauterelles.

En 1099, les Francs entrèrent en Palestine et s'emparèrent de Rama ; aux environs de cette place, ils trouvèrent beaucoup d'Oliviers et de grandes provisions d'huile. Les Oliviers existaient-ils encore autour de la ville ? Non, disent les uns, car les Croisés furent obligés d'aller chercher à quatre milles du côté de l'Arabie des bois pour leurs machines. Oui, disent les autres avec Guillaume de Tyr, car les magasins de Jérusalem regorgeaient d'huile et les Oliviers couvraient ses environs. Dans la ville de Caïphas, Godefroy trouva également de grands approvisionnements d'huile. Plus tard nous voyons le roi de Jérusalem, Baudouin, enlever à l'ennemi un convoi de chameaux chargés d'huile. A Sobal, en Syrie, où se trouvait la vallée de Moïse, les Oliviers étaient nombreux, l'huile abondante et bonne ; aussi Baudouin y fit bâtir un fort, établir une colonie et multiplier les Oliviers. La forteresse tomba plus tard entre les mains des infidèles, et Baudouin III ne put la reconquérir qu'en menaçant les habitants de raser les Oliviers qui faisaient la richesse de leur canton. Les Oliviers célèbres de Bethsan avaient échappé à tant de guerres, mais quand, en 1180, Saladin vint mettre le siége devant l'antique métropole de la Galilée, il détruisit tous les Oliviers ; le même sort était réservé à ceux de Jérusalem.

C'est ainsi que de siècle en siècle l'arbre immortel de cette terre féconde en a subi toutes les vicissitudes. L'homme, en sa rage stupide de destruction, s'est lassé sans pouvoir éteindre cette vitalité merveilleuse. Cependant les pentes du Thabor et du Carmel ne sont plus couvertes d'Oliviers. Ils ont disparu avec les terrains étagés qui retenaient l'humus à leurs pieds, et l'on peut dire de ces lieux ce que le Prophète disait de la décadence de Jéricho : — Le vin est dans la honte, l'huile dans la langueur, le figuier malade. . . . .

La Palestine est aujourd'hui ce qu'elle était aux derniers jours de la conquête de Sélim. Immobilisée dans son abaissement, les années passent sans compter sur cette région désolée. L'autorité musulmane ne se souvient que sur cette terre, — l'huile coulait de la pierre la plus dure, — que pour taxer les rares Oliviers, derniers rejetons d'une plantureuse végétation. Ainsi, en 1692, Abdulmélie fit un dénombrement des Syriens et força chaque individu de se rendre en son pays dans la maison de son père, pour y donner son nom, celui des membres de sa famille et le compte de ses troupeaux, de ses vignes et de ses Oliviers [1].

C'est par bouquets clairsemés et rares que se montrent aujourd'hui les Oliviers en Syrie. P. Lucas, voyageant dans le Levant en 1714, ne trouva plus qu'une trentaine d'Oliviers sur le mont Sidon, qui en était couvert, et encore devaient-ils leur conservation à la croyance que les trois Maries adorèrent le Christ sous leur ombrage. Au commencement de ce siècle, Chateaubriand ne rencontra que de pauvres villages et de maigres Oliviers dans la plaine de Saron, autrefois si fertile ; sur le mont

1. *Assemani bibl. or.*, t. II, p. 104. — L'impôt dans le Levant varie avec la culture du sol. Dans les districts oléifères, à Chouëffet, par exemple, la taxe est de 9 à 18 piastres par quintal d'huile obtenue.

des Oliviers, la terre rouge et sombre avait perdu sa brillante parure, de chétifs arbustes et des touffes d'hysope croissaient seuls au milieu des ruines de mosquées et d'oratoires !

Au temps de sa prospérité, mieux encore que le personnage allégorique dont parle l'Ecclésiaste (ch. xxiv, v. [19), la Judée pouvait s'écrier : — Je me suis élevée comme un bel Olivier dans la campagne. Mais maintenant, empruntant encore une image à l'arbre lui-même, nous pouvons dire de lui ce qu'Isaïe prophétisait du peuple d'Israël, dont il semble avoir suivi la fortune :

« 13. Et ce qui restera au milieu de la terre, au milieu de tant de peuples, sera comme quelques olives qui demeurent sur un arbre après qu'on l'a dépouillé de tous ses fruits (ch. xxiv). »

II. La Grèce et ses colonies. — Nous avons raconté la poétique apparition de l'Olivier sur le rocher de l'Acropole. C'est de là que l'arbre sacré rayonna sur toute la Grèce et jusque dans ses colonies les plus lointaines (fig. 54 et 55).

Les Oliviers sauvages, nés des semences de l'arbre de Minerve, parurent d'abord sur les flancs du rocher de la citadelle, puis des rejetons du plant primordial furent propagés de proche en proche.

Le second Olivier fécond qui parut dans l'Attique, était placé, dit Pausanias, dans l'Académie (liv. I, ch. xxx). Il s'y multiplia rapidement, et ces arbres formèrent bientôt les allées ombreuses, dans lesquelles le Juste des Nuées félicite la jeunesse de se presser, pour entendre les leçons des philosophes.

ἀλλ' εἰς Ἀκαδήμειαν κατιὼν ὑπὸ ταῖς μορίαις ἀποθρέξει

La terre de Colone était d'un blanc éclatant, τὸν ἀργῆτα Κολωνόν, parce qu'elle contenait du gravier couvert d'une forte couche de sable et de craie : c'était précisément ce qui la rendit si favorable aux splendides Oliviers qui la couvraient dès les premiers temps de l'expansion de l'arbre.

Parmi les témoignages authentiques de l'importance de l'Olivier en Grèce, nous citerons des peintures tracées sur des vases antiques. M. Frœhner, ce savant infatigable, ce chercheur érudit qui fut conservateur du Louvre, nous a donné communication d'un rapport fait

à la Société royale saxonne des sciences en mai 1867 par le professeur
Ad. Michælis.

Fig. 54. — L'Acropole, d'après l'ouvrage de Beulé. (F. Didot, éditeur, Paris.)

Ce document signale des amphores avec figures noires qui représentent la cueillette de l'olive : nous en donnons le dessin naïf
(fig. 56).

Des hommes abattent les olives avec des bâtons ou les ramassent dans un panier. La figure ci-jointe reproduit encore le même sujet (fig. 57).

La peinture suivante ayant la même origine n'est pas moins curieuse. C'est encore un olivier chargé de fruits au pied duquel est une amphore. Deux hommes procèdent à la cueillette; l'un deux recueille dans un

Fig. 55. — LE PARTHÉNON
élevé sur l'Acropole à la gloire de Minerve et de l'Olivier.

petit vase à l'aide d'un entonnoir l'huile qui semble couler des olives. Devant lui se déroule l'inscription suivante (fig. 58) :

Si je pouvais devenir riche !

Enfin dans une quatrième peinture, au revers du vase où figure la précédente, nous voyons le cueilleur assis : de la main droite il montre une amphore et semble de la gauche compter ses bénéfices. La récolte est donc faite à sa satisfaction, et l'huile d'olive remplit l'amphore (fig. 59).

L'Attique était merveilleusement disposée pour la prospérité de l'Olivier, et ce fut un élément nouveau de richesse et de fertilité venant s'ajouter à beaucoup d'autres. Aristophane, dans les *Heures,* parle en effet de la fécondité de cette contrée où l'on voyait en plein hiver des concombres, des raisins, des pommes, des violettes, et où le même

Fig. 56. — Cueillette des olives dans la Grèce antique.

homme vendait des grives, des poires, des gâteaux, du miel, des olives, du fromage, des tripes, des figues d'automne, etc.

αυτὸς δ'ἀνὴρ πωλεῖ κίχλασ, ἀπίους,
. . . . . σχαδονας. ἐλάας.

La vigne et l'Olivier se disputaient le sol de ce pays privilégié (Arist., in Acharn., v. 511). Les lois et les règlements intervenaient à chaque instant. Afin que les Oliviers pussent croître en toute liberté sans se gêner mutuellement, Solon prescrivit de les planter à neuf pieds les uns des autres. Il n'était permis à personne d'en arracher dans son fonds plus de deux par an, à moins que ce ne fût pour quelque travail autorisé par la religion. Celui qui violait la loi était obligé de payer pour chaque pied d'arbre cent drachmes à l'accusateur, et cent autres au fisc; on en prélevait le dixième pour le trésor de Minerve (Demosth., in Macart, p. 1027, pet. leg. AH, p. 391).

Fig. 57. — Cueillette des olives dans la Grèce antique.

L'huile d'olive fut bientôt un des produits principaux de l'agriculture

et l'un des objets de commerce les plus importants. Ce fut même la
seule marchandise que Solon permît d'échanger contre les produits
étrangers. Cela tenait sans doute à ce que le pays en produisait plus

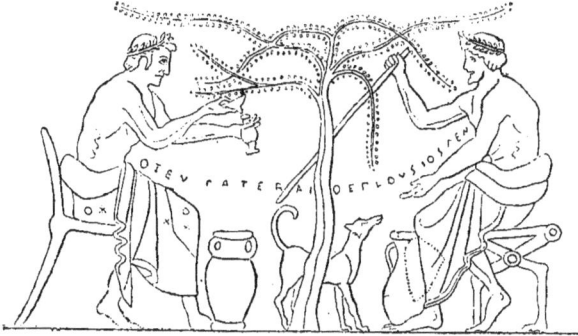

Fig. 58. — RÉCOLTE DE L'HUILE D'OLIVE EN GRÈCE.
d'après une peinture antique.

qu'il ne pouvait en consommer (Plut., *in Solon*, t. I, pr 91). Platon, le
grand philosophe, usa de cette liberté et, partant pour l'Égypte, il ne

Fig. 59. — FABRICANT D'HUILE D'OLIVE ESTIMANT SA RÉCOLTE,
d'après un tableau antique.

dédaigna pas d'emporter une cargaison d'huile (V. Athen. Dipnos.
lib. III, c. iii, et lib. XIV, c. xxiii).

Plus tard les agents de l'empereur Adrien pensèrent qu'en raison de
son abondance l'huile d'olive était, avec le sel, une des substances qui
pourrait rendre le plus au fisc, aussi n'oublièrent-ils pas de la taxer à
Athènes.

On comprendra donc maintenant ces mots prêtés aux Athéniens par l'auteur du livre du *Gouvernement* (liv. II, ch. vi) : *Athenienses jurare etiam publice solebant, omnem suam esse terram, quæ oleam frugesque ferret.*

Le reste de la Grèce ne fut pas moins favorable à l'arbre dont le pied mère rayonnait sur la citadelle :

> Sempiternam in arce oleam tenere potuerunt.
>
> QUINTUS, livre I, *des Lois*, ch. I.

Pausanias nous montre les Oliviers sur le chemin de Prytanes couronnant le monument d'Ino (liv. I, ch. LIII). Voici Lycabessos dont le chantre de la Thébaïde a dit :

> . . . . . et pingui melior Lycabessos oliva.
>
> Livre XII, vers 621.

Voilà les plaines fertiles de Sycione :

> . . . . . . oliviferæ Sicyonis
> Culta. . . . .
>
> *Thébaïde*, livre IV, vers 50.

Plus loin ce sont les rives de l'Eurotas :

> . . . . . . et oliviferi Eurotæ.
>
> *Thébaïde*, livre IV, vers 227.

Puis Mutusca, dont Virgile a dit :

> . . . . . Oliviferæque Mutescæ.
>
> *Enéide*, livre VII, vers 711.

Puis Péparèthe :

> . . . nitidæque ferax Peparethos olivæ.
>
> OVIDE, livre VII, vers 470.

Partout enfin apparaissaient les Oliviers chargés de leurs fruits :

> Baccaque cum ramis semper frondentis olivæ.
>
> *Métam.*, livre VII, vers 295.

De la Grèce continentale l'Olivier passa facilement dans les îles voisines. Hérodote (liv. V, ch. XXXI) le signale dans l'Eubée qu'un étroit canal séparait de l'Attique. Les bords du Lélanthus, près de Chalcis, étaient ombragés par de beaux Oliviers.

Est-ce Délos flottante sur les eaux de la mer Égée, qui porta plus loin l'arbre sacré? Délos avait de beaux Oliviers, et dans les fêtes d'Apollon, un des jeux consistait à mordre un Olivier consacré, en dansant les

mains liées derrière le dos. L'ombrage des Oliviers de l'île célèbre semblait avoir une spécialité pour les déesses en mal d'enfant, et constituer
la *maternité* des immortelles. Catulle (*Carmen*, XXXIV, *ad Dianam*)
y place la naissance de Diane :

> O Latonia maximi
> Magna progenies Jovis
> Quam mater prope Deliam
> Deposivit olivam ;

Si Tacite, historien grave et digne d'être cru, diffère un peu du poëte
Catulle, et place ailleurs, chez les Éphésiens, la naissance des jumeaux
divins, ce sera cependant encore sous l'ombrage de l'Olivier que s'accomplira le fait (*Annales*, III, 61).

A Lesbos, les Oliviers se mêlaient aux myrtes et aux figuiers.

Samos, au temps d'Apulée, était fertile en oliviers ; l'auteur des
Florides nous apprend que l'arbre de Pallas prospérait sur ce sol
rebelle à la charrue.

Un pas encore, et nous saluerons notre arbre sur les rivages de l'Asie
Mineure. La Phrygie, par exemple, était abondante en Oliviers, c'est
Claudien qui nous l'apprend dans les *Invectives contre Eutrope*
(liv. II, v. 271).

> . . . . . . quos inter aprica
> Planities Cererique favet, densisque ligatur
> Vitibus, et glaucæ fructus attollit olivæ.

Pline le Jeune, dans ses lettres à Trajan, a parlé de l'abondance
d'huile de la Cilicie et des provinces voisines. L'Asie Mineure était donc,
suivant les circonstances du sol, de l'exposition et du climat, autant
favorisée que la Grèce. Aussi le plus grand des poëtes de l'antiquité, né
sur ces rivages attiédis et découpés, Homère, chantait l'Olivier dans sa
langue sonore, l'Olivier arbre de son pays natal, et dont l'image disparue avait laissé dans sa mémoire d'ineffaçables souvenirs. Il disait :

> Οἶον δὲ τρέφει ἔρνος ἀνὴρ ἐριθηλὲς ἐλαίης
> Χώρῳ ἐν οἰοπόλῳ, ...

« Tel l'Olivier cultivé par l'agriculteur dans un terrain préparé avec
soin, où l'eau coule avec abondance, accessible au souffle de tous les
vents, pousse, grandit, étend au loin son feuillage bleu. . . . . »

Ulysse, dans ses pérégrinations, rencontrera souvent l'arbre sacré de la Grèce, et le poëte placera plus d'une scène sous ses ombrages.

Ici c'est le supplice de Tantale. Des arbres qui touchaient le ciel abaissaient sur sa tête leurs rameaux chargés des fruits les plus délicieux : la poire balsamique, l'orange dorée, la douce figue, la verte olive et la pomme attrayante (*Odyssée*, chant XI).

Aux rives d'Ithaque, voici le port consacré au vieux Phorcys, dieu marin : ce port est couronné d'un Olivier au vaste ombrage (*Odyssée*, chant XIII).

C'est dans ce port que les Phéaciens font aborder le navire d'Ulysse, et cachent au pied d'un Olivier épais et placé loin de la route, les richesses que rapportait le père de Télémaque. C'est sous un Olivier que Minerve et Ulysse concerteront la perte des amants de Pénélope.

Tout objet essentiel ou principal pour un peuple, dit Theiss, a plusieurs noms dans sa langue. Cela est vrai, et peut-être donnerions-nous une idée plus grande de l'Olivier chez les anciens Grecs, en montrant la richesse du vocabulaire pour les choses se rapportant à l'arbre de Minerve : plus de quatre-vingts mots y sont consacrés à exprimer tout ce qui se rapporte à l'arbre dont nous faisons l'histoire.

Voyons maintenant si l'arbre au bleu feuillage pare encore ces rivages.

C'est un poëte qui va nous dire si l'Olivier existe encore sur ces terres fameuses émergeant des flots azurés des mers. Nous lisons aux premières lignes de la *Fiancée d'Abydos* :

« Connoissez-vous la contrée où le cyprès et le myrte sont les emblèmes des actions de l'homme qui l'habite ; connoissez-vous la contrée du cèdre et de la vigne, où les fleurs succèdent aux fleurs, sous un ciel toujours brillant ; où les ailes légères du Zéphir, chargées de parfums, se ralentissent fatiguées sur les jardins de Gul dans toute leur fraîcheur ; où le citronnier et l'Olivier portent des fruits si beaux ; où la voix du rossignol n'est jamais muette... C'est le beau climat de l'Orient, c'est la terre du soleil ! »

Nous avons retrouvé l'Olivier dans le cadre merveilleux qui l'enserre ; il est bien toujours debout sur ces plages ensoleillées qu'il

fécondait au temps d'Homère, aux lieux mêmes où tout languissait avant
sa venue.

> . . . . . donec nova surgeret arbor
> Rupibus. . . . .
>
> *Thébaïde*, livre XII, vers 632.

Dans cette Attique parcourue par le gracieux Céphyse, à l'onde
épuisée, ce qui charmait les yeux de lord Byron, c'étaient les bosquets
d'Oliviers épars au loin... le cyprès mélancolique... et le palmier solitaire (*Corsaire*).

Des sources de l'Ilissus au port de Phalère, Chateaubriand traversa,
vers la même époque, de vastes forêts d'Oliviers tellement vieux, qu'ils
semblaient contemporains de leur ancêtre de l'Acropole. Le voyageur
voulut boire dans le lit du Céphyse, mais les eaux, dit-il, en avaient été
détournées pour arroser une plantation d'Oliviers.

On sait que l'auteur des *Martyrs* traversa tout le Péloponèse, de
Modon à Coron, puis de cette dernière ville à Corynthe, en passant par
Sparte.

D'après son témoignage, toute la partie méridionale du Péloponèse
était encore couverte d'Oliviers, formant ici des bois clair-semés, là des
forêts continues. La caravane campait sous leurs abris, et c'était sur
des branches vertes de ces arbres que l'on faisait rôtir les maigres
poulets de cette terre classique.

Ce n'étaient cependant que les restes des splendides cultures d'autrefois, et l'illustre voyageur gémissait en pensant que le meilleur de ces
champs dévastés appartenait à des Turcs, — qui dévorent dans un
harem de Constantinople l'héritage d'Aristomène. — Les larmes lui
venaient aux yeux en voyant les mains du Grec esclave inutilement
trempées dans ces flots d'huile qui rendaient la vigueur aux bras de
ses pères pour triompher des tyrans.

De Corynthe à Megare, les Oliviers reparurent plus nombreux; dans
cette dernière contrée surtout, dont les vieux arbres, croissant jusque
dans les rues et les places de la ville, avaient antérieurement frappé
d'étonnement un autre voyageur, de Paw.

Bory Saint-Vincent, qui parcourut aussi le Péloponèse, a pleuré les
beaux Oliviers disparus. Une bande noire, dit-il, organisée et dirigée

par les officiers turcs, parcourut la Messénie, coupant les Oliviers et
brûlant soigneusement leurs souches pour qu'ils ne pussent repousser.
Ainsi disparurent ces splendides plantations étagées sur des terrasses
en murailles sèches, pour la construction desquelles, ajoute l'illustre
voyageur, les femmes de la Grèce avaient rémué plus de pierres que
l'Égypte et Rome!

Écoutons maintenant Tournefort, qui, au commencement du siècle
dernier, visita l'Archipel. Il vit les hauteurs de la rade de Milo couvertes
d'Oliviers. Thermie et Syros suffisaient à leur consommation d'huile.
Andros et Tynos offraient à l'arbre de Minerve de bonnes expositions
et des terres convenables à son développement. Antiparos et Paros,
véritables bosquets de verdure jadis, avaient eu leurs Oliviers brûlés par
les Vénitiens, qui firent plus de mal dans ces régions que les Turcs eux-
mêmes. Il en était de même de Naxos, où huit oques d'huile d'olive ne
valaient cependant qu'un écu.

A Samos, où saint Jean fut plongé dans l'huile bouillante, les Oliviers
étaient une source de revenu pour les Turcs. « Quand un Grec meure
sans enfants mâles, dit Tournefort, l'aga hérite de tous les champs
labourables; les vignes, les champs plantés d'Oliviers appartiennent aux
filles. » Mais l'autorité musulmane « lève sur l'huile une taille réelle,
sur le pied du dixième, les Grecs payent pour le droit de sortir cette
marchandise 4 pour 100, les Français 2 pour 100 ».

La Crète fut surtout l'objet de l'attention de l'illustre naturaliste. Il
est curieux de savoir quels intérêts considérables liaient cette grande
île à nos villes manufacturières du Midi, intérêts reposant sur la culture
de l'arbre dont nous parlons. Citons quelques passages du récit de ce
voyage : « Les environs de la Canée sont admirables, ce ne sont que
forêts d'Oliviers aussi hauts que ceux de Toulon et de Séville.....
M. Trailhart (le consul français), nous assura qu'en l'année 1699, on
avait recueilli dans l'île 300,000 mesures d'huile; que les Français en
avaient acheté près de 200,000. La récolte des huiles avait manqué cette
année en Provence, et l'on ne voyait arriver en Candie que des bâtiments de Marseille pour fournir aux savonneries du pays. [1] »

---

1. La mesure d'huile valait 10 oques. L'oque 3 livres 2 onces. Le prix de la
mesure d'huile monta à 66 parats : le parat valait 6 liards de France.

Ainsi, c'est environ 70,000 hectolitres d'huile que la Crète exportait en France dans ses bonnes années.

C'était surtout aux environs des monastères que l'on rencontrait les plus belles cultures d'Oliviers, — il est inutile de demander à qui elles appartiennent, on trouve bientôt le monastère. — Le seul couvent d'Arcadi recueillit, en 1700, plus de 400 mesures d'huile après avoir laissé perdre la moitié des olives.

Les Oliviers de la Crète pouvaient donc symboliser le commerce et la paix de cette île féconde tombée si bas entre les mains des Turcs.

La ville de Hiérapytra, une des plus industrieuses du pays, faisait frapper au temps de Caligula des médailles où le génie de la ville, couronné de tours, apparaissait d'un côté; et, de l'autre, un palmier et un aigle cernés par deux branches d'Olivier.

Faut-il dire encore que MM. F. Auger et Th. Kotschy ont rencontré de nombreux Oliviers dans l'île de Chypre; que M. Eug. Flandin a vu à Rhodes les figuiers et les Oliviers plantureux enlacés par les vignes; et que Chio, suivant l'expression de Lamartine, présente encore sur ses deux terrasses chargées de fleurs, ses orangers à l'Asie, ses Oliviers à l'Europe.

Nous rapporterons un fait qui montre que l'Olivier est en Orient le compagnon de l'homme depuis les temps les plus reculés. A Thérasia, île volcanique voisine de Santorin, où Tournefort n'avait pas vu d'Oliviers, on a découvert un Pompéi datant de l'âge de pierre. « Entre les pierres, s'étendent dans tous les sens de longues et tortueuses branches d'Olivier encore revêtues de leur écorce, et à un état assez avancé de décomposition. Le bois en est d'un brun presque noir, comme carbonisé; il se réduit le plus souvent en poussière au moindre contact. » Laves, cendres volcaniques, bois d'Olivier, tels sont les seuls matériaux de ces constructions. Près de là, on trouva un vase de terre ferrugineuse, creusé d'une cavité arrondie, et se rétrécissant vers le fond, qui présentait un orifice latéral. Le pourtour intérieur semblait avoir été poli par l'usage. C'était un pressoir à huile. » (*Revue des Deux Mondes*, 1869, 5.)

L'Orient est resté une terre féconde pour l'Olivier, et M. Théophile Deyrolle le signalait hier encore, jusqu'au fond de la mer Noire, aux

environs de Trébizonde. Les statistiques de l'Exposition de 1867 portent à 24,000,000 de francs le chiffre des exportations en huile d'olive
de l'Empire ottoman. La Syrie, Brousse, la Roumélie, l'Albanie, Candie,
Chypre, Metelin, Samos, Rhodes, sont des centres de production, mais
les huiles qui en proviennent sont très-médiocres; cela tient au
mode de perception de l'impôt. Les fermiers des dîmes, qui doivent
déterminer la somme due au fisc, exigent que les propriétaires attendent
leur passage pour constater ensemble les quantités d'olives récoltées:
c'est une source de ruine, les olives se gâtant souvent avant la venue
des agents du fisc.

Qu'est-ce d'ailleurs que ce chiffre de production pour une étendue
si considérable des plus riches terroirs oléifères, pour les rivages de
l'Asie Mineure particulièrement. La barbarie musulmane s'est appesantie
sur cette patrie d'Homère, où l'Olivier florissait avec les arts de la
Grèce.

Il en sera ainsi jusqu'au jour où l'Europe reconnaîtra que le Croissant, cette aurore d'un astre mort, doit disparaître des bords de la
Méditerranée, et que toutes les nations ont intérêt à ce que la civilisation
renaisse sur ces rivages. Alors, comme après le déluge, l'Olivier reparaîtra partout, et son feuillage signifiera de nouveau dans ces contrées
abruties, paix, espérance, prospérité, bonheur!

III. L'Italie. — Pendant longtemps on a dit et écrit que jusqu'à
Tarquin l'Ancien, l'Olivier avait été inconnu en Italie. A ce compte ce
serait seulement vers le commencement du troisième siècle de Rome
que cet arbre utile aurait été introduit dans la terre féconde dont il devait
être plus tard une des principales richesses.

Cette erreur, comme tant d'autres, fut propagée par Pline, sur la
simple et unique assertion d'un annaliste romain nommé Fénestella[1]. Ce
dernier, dont les œuvres ont été la proie du temps, vivait vers la fin du
règne de Tibère, c'est-à-dire six siècles après Tarquin l'Ancien ; c'était
de bien loin juger une question que de plus autorisés ont tranchée
d'une façon différente.

---

1. Pline, *Hist. nat.,* livre XV, ch. i.

D'après les auteurs les plus anciens, Aristée, fils de Cyrène et d'Appollon, après avoir enseigné aux Grecs l'art d'extraire l'huile d'olive, serait venu en Sicile où il aurait aussi appris aux habitants à tirer parti de l'arbre de Pallas.

Est-il possible d'admettre maintenant que l'Olivier n'ait pas été porté, dès cette époque reculée, de Sicile en Italie? Toutes les colonies grecques qui successivement, ont peuplé les rivages de la grande Grèce, ont dû y introduire l'Olivier, intimement lié à leur histoire, à leur religion, facile à acclimater dans leur nouvelle patrie, et dont les produits enfin étaient pour eux de première nécessité.

Nous allons plus loin, et nous pensons avec G. Presta, qui, vers la fin du siècle dernier, soutint vigoureusement cette opinion, que l'Olivier fut propagé sur la terre d'Italie bien avant l'arrivée des colonies grecques. Sans faire remonter avec lui ce fait jusqu'à trois siècles avant la ruine de Troie, nous croyons aisément que les Phéniciens, peuple auquel ne manquaient ni l'Olivier ni l'huile, apportèrent cet arbre précieux dans le pays de Tarente ou de Siri, ville des bords du fleuve Siri, le Sinno actuel de la Calabre. Nous pensons que de proche en proche la plante fut répandue dans toute l'Énotrie, et que les colonies grecques furent attirées sur ces bords autant par la conformité de productions avec la mère patrie, que par celle du climat.

Au temps où Tarquin l'Ancien régnait sur Rome, le midi de l'Italie était couvert de populations nombreuses et florissantes : partout s'élevaient des villes parmi lesquelles brillaient Sybaris, Crotone, Tarente, etc. Les mœurs, les arts grecs y étaient en honneur, Minerve Poliade y avait des temples nombreux : comment croire que l'Olivier n'eût pas existé là [1] !

Un passage d'Ovide, que personne n'a cité, et qui indiquerait au moins que Tarquin n'eut pas la gloire d'avoir vu l'arrivée de l'Olivier, est celui-ci, tiré du livre III des *Fastes*, vers 151 :

> Primus oliviferis Romam deductus ab arvis,
> Pompilius menses sensit abesse duos.

Il s'agit du deuxième roi de Rome.

---

1. Il est inutile de discuter l'opinion d'après laquelle les Sarrasins auraient apporté l'Olivier en Sicile vers le neuvième ou le dixième siècle. Une espèce d'olive porte, il est vrai, le nom de Saracena, mais cela ne prouve rien.

Quand les Romains sous la conduite de Postumius remportèrent su les Latins la fameuse bataille des bords du lac Régille, ils voulurent pour symbole de leur victoire et de leur liberté reconquise rentrer à Rome des rameaux d'Oliviers à la main. Les campagnes du Latium purent les fournir à l'armée, l'arbre de la paix croissait déjà partout.

En l'an 505 de Rome, sous le consulat d'Appius Claudius, petit-fils de Cæcus et de L. Junius, douze livres d'huile d'olive ne coûtaient qu'un as. Un peu plus tard M. P. Caton, recueillant les leçons de l'expérience, écrivait un traité d'agriculture dans lequel l'Olivier tient une place telle qu'il fallait que la terre d'Italie eût été pour lui une région bien propice. En 680, par les soins de M. Seïus le prix de l'huile d'olive descendit encore, ce qui ne paraît pas surprenant quand on songe, dit Pline, que vingt-deux ans après sous le troisième consulat de Pompée, l'Italie fournissait d'huile toutes les provinces de l'empire.

Au livre III des fragments de l'*Économique*, Cicéron, parlant d'un homme peu soigneux de son bien, disait : « On ne voit chez lui ni olives, ni figues, » montrant par là combien il était rare alors de trouver en Italie un domaine sans Oliviers.

Virgile comparant l'Italie aux autres pays ne la trouve point inférieure aux plus riches contrées : le froment, la vigne, et l'Olivier lui appartiennent :

> Sed gravidæ fruges et Bacchi massicus humor
> Implevere; tenent oleæ armentaque læta.
>
> *Géorgiques*, livre II, vers 143.

Ici le poëte nous montre le paysan portant à la ville les huiles de ses Oliviers fertiles.

> Sæpe oleo tardi costas agitatur aselli
> Villibus aut onerat pomis; lapidemque revertens
> Incussum, aut atræ massam picis, urbe reportat.

Varron nous présente ce commerce de l'huile d'olive pratiqué sur une plus large échelle : ce sont de longs convois d'ânes portant l'huile de Brindes ou d'Apulie aux ports d'embarquement (livre II, ch. VI).

— Que de fois pressant les côtes d'un âne rétif qu'il a chargé d'huile ou de simples fruits, le paysan le mène à la ville d'où il rapporte une pierre à moudre ou de la poix résine (*Géorgiques*, livre I).

Un jour Horace, s'élevant contre le luxe de son siècle, pleure sur les beaux et fertiles Oliviers des campagnes de l'Italie qui tombent pour faire place aux villas fastueuses, aux lacs artificiels, qui tombent encore pour céder la place au platane stérile, à la violette odorante, au laurier dont l'ombrage est plus frais :

> . . . . . tum violaria, et
> Myrtus, et omnis copia narium,
> Spargent olivetis odorem
> Fertilibus domino priori,
> Tum ipsa ramis laurea fervidos
> Excludet ictus. . . . .
>
> Livre XII, ode xv.

Et quand, à ces regrets pour les beaux arbres, viendront se mêler les douleurs des guerres civiles, si le poëte regardant au delà des mers cherche une patrie plus heureuse, ses regards s'arrêteront sur la colonie Phocéenne, parce que là au moins l'Olivier n'a jamais démenti les promesses de ses bourgeons :

> Germinat et nunquam fallentis termes olivæ.
>
> Livre V, ode xvi.

Sur les rivages de Marseille il aurait pu certainement rencontrer d'aussi beaux Oliviers que ceux de Tibur, sous l'éternelle verdure desquels un poëte saluait naguère les vestiges de sa demeure paisible :

> Aux murs de ta maison sous les frais Oliviers
> Où tes mètres savants s'accordaient avec grâce,
> Un poëte est venu rêver dans tes sentiers,
> Sage et riant poëte Horace.
>
> Brizeux.

L'ancienne Italie était donc une des régions privilégiées de l'arbre dont nous parlons, il fertilisait la terre sur toute l'étendue de son vaste territoire, et Minerve pouvait se complaire dans ce spectacle :

> Mirata est oleas sœpe Minerva suas.
>
> (Ovide, Le Noyer.

Il y avait comme aujourd'hui sur cette surface des coins où l'Olivier réussissait moins, d'autres où il aimait à croître. Si Carséole, par exemple, patrie d'Ovide, était une terre froide peu favorable à l'arbre :

> Frigida Carseolis, nec olivis apta ferendis.
>
> Fastes, livre IV, vers 583.

Sulmone, maison de campagne du poëte, était dans une contrée plus favorisée :

> Dat quoque bacciferam Pallados carus ager.
>
> *Amorum*, livre II, XVIᵉ élégie.

Le Picenum était la terre promise des Oliviers, le Picenum dans lequel Annibal trouva tant de ressources pour son armée :

> . . . . . tum Palladios se fundit in agros
> Picenum dives prædæ. . . . .
>
> *Les Puniques*, livre VI, vers 648.

Il en était de même des campagnes de Vénafre aux Oliviers fameux avec lesquels cependant, au dire d'Horace, ceux dont nous parlions plus haut, ceux de Tibur, pouvaient rivaliser.

> . . . . . viridique certat
> Bacca Venafro. . . . . . .
>
> Livre II, ode VI.

Voici Cassinum dont le sol fournissait la meilleure huile au dire de Varron dans son *Traité des choses humaines* (Macrobe, *sat.*, liv. II, ch. XII).

Voici la Campanie tout entière dont Pline a dit *nusquam generosior oleæ liquor*, nulle part le suc de l'olive n'est meilleur (liv. III, ch. IX).

Là-bas c'était la Sicile où les Oliviers montaient de la plaine aux montagnes.

> Jam montes umbrare Olea. . . . . .
>
> SILIUS ITALICUS, *Les Puniques*, livre XIV, vers 24.

Il n'est pas étonnant que les poëtes aient célébré l'arbre qui s'offrait partout à leurs regards, et lui aient fait souvent allusion. A quoi l'auteur de l'art d'aimer pourrait-il mieux comparer le nombre des chagrins de l'amour, si ce n'est à la multitude des olives dans les années fécondes d'Italie :

> Cærulea quot baccas Pallados arbor habet :
> Littore quot conchæ, tot sunt in amore dolores.
>
> *Art d'aimer*, livre II, vers 518.

Comment Ménalque peindrait-il mieux la supériorité de Mopsus sur Amyntas si ce n'est en comparant le saule pliant au pâle Olivier :

> Lenta salix quantum pallenti cedit Olivæ.

Si le poëte veut, par une image, nous montrer Myraces renversé près des murs de la ville sous les regards de Médée, c'est à l'Olivier qu'il le comparera dans ce magnifique passage des *Argonautiques* :

> Qualem si quis aquis et fertilis uberæ terræ
> Educat, ac ventis oleam felicibus implet,
> Nec labor assiduus nec spes sua fallit alentem,
> Jamque videt primam tenero de vertice frondem,
> Quum subito immissis præceps aquilonia nimbis
> Venit hiems, magnaque evulsam tendit arena.

— Tel un jeune olivier d'une terre fécondée par une douce température, et rafraîchie par un cours d'eau, donne des espérances au laboureur et montre déjà sa tête verdoyante, quand, poussant les nuées, l'aquilon vient et le renverse, ainsi tombe Myraces.

Partout sur les monuments et sur les monnaies de l'antiquité romaine l'artiste sculptait ou gravait le feuillage de l'Olivier; le mêlant ici au laurier, plus loin au chêne, ailleurs à l'acanthe, comme on peut encore le voir aux chapiteaux corinthiens du temple d'Antonin à Rome.

Les peintures murales le représentaient souvent soit seul, soit associé à d'autres motifs de décoration. Telle cette fresque de Pompéï où les armes de Minerve sont suspendues dans son feuillage (fig. 60).

Nous comprendrons donc maintenant la place que tenait l'arbre dont nous parlons dans la civilisation romaine. Il était surtout un des éléments essentiels de la richesse générale.

Que Chloris protége donc la floraison de l'arbre généreux, et éloigne de lui les vents qui peuvent brûler sa fleur :

> Florebant oleæ, venti nocuere protervi.
>
> *Fastes*, livre V, vers 331.|

Les vœux s'élèvent vers la déesse de la fertilité, l'encens fume sur ses autels, car sur cette terre d'Italie on disait alors ce qu'on peut répéter à l'heure actuelle avec le chantre des *Fastes* :

> Si bene florerent oleæ nitidissimus annus.
>
> *Fastes*, livre V, vers 265.

L'Italie est restée une des régions préférées de l'Olivier : comme en Judée, les invasions, les guerres incessantes ont accumulé les ruines et les misères ; malgré tout, la Niobé des nations a toujours pu voir rayonner sur son sol, comme une espérance de jours meilleurs, le consolant feuillage de l'arbre de la paix.

Si nous consultons l'important ouvrage de G. Presta publié vers la fin du siècle dernier, nous aurons la preuve que l'Olivier n'a jamais cessé d'être une des richesses de la contrée dont nous parlons. Comme au temps de Varron, les ports du midi de la Péninsule comptent l'exportation de l'huile d'olive parmi les branches les plus lucratives de leur commerce.

Tous les hommes soucieux de l'avenir de ce beau pays y ont encouragé la culture de l'Olivier. En 1820, le pape Pie VII promettait une prime de un paulo par pied d'arbre dans l'*Agro romano*. Cet encouragement fit planter plus de deux cent mille oliviers.

L'Italie, dit M. Dora-d'Istria, se subdivise en Italie continentale et Italie péninsulaire. La Vénétie et la Lombardie appartiennent à la première. L'aspect de la végétation est tout différent dans les deux régions, et l'on peut dire que l'Olivier caractérise l'une par sa rareté, et l'autre par sa présence. Il est cependant un coin privilégié de l'Italie continentale où l'Olivier se montre déjà, c'est la Ligurie : la Ligurie, qui a la même latitude que la Lombardie et la Vénétie, doit cependant à la haute muraille de l'Apennin, qui la préserve de la *tramontana*, ce climat enchanteur si favorable à l'Olivier.

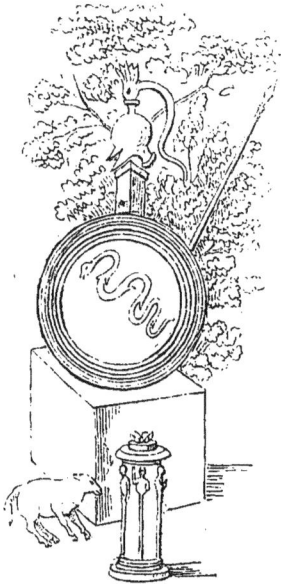

Fig. 60. — FRESQUE DE POMPÉI
représentant
l'Olivier et les armes de Minerve.

Une bande étroite entre les montagnes et la mer réunit par la Spezzia les Oliviers du territoire de Gênes à ceux de la Toscane. Voici les campagnes de Lucques, l'Arcadie de l'Italie, suivant l'expression de Lamartine; voici — les gorges fertiles où l'Olivier, le figuier, le grenadier, le maïs oriental, le peuplier, l'if poudreux, la vigne grimpante inondent la campagne de végétation. —

C'est le souvenir vivant de ce paradis terrestre que retraçait encore le poëte, quand il répétait dans sa retraite de Milly :

> J'ai vu les monts voilés de citrons et d'olives
> Réfléchir dans les flots leurs ombres fugitives.

Des hauteurs de Pistoie, au débouché des gorges de l'Apennin, j'ai contemplé les campagnes merveilleuses de la Toscane dans le poudroiement d'un soleil de septembre ; j'ai vu le long des voies ferrées ces zones de l'Olivier que M. Caruel a si bien décrites dans son |*Prodrome de la Flore* de cette contrée. Ici des plantations serrées de l'arbre utile, occupant les rivages avec des taillis de myrtes, d'alaternes, de phillyreas, d'arbousiers ; là, à l'intérieur, dans les vallées, les Oliviers clairsemés, taillés court, au milieu des cultures de céréales; ils montent sur les hauteurs, laissant de place en place à découvert les landes garnies de genêts et de bruyères, au-dessus desquelles les châtaigniers, puis les hêtres apparaissent.

Lorsque, emportés par la locomotive, vous traversez la Toscane de Pistoie à Peruggia, par Florence et Arezzo, à gauche de la voie, partout sur les pentes, les Oliviers moutonnent, suivant l'heureuse expression de M. Taine : « troupeau, sobre et utile, comme il le dit si bien, et le seul en effet qui convienne à ces coteaux pierreux brûlés par le soleil ».

M. Giulo Cappi estime à 552,384 hectares la quantité de terrain couverte actuellement par les Oliviers en Italie. Il divise le royaume en onze régions oléifères : Lombardie, Vénétie, Ligurie, Émilie, Marche, Étrurie, Rome, versant méditerranéen du sud, versant adriatique du sud, Sicile, Sardaigne.

La Lombardie, nous venons de le dire, a peu d'Oliviers ; cependant, autour des lacs d'Iseo, de Garde, à 450 mètres au-dessus du niveau de la mer, quelques communes possèdent des plantations. La Vénétie n'est pas plus riche ; la province de Vicence offre seule quelques expositions favorables, et encore il a fallu que d'anciens statuts municipaux obligeassent les propriétaires à planter un certain nombre d'Oliviers par an, pour empêcher l'arbre de disparaître du pays.

La Ligurie constitue une des plus riches régions oléifères de l'Italie. A l'est et à l'ouest de Gênes, les deux Rivières du Levant et du Ponent ont leurs bords couverts de plantureux Oliviers. De Vintimiglia jusqu'à Massa, c'est une bande verdoyante ininterrompue d'Oliviers qui suit tous les caprices de ces beaux rivages, de même que l'écume blanche de la Méditerranée en dessine parallèlement les contours. Ils escaladent toutes les collines aménagées souvent en terrasses superposées ; ils occupent le fond des vallées, et prennent dans leurs alluvions des proportions qui frappent d'étonnement celui qui n'a vu que les Oliviers de la Provence.

L'Émilie et les Marches ne sont pas assez plantées pour suffire à leur consommation locale d'huile.

L'Étrurie ou Toscane rivalise avec la Ligurie pour la production oléifère : qualité des variétés, entente de la culture, perfectionnements dans l'extraction de l'huile, tout est en progrès. Trente et une communes de la province de Lucques produisent 60,000 hectolitres d'huile excellente et qui prime toutes les autres. Les territoires de Pise, de Florence, de Sienne, d'Arezzo, de Peruggia, suivent la même voie avec d'inégales fortunes.

La province de Rome, dans laquelle l'*Agro romano* occupe une si large place, n'est pas à compter parmi les régions vraiment oléifères. Elle produit cependant assez d'huile pour sa consommation, grâce aux plantations des collines de Laziale et de Tibur.

Les provinces méridionales du versant méditerranéen, Naples, Bénévent, la Terre de Labour, la Basilicate, les Calabres, les territoires de Salerne, etc., ont, à l'exception de Naples, une importance oléifère considérable. Près de cinq cent cinquante communes cultivent l'Olivier et se livrent à l'extraction de l'huile. Celle-ci laisse encore beaucoup à désirer malgré de réels efforts vers le mieux.

Quant aux provinces méridionales du versant adriatique, elles sont encore, comme aux temps de Denys d'Halicarnasse, comme à l'époque plus rapprochée où Giovani Presta célébrait les Oliviers de la terre d'Otrante ; elles sont encore la terre privilégiée de la plante dont nous faisons l'histoire. De Cesare décrivait ainsi en 1873 ces riches contrées : « De San Benedetto du Tronto au cap de Leuca, un immense territoire baigné par la mer s'étend comme une vaste plaine pour s'onduler et se diviser vers Vasto et Fosano en petits coteaux ; cette surface est pour ainsi dire toute couverte d'Oliviers. Elle comprend les provinces de Téramo, de Chiéti, de Foggia, de Bari, de Lecce, toutes oléifères et la dernière presque exclusivement oléifère, parce que les autres productions du sol ne comptent pas dans les années abondantes en huile.

En traversant les terres de Bari et d'Otrante, on ne rencontre d'autres arbres que l'Olivier ; on ne voit d'autres cultures que celles de l'Olivier et de la vigne, lesquels vivent ensemble sans se nuire, sans se contrarier. Ils prospèrent merveilleusement et font la fortune de cette belle et riche contrée. De Fosano au cap de Leuca, surtout vers Ostuni où les propriétés sont faites de vallons et de coteaux, on ne voit que forêts d'oliviers aux arbres gigantesques et séculaires ; on n'y fait pas d'autre culture, on n'y produit ni vigne ni froment, parce que les arbres sont à peu de distance l'un de l'autre, et que leurs rameaux entrelacés interceptent la lumière solaire ; c'est un spectacle merveilleux. » Oui, l'amour de la terre natale respire dans ces lignes, comme le fait observer M. Cappi qui cite aussi ce passage ; mais cette peinture de l'Italie méridionale est vraie. Cet arbre règne en maître sur ces rivages de la Grande Grèce, et quand, aux premiers mois de l'année, les brises de l'occident glissent dans la ramure des vieux Oliviers fleuris, elles se chargent de parfums qu'elles vont, au delà de l'Adriatique, porter comme un souvenir à la terre de Cécrops, leur commune patrie.

La culture et surtout l'extraction de l'huile sont en grand progrès dans cette région, qui pourrait approvisionner d'huile d'olive le monde entier. L'huile de Bari est aujourd'hui cotée à l'égal de celles de Lucques, de Nice, d'Aix, etc.

La Sicile est aussi fertile en Oliviers : voici Catalifimi avec ses allées d'amandiers, de caroubiers et d'Oliviers ; là-bas c'est Siacca, où l'arbre de Minerve dispute le sol aux chênes verts, aux grenadiers et aux cactus.

Plus de cinq cents communes des provinces de Trapani, Syracuse, Caltanisetta, Girgenti, Catane, Messine, Palerme cultivent ou exploitent l'Olivier. Malheureusement les procédés de manipulation sont très-arriérés, et c'est à peine si 10,000 hectolitres peuvent être considérés comme mangeables. C'est une perte immense pour la Sicile. Malgré cela, les exportations sont considérables. La seule province de Palerme exporte 2,000,000 de kilogrammes, et la Sicile entière, en 1865, a exporté 33,000,000 de kilogrammes, dont un tiers a été acheté par la France pour ses fabriques de savon.

Dans l'île de Sardaigne, il reste aussi beaucoup à faire pour obtenir de l'Olivier ce qu'on peut en attendre. Dans la province de Sassari, vingt et une communes ont des plantations d'Oliviers, mais culture, usines d'extraction, tout est dans l'enfance de l'art.

N'oublions pas cependant, en France, que la Péninsule avec ses débouchés sur la Suisse, sur l'Allemagne, deviendra le premier pays de production pour les huiles d'olive ; veillons à ce que les nôtres gardent leur vieille réputation.

Nous avons dit que le royaume d'Italie possédait 552,384 hectares d'oliviers. Si chaque hectare bien cultivé rendait 600 kilogrammes d'huile, ce serait un revenu annuel de 350 millions de francs : les résultats réels, quoique importants, sont loin de ce chiffre.

L'Italie produit annuellement [1] 1.600,000 hectolitres d'huile d'olive d'une valeur de 200 millions. Bien que les deux tiers soient consommés dans le pays, les autres contrées sont les tributaires de l'Italie :

L'Angleterre lui demande. . . .	180,000	hectolitres d'huile.
La France — . . .	130,000	—
L'Autriche — . . .	75,000	—
La Russie — . . .	50,000	—
L'Amérique — . . .	25,000	—

Et ne l'oublions pas, en 1867, les huiles de Lucques ont été considérées comme les rivales les plus sérieuses de nos meilleures huiles d'Aix [2].

Nous avons vu partout, en Italie, le réveil de l'industrie agricole, surtout en ce qui concerne l'Olivier. On réimprime les vieux traités, on en publie de nouveaux ; les notes, les brochures sur les progrès de la fabrication de l'huile d'olive surgissent de toute part, du golfe de Gênes à Girgenti. Les gloires de Vénafre et du Picénum vont renaître, et l'Italie nouvelle semble saluer l'Olivier des mêmes paroles que lui adressait un de ses poëtes au commencement de ce siècle :

> Crescete, o piante generose orgoglio
> Di mia patria, e speranza. . . . . [2]

IV. La France. — C'est aux poëtes provençaux que Briseux adressait un jour ces vers pleins de mélancolie :

1. Statistique de l'Exposition de 1867.
2. Cesare Arici, la Coltivazione degli ùlivi, poem., libro quarto.

> Le rameau d'Olivier couronnera vos têtes ;
> Moi, je n'ai que la lande en fleurs.
> L'un symbole élégant de la paix et des fêtes,
> L'autre symbole des douleurs.

En écrivant ces lignes, le chantre de *Marie* ne pouvait choisir d'emblèmes plus caractéristiques de deux nobles provinces : l'Olivier pour celle que baignent les flots attiédis de la Méditerranée, la lande pour celle qui plonge dans les brumes de l'Atlantique.

L'Olivier, la lande ! ces mots seuls peignent bien les contrées qui portent ces deux plantes. Ici les souffles embaumés, le ciel bleu, les horizons limpides, la vie dans son radieux épanouissement : là, les senteurs austères, le ciel gris, les horizons voilés, la vie luttant partout. Deux mots expriment et résument encore mieux ces contrastes, l'Olivier et la lande !

La France a donc, elle aussi, sa région des Oliviers. Comme la Grèce, l'Italie et l'Espagne, le sol et le climat de ses provinces méridionales conviennent à l'arbre de la paix. Dieu n'a pas voulu que ce fleuron manquât à sa couronne, cette richesse à son trésor, cette grâce à sa poésie. Il a relevé vers elle et fait passer à ses pieds un bout de cette verdoyante ceinture qui pare le sol des nations méditerranéennes, afin que celles-ci la reconnussent pour sœur.

Avec quel secret orgueil nous saluons les Oliviers de la terre de France ! Ces Oliviers dont les racines plongent dans ce sol béni de notre pays, et dont le feuillage aux teintes pâles emporte notre rêverie aux lieux les plus célèbres du monde, ou réveille en notre esprit le souvenir de toutes les beautés, de toutes les grandeurs de l'antiquité.

Quand Roucher, le poëte des mois, eut célébré les richesses de Flore et de Pomone sur le territoire de la France, le souvenir de son pays, la brillante Occitanie.

> . . . . amoureuse contrée
> De tous les dons du ciel enrichie et parée,

lui revint au cœur, et il s'écria :

> Mais j'entends, tout à coup, oui, j'entends ma patrie
> Qui, me montrant de loin ses tertres toujours verts,
> Réclame pour l'olive une place en mes vers !

Et résumant tous les enchantements de ces contrées privilégiées, il disait encore :

> Dois-je de ton printemps vanter le long empire,
> Ton sol toujours fécond, l'air pur qu'on y respire,
> Le parfum de tes vins mûris dans le gravier,
> Le front de tes coteaux qu'ombrage l'Olivier !

A quelle époque l'Olivier a-t-il paru dans nos contrées méridionales? Faut-il admettre l'existence spontanée de l'*Oleaster* sur notre sol? c'est encore là une question fort controversée. Ce point fut discuté le 13 février 1857 à la Société botanique de France. M. Germain de Saint-Pierre signalait l'Olivier comme spontané près d'Hyères. M. Cosson soutint au contraire que cet arbre n'avait jamais été trouvé incontestablement à l'état sauvage dans le midi de la France. M. Decaisne ne fut pas d'une opinion aussi absolue : pour lui, la forme sauvage appelée *Oleaster* pouvait bien avoir toujours existé en Provence. Cette contrée serait, d'après lui, la limite vers le nord-ouest de la région naturelle de l'*Oleaster ;* et c'est sa présence sur ce territoire qui aurait donné aux Phéniciens ou aux Grecs la pensée d'y introduire les formes cultivées. D'après M. Moquin-Tandon, si la spontanéité de l'Olivier sauvage sur le continent français peut être douteuse, elle ne saurait l'être en Corse. Là on retrouverait l'*Oleaster* sous la forme buissonnante et portant des feuilles plus petites que celles du buis. En résumé, cette question nous semble fort difficile à résoudre, car il ne faut pas oublier que l'Olivier cultivé fait retour par semence au type *Oleaster*.

Quant à l'époque de l'apparition de l'Olivier cultivé sur nos rivages, il existe une version classique qui, malgré les assertions contraires de Justin, fait apparaître l'Olivier en France 600 ans avant notre ère, époque à laquelle une colonie phocéenne fonda Marseille. De là, il s'étendit à droite et à gauche sur le littoral et remonta la vallée du Rhône jusqu'au-dessus d'Avignon.

La colonie grecque trouva dans la culture de l'Olivier un souvenir de la terre natale, et dut s'y attacher plus qu'à toute autre plante de sa nouvelle patrie. Est-ce parce que le feuillage de l'Olivier était encore un reflet de la Grèce, que les six cents vieillards que Valerius Maximus (1, 2, n. 7) nous présente formant le sénat de Marseille siégeaient

vêtus de pourpre et couronnés du pacifique Olivier? Il est certain que
l'arbre de Minerve apparaissait souvent sur les médailles et sur les
monuments des fils des colons grecs : sur l'archivolte de l'arc de triomphe de Saint-Rémy, près de Tarascon, le lierre et l'Olivier entrelacent
leurs feuillages, symboles de l'union intime des Phocéens avec leur
nouvelle patrie. Aujourd'hui encore, quand l'opulente cité, reine de la
Méditerranée, s'enrichit de quelques monuments, parmi les motifs de
décoration, parmi les attributs des statues qui les ornent, partout
l'Olivier apparaît (Bourse de Marseille).

Outre la Corse, l'Olivier croît dans un certain nombre de départements français de la partie méridionale sud-est. Ces départements
constituent une des zones agricoles les plus importantes de la France,
elle porte le nom de Région de l'Olivier. Elle comprend onze départements :
Pyrénées-Orientales, Aude, Hérault, Gard, Ardèche, Drôme, Vaucluse,
Basses-Alpes, Bouches-du-Rhône, Alpes-Maritimes.

Dans la *France agricole*, M. Heuzé trace de la manière suivante les
limites de la culture de l'Olivier : « C'est une ligne qui, partant de la
Catalogne, traverse le département des Pyrénées-Orientales au-dessous
de Céret et de Millas, pénètre dans le département de l'Aude pour se
diriger d'abord vers Carcassonne, et ensuite vers Pons et Bédarieux,
dans le département de l'Hérault. De Bédarieux, cette ligne marche vers
Lodève, puis vers Uzès, dans le département du Gard, et ensuite vers
Ambroix et Aubenas, dans le département de l'Ardèche. Alors elle traverse le Rhône pour passer au nord de Montélimart et de Donzère dans
le département de la Drôme. Elle divise ensuite les Basses-Alpes
au-dessous de Sisteron et de Digne, pour redescendre à Diez et arriver
à Grasse dans les Alpes-Maritimes en passant par Fayence, chef-lieu de
canton du département du Var. De Grasse, la ligne-limite suit le versant
méridional de la chaîne montagneuse qui protége Cannes, Antibes et
Nice, et se dirige vers Menton qui est son point extrême en France. »
Depuis 1793, les Oliviers ont disparu dans le département de l'Isère,
et aux environs de Pamiers et Mirepoix dans l'Ariége. C'est pourquoi
ces deux départements n'appartiennent plus à la région dont nous
parlons.

L'Olivier pourrait vivre plus loin encore dans le nord, mais il ne fruc-

tifierait pas. Ainsi, Loudon assure que dans les endroits bien abrités du
Devonshire cet arbre végète en plein vent, et fructifie quand il est en
espalier contre un mur. En Irlande, près de Dublin, il résiste aux froids
de l'hiver, mais ne fleurit jamais. Ces exemples prouvent qu'en France
l'Olivier pourrait vivre très-bien à des latitudes plus élevées que
celles qui limitent la région à laquelle il donne son nom : l'École de
botanique de Brest possède, depuis de longues années, un Olivier qui
fait partie d'un berceau d'arbustes à feuilles persistantes : il n'a jamais
fleuri.

Le Bourbonnais, d'après quelques auteurs, aurait jadis appartenu à la
région oléifère. Selon M. Heuzé, ses limites actuelles n'ont pas varié
depuis seize siècles : la région de l'Olivier ne commence vraiment qu'en
dessous de 45° latitude nord.

Si l'Olivier a rétrogradé en France vers le Midi, ce qui n'est pas
douteux, il n'en faut pas chercher la cause dans les conditions climatériques, mais dans les circonstances économiques de notre pays. Ana-
lysant un mémoire de M. Fuster sur le climat de la France, voici ce
que M. de Gasparin, bien compétent en semblable matière, écrivait, il y
a déjà quelques années : « La rétrogradation de l'Olivier dans le Midi
tient à des causes absolument semblables à celles qui ont fait rétrograder la vigne dans le Nord. Partout où on a voulu conserver cet arbre,
il parvient à la limite qui lui était assignée par les plus anciens écrits.
Ainsi Olivier de Serres dit qu'il s'étend jusqu'à Valence, et aujourd'hui
encore on le voit à Beauchâtel, sur la rive droite du Rhône, à 16 kilomètres au sud de cette ville : sa retraite n'aurait donc pas été bien
considérable. Mais si les saisons l'ont trouvé inébranlable sur le terrain
qu'il avait une fois occupé, si ses conditions météorologiques sont restées les mêmes, des cultures rivales et les progrès de la civilisation
ont bien changé ses conditions économiques. Quand on manquait de
routes et que les transports se faisaient à dos de mulet, on devait attacher un grand prix à la production de l'huile qui représente, sous le
même volume, une valeur beaucoup plus grande que celle du vin. La
construction des routes, le perfectionnement de la navigation ont changé
les rapports de la culture de la vigne et de celle de l'Olivier. Les
mûriers, mieux cultivés, ont produit plus de feuilles; l'éducation des

vers à soie a été plus soignée et a donné de plus grands produits. Aussi après chaque mortalité des Oliviers, et le siècle en a déjà présenté deux, leurs propriétaires ont mis en délibération s'il n'était pas possible de substituer la vigne ou le mûrier à un arbre qui présentait tant de chances, et dont les rejetons n'entraient en produit que longtemps après les arbres qu'on pouvait leur substituer. Les conclusions ont souvent été fatales à l'Olivier. Voilà la véritable cause de sa retraite vers la mer qui l'apporta, et comment si l'habitant du Midi ne perfectionne pas sa culture quand tout se perfectionne autour de lui, il finira par disparaître. »

Cela est vrai; après des désastres comme celui de 1830, par exemple, où cinquante mille propriétés furent frappées par le froid, et où les pertes s'élevèrent à près de 4,000,000 de francs en Provence, on comprend que l'Olivier batte en retraite.

La région du Sud, ou de l'Olivier, présente en France différentes zones, principalement sur le bord de la Méditerranée. La première dévolue aux orangers, caroubiers, lauriers, sassafras, est surtout bien caractérisée dans le Var et les Alpes-Maritimes. La vraie zone de l'Olivier lui succède jusqu'à une altitude moyenne de 400, 500 et même 779 mètres sur quelques points. Les chênes-liége, le pin d'Alep, les grenadiers, y disputent le sol à l'arbre de Pallas. La zone du mûrier et du châtaignier commence là où finit l'Olivier. Ce sont des lignes générales que l'orientation et mille circonstances peuvent modifier.

L'arbre dont nous parlons imprime aux localités qu'il habite un aspect caractéristique : à côté des teintes éclatantes de la végétation méditerranéenne, c'est un élément de beauté. On regretterait, dit Grisebach, « de ne pas voir les nuances bleuâtres et mattes des bocages d'Oliviers ». C'est que, comme le fait observer l'auteur que nous venons de citer, il a une physionomie qui n'appartient qu'à lui seul : c'est la *forme de l'Olivier*, c'est-à-dire celle d'un arbre à feuilles roides, toujours vertes, indivises, étroites.

Quand on descend la vallée du Rhône, il est un point entre Montélimart et Orange (44° 25' L. 12) où l'on passe brusquement d'un domaine floral dans un autre. L'impression est d'autant plus saisissante qu'on n'a pas eu à franchir l'aire de ces grandes barrières qui limitent les régions végétales, comme on le fait, par exemple, quand on passe les Alpes. On est cependant entré dans ce triangle privilégié dont les Cévennes et les Alpes forment les deux côtés, et la Méditerranée la base. Là, sous l'influence du mistral, la Provence revêt le climat sec qui la spécialise, et l'Olivier, « qui se prête le mieux à marquer les limites climatériques de ce domaine », fait son apparition.

Les aspects de la contrée varient encore avec les différentes proportions qu'il présente. A partir de Valence, le voyageur qui se dirige sur Marseille et sur Nice peut observer ces contrastes dans la physionomie du même arbre. En parlant des Oliviers de la Drôme, du Vaucluse, et d'une partie des Bouches-du-Rhône, M. Thiers écrivait : « Des oliviers à la verdure pâle descendent le long des coteaux et contrastent par leur petite masse arrondie avec la structure élancée et le superbe dôme des pins. — De Marseille à Toulon, ils restent encore chétifs sur les coteaux, mais de place en place dans les abris des vallées ils commencent à prendre d'assez belles proportions. Après Toulon, vers la plaine du Luc, ils grandissent encore, mais il y a dans l'uniformité de ces têtes sphériques une monotonie dont se plaint quelque part George Sand. « Ce n'est pas avant Cannes, disait l'auteur de *Tamaris*, ce n'est pas avant Cannes qu'il faut voir l'Olivier, on le prendrait en haine; mais là il est de plus en plus splendide jusqu'à Menton; on ne le taille pas, il devient futaie, il est monumental et primitif. »

C'est bien là en effet le sentiment que l'on éprouve devant ces arbres magnifiques, tels que les Oliviers de Beaulieu, par exemple ; parmi eux on en voit qui mesurent 13^m,50 de circonférence au niveau du sol, ou bien 7 mètres à 1^m,15 du sol, et dont l'élévation dépasse parfois 18 mètres ! La Grèce et la Palestine n'en ont pas de plus beaux.

C'est ainsi que l'Olivier s'échelonne en Provence, s'allongeant, se redressant à mesure qu'il échappe à l'influence du mistral; pareil aux malades qui, après avoir essayé d'Hières, de Cannes, de Nice, ne dilatent à l'aise leurs frêles poumons que dans les tièdes abris de Menton ou de Monte-Carlo.

Il suit les accidents du sol et s'associe sans difficulté à toutes les

cultures. Ici sa verdure dense et pressée couvre les coteaux, là les vignes
et les amandiers mêlent leurs feuillages au sien.

> Té, veses pas soun Ouliveto ?
> Entre-mitan i á quanqui velo
> De vigno e d'amelié...
>
> *Mireille*, chant I.

— Ne vois-tu pas leurs vergers d'Oliviers ? Parmi eux sont quelques rubans de
vignes et d'amandiers.

L'arbre de Minerve tient une grande place dans les préoccupations
agricoles, et par suite dans les mœurs et coutumes des régions oléifères
de France.

Le poëte indiquera les saisons par les diverses phases de la végétation
de l'arbre du pays. Est-ce le temps de la floraison, il dira :

> Tant léu que lis aubre d'Oulivo
> Se saran tout de long enrasina de flour.
>
> *Mireille.*

— Sitôt que les arbres d'olives se seront totalement couverts de grappes de
fleurs.

Ailleurs il peindra le temps où l'olive achève de mûrir :

> E mai fugue duro
> L'Oulivo, lou vènt
> Que boufo is Avent,
> Pamens l'amaduro
> Au poun que counvèn.
>
> *Mireille*, chant X.

— Bien que dure soit l'olive, le vent qui souffle à l'Avent la murit au point qui
convient.

Une autre époque de l'année sera celle de la fabrication de l'huile :

> Quand li pausito soun braveto
> Qu'à plein barrau lis Ouliveto
> Dins li gerlo d'argelo escampon l'oli rous.
>
> *Mireille*, chant III.

— Quand les récoltes sont honnêtes, qu'à pleins barils les vergers d'Oliviers
dans les jarres d'argile épanchent l'huile rousse.

Le temps de la récolte des olives est une des saisons les plus joyeuses
de l'année dans les pays oléifères. C'est alors que les cueilleuses d'olives,

déposant leurs *canestillos*, dansent l'olivette, en serpentant autour de trois Oliviers choisis :

> Vese uno terro novo, un souleu que fui gau
> D'oulivarello en farandoulo
> Davans la frucho que pendoulo.

— Je vois une terre neuve, un soleil qui réjouit, des oliveuses en farandole devant les fruits qui pendent.

C'est vers la Toussaint que commencent les récoltes d'olives :

> Vengue Toussant, e li Baussenco
> De vermeialo d'amelenco,
> Te van clafi saco e bourenco
> Tout en cansonnejant n'acamparien bèn mai !

> *Mireille*, chant I.

— Vienne la Toussaint et les filles des Beaux, d'olives vermeilles et amygdalines, te vont combler et sacs et draps. — Tout en chantant, elles en amasseraient bien davantage.

La cueillette des olives a été chantée par un autre poëte, par le barde de Nîmes, mais avec une teinte mélancolique qui rend cette poésie fort touchante. C'est un vieux laboureur qui, trompé par un beau soleil de décembre, veut récolter encore une fois les olives de l'arbre qu'il a planté dans sa jeunesse.

> Mes enfants, a dit le vieux Pierre,
> Daignez vous rendre à ma prière !
> Ce jour fait mentir la saison :
> Accordez-moi pour la cueillette
> Que je vous suive à l'olivette ;
> Je meurs d'ennui dans la maison.
>
> Il me souvient qu'en mon jeune âge,
> Comme vous aidant à l'ouvrage,
> Pour ombrager l'ombre du puits
> Nous plantâmes avec mon père
> Un Olivier que je révère ;
> Eh bien ! j'en veux cueillir les fruits.

Les enfants veulent s'opposer aux désirs du père, ne prévoyant que trop les dangers qu'il peut courir.

Mais, continue le poëte :

> Mais l'homme au déclin de la vie
> Ressemble à l'enfant par l'envie.

Pierre a descendu l'escalier
Et caressé la turbulence
Du roquet dont la vigilance
Garde le sac du journalier.

Aux champs rendu à l'instant même,
Il va trouver l'arbre qu'il aime.

. . . .

Quand l'Olivier a donné son fruit, a donné son huile, il semble qu'il s'est acquitté des soins qu'on a pris de lui : cependant il peut donner encore et rendre même les rayons de ce beau soleil du Midi qui l'ont fait vivre. On les lui redemandera pour égayer les fêtes les plus chères au cœur de l'homme, celles où la pensée religieuse vient sonner le retour des joies de la famille.

Voici Noël. Voici la bûche qui pétille ;
Le « carigné », vieux tronc énorme d'Olivier
Conservé pour ce jour flambe au fond du foyer.

. . . .

« A table ! » l'on accourt. La sauce aux câpres fume,
Le nougat luit ;... mais c'est une vieille coutume
Qu'avant de s'attabler on bénisse le feu.

La flamme rose et blanche avec un reflet bleu
Sort de la bûche où dort le soleil de Provence.
Le plus vieux, à défaut du plus petit, s'avance :
« O feu, dit-il, le froid est dur, sois réchauffant
Pour le vieillard débile et pour le frêle enfant ;
Ne laisse pas souffrir les pieds nus sur la terre ;
Sois notre familier, ô consolant mystère !

. . . .

Le vieillard penche un verre et le vin cuit arrose
La longue flamme bleue au reflet blanc et rose ;
Le carigné mouillé crépite et, tout joyeux,
Constellant l'âtre noir, fait clignoter les yeux.
On s'attable. La flamme étincelante envoie
Aux cristaux, aux regards ses éclairs et sa joie ;
Le vieux tronc d'Olivier, qui gela l'autre hiver,
Se consume, rêvant au temps qu'il était vert,
Aux baisers du soleil et même à ceux du givre ;
Tel, mourant dans la flamme, il se prend à revivre,
Et l'usage prescrit qu'on veille à son foyer,
Pour que, sans s'être éteint, il meure tout entier.

JEAN AICARD.

Associé à la vie intime des populations, nécessaire à leur existence, mêlé à leurs fêtes, à leurs joies les plus pures, chanté par les poëtes

modernes comme il le fut par les troubadours, l'Olivier n'est plus cet
étranger que les Phocéens plantèrent jadis sur le sol de la Gaule méridionale, c'est un arbre de France qui leur tient au cœur.

Elles sont fières de lui, et le Provençal particulièrement aime à vanter
ses produits. Qui pourrait mieux rendre cette vanité légitime que cette
apostrophe prêtée au bailli de Suffren voulant entraîner à l'abordage un
équipage marseillais :

> « Pichot! crido enfin, que voste fio cale!
> E vouguen-léi dur' mè d'oli de-z-Ai!
>
> *Mireille.*

— Enfants, crie-t-il enfin, que votre feu cesse! et oignons-les ferme avec l'huile
d'Aix.

L'Olivier florissait déjà sur nos rivages quand la grande nouvelle
s'y répandit, venue comme lui de l'Orient. Aussi, quand les trois Maries
descendirent sur nos côtes, la plus illustre, Marie-Magdeleine y revit
l'arbre de sa patrie, l'arbre dont elle avait répandu l'huile parfumée
sur les pieds du Sauveur.

Marseille reçut Magdeleine comme elle avait reçu l'Olivier : ce sont
les deux plus grands souvenirs de la belle et noble cité, et son poëte
incomparable, Mistral, lui crie de ne pas oublier les gloires de son
passé au cours de ses prospérités actuelles.

— Avant que souffle la tempête, souviens-toi au milieu de tes fêtes que les pleurs
de Magdeleine baignent tes Oliviers. —

> Davans que boufe la tempesto,
> Ensouvene-te, dins ti festo,
> Di plour Madalenen bagnant tis Oulivié!

Parmi les documents qui peuvent nous donner une idée exacte de
l'importance de la culture de l'Olivier en France, il n'en est pas de
plus sérieux que les procès-verbaux de la grande enquête agricole de
1868. C'est l'exposé le plus complet, le plus détaillé de tout ce qui
touche à l'industrie agricole : l'Olivier ne pouvait y être oublié.

ALPES-MARITIMES.

Commençons par le département des Alpes-Maritimes. Cette région
comprend à elle seule 47,000 hectares d'Oliviers. Le morcellement de

la propriété a été favorable à l'extension de cette culture qui a gagné des terrains en pente que les grands propriétaires dédaignaient et laissaient à l'abandon.

L'hectare d'Oliviers vaut en moyenne 7,000 francs; il valait 10,000 francs il y a trente ans. La récolte des olives ne se partage pas par moitié : à Grasse, le propriétaire a les deux tiers du produit, sur le littoral il a les trois cinquièmes. Les frais considérables de la taille sont supportés par le propriétaire dans la même proportion.

L'Olivier est dans les Alpes-Maritimes la première culture du pays, depuis le littoral jusqu'à 400 mètres d'altitude; il constitue la principale richesse de la contrée, bien que l'expérience ait démontré que les bonnes récoltes sont excessivement rares. Un tiers de l'arrondissement de Grasse, planté d'Oliviers, a 60,000 habitants; les deux autres tiers, où l'Olivier manque, n'ont que 6,000 âmes. Ce simple rapprochement, dit avec raison M. Barbe, est la démonstration des prodiges enfantés par l'Olivier. (*Et. sur l'Ol.*, Nice, S.-C. Cauvin, 1875.)

Un hectare de terrain, dans les quartiers en pente ou accidentés, peut contenir deux cents Oliviers; il en contient seulement cent vingt-cinq en plaine. Pour calculer les frais et le rendement de cette culture dans les Alpes-Maritimes, on peut prendre une moyenne de cent cinquante Oliviers par hectare. On observera que la récolte est biennale et que pour avoir le chiffre exact des frais de rendement, on prend seulement la moitié des frais généraux et du produit. Ainsi pour cultiver un hectare d'Oliviers, il faut :

Bêcher les arbres (50 journées à 2 fr. 25), la moitié. . .	62 fr. 50
Fumer, 75 centimes par arbre.	112 50
Élaguer tous les deux ans, 1 fr. par arbre, la moitié. .	75 »»
Cueillir : chaque arbre donne en moyenne trois doubles décalitres, et le double décalitre coûte 40 c. La moitié par an	90 »»
	340 fr. »»

L'hectare d'Oliviers placé dans de bonnes conditions produit tous les deux ans 450 doubles décalitres d'olives qui, au prix normal de 3 francs, produisent 1,350 francs; la moitié de cette somme constitue le produit d'une année, soit 675 francs, en défalquant les frais de culture, 340

francs, il reste net 335 francs. Les deux tiers de cette somme appartiennent au propriétaire, le tiers au colon. Mais pour arriver à un calcul
exact de la part de chacun, il faut répartir dans la même proportion les
340 francs de culture, car ces frais sont inégalement supportés par les
deux parties intéressées. Tous les frais pour bêcher, cueillir, sont à la
charge du colon, ceux du fumier à la charge exclusive du propriétaire,
et ceux de l'élagage sont supportés dans la proportion d'un tiers pour le
fermier, deux tiers pour le propriétaire. Ainsi sur les deux tiers de 675
francs, qui sont de 450 francs, le propriétaire aura à payer 50 francs
pour sa part d'élagage, 112 fr. 50 pour les fumiers, il lui resterait
donc 228 francs net par an et par hectare, sans parler des contributions.

Cette prospérité a bien des chances contraires, et l'enquête a consi-
gné les doléances de beaucoup d'agriculteurs des Alpes-Maritimes. Ici
c'est M. de Monléon, alors maire de Menton, qui déplore les ravages de
la mouche ruineuse ; là le docteur Raybaud de la Colle qui constate que
les maladies font abandonner l'Olivier pour les céréales, les fruits et les
fleurs ; voici M. Germain Chambre, de Grasse, qui avoue que la culture
de l'Olivier ne donne presque plus rien, et que sur la côte, par exemple,
par suite de la piqûre du *Dacus*, le double décalitre d'olives est
tombé à 1 franc 50 ! Il se plaint de la chasse impitoyable faite aux
petits oiseaux, et demande qu'on rende obligatoire l'élagage des Oliviers. Ailleurs, enfin, c'est M. Baylet, qui déplore aussi les ravages de
la mouche de l'Olivier, et le peu de succès de cette culture depuis sept à
huit ans.

Espérons que ces appréhensions pour l'avenir ne se justifieront pas,
et que le département des Alpes-Maritimes restera une région oléifère
des plus remarquables. L'Olivier, quand il prospère, rend plus que les
céréales et même que la vigne complantée. Malheureusement d'autres
cultures bien riches, celles des orangers, des rosiers, du jasmin, de la
vigne, tentent souvent les propriétaires d'olivettes.

Les huiles des Alpes-Maritimes, qui portent toutes le nom d'huiles de
Nice, sont expédiées dans tous les pays : leur réputation les fait recher-
cher. C'est ce qui a donné lieu à une industrie particulière. Il arrive à
Nice des quantités considérables d'huiles de Naples et de Toscane qui
sont réexpédiées sous le nom d'huile de Nice.

Var.

L'étendue du terrain consacré dans le département du Var à la culture de l'Olivier, est encore plus grande que dans le département dont nous venons de parler : 51,000 hectares lui sont attribués, c'est la moitié du sol cultivé. La valeur de l'hectare d'Oliviers, dans le Var, n'atteint jamais le prix des environs de Nice ou de Grasse. Cette valeur, qui d'après l'enquête, est en moyenne de 2,000 à 2,500 francs, serait plus considérable qu'il y a trente ans. Cependant les Chambres de commerce et les Comices agricoles, consultés, ont déclaré que la culture de l'Olivier avait beaucoup souffert de l'introduction des huiles étrangères. Cette concurrence a fait abandonner les oliveraines en côteaux, qui ont été envahis par les forêts. La Commission départementale rangeait encore parmi les causes de décroissance les maladies des arbres et l'élévation de la main-d'œuvre.

Malgré cela, l'Olivier restera longtemps encore « une des ressources de l'agriculture du département, car il vient dans tous les terrains avec moins de soins que toute autre culture arbustive ».

Les frais de culture des oliveraines, dans les lieux accessibles à la charrue, sont estimés ainsi :

4 labours.	72 fr.
Fumer tous les deux ans.	60
Émondage tous les deux ans.	80
Cueillette, détritage, mise en jarres. . .	150
	362 fr.

Le rendement bisannuel est de 10 hectolitres à 120 francs, soit 1,200 francs, ou 600 francs par an. Bénéfice net : 238 francs. Disons-le, ce résultat n'est obtenu que dans les terres convenablement travaillées et fumées, et les fumiers manquent généralement par l'incurie des municipalités, qui laissent perdre l'engrais humain.

Bouches-du-Rhône.

L'analyse générale des documents recueillis par l'enquête dans ce département qui possède Aix, une des étoiles de la production oléifère, est peu explicite.

Ils nous apprennent que l'Olivier y est planté en vergers, en cordons entre les vignes, ce qui rend difficile l'estimation de la contenance en Oliviers du département. Le premier arrondissement en possède 1,500 hectares, le deuxième une quantité plus considérable encore, le troisième, malgré des tendances à la diminution et les prix élevés des huiles d'Aix, 1 fr. 80 et 2 francs le litre, possède encore 3,000 hectares sous Olivier. Les frais de culture s'élèvent à 250 et 290 francs par hectare, et le prix des olives est en moyenne de 4 francs le double décalitre. Dans ces conditions, si les maladies, les périodes de stérilité ne venaient pas amoindrir les profits, la culture de l'Olivier serait plus rémunératrice dans les Bouches-du-Rhône que dans les précédents départements.

GARD.

Dans le Gard, l'étendue des olivettes est de 5,447 hectares, qui se décomposent de la manière suivante : Nîmes, 3,858; Uzès, 766; Vigan, 662; Alais, 161.

D'après l'enquête et d'après la statistique oléifère de M. J. Reynaud, l'arrondissement de Nîmes seul serait en progrès au point de vue de la culture de l'Olivier. Celui d'Uzès resterait stationnaire, tandis que dans ceux de Vigan et d'Alais, les propriétaires ne conserveraient d'Oliviers que pour leur consommation en huile.

D'après M. J. Reynaud, le produit des Oliviers dans le Gard se répartirait ainsi entre les arrondissements :

Nîmes.	4.697.828
Uzès.	916.311
Alais.	453.100
Vigan.	370.565
Total. . .	6.437.804

Ce serait encore là un assez beau revenu. Le Gard a cependant vu décroître son industrie oléifère depuis les hivers rigoureux de 1789, 1802, 1812, 1829, etc. Les Oliviers ont été remplacés par les mûriers dans bien des localités. Ceci, joint à un mode d'élagage vicieux, qui cause à l'arbre des maladies et le rend plus sensible au froid, l'a fait incontestablement rétrograder vers le sud. Le département, d'après M. J. Reynaud, compterait environ 235 moulins à huile.

Dans le Gard, les frais de culture s'élèvent, tout compris, à 260 ou 270 francs par hectare, ainsi décomposés :

4 labours.	70 fr.
Taille pour un an.	38
Binage, chaussage.	13
Fumier.	45
Déchaussage.	5
Cueillette.	5
Transport.	10
Fabrication.	40

Le rendement est de deux hectolitres d'huile à 150 francs l'hectolitre. Les bénéfices de cette culture sont loin d'égaler, on le voit, ceux des départements dont nous avons déjà parlé.

Les huiles de Ledenon et de Saint-Bonnet sont très-estimées. Les olives confites du Gard comptent dans la production totale pour une somme de 250.000 francs.

HÉRAULT.

L'analyse générale des documents de l'enquête constate que la maladie noire des Oliviers en a fait beaucoup arracher. La culture de l'Olivier, quoique moins importante dans ce département que dans le Gard et les Bouches-du-Rhône, est encore considérable; l'extension prise par la vigne l'a reléguée sur les terrains en pente et les sols rocailleux de qualité médiocre. Cette culture ne progresse plus, les plantations nouvelles sont insignifiantes, les anciennes ont diminué, cela tient aux hivers rigoureux, aux chances incertaines des bonnes récoltes, au prix croissant de la main-d'œuvre qui rend la cueillette fort onéreuse, et à l'inhabileté des ouvriers qui y sont employés.

Dans plusieurs localités et particulièrement dans le canton de Gignac, on cultive les Oliviers à gros fruits pour confire et que l'on prépare sur place; ils donnent lieu à un commerce important.

Les frais de culture, pour un hectare plein d'Oliviers, sont :

10 journées pour tailler à 2 fr. 50.	25 fr.	»
11 journées d'araire pour 3 binages.	66	»
Fumer tous les 4 ans, à raison de 15 mètres cubes par an, à 4 fr. 50, transport compris..	67	50
Cueillette, extraction, 6 fr. par décalitre, soit pour 28 décalitres, année moyenne.	168	»
	326 fr. 50	

Produit de 28 décalitres, à 15 fr. 50.	434 fr.		
Bénéfice net par hectare.	107	50 c.	

Ces détails concernent principalement l'arrondissement de Montpellier : dans celui de Béziers la fumagine a porté une grave atteinte à cette culture. Dans l'arrondissement de Lodève les Oliviers dont on cueille les olives vertes pour confire donnent encore un produit assez satisfaisant. Les frais de culture sont peu considérables, trois ou quatre journées de labour suffisent pour un hectare. Les olives vertes se vendent 35 à 60 francs les cent kilogrammes, la bonne huile, qui est assez rare, trouve preneur à 1 franc 50, l'inférieure, qui a son emploi dans les fabriques de laine, se vend 1 franc 20 le kilogramme.

Aude, Pyrénées-Orientales.

Ces deux départements ne présentent d'Oliviers que dans les parties qui confinent à la Méditerranée. Dans le premier, la culture de notre arbre est fort limitée, et la vigne lui dispute le terrain. Dans le second l'Olivier réussit admirablement bien, et prend, surtout aux environs de Perpignan, de belles proportions. Le rendement en olives est considérable, et l'huile de bonne qualité.

Basses-Alpes, Vaucluse, Drôme, Ardèche.

Ces départements, qui forment une seconde zone oléifère, n'ont pas l'importance des premiers, et notre arbre ne s'y montre guère que dans les parties méridionales. L'enquête agricole constate en peu de mots leur situation, en disant que la culture de l'Olivier n'a pas cessé d'y être avantageuse, et qu'elle donne des produits satisfaisants et réguliers.

Corse.

La Corse, par son climat et son sol accidenté, restera une des régions oléifères les plus productives. D'après l'enquête agricole les frais annuels d'entretien par hectare d'une plantation sont de 20 francs : le rendement annuel pourrait souvent atteindre 500 francs, bien que le prix moyen de l'hectolitre d'huile y soit peu élevé. En résumé, cette île produirait par ses olivettes 6,000,000 de francs ! Du temps de M. de Gasparin, chaque Olivier donnait en Corse 2 francs de rente.

Voici, d'après M. G. Heuzé, le bilan de la production oléifère en France en 1866 comparée à celle de 1840.

DÉPARTEMENTS.	ÉTENDUE TOTALE		HUILE PRODUITE PAR HECTARE,	
	1866 HECTARES.	1840 HECTARES.	1866 LITRES.	1840 LITRES.
Var.	51.000	54.787	321	102
Alpes-Maritimes.	47.000	»	430	»
Bouches-du-Rhône.	19.402	24.475	119	125
Corse..	10.702	4.480	375	326
Hérault	6.024	10.234	266	171
Gard.	5.467	11.255	303	258
Pyrénées-Orientales. . , . .	5.525	5.706	171	132
Basses-Alpes.	2.822	2.395	142	100
Vaucluse.	1.762	4.039	251	130
Aude..	1.461	1.204	220	116
Drôme.	808	2.208	247	123
Ardèche..	363	516	278	110
Totaux.	152.336	121.299	»	»
Moyenne			262	154

De cette statistique instructive nous tirerons les enseignements suivants :

1° En ne tenant pas compte des Alpes-Maritimes, en partie formées par l'annexion de Nice, l'étendue des plantations d'Oliviers a diminué de 1840 à 1866 de quinze mille huit cent quatre-vingt-treize hectares ;

2° Le produit moyen de l'hectare en huile s'élève de cent cinquante-quatre à deux cent soixante-deux litres, ce qui fait qu'en 1866, cent cinq mille trois cent trente-six hectares d'Oliviers produisent vingt-sept millions cinq cent quatre-vingt-dix-huit mille trente-deux litres d'huile, tandis qu'en 1840 cent vingt et un mille deux cent vingt-neuf hectares n'en produisaient que dix-huit millions six cent soixante-neuf mille deux cent soixante-six litres, accroissement : huit millions neuf cent vingt-huit mille sept cent soixante-six litres, valant 13,661,014 francs.

L'importance de la France comme pays d'Oliviers pourrait être estimée d'après sa production en huile d'olive à différentes époques. Malheureusement les documents sont très-souvent incomplets. Quelques notes statistiques insérées à la fin du traité sur l'Olivier de M. J. Reynaud pouvant jeter quelques lumières sur ce sujet, nous allons résumer ce qu'elles contiennent d'essentiel.

Vers 1680 M. de Basville estimait à deux millions de livres l'huile faite dans le Languedoc et à six millions de livres d'une valeur de deux millions de livres d'argent, l'huile faite dans toutes les contrées du midi. La livre d'huile à cette époque se payait 6 à 8 sous.

Vingt ans plus tard, l'abbé Expilly, dans le *Dictionnaire géographique des Gaules*, estimait à 3,000,000 de livres seulement la production de la Provence et du Languedoc; et pour la production totale de toutes les contrées oléifères de France, 8,000,000 d'huiles de toute qualité, valant 10,000,000 de livres d'argent.

En 1784, on estimait à 11,000,000 de livres, la production totale, valant 12,000,000 de livres tournois.

Le tableau général du commerce donne les chiffres suivants en 1847 :

	Hectol.		
Production	167.000 à 140 fr. l'hectolitre. . . .	23.380.000 fr.
Importation	140.000	—	. . . 19.600.000
Exportation	35.000	—	. . . 4.900.000

Une statistique de 1860 donne :

	Hectol.		
Production	300.000 à 160 fr. l'hectolitre. . . .	48.000.000 fr.
Importation	196.000	—	. . . 31.360.000
Exportation	41.408	—	. . . 6.625.280

Ces chiffres, d'après M. J. Reynaud, ne seraient, en ce qui concerne la production, que le tiers de la quantité d'huile d'olive faite par la France dans ses départements du Midi.

Enfin, en partant des chiffres du tableau de M. Heuzé, en 1866, nos 152,336 hectares d'Oliviers, donnant en moyenne 262 litres d'huile par hectare, et le prix moyen de cette huile étant de 1 fr. 53, la France, agrandie du comté de Nice, produisait :

39,942,032 litres d'huile, représentant une valeur de :

61,065,408 francs.

Nous terminerons cet exposé de l'importance de l'Olivier en France, par une carte (fig. 61) indiquant, d'après M. G. Heuzé, la région de l'Olivier et l'intensité de sa culture dans nos douze départements oléifères.

V. L'Espagne et le Portugal. — Dans un traité récent sur
'Olivier, D. J. de Hidalgo Tablada écrivait :

« Pues sabido es que la region del Olivo es pequeña con relacion al
consumo de aceite que hoy se hace : de esa region limitada, España tiene
sola tres cuartas partes. »

—On sait que l'étendue de la région où croît l'Olivier est trop petite
pour la consommation de l'huile d'olive. L'Espagne forme seule les trois

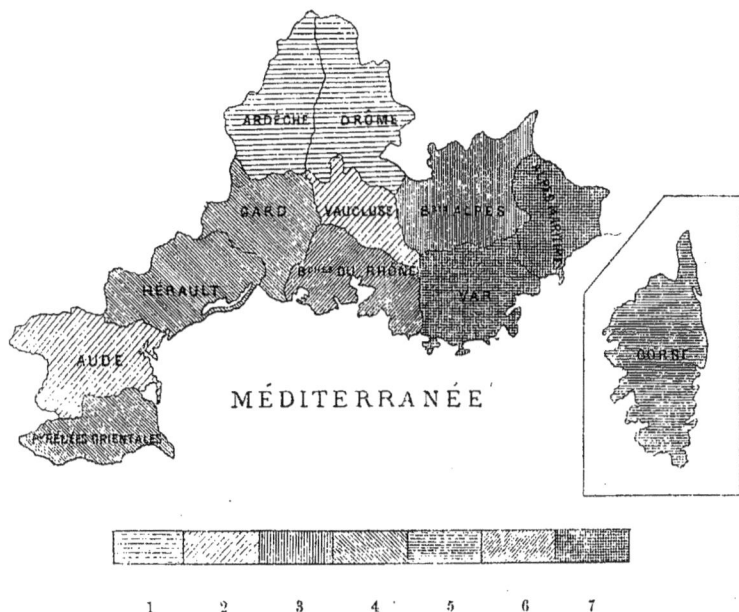

Fig. 61. — Explication de l'échelle proportionnelle placée sous la carte ci-dessus :

1. Ardèche, Drôme. — 2. Aude, Vaucluse. — 3. Basses Alpes. — 4. Hérault, Gard, Pyrénées-Orientales.
5. Corse. — 6. Bouches-du-Rhône. — 7. Alpes-Maritimes. — Var.

quarts de cette région. — Ces lignes justifient l'attention que nous
devons accorder à la péninsule Ibérique comme région oléifère.

L'Olivier fut transporté en Espagne par une expédition semblable à
celle qui fonda Marseille sur les rivages de la Provence. L'arbre de
Minerve s'y propagea rapidement, et la péninsule devint en peu de temps,
grâce à sa position géographique, une des contrées les plus fertiles au
point de vue de la production de l'huile d'olive, et de l'extension des
cultures.

Les monnaies de l'Espagne, devenue province romaine, témoignent de

l'importance de notre arbre sur ce sol généreux; son feuillage s'y montre
oujours. La figure 62 représente le revers d'une pièce espagnole à
l'effigie de Galba.

Si nous ouvrons l'*Histoire de la guerre d'Espagne* de Jules César
(*De bello Hispaniensi, XXVII*), nous voyons à chaque instant le mouvement des troupes se heurter à des plantations d'Oliviers : « Insequenti tempore quum nostri temere in opere distenti essent, equites in oliveto, dum lignantur interfecti sunt aliquot. » Et plus loin : « Eodem die Pompeius castra movit, et contra Hispalim in oliveto constitit. »

Fig. 62.

La Bétique était aussi renommée pour ses Oliviers et son huile que la
cité de Minerve, patrie de l'arbre.

> Felix heu nimis, et beata tellus
> . . . .
> Quæ Tritonide fertiles Athenas
> Unctis, Bætica, provocas trapetis!
>
> STACE, livre II, silve VII.

. — O terre heureuse et trop heureuse!.... Toi, dont les pressoirs onctueux
défient la cité de Minerve, la fertile Athènes, Bétique!

L'Olivier, dit Pline, était le plus bel arbre de ce pays :

> Non alia major in Baetica arbor.

Cordoue, s'écrie à son tour Martial, Cordoue plus délicieuse que la
fertile Vénafre, aussi riche en Oliviers que l'Istrie.

> Uncto Corduba lætior Venafro
> Histra nec minus absoluta testa,
>
> Livre XII, épig. 63.

et plus loin :

> Bætis olivifera crinem redimite corona
>
> Livre XII, épig. 79.

Justin, énumérant au livre XLIV, les productions de l'Espagne, écrivait : « Hinc enim non frumenti tantum magna copia est, verum et vini, mellis oleique. »

Par sa position dans la région méridionale de l'Europe, l'Espagne
peut utilement tenter les cultures les plus variées. Il en est cependant peu
qui lui conviennent mieux que celle de l'Olivier, et l'on peut dire avec

l'un de ses écrivains, cité plus haut, qu'elle occupe une bonne part de la région de l'Olivier, sur les rivages de la Méditerranée.

La topographie de la Péninsule présente, en outre, les reliefs continus de montagnes, de plateaux, situés à des hauteurs plus ou moins considérables au-dessus de l'Océan. L'orientation générale est et ouest des montagnes, produit des abris du nord favorables au développement de l'Olivier. C'est ainsi que les crêtes de la Navarre, de l'Aragon, de la Catalogne, des provinces de Valence et de Grenade abritent d'immenses *olivares*, qui, sans cela, n'existeraient pas malgré la latitude. L'arbre y végète sur leurs pentes ensoleillées à des hauteurs considérables, tandis que sur les revers opposés il n'apparaît pas même dans les parties les plus déclives.

On peut, au point de vue de la culture de l'Olivier, diviser l'Espagne en trois régions :

1° La région maritime, où les gelées ne sont jamais à craindre ;

2° La région continentale ou centrale, où les gelées atteignent quelquefois les jeunes pousses ;

3° La région septentrionale, où les gelées causent périodiquement de grands ravages dans les plantations.

L'Espagne tout entière ne peut donc convenir à l'Olivier, car bien qu'elle soit comprise entre 44 et 36° de latitude, il est des points où la température descend à 7 ou 8° au-dessous de 0, et y demeure plus de huit jours, points sur lesquels l'Olivier, s'il ne meurt pas, ne peut du moins mûrir son fruit. L'Olivier fleurit par une température moyenne de 19° qui empêche les gelées, mais il faut une somme de chaleur assez considérable pour mûrir l'olive.

L'altitude au-dessus du niveau de la mer a une grande importance dans un pays aussi mouvementé que la Péninsule. D'après M. de Candolle, sous la latitude de 44° nord, l'Olivier ne peut être cultivé au-dessus de 400 mètres d'altitude; ces 400 mètres équivalent à 2° de latitude : d'autres auteurs estiment que 181 mètres d'élévation équivalent à un degré.

En partant de cette base, on comprendra que dans la province de Madrid, par exemple, située par 40° 24′ 30″, et à 655 mètres d'altitude, l'Olivier se trouve dans les mêmes conditions que par 43° 48′ 3″ au niveau

de la mer. On comprendra encore que l'Olivier dans la province de Guada-
lajara soit cultivé à 675 mètres, dans celle d'Albacète à 700 mètres, dans
celle de Grenade à 1,000 mètres, car pour la dernière, cette altitude ne
donne qu'une latitude réelle de 42°.

La moyenne automnale de 27° nécessaire, suivant quelques-uns, à la
maturation de l'olive, ne saurait être la base d'une appréciation des localités où la culture de l'arbre dont nous parlons est possible. Cette
moyenne, en effet, est seulement atteinte dans les provinces de Séville
et de Jaen, et l'olivier mûrit son fruit ailleurs. Un maxima de 30° ne
suffit pas non plus : à Soria, à 41° de latitude, à 1,058 mètres d'altitude,
le thermomètre monte à 33°, et les Oliviers y manquent. A Vergara, où
le thermomètre s'élève parfois à 30°, à Bilbao à 39°,2, à Valladolid à 36°.5,
l'olive ne mûrit pas. Enfin là où le thermomètre descend rarement au-
dessous de 7°, comme sur quelques points abrités de la côte de Gallicie,
l'olive ne mûrit pas.

D.-J.-H. Tablada, dans son *Traité de la culture de l'Olivier en
Espagne*, pense que cet arbre sera cultivé utilement partout où les
moyennes des températures seront de 13° pour le printemps, de
21° pour l'été, de 14° pour l'automne, et où le thermomètre ne descendra pas au-dessous de zéro. Le tableau suivant indique en quelque
sorte la statistique culturale de l'Olivier dans la Péninsule :

Localités	Latitude	Altitude	Floraison	Température	Maturation.
Séville	37°22'	0	mai	49°74 [1]	1ers jours d'octobre
Alicante.	38°20'	20	15 avril	49°75	Id.
Valence.	39°28'	0	15 avril	49°75	milieu d'octobre.
Barcelone. . . .	41°20'	0	fin de mai	41°94	milieu de décem.
Morata de Tajuña..	40°24'	575	fin de mai	41°95	fin de décembre.
Valladolid. . . .	41°39'	680	fin de juin	26°03	ne mûrit pas.
Saragosse. . . .	41°38'	184	milieu de juin	32°64	ne mûrit pas [2].
Salamanque . . .	40°57'	780	fin de juin	32°60	ne mûrit pas [3].

1. Les chiffres de cette colonne sont obtenus en multipliant la moyenne d'un
certain nombre de mois par leur nombre de jours.

2. La variété nommée *Cornicabra*, en Espagne, ne vient pas sur les bords de
l'Ebre, de Saragosse à Logrono, mais celle dite *Empeltre* y réussit. Dans cette
province, le maximum monte à + 40°, le minimum descend à — 9°. A Tudela, en
Navarre, les troncs des Oliviers gelèrent en 1647, date mémorable, car le fait ne
s'est pas reproduit depuis deux cent vingt-trois ans.

3. La variété nommée *Empeltre* y mûrit seule.

En Espagne, on donne le nom d'*olivares* aux plantations d'Oliviers. C'est surtout aux environs de Séville, dans les plaines situées entre Carmena et Alcala, qu'il faut voir ces belles et vastes cultures semées de riches haciendas où l'on fabrique l'huile. Ce n'est pas que, comme aspect, cette contrée soit très-pittoresque et gaie : l'Olivier, par la pâleur de son feuillage et la régularité de ses alignements symétriques, donne à ce pays une teinte monotone spéciale.

L'Olivier ne croît pas partout avec cette ordonnance qui prend le nom d'olivar, même appliquée à d'autres essences : ailleurs il forme de vastes forêts souvent impénétrables. Telles sont celles que l'on rencontre de la Junquera à Figueras, ou sur les flancs des sierras d'Alcala et des Gazules. Mais la variété sauvage se montre en grande proportion.

Ailleurs l'Olivier se mêle aux citronniers, aux orangers, aux amandiers ; c'est surtout dans les vallées arrosées par la fonte des *ventisqueros*, qu'il forme ces associations qui donnent tant de charme à certaines localités, à la vallée de Lécrin, par exemple, dans la contrée des Alpujarros, qui est souvent nommée vallée de l'Allégresse.

Aux Baléares, dit M. Paul Marès, l'Olivier croît spontanément dans le sol rougeâtre et rocailleux des collines et des plaines baléariques : il ne dépasse pas 700 mètres, mais jusqu'à cette altitude il pousse avec une facilité rare, et une puissance de végétation qui étonnent même l'habitant du midi de la France. Partout où l'homme peut l'atteindre, il le ramène par la greffe dans l'ensemble de la végétation. Les terres arrosables plantées en Oliviers y valent jusqu'à 7,000 francs l'hectare.

De même que les Phocéens emportèrent avec eux l'Olivier quand ils vinrent fonder Marseille, de même les Espagnols cherchèrent à l'introduire dans leurs colonies du Nouveau Monde. Robertson, dans l'*Histoire de l'Amérique*, dit que le capitaine Voode Rogers, dans son voyage autour du monde, 1708, 1711, trouva des Oliviers au Chili, au Pérou, au Mexique et à la Nouvelle Espagne.

D'après M. Paul Marcoy, on cultive les Oliviers dans le bas-Pérou, vallée de Tambo, entre le 17e et le 18e degré de latitude nord. Quelques familles de *Cholos* viennent tous les ans, dit ce voyageur, visiter les

olivares vers l'époque de la récolte des olives, remettant à la Provi-
dence le soin de ces plantations le reste de l'année. Ils préparent, à
l'aide de presses en bois, une huile détestable, et conservent dans cette
huile rance des olives noires préalablement séchées pendant quelques
jours au soleil.

Ces essais n'ont jamais créé à la mère-patrie de concurrence bien
sérieuse pour la production de l'huile, et cela peut faire mettre en doute
le dire de quelques auteurs, que le gouvernement de la Péninsule aurait
défendu de planter des Oliviers dans ses colonies.

La statistique administrative, en Espagne, laisse beaucoup à désirer;
on ne peut guère lui demander de renseignements exacts. Block, dans un
livre publié en 1850, et intitulé : *l'Espagne*, donne les chiffres suivants
sur la production de ce pays en Oliviers :

Hectares en Oliviers.	Nombre des arbres.	Hectolitres d'olives.	Hectolitres d'huile.
3.882.840	367.700.000	38.693.402	6.594.716

La valeur de ce produit est de 1,454,250,486 réales [1].

Tablada discute ces données, et fait observer que chaque hectare ne
peut contenir que 80 Oliviers, et que les 3,382,840 hectares supposés ci-
dessus ne peuvent contenir que 270,627,200 arbres : c'est 97,072,800
Oliviers de moins. Une autre erreur, c'est d'estimer à 6,594,716 hectolitres d'huile le rendement de 38,693,402 hectolitres d'olives : c'est
21,879,715 hectolitres environ.

Tablada releva ces erreurs, et, pour arriver à connaître l'importance
de l'Espagne au point de vue de la culture des Oliviers et du produit en
huile, il suit une méthode analogue à celle de Vauban, qui appréciait le
chiffre d'une population par le nombre des cheminées, et la contenance
d'une terre labourée par le nombre des charrues. Il prend le nombre des
moulins à huile, il en déduit les fanégas (54 litres 80 centilitres) d'olives,
les arrobas d'huile, le nombre des arbres, l'étendue des cultures.

Le Catalogue officiel de l'Exposition de Paris en 1867, établit
qu'en 1862 l'Espagne possédait 12,961 moulins à huile : ces moulins
sont généralement à deux meules, ce qui en fait 25,922. Chaque meule
mout en 24 heures 20 fanégas d'olives. En supposant qu'elles travaillent

---

1. Le réal vaut 34 maravedis ou 0 fr. 27.

90 jours, elles moudraient 46,659,600 fanégas, qui, à 15 livres chacune, donnent 27,995,364 arrobas d'huile, ou 3,499,920 hectolitres. En comptant que 6 Oliviers rendent un arroba d'huile, cela fait 167,972,084 arbres, et en admettant que chaque hectare contienne en moyenne 80 Oliviers, nous arrivons à 2,099,626 hectares d'olivares.

Les 27,995,364 arrobas d'huile à 40 réaux chacune, valent 919,814,560; rs.; en déduisant 80 p. 100 pour dépenses de culture, etc., cela fait 181,962,912 frs, net : enfin le produit brut par hectare sera de 438 rs., le produit net 87 rs. 60 centièmes, ou un réal 09 par arbre.

De toute cette statistique, nous retiendrons seulement ceci : c'est que l'Espagne a 2,097,626 hectares en Oliviers, qu'elle produit annuellement 3,499,920 hectolitres d'huile d'une valeur de 82,782,931 francs. En 1867, elle exportait pour 2,500,000 francs d'huile.

La récolte des olives ou *accitunada* se fait dans toute l'Andalousie en automne, comme dans nos provinces méridionales ; aidés de leur famille, les cultivateurs ramassent le fruit dans des *cofines* de jonc, et en chargent les ânes d'Andalousie si remarquables par leur force, et qui portent facilement leurs 16 arrobas (plus de 200 kilog.). Les olives sont d'abord emmagasinées dans une vaste pièce qu'on nomme la *traja :* l'huile, au sortir du pressoir, est disposée dans de grandes tinajos de terre qui rappellent les amphores romaines : on les fabrique à Coria del Rio, à trois lieues de Séville.

Les huiles d'olive d'Espagne sont très-inférieures, surtout comparées à celles de France et d'Italie : leur prix est au-dessous de celui de ces dernières.

Le Portugal se trouve dans les mêmes conditions que l'Espagne vis-à-vis de la culture des Oliviers. En 1869, M. Léonce de Lavergne écrivait ces lignes dans la *Revue des Deux Mondes* (t. III) : « L'avenir du pays paraît être surtout dans l'arboriculture : au premier rang viennent l'Olivier, le mûrier, etc. L'Olivier ne couvre encore que 42,000 hectares, et il ne donne qu'un produit misérable. Avec plus de soins, on pourrait étendre l'exportation d'huile d'olive. »

Il y a en effet en Portugal d'excellentes variétés d'Oliviers : malheureusement le paysan, fainéant, fait la récolte des olives à coups de bâton.

D'après l'enquête agricole de 1868. le Portugal aurait exporté les quantités d'huile d'olive suivantes :

1855.	583.669 hectolitres
1861.	152.682 —
1862.	359.950 —

VI. L'AFRIQUE.—Pour quelques érudits, l'Égypte aurait été la patrie de l'Olivier; Thoot ou Mercure aurait donné cet arbre à cette région avant que Pallas ou Aristée en aient gratifié la Grèce. Diodore de Sicile, entre autres, a soutenu cette thèse : — *Oleæ quoque a Mercurio non a Minerva, quemadmodum Græci dicunt repertum.* — (R. R., liv. I, p. m., II.)

Il est certain que, dès la plus haute antiquité, notre arbre a été signalé aux environs de la ville de Saïde, dont le nom ressemble beaucoup au nom arabe de l'Olivier. Suivant Pluche (*Histoire du ciel*, ch. II, art. 4, p. m. 185), Saïs, en langue phénicienne, signifie aussi Olivier.

Saïde ou Saïs est une ville du delta du Nil, région où l'Olivier est fort rare de nos jours. Ce lieu a dû servir en quelque sorte d'entrepôt à l'Olivier venu soit de la Syrie par l'isthme, soit des bords de la mer Rouge. M. de Candolle penche, comme nous l'avons dit, pour la première version. La seconde présente aussi quelques probabilités. Nous discutons plus loin cette dernière origine, que quelques découvertes récentes ont corroborée, bien que l'on sût depuis longtemps que l'Olivier atteignait de belles proportions sur quelques points de la côte arabique, au Sinaï par exemple (Couvent de Sainte-Catherine).

Scylas, dans le *Périple* (110, *ed Gronov.*), dit en parlant du jardin des Hespérides : « Ce jardin est rempli d'arbres serrés les uns contre les autres, et dont les branches s'entrelacent. Ce sont des lotus, des pommiers de toute espèce, des grenadiers, poiriers, arbousiers, mûriers, myrtes, lauriers, lierres, Oliviers cultivés et sauvages. » Ce lieu enchanteur était, suivant toutes les traditions, à l'occident de l'Égypte et sur un point oriental du littoral de l'Afrique septentrionale : c'est pour cela que les plus anciens géographes le placent dans la Cyrénaïque, près du golfe formé par le promontoire de Phycus (aujourd'hui Ras-sem [1]).

Selon Théophraste, les terres de la Cyrénaïque étaient légères, vivi-

---

1. Voyez F. Hœffer, *Histoire de la botanique*, p. 30, 31.

fiées par un air pur et sec, l'Olivier et le cyprès y acquéraient une rare beauté. « Le territoire limitrophe de la Cyrénaïque, dit Diodore, est excellent et produit quantité de fruits, car il est non-seulement fertile en blé, mais il produit aussi des vignes, des Oliviers et toutes sortes de fruits sauvages. »

Au rapport de Pacho, tous les arbres nommés par Scylax se retrouvent à peu d'exceptions dans ces lieux, l'Olivier surtout ; et d'après les témoignages de Della-Cella qui, de nos jours, a parcouru la Cyrénaïque, l'Olivier et le cyprès sont aussi beaux qu'autrefois.

La régence de Tripoli, sous le même climat, présente les mêmes productions : notre arbre y est fort commun. Le baron de Krafft a décrit ces régions, et les Oliviers qui, avec les palmiers, en forment presque l'unique végétation arborescente. Ce voyageur raconte à ce propos le fait suivant qui trouve ici sa place : « Quand un Olivier refuse pendant plusieurs années de donner des fruits, on lui achète sa mauvaise volonté moyennant un demi-mictal d'or pur, ce qui vaut à peu près 8 francs. Le métal, tiré en un fil long de 2 à 3 centimètres, est introduit avec soin dans un trou que l'on pratique au tronc de l'arbre récalcitrant ; puis on bouche l'ouverture avec une coquille d'œuf pilée et de la terre glaise, en accompagnant l'opération de la psalmodie de certaines formules tirées du Coran. L'année suivante, l'Olivier se couvre de fruits et indemnise avec usure son bienfaiteur. »

Si nous continuons notre route vers l'ouest, nous rencontrons la Tunisie, ou jadis prospérait Carthage, et dont le sol a été foulé par les armées romaines.

Tous les anciens écrivains signalent l'existence des Oliviers dans cette région. Lors de l'expédition d'Agathocle, au temps de Magon le Carthaginois, il y avait là des Oliviers si rameux et si fertiles, qu'ils produisaient mille livres d'huile d'olive chacun, et que pour cela on les nommait *milliarii*. C'est un rameau d'Olivier à la main qu'Asdrubal vint au-devant de Scipion.

Ce pays, lorsque César y porta la guerre, était très-riche en Oliviers. Au chapitre XLIX de ses *Mémoires sur la guerre d'Afrique*, il parle d'une embuscade qui lui fut tendue par Labiénus, lieutenant de Scipion, dans un bois d'Oliviers : *Ultraque eam convallem Olivetum vetus cre-*

bris arboribus condensum. Plus loin, ch. LXVII, nous le voyons aux environs d'Agar, allant lui-même avec son armée chercher des vivres dans la campagne, et rapporter beaucoup d'huile d'olive, d'orge, de vin et de figues. Ailleurs il condamne la ville de Leptis à fournir tous les ans trois cent mille livres pesant d'huile d'olive, pour s'être alliée à Juba (ch. XCVII).

Salluste, dans la *Guerre de Jugurtha*, parle de collines des bords du fleuve Muthul, couvertes d'Oliviers et de myrtes (XLVIII). Sous les empereurs romains, la Numidie seule exportait plus de un million de livres d'huile d'olive.

De nos temps, la Régence a été parcourue par de nombreux voya-geurs. Chateaubriand a médité sur les lieux où fut Carthage. Les ruines mêmes de la grande cité ont disparu sous des tertres gazonnés. Les monuments ont passé sans laisser de traces, mais l'Olivier marie encore ses rameaux verts à ceux des caroubiers et des figuiers. La colline où sont les restes d'Hippone est encore plantée d'Oliviers séculaires, sous l'ombrage desquels vit le souvenir d'un grand évêque. (Crapelet.)

La partie du Sahel qui forme le Kaïdat de Loussa est, dit Pélissier, la contrée de la Régence la plus riche en huile. On peut même dire que la moitié au moins de ce district n'est qu'une forêt d'Oliviers. Cet arbre, utile et précieux, mais biscornu, y est d'un aspect peu agréable et ne souffre aucun autre végétal, à l'exception des cactus.

Le terrain où croissent les Oliviers est labouré. L'arbre est émondé, mais pas aussi souvent qu'il le faudrait. Des précautions sont prises pour que pas une goutte d'eau de pluie ne se perde : des rigoles, ingé-nieusement tracées, la conduisent au pied des arbres. Les engrais mêmes ne sont pas négligés. Malgré cela, la sécheresse est telle, que l'on ne peut compter que sur une récolte tous les cinq ans.

La cueillette commence en octobre, dure tout l'hiver et se fait par le gaulage. Rameaux, branches mortes, feuilles, olives, tout est ramassé et porté aux moulins; ceux-ci sont rares, et, dans les bonnes années, il faut garder les olives dans des fosses avec du sel.

MM. Rebatel et Tirant ont aussi parcouru la Tunisie et constaté la grande production d'huile du Sahel, dont l'entrepôt est Sfakes. Les jar-dins de cette ville renferment eux-mêmes de magnifiques Oliviers. Ceux de la Tunisie entière, y compris ceux de l'île Djerba et des Kerkna, rapportent au gouvernement 2,617,000 francs !

L'Olivier est, on le voit, un arbre utile dans cette partie de l'Afrique : son huile cependant, grâce aux procédés d'extraction, laisse beaucoup à désirer. D'après Pélissier, on distingue les qualités suivantes :

1° *Drob-el-ma*, — provient du traitement par l'eau des olives sortant du moulin : c'est la moins mauvaise.

2° *Masri*, — huile obtenue au pressoir ; elle peut se subdiviser en deux sous-qualités.

3° *Fedikh*, — celle que produit le commencement de la pression.

4° *Belbah*, — l'huile provenant de l'épuisement du marc.

5° *Belbah-fitoura*, — c'est la dernière sorte, résultant de la reprise des marcs.

6° *El-kourma*, — boue infecte constituée par les eaux grasses que la *Drob-el-ma* a surnagé.

Allons plus loin dans l'utilisation de l'Olivier en Tunisie. Le marc de l'huile Drob-el-ma n'est pas toujours soumis au pressoir, souvent on le garde dans des jarres pour en fabriquer, avec moitié de farine d'orge, un exécrable pain, triste aliment de ces misérables populations.

Les grignons, provenant de toutes les opérations de pressurage, servent à la combustion, ou bien encore, associés avec un peu d'orge, à la nourriture du chameau quand l'herbe manque.

Il faudrait un robuste estomac pour supporter la meilleure des huiles de ce pays. L'Olivier y est rarement greffé, si ce n'est dans les jardins. Dans les îles de la côte, que nous avons nommées plus haut, la fabrication tend à faire quelques progrès. Quel pays admirablement situé, en face de la Sicile, au centre du commerce méditerranéen, et quelles richesses il pourrait retirer de ses Oliviers !

Le Koran, qui est le code religieux de ces populations, avait signalé l'Olivier parmi les bienfaits du Créateur :

« C'est Dieu qui a créé les jardins de vignes, qui a créé les palmiers et les blés de tant d'espèces, les olives et les grenades ; il a dit nourrissez-vous de leurs fruits. » (*Koran*, ch. vi, v. 142 et 146.)

L'Olivier devait donc être implanté sur la terre d'Afrique depuis des temps fort reculés. Les Phéniciens, qui fondèrent Carthage, durent cer-

tainement y transporter l'une des espèces arborescentes les plus utiles
de leur pays, et c'est bien à tort que Pline soutenait qu'en l'an 173 de
Rome il n'y avait pas encore d'Oliviers dans ces régions.

La vigueur de l'Olivier sur les rivages méditerranéens de l'Afrique
septentrionale, est telle que beaucoup de bons esprits tendent à croire
qu'il y a toujours existé. « Là, dit M. E. Lambert[1], est sa véritable terre
natale, tout au moins d'adoption privilégiée. Il y vient spontanément,
s'y développe dans toute son expansion et sa rusticité, résiste aux causes
les plus énergiques de destruction, et compte par siècles la durée de son
existence. Il n'est pas rare d'en rencontrer dont le tronc énorme, huit
ou dix fois centenaire, rongé par le feu, ne garde plus qu'un lambeau
d'écorce, et qui continuent à se couvrir de feuilles, de fleurs et de fruits.
On trouve de vastes massifs qui datent de l'occupation romaine, et qui
ont survécu à toutes les invasions, à tous les ravages, se perpétuant
dans leur forte vitalité par les souches et les semences. Presque tous
sont remplis des ruines de cette époque, notamment des débris de moulins et de pierres taillées en pressoirs, témoins de leur origine, et qui
attestent en même temps que le conquérant romain a largement tiré
parti de ces immenses ressources. »

M. Cosson, qui a si bien étudié l'Algérie au point de vue de ses productions végétales, croit l'Olivier spontané sur cette terre, dont il forme
quelquefois l'essence forestière principale. Il a rencontré dans les environs de Mascara des Oliviers sauvages aussi grands et aussi fertiles que
le *sativa*. A la limite des hauts plateaux du Sahara, dans la province
d'Oran, on trouve l'Olivier au nord d'oasis où il n'est pas cultivé.

En 1852, M. Naudin a signalé un grand nombre d'Oliviers sauvages
dans les broussailles des maquis des environs de Boghar, où cet arbre
n'était pas encore cultivé à cette époque. Boghar est situé à la lisière
méridionale du plateau au delà duquel commencent les plaines qui abou-
tissent aux oasis.

Dans une discussion sur l'Olivier, à la Société botanique de France
(*séance du* 13 *février* 1857), M. Decaisne ne partageant pas l'avis de
M. Cosson, a défendu l'origine orientale de l'Olivier : il ne considère pas

---

1. *L'exploitation des bois d'Olivier en Algérie.*

comme de vrais *Oleaster* les arbres dont parle M. Cosson. M. Kralik, lui aussi, n'admet la spontanéité de l'arbre dont nous parlons, ni dans la régence de Tunis, ni en Égypte.

La question du point de départ de l'Olivier sauvage restera sans doute longtemps discutée : l'opinion générale, nous le disons ailleurs, fait naître l'Olivier sur les frontières de l'Asie. Les peuples sémitiques le vénèrent à une époque fort reculée. Cependant l'Olivier manque dans l'intérieur du continent. En Asie Mineure, comme en Syrie, les rivages seuls l'ont connu. Ces considérations, rapprochées des observations faites par M. George Schweinfurth dans son *Voyage au cœur de l'Afrique*, et du souvenir de la translation de l'Olivier en Grèce, par Céerops, augmentent nos doutes sur l'origine asiatique de l'Olivier, ou du moins nous semblent fortifier l'opinion de ceux qui admettent la spontanéité de l'arbre sauvage sur la terre d'Afrique.

Voici ce que le célèbre voyageur écrit au sujet de l'olivier, des montagnes d'Erkahonite : « J'ai rencontré l'Olivier sauvage que, déjà quelques années auparavant, j'avais découvert sur le mont Elba. J'observai qu'il a ici la même forme basse et buissonnante et la même feuille pareille à celle du buis que sur les chaînes côtières de la Méditerranée. Comparés attentivement, les sujets de ces deux rives lointaines m'ont offert dans leur ensemble une si grande identité que, pour moi, l'Olivier d'Europe et celui d'Afrique sont bien de la même espèce..... Au temps d'Homère l'Olivier sauvage se rencontrait dans les îles de l'Archipel. De nos jours, il se montre sur les côtes de Syrie, mais avec certaines modifications, tandis que sur les bords de la mer Rouge il n'a subi aucun changement. »

Il n'est pas inutile de faire observer que les *Olea chrysophilla* et *lancifolia* croissent aussi en Abyssinie. Le premier est l'*Ouera* ou Olivier sauvage, en langue amharica. Il a un caractère sacré, on le plante autour des églises et des cimetières; les prêtres portent des chapelets faits de son bois; il ne fournit pas d'huile. (Voyez *Voyage de Lefèvre en Abyssinie*.) L'huile d'olive n'est pas inconnue dans ces régions, son nom en langue amharica est *zeit*, comme en arabe.

L'Algérie présente quatre régions bien distinctes : 1° la région méditerranéenne. L'Olivier peut y être cultivé, bien que cette zone soit un peu chaude et peu abritée ; 2° la région des hauts plateaux ; l'Olivier y vient encore, mais il réussit surtout dans la troisième région dite montagneuse. Il en caractérise la zone inférieure jusqu'à une altitude de 1,000 mètres. Plus haut, il devient chétif et prend, dans la zone montagneuse moyenne, la forme de buisson. Enfin, au delà de 1,600 mètres, il finit par disparaître ; la quatrième région, dite saharienne, n'a plus d'Oliviers.

Il ne faudrait pas croire à une délimitation absolue et bien tranchée : des accidents de terrain, des orientations privilégiées, peuvent créer à

Fig. 63. — PRESSOIRS A HUILE D'OLIVE EN KABYLIE.

l'Olivier des stations favorables dans les zones qui lui sont le plus rebelles. Ces régions propices, ces anomalies, existent dans les montagnes de la Cilicie comme dans celles de l'Algérie, ainsi que l'a observé M. Balansa.

La grande Kabylie, qui appartient à la région montagneuse dont nous parlions plus haut, est abondante en Oliviers. Dans le pauvre village de Djema-sah'zidj, l'ancienne Bida-Colonia des Romains, le commandant Duhousset remarqua d'énormes Oliviers annonçant que l'arbre était là en terrain favorable. L'extraction de l'huile est une des occupations principales des populations kabyles (fig. 63). Ce sont les femmes qui s'attèlent à des manéges qui font mouvoir des meules en pierre pour écraser les olives (fig. 64). Le marché de Bougie est leur principal débouché [1].

En résumé, l'Afrique française est une des régions privilégiées de l'Olivier, et la culture de cet arbre est une des conditions de sa prospérité future. Depuis quelques années, deux voies ont été suivies pour faire de notre colonie une vaste olivette : 1° mise en concession des 30 à 40,000 hectares des massifs naturels du bassin de la Seybousse ; 2° création de nouvelles plantations.

M. Ernest Lambert [2], inspecteur des forêts, a tracé de main de

Fig. 64. — MOULINS A HUILE D'OLIVE EN KABYLIE.

maître, les conditions pratiques et les avantages de l'exploitation des massifs et des plantations : l'exploitation des massifs étant une spécialité de notre colonie africaine, nous dirons comment M. Lambert l'envisage, rien ne pouvant mieux donner une idée de l'importance de l'Olivier dans le nord de ce grand continent.

L'Olivier constitue des massifs plus ou moins complets, continus, à

1. Au moyen âge Mers-el-Zeitoun ou port des Olives était le point le plus actif pour le trafic des huiles. Ce port aux Olives avait succédé à la ville phénicienne d'Ir-Zaith ou Iarsath.

2. *Exploitation des forêts de chêne-liége et des bois d'Olivier*, par E. Lambert, inspecteur des forêts. Paris, au bureau des Annales forestières, 21, Chaussée-d'Antin, 1860.

Fig. 65. — Carte indiquant pour le bassin de la Méditerranée les limites nord et sud de la culture de l'Olivier.

peine interrompus par des clairières et des broussailles, dans lesquelles il se retrouve encore en proportion suffisante pour former une olivette. Il est entremêlé d'azéroliers et de pistachiers, et surtout de phillyreas. On y trouve aussi le lentisque, l'arbousier, le myrte, les alaternes, etc. ; le tout formant sous bois, à travers les vieilles futaies et les hauts perchis d'Oliviers, un fourré impénétrable. Ces massifs recouvrent un sol accidenté, pierreux et sec, aussi peu propre à la culture des céréales que favorable à la production oléagineuse.

On aura d'abord à faire disparaître les essences secondaires nuisibles au développement de l'Olivier, ainsi qu'un grand nombre de rejets de cette utile essence percrus sur une souche commune et y formant de trop fortes cépées.

Une fois dégagé, le peuplement utilisable renfermera moyennement à l'hectare :

15 Oliviers de plus de 1 mètre de circonférence.

75   —   en moyenne de 0^m70 —

60 Oliviers ou phillyreas de 0^m30 —

150 pieds d'arbres de toutes dimensions.

Les quinze Oliviers de la plus forte grosseur ne sont pas susceptibles d'être greffés avec un succès satisfaisant, il faut se borner à les élaguer. Ce système, pratiqué dans la Tunisie, produit de l'huile en moindre quantité, mais d'une qualité très-fine. La greffe est d'une réussite assurée sur les arbres encore jeunes, qui forment le surplus du peuplement.

L'Olivier greffé ne commence à produire qu'au bout de trois ans, et n'entre en plein rapport que la neuvième année. A partir de cette époque, un arbre de 0^m70 rapporte en moyenne par année 50 kilog. d'olives. Le rendement tombe à 15 kilog. pour les arbres qui n'ont que 0^m30 de circonférence. L'Olivier au-dessus de 1 mètre produira 70 kilog. en moyenne.

100 kilog. d'olives de greffe rendent 18 litres d'huile d'une valeur de 1 fr. 20 en gros et sur place. L'olive sauvage donne environ, par quintal métrique, 8 litres d'huile à 1 fr. 50.

D'après les diverses données qui précèdent, les opérations et calculs s'établiront comme suit par hectare moyen :

PRODUITS :

	RENDEMENT TOTAL		
	EN OLIVES.	EN HUILE.	EN ARGENT.
	kilogr.	litres.	francs.
25 Oliviers non greffés.	1.050	84	126
75 — de 0m70 greffés. . . .	3.750	675	810
68 — de 0m30 greffés. . . .	900	162	194
	5.700	921	1.130

M. Lambert évalue à 1,582 francs les frais préparatoires pendant les neuf années qui sont nécessaires à porter l'olivette à son maximum de rendement, ce qui, en y ajoutant cinq années d'intérêt au taux de l'Algérie, porte à 2,547 francs le capital engagé au bout de neuf ans.

Les frais annuels sont les suivants : un quintal métrique d'olives coûte moyennement :

> Cucillette . . . . 3 fr. 50
> Transport au moulin.. . . 1 fr. 50
> Détritage, pressurage. . . 2 fr. »
> Transport de l'huile. . . . 1 fr. »
> Total . . . 8 fr. »

La récolte annuelle montant à 5,700 kilog. coûtera donc 57 × 8, soit 456 francs, auxquels il faudra ajouter pour émondage, entretien des bâtiments, direction, surveillance, remplacement d'arbres morts, intérêt à 10 pour 100 du capital engagé dans les travaux préparatoires (2,547 francs), imposition et rente de terre, 388 francs ; ce qui porte à 844 francs la totalité des frais annuels.

Bénéfice net :

Ce total retranché du rendement brut, qui est de 1,130 francs, laisse un bénéfice de 286 francs par hectare.

M. Lambert termine ainsi ces considérations : « Nous avons pris soin de désintéresser amplement le capital argent qui, emprunté ou non, doit toujours prélever sa rémunération spéciale. Nous avons également fait une large part aux frais généraux de direction et de surveillance. Le bénéfice qui vient de ressortir à 286 francs par hectare représente donc bien véritablement le revenu net du capital foncier, celui du propriétaire exploitant et de son fermier.

« Ce chiffre, on le voit, laisse bien loin derrière lui la rente insignifiante, pour ne pas dire négative, des plantations d'Olivier dans nos départements méridionaux, et ne se peut comparer qu'à celui des meilleures cultures industrielles.

« Loin d'exiger le même luxe de sol et de soins, l'Olivier, en Algérie, s'accommode des terrains que repoussent les autres genres de culture, s'y installe en maître, et s'y maintient en dépit du temps et de tous les ravages, comme pour s'imposer à l'attention des hommes. N'est-il pas déplorable que son exploitation soit négligée dans des conditions si provocantes, tandis qu'on s'y attache avec une sorte d'obstination sous un climat infiniment moins favorable ! »

Quant aux nouvelles plantations, nous dirons que nos colons commencent à mettre sérieusement à exécution les conseils que leur ont donnés tous les agronomes, et parmi eux les Villemorin, les Gasparin, etc., et à comprendre que l'Olivier est une des sources les plus certaines de la prospérité algérienne.

Le *Moniteur universel* du 15 novembre 1874 nous apprend que les colons possèdent déjà plus de 500,000 Oliviers greffés : que les variétés du midi de la France ont donné de moins bons résultats à Alger que le choix des variétés à olive noire et verdale de la région d'Oran.

Les plantations les plus importantes sont à Tlemcen, dont le territoire produit un million de litres d'excellente huile. Dès 1856, M. Cosson y signalait de magnifiques plants venus, en peu d'années, de sujets éclatés de la souche ou de boutures. Là, certains hectares d'Oliviers valent jusqu'à 5,000 francs. Les territoires d'Alger, de Blidah, de Bone, de Guelma, de Philippeville, sont indiqués aussi comme très-productifs. Partout nos officiers ont cherché à multiplier cet arbre utile. Il a été porté jusqu'à Lagouat par le commandant Margueritte. Enfin, sous notre impulsion, les Arabes ont greffé 1,200,000 arbres dans les territoires de Delhys, Sétif, Aumale, Constantine. Le gouvernement, auquel appartiennent presque tous les massifs d'Oliviers sauvages, les loue par bail de soixante ans, moyennant une redevance qui commence à la neuvième année, s'élève progressivement de 10 centimes à 50 centimes

par pied d'arbre, et donne une somme de 45 francs à l'hectare. Les
incendies atteignent malheureusement les olivettes, mais l'Algérie a une
fécondité telle que, l'homme aidant, elle peut déjouer tous les fléaux, et
réparer tous les désastres.

Nous ne quitterons pas l'Afrique comme région de l'Olivier, sans dire
que d'anciens voyageurs aux îles Canaries, Bontier, par exemple,
en 1403, ont indiqué cet arbre dans tout l'Archipel. MM. de Buch,
Webb et Berthelot l'ont nié plus tard. D'autres voyageurs affirment
qu'il existe à Ténériffe quelques Oliviers qui mûrissent bien. H. Tablada
en a vu à la grande Canarie, où des conditions météorologiques spéciales, en ont limité la propagation beaucoup plus que l'interdiction du
gouvernement de la métropole, comme l'a dit M. de Gasparin.

On peut, dit M. de Candolle, soupçonner une extension primitive de
l'espèce de l'Afrique septentrionale jusqu'aux îles Canaries : cependant
on peut admettre encore que les Phéniciens ou les Carthaginois l'ont
portée jusque là.

En terminant cette revue des régions oléifères, nous plaçons sous les
yeux du lecteur une carte du bassin de la Méditerranée, qui indique,
pour chaque pays, les limites culturales nord et sud dans lesquelles se
trouve comprise l'exploitation de l'Olivier (fig. 65)

CHAPITRE IV

CULTURE DE L'OLIVIER

I. IMPORTANCE DE CETTE CULTURE. — Nous abordons une des parties les plus importantes de cette histoire. Après avoir fait connaître l'arbre de Minerve et l'avoir fait grandir, nous l'espérons, dans l'estime des hommes, il est nécessaire de dire les soins qu'il réclame et de quelle façon on le multiplie. Le plan de cet ouvrage exige de plus que cette étude soit faite pour les différentes époques, et les principales contrées : nous la réduirons autant que possible aux faits essentiels.

Une question préliminaire se place ici : l'Olivier a-t-il besoin d'être cultivé ? Évidemment le Créateur a fait les plantes indépendantes des soins de l'homme ; l'Olivier sauvage et l'Olivier dit cultivé, lui-même, vivent sans soins en Kabylie, et dans les régences du nord de l'Afrique : Tournefort a vu des plantations d'*Olea sativa*, abandonnées à elles-mêmes depuis des siècles, aux environs d'Éphèse, et ce dernier type n'a pas fait retour à l'*Oleaster* parce qu'il se perpétue de drageons ; mais la fertilité de l'arbre, la quantité et la qualité de ses produits sont, en une certaine mesure, les fruits du travail de l'homme, dans tous les temps, dans tous les pays. Aujourd'hui surtout, l'Olivier ne saurait occuper légitimement le sol qui lui est disputé par tant d'autres plantes, qu'à la condition de produire beaucoup, et il ne peut produire beaucoup, que bien travaillé.

Pline a répété avec Virgile qu'il ne fallait pas donner trop de soins à cet arbre, ce qui ne l'empêche pas de formuler des préceptes de culture fort détaillés.

Virgile lui-même n'interdit pas d'une façon absolue toute espèce de soins : qu'on en juge par ce passage du livre II des *Géorgiques*, vers 420 et suivants :

> Contra non ulla est Oleis cultura ; neque illæ
> Procurvam expectant falcem rastrosque tenaces,
> Quum semel hæserunt arvis, aurasque tulerunt,
> Ipsa satis tellus, qum dente recluditur unco,
> Sufficit humorem, et gravidas cum vomere fruges.
> Hoc pinguem et placitum paci nutritor olivam.

— Les Oliviers au contraire ne demandent aucun soin ; ils n'attendent rien ni de la serpe recourbée, ni de la dent tenace des râteaux. Une fois qu'ils ont pris pied dans le sol et qu'ils ont supporté le grand air, la terre ouverte alentour avec le hoyau leur fournit assez de sucs ; il suffit que la charrue y passe pour qu'ils se chargent de fruits. Ne fais pas davantage pour nourrir l'Olivier fécond, l'Olivier cher à la paix.

Ainsi, d'après Virgile, il faut au moins labourer au pied des arbres.

Columelle, bien qu'il admette que l'Olivier soit celui de tous les arbres qui demande le moins de soins, *longe que ex omnibus stirpibus minorem impensam desiderat Olea*, Columelle est loin de formuler l'abandon de celui qu'il estime être le premier des arbres, et juge seulement qu'il souffre moins que tout autre de la négligence des hommes. Il mérite les plus grands égards, parce qu'il se soutient sans une grande culture, et que lorsqu'il n'a ni fleurs ni fruits il ne demande presque aucune dépense ; pour peu qu'on en fasse, ses fruits se multiplient à proportion de cette dépense ; de plus, lorsqu'il est négligé pendant une suite d'années, il ne manque point, comme la vigne, mais il rapporte, dans ce temps-là même, quelque profit au chef de famille, il ne lui faut qu'un an pour se corriger, pour peu qu'on le cultive de nouveau.

Admirable nature d'arbre ! *Eximia tamen ejus ratio est !* Voyons donc les soins qui lui conviennent et la rémunération dont il sait les payer. Les anciens et surtout les Romains ont laissé d'excellents préceptes sur ce sujet. Caton, Varron, Columelle, Palladius (et même Pline), que M. Nisard, leur habile traducteur, a nommés « les classiques de l'agriculture », peuvent encore être consultés, avec profit, par les modernes.

A la première page de son *Traité d'économie rurale*, M. Porcius Caton écrit ces mots : « Si vous me demandez quel est le meilleur domaine, je vous répondrai : sur un domaine de cent arpents et bien situé, la vigne est la meilleure récolte si elle est productive ; je place ensuite un potager arrosable, au troisième rang une oseraie, au quatrième l'Olivier..... » Comme le potager ne peut avoir d'eau partout, et ne convient que près des villes ; comme l'oseraie n'est qu'une annexe de la culture de la vigne, on peut conclure que vers l'année 260 avant J.-C. l'Olivier était, en importance, la seconde culture de l'Italie. Cela n'a pas lieu de nous surprendre, le climat de l'Italie tout entière lui convient : il n'est pas comme chez nous localisé dans quelques départements, et souffre rarement du froid, aussi l'étendue des terrains consacrés aux olivaies n'a cessé de s'accroître. Presta, dès la fin du siècle dernier, signalait les énormes exportations d'huile des ports du sud de l'Italie, et spécialement de Gallipoli : tous les écrivains modernes accusent l'extension continuelle de cette branche de l'agriculture, dont la récente Exposition de Vienne, et les statistiques officielles, ont révélé l'importance. Nous avons indiqué, en parlant des régions de l'Olivier, l'étendue de sa culture dans les autres pays, nous pouvons donc le considérer comme une des plantes les plus intéressantes dont l'industrie agricole ait à s'occuper, sous les climats qui lui conviennent.

II. Du sol qui convient a l'Olivier. — Il est difficile de trouver à ce sujet chez les auteurs latins un précepte unique, attendu que pour eux les diverses variétés de l'Olivier cultivé exigeaient des sols différents. « Le sol qui sera en même temps gras et chaud, disait Caton, recevra les olives *de conserve*, les *longues*, les *salentines*, les *posea*, celles de *sergianum*, de *colminium*, et les *albiceres*. Si le terrain est plus maigre et plus froid, on y plantera l'Olivier *licinius ;* cette variété, dans une terre grasse et chaude, donnerait une mauvaise huile et se

couvrirait de mousse roussâtre. Varron, lui aussi, dit qu'en terrain contraire, cette espèce ne rend jamais l'*hostus* complet, malgré un luxe de
fruits qui l'épuise (l'*hostus* est ce qui s'exprime à chaque *factus* ou tour
de pressoir).

Les bons observateurs ont confirmé ces opinions. Presta faisait
remarquer que, dans le territoire d'Otrante, l'espèce dite *ogliarola* était
abondante en huile, et la *cellina* d'une qualité très-fine, grâce à la
nature du terrain ; qu'il serait dangereux de leur substituer des variétés
qui, dans les pays voisins, semblaient plus avantageuses. Il mettait
ainsi en pratique la sage maxime de Caton, souvent citée : « Cultivez
l'espèce à laquelle vos terres conviennent le mieux. » Il faut dire cependant que certaines variétés d'Oliviers semblent indifférentes à la nature
du sol.

La recherche de la nature de sol qui convient à l'Olivier en général,
ne conduirait à aucun résultat pratique. Au commencement de ce siècle,
Aug. Pyr. de Candolle écrivait ceci : « Entre Nîmes et Alais, un Olivier
accompagne le châtaignier : cet Olivier, qu'on dit exclusivement propre
aux pays calcaires, je l'ai retrouvé dans les parties basaltiques et grani-
tiques de la Provence, dans le terrain schisteux du pied de l'Apennin,
tout aussi vigoureux que dans les pays calcaires. — Cet arbre, dit
Gasparin, vient sur tous les terrains : s'il paraît redouter ceux qui sont
argileux, c'est parce qu'ils sont souvent humides en hiver. » M. Cappi
estime qu'un terrain dans lequel entre en proportion plus ou moins considérable la chaux, l'alumine, la magnésie, la silice et quelque sel alcalin
à base de potasse, est favorable à la prospérité de l'Olivier, et que les
sols volcaniques sont excellents, mais il ne prétend exclure aucune autre
sorte de terrain.

Il serait plus rationnel, on le voit, de dire quels sont les terrains qui ne peuvent convenir à notre arbre. Cela est facile : les
terres grasses et très-humides, les sols sablonneux et très-secs
lui seraient mortels. Excès d'humidité, excès de sécheresse, voilà
ses ennemis, et ces conditions : sécheresse, humidité, sont liées peut-
être plus à la constitution mécanique du sol qu'à sa composition
chimique.

Voilà pourquoi les anciens, qui n'avaient aucune notion de chimie agricole, ont pu déterminer parfaitement la nature de terrain qui convient à l'Olivier. Écoutons Virgile, au livre II des *Géorgiques* :

> Difficiles primum terræ, collesque maligni
> Tenuis ubi argilla et dumosis calculus arvis
> Palladia gaudent silva vivacis Olivæ.

— Les terres ingrates et les collines pierreuses, entremêlées d'argile et de cailloux, et hérissées de buissons aiment à se couvrir des plants vivaces de l'Olivier de Pallas.

Sont encore bonnes pour l'Olivier, les terres :

> Quæ tenuem exhalat nebulum fumosque volucris.
> Et bibit humorem, et quum vult ex se ipsa remittit;
> Quæque suo viridi semper se gramine vestit.
> Nec scabie et salsa lædit robigine ferrum :
> Illa ferax Olea est.

Columelle indique pour l'Olivier les mêmes genres de terrain, et considère comme les meilleurs « ceux dont le fond est de gravier, pourvu qu'il s'y trouve au-dessus de l'argile mêlée au sable ». Les terres complétement argileuses ou sableuses, sont exclues par le célèbre agronome.

Les meilleurs terrains, ceux d'alluvion, par exemple, où la fertilité des céréales est si grande, pourront donc ne pas convenir à l'Olivier, non qu'il n'y puisse prospérer, au contraire, mais parce que son développement ligneux se produirait aux dépens de sa richesse en fruits.

La qualité des huiles s'en ressentirait également. M. Cappi établit, sous ce rapport, avec beaucoup de raison, un parallèle entre les produits des Oliviers des plaines fertiles de Massa-Carrara, de la Calabre, de la Sardaigne, et ceux des coteaux pierreux de Lucques et de la Ligurie ; entre les produits des Oliviers de la plaine de Salon, en Provence, et ceux des coteaux de Marseille et de Montpellier : et revenant, avec tous les bons observateurs, à la seule détermination rationnelle du sol propice pour l'arbre de Minerve, il écrit : « Les terrains sableux-argileux, calcaires, rocheux et cailouteux, et tous ceux qui ne sont pas très-légers : les roches calcaires elles-mêmes, quand les racines peuvent les pénétrer et trouver la fraîcheur, peuvent se prêter à cette culture. »

Les plantes sont, pour l'homme, des intermédiaires à l'aide desquels il retire du sol des valeurs. L'Olivier est incapable de lutter dans les terres très-fertiles avec la vigne et les céréales; mais il est le seul instrument qui puisse arracher quelque chose aux coteaux pierreux et arides des rivages méditerranéens. Il sera, suivant l'observation de Gasparin, de plus en plus relégué dans les terrains secs et manquant de fond, où la vigne et le mûrier ne peuvent le suivre, et dont il restera le maître.

Les anciens le sentaient bien; Magon voulait qu'on plantât toujours en terrain sec; Lucilius Junior, dans son poëme sur l'Etna, exprimait déjà cette loi en disant :

> Aridiora tenent Oleæ.   .   .   .   .   .   .
>
> Vers 262.

Et Virgile désignait le haut Taburne pour y planter l'arbre de Pallas :

> Neu segnes jaceant terræ. Juvat Ismara Baccho
> Conserere, atque Olea magnum vestire Taburnum.

Dans les régions oléifères on dispose, comme le montre la figure ci-jointe, les coteaux trop abruptes en terrasses étagées (fig. 66).

III. EXPOSITION. — L'exposition, c'est pour l'Olivier une question de température : on doit s'en préoccuper diversement, suivant les climats ou les altitudes, suivant l'inclinaison des pentes, suivant la direction des vents régnants. Il y a là une multitude de conditions très-différentes, dépendantes des lieux, et qui peuvent se résumer ainsi : donner à l'arbre le maximum de température qui lui convient, le soustraire aux excès du grand froid ou des chaleurs brûlantes. Columelle est très-sobre de préceptes à cet égard; il se borne à dire : « Aucune espèce d'Olivier ne peut supporter une température brûlante, non plus qu'une température glaciale, c'est pourquoi ils se placent sur les collines septentrionales, dans les pays très-chauds, et sur les méridionales, dans les pays froids. Ils n'aiment pas encore les terrains bas ainsi que les terrains trop élevés, mais ils préfèrent les pentes douces. »

Palladius a répété la même chose, et ajoute : « L'Olivier ne s'accommode ni des fonds ni des escarpements, et préfère les petites éminences telles que celles du pays Sabin et de la Bétique. »

Les différents pays oléifères ont été en quelque sorte constitués par les accidents de la surface terrestre, accidents qui ont créé les expositions

favorables. En France, la région oléifère est en quelque sorte circonscrite
par un immense cirque qui, partant des Pyrénées avec les Corbières, et
se continuant par la chaîne des Cévennes, va par les coteaux du Vivarais
rejoindre à l'est les Alpes françaises, et se clore par les Alpes-Maritimes
au point où elles touchent la mer. Les expositions dominantes de cette
région sont toutes favorables à l'Olivier.

L'Italie est admirablement construite aussi pour créer de bonnes expositions à l'arbre dont nous parlons. Les Alpes liguriennes, serrant de près

Fig. 66. — PENTES AMÉNAGÉES EN TERRASSES POUR LA CULTURE DE L'OLIVIER.

le rivage, font à l'Olivier des abris et des expositions parfaits de Saint-Rémo
à la Spezzia, expositions qui compensent la latitude. Puis les Apennins
s'allongent du nord-est au sud-ouest, dans toute la longueur de la Péninsule, abritant les provinces de Lucques, de Pise, de Sienne, d'Arezzo, de
Pérugia, de Caserte, de Cosenza. Circonstance admirable : les montagnes,
en descendant vers le sud, se rapprochent du rivage occidental de l'Italie, et créent alors les expositions nord-est qui conviennent merveilleusement à l'Olivier, dans ces parties méridionales où la température est
très-élevée. C'est sur ces pentes douces, ainsi inclinées vers l'Adriatique,
que sont placées les fertiles provinces oléifères des Abruzzes, d'Aquila, de
la Capitanate, de Bari, d'Otrante, etc. L'Italie a été pétrie par Dieu pour

être la terre de l'Olivier. Les mêmes observations peuvent être faites
pour le littoral africain, qui borde la Méditerranée. La chaîne de l'Atlas,
par son orientation est et ouest, et sa distance de la mer, abrite les Oliviers des vents du désert et leur fait des expositions tempérées, de même
que les Alpes-Maritimes leur créent chez nous des expositions chaudes et
les garantissent des vents du nord. L'orientation des montagnes du
Liban, presque nord et sud, a produit aussi, dans une latitude intermédiaire entre la Provence et l'Afrique, des expositions tempérées auxquelles la Palestine doit d'avoir été une des régions oléifères les plus
favorisées.

Nous répéterons, à propos de l'exposition, ce que nous avons dit au
sujet du terrain : il n'y a pas de règle absolue. Outre que les Oliviers sont
exposés dans les lieux bien abrités aux dégels subits, toutes les variétés ne
réussissent pas dans les mêmes expositions. Tavanti avait étudié, pour la
Toscane, ce qui convenait le mieux aux différents groupes qu'il avait faits
dans les variétés dites agricoles : Nous résumons ses conseils :

Fusiformes. — Collines à pentes douces, exposition du levant au
midi.

Cordiformes. — Climat tempéré des plaines abritées des vents du
nord.

Réniformes. — Lieux élevés, température régulière sans transitions
brusques.

Turbinées. — Indifférentes au genre d'exposition.

Cimbiformes. — Comme les précédentes.

Ellipsoïdes. — Plaines élevées et basses plaines; tous les terrains,
toutes les expositions leur conviennent, elles résistent le mieux aux températures extrêmes.

Amygdaliformes. — Demandent les expositions les plus favorables.

IV. Multiplication de l'Olivier. — Les moyens de reproduire
l'Olivier sont nombreux. La nature y suffit seule, mais l'industrie humaine
lui vient en aide de la façon la plus heureuse. Cet article se divisera donc
de lui-même en deux parties : moyens naturels, moyens artificiels de
multiplication de l'Olivier. Il arrive cependant que l'homme termine
souvent ce que la nature a commencé.

MULTIPLICATION NATURELLE

Semis. — Le moyen le plus simple de multiplier l'Olivier semble être le semis, et cependant on s'en sert fort peu.

Les anciens n'y avaient pas recours par la raison qu'ils étaient persuadés que les noyaux d'Olivier ne pouvaient germer. Cette erreur est vieille, elle date d'Hésiode. Plus tard on reconnut que l'Olivier ne faisait pas exception aux autres plantes, mais que ses noyaux garantis par une pulpe huileuse, échappaient aux conditions ordinaires de la germination, et rendaient celle-ci sinon impossible, au moins très-lente; il fallait au moins deux ans pour qu'elle se produisît.

On reconnut ensuite que les oiseaux qui avalaient les olives rendaient dans les meilleures conditions possibles pour leur germination, les noyaux débarrassés de leur parenchyme huileux. L'Académie Del Cimento ne dédaigna pas de constater que les merles, les grives, les pies, s'acquitent fort bien de cette opération.

En 1822, M. de Gasparin indiqua un moyen plus simple de hâter l'éclosion de germe, c'était de briser sa demeure pierreuse. La difficulté consistait à casser le noyau sans offenser l'amande : M. Gasquet de Lorgues inventa dans ce but un petit instrument qui réussit fort bien. Quelques agriculteurs se bornent à user l'une des extrémités du noyau, ou à la couper avec un sécateur. Quand l'amande est dépouillée de son noyau, on doit la tremper dans une bouillie composée de fiente de vache et de terre argileuse, et l'on sème très-épais au mois d'avril.

Si l'on se contentait de débarrasser l'olive de sa pulpe et de traiter le noyau par un lait de chaux ou une lessive alcaline, comme l'a conseillé Henri Laure, il faudrait semer dès le mois d'octobre, l'amande pouvant s'altérer dans son enveloppe ainsi dépouillée.

La difficulté de faire germer l'olive dans un temps rapide ayant été vaincue, on ne peut plus considérer comme temps perdu « de semer l'Olivier de ses os ». On commence à reconnaître les avantages de ce mode de multiplication, qui, combiné avec la greffe, permet d'obtenir des pieds de rapport au bout de six ou sept ans. Parmi ces avantages on compte :

1° Vigueur plus grande de l'arbre, qui produit plus longtemps et plus régulièrement.

2° Rusticité plus considérable, et faculté de s'accommoder des terrains les plus arides et les plus rocailleux.

3e Abondance plus grande de racines soit horizontales, soit profondes, et surtout profondes, ce qui permet à l'arbre de mieux résister aux vents et aux froids.

4° Forme générale meilleure, plus facile à obtenir et conduire qu'avec des éclats dont les blessures se cicatrisent difficilement, et sont fréquemment une source de carie.

Il est une question sur laquelle tous les auteurs ne s'entendent pas. « Choisissez pour semer, dit M. Cappi, les olives les plus belles et les mieux nourries. » M. Riondet est d'un avis contraire; — pour les semis, dit-il, on doit toujours préférer les olives provenant d'arbres sauvages. — Voici ses raisons : « Sur les Oliviers greffés, les olives ont le péricarpe aussi développé que possible, car c'est la principale condition que l'on recherche pour en avoir beaucoup d'huile, mais l'amande est devenue plus petite et plus faible. Au contraire, sur les Oliviers sauvages le péricarpe est peu développé, tandis que l'amande, toujours grosse et vigoureuse, convient parfaitement pour la reproduction. » La question de vigueur du jeune sujet est seule en cause, car dans l'un et l'autre cas on n'obtient qu'un Olivier sauvage. C'est à l'expérience à résoudre ce qui convient le mieux.

Dans les pays où il existe de vastes étendues couvertes d'Oliviers sauvages, on peut aller y chercher du jeune plant, et en former des pépinières dont les sujets peuvent être greffés.

Les règles pour le soin et l'entretien des pépinières d'Oliviers ne diffèrent pas grandement de celles que l'on observe pour tous les arbres venus de semis; nous n'en parlerons pas longuement. Le terrain doit être le meilleur possible, et en terre sèche. La semence doit être couverte fort peu (cinq centimètres). Les jeunes Oliviers se montrent dans l'année même; il faut sarcler sans cesse, abriter le jeune plant avec de la paille ou des feuilles sèches pendant les grands froids; élaguer les branches latérales, assujettir le jeune arbre avec un tuteur, et quand il doit être transplanté plus tard, supprimer son pivot : par ce dernier soin on évitera au jeune Olivier, pour assurer sa reprise, la double opération de la suppression du pivot et de la tête.

V. MULTIPLICATION PAR PROTUBÉRANCES GEMMIFÈRES — Les anciens firent peu d'usage de ce moyen de propagation, qui consiste à détacher de la souche ou des racines des protubérances gemmifères capables de reproduire l'arbre. Pierre Vettori en introduisit l'emploi dans la Toscane. En Calabre, d'après Presta, on se serait toujours plus ou moins servi de ces nœuds vitaux ou gemmes connus sous le nom de *Toparelle*. D'après Bernard, M. le marquis de Pennes aurait créé de belles plantations en prenant ainsi ces *yeux* ou *souquets* comme on les nommait en Provence, et les plaçant en pépinières. MM. Antonio Aloi et G. Cappi donnent les préceptes les plus complets, pour utiliser ce mode de multiplication *per ovoli* ou *per uovoli*.

Ces bourgeons, de la grosseur d'un œuf d'oie, sont formés par l'accumulation de plusieurs germes. On peut les diviser en un seul œil, suffisant pour reproduire l'arbre. Chaque Olivier peut fournir un certain nombre de ces protubérances gemmifères, mais pour ne pas nuire au pied mère, on ne lui en demande ordinairement que trois ou quatre. Mieux vaut quand on a besoin d'un grand nombre, déchausser entièrement un Olivier sain et de bon rapport, et lui prendre toutes les protubérances fertiles qu'il contient. Il faut détacher ces *uovoli* d'une façon très-nette avec des instruments bien tranchants, et les parer ensuite avant de les planter. On comprend que l'on pourra obtenir soit des Oliviers sauvages, si les germes ont été levés au-dessous d'une greffe, soit des Oliviers cultivés dans les autres circonstances. Les auteurs que nous venons de nommer, parmi lesquels on pourrait encore citer M. de Gasparin, semblent peu partisans de cette méthode, qui oblige à mutiler des pieds d'Oliviers pour en extraire ces protubérances.

VI. MULTIPLICATION PAR BOUTURES. — Les yeux ou bourgeons se manifestent autrement chez l'Olivier que par protubérances ovoïdes : à l'aisselle de chaque feuille, et sur les racines mêmes, ils existent, ce qui permet de multiplier de bouture l'arbre utile dont il est ici question.

Parmi les anciens agronomes, Caton et Columelle, ce dernier surtout, ont indiqué la manière de faire les boutures, et les précautions à prendre pour leur réussite. Ce sont de jeunes branches, longues, à écorces lisses, et de la grosseur du manche d'un instrument qui doivent les fournir ; il faut les couper sans blesser l'arbre et sans mâcher leur écorce : on les marquera à la sanguine pour ne pas être exposé à les mettre le sommet en bas. On mastique les deux extrémités avec du fumier mêlé de cendre, et on les enfonce avec un maillet dans de la terre ameublie, à une profondeur de quatre doigts. Deux branchettes fichées en terre de chaque côté, et liées par le haut, devaient indiquer au laboureur la place de ces boutures.

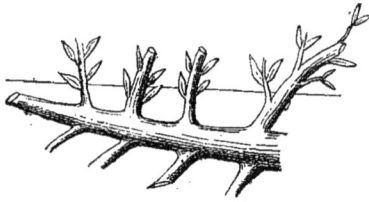

Fig. 67. — BOUTURE RAMEUSE D'OLIVIER.

Les boutures d'Olivier se font aujourd'hui comme toutes les boutures possibles; on se garde bien de se servir du maillet pour les enfoncer. Elles peuvent être simples ou rameuses (fig. 67). Ces dernières se couchent

Fig. 68 à 70. — BOUTURE RAMEUSE DIVISÉE.

dans des rigoles, les branches latérales sortent de terre, chacune de celles-ci s'enracine pour son propre compte, et peut ensuite, par séparation, former un sujet (fig. 68 à 70).

Quant à la valeur réelle de ce mode de multiplication, elle est fort contestée. Presta, Bosc, et d'autres ont prétendu que ce genre de reproduction conduisait l'Olivier à la décadence et à la stérilité. En serait-il de notre arbre comme de la vigne, qui manifeste aussi des symptômes d'épuisement? M. Cappi combat fortement le bouturage, qu'il accuse de propager tous les vices, toutes les maladies, toutes les contagions de la plante, et de ne pouvoir donner que des sujets de mauvaise forme ; sous ces réserves, il indique avec un grand soin les meilleurs procédés pour les faire réussir.

La bouture a été l'un des moyens de multiplication les plus employés en Espagne, mais la méthode ancienne était détestable : on prenait une branche d'Olivier de la grosseur du bras, on la fendait en quatre par le bas, on mettait une pierre dans chacune des quatre fentes, et l'on plantait le tout à deux pieds en terre. Avec ce système, l'intérieur de l'arbre pourrissait promptement, et l'on avait ces Oliviers creux si fréquents dans les plaines de Séville, et qui ne semblent vivre que par l'écorce.

On donne aujourd'hui en Espagne le nom d'*estacas* à des boutures grosses comme le bras et longues de deux à trois mètres, bien droites, que l'on forme en dirigeant avec soin les meilleures branches de quelques Oliviers. Au bout de trois ans on peut obtenir du fruit des jeunes sujets. Cependant don José Hidalgo Tablada pense qu'en raison de la dépense que cause la formation des *estacas*, et du peu de vigueur des arbres qui en proviennent, cette méthode doit être abandonnée

On peut encore bouturer les racines, soit en utilisant celles des arbres qui s'en vont de décrépitude, soit en les choisissant sur des individus sains et vigoureux. Le premier moyen peut rendre des services en tirant partie pour la propagation de l'Olivier de débris destinés au feu ; le second, il ne faut pas l'oublier, peut causer de grands dommages aux arbres sur lesquels on prélèvera ces racines, à moins qu'ils ne soient très-vigoureux. Nous ne parlerons pas du *modus faciendi* qui rentre dans les opérations horticoles les plus vulgaires, et nous ajouterons que cette méthode a trouvé peu de partisans.

L'Olivier, disait Théophraste, peut se propager de toutes les manières, excepté par les couchages. Caton, moins botaniste, mais plus agriculteur, releva cette erreur du grand naturaliste et enseigna que l'on pouvait marcotter l'Olivier. Ce moyen de multiplication n'a jamais été pratiqué en grand. Presta en démontrait déjà les inconvénients, et M. G. Cappi le juge inutile en présence de méthodes plus rapides, dangereux pour l'arbre qu'on marcotte beaucoup, médiocre dans ses résultats.

VII. Multiplication par rejetons. — Bernard pensait en 1788 que le meilleur moyen pour former des pépinières dans chaque village, était de détacher les rejetons qui naissent au pied des Oliviers. Moyennant deux liards ou un sou par pied, on pouvait, croyait-il, s'en procurer beaucoup.

En 1848 de Gasparin écrivait dans son *Cours d'agriculture :* « La méthode la plus usitée consiste à profiter des rejets, à les détacher avec quelques racines quand ils ont trois centimètres dé diamètre. Dans les années ordinaires, ces plants se vendent 2 francs 50 à 3 francs ; ils sont à bien plus bas prix dans les années de mortalité. »

A l'heure actuelle ce moyen est encore employé dans nos régions oléifères, en Italie et en Espagne. Cependant il est combattu par d'excellents observateurs, entre autres par M. G. Cappi, qui voudrait le proscrire d'une façon absolue, parce qu'il le considère comme une des causes du dépérissement des olivettes et de leur stérilité. Les Oliviers qui en proviennent, privés de pivot, ont leurs racines horizontales, et souffrent du froid et du chaud. De plus, ils produisent moins et vivent moins, parce qu'ils emportent les germes de toutes les maladies du pied mère, et que la blessure de séparation est souvent le point de départ de la carie. Il devient inutile d'indiquer les moyens d'employer ces rejetons pour faire des pépinières, moyens qui rentrent d'ailleurs dans la série d'opérations bien connues en horticulture.

On peut aussi recueillir ces rejetons au pied des vieux Oliviers morts de froid ou de maladie, ; chaque éclat de souche portant un rejeton pourra constituer un plant. C'est ce moyen de propagation que les Italiens désignaient sous le nom de *propagazione per curmoni*, ou bien encore *propagazione per tronchi invecchiati;* les mêmes inconvénients se rencontrent encore, comme pour les rejetons ordinaires.

Virgile connut ce moyen de multiplication, et c'est lui qu'il désigne dans ces vers :

> Quin, et caudicibus sectis (mirabile dictu)
> Truditur e sicco radix oleagina ligno.
>
> *Géorgiques*, liv. II, v. 30.

Du temps de Presta, c'étaient des souches d'arbres de vingt, cinquante et même cent ans que l'on prenait pour en faire des plantations. Virgile avait encore célébré ce moyen quand il disait :

> Sed truncis Oleæ melius, propagine vites
> Respondent...
>
> *Géorgiques*, liv. II, v. 63.

Un char et deux bœufs ne suffisaient pas souvent à porter ces troncs dans la nouvelle olivette, et le moyen devenait fort coûteux : il ne restait que la satisfaction de pouvoir redire avec Cicéron, je crois :

Serimus arbores, quæ alteri sæculo prosint !

En résumé, de tous les moyens de multiplication de l'Olivier, celui qui semble réunir les préférences et les avantages, c'est le semis. En 1872 le congrès des agriculteurs italiens, réuni à Bari en assemblée générale, arrivait aux conclusions suivantes :

« Considérant que l'Olivier résiste mal aux vicissitudes atmosphériques et à la sécheresse, dans la Pouille surtout, grâce aux moyens de reproduction les moins convenables :

« Le congrès est d'avis :

« Que l'on doit recommander aux agriculteurs d'effectuer la multiplication de l'Olivier avec des sujets obtenus de semence, soit qu'ils proviennent de pieds semés naturellement dans les bois, ou intentionnellement dans des pépinières. »

Au mois d'août 1874, le congrès des comices agricoles de la Ligurie, réuni à Chiavari, formule aussi ses préférences pour le semis dans la reproduction de l'Olivier.

« Semez en terre nette, ameublie, non humide, à l'abri de la gelée blanche et des vents, semez en sillons serrés les noyaux sans pulpe et brisés légèrement. On arrose suivant les besoins. A la troisième année on transporte dans la pépinière, et l'on greffe la sixième, en préférant la méthode de l'anneau. »

Passons donc à l'étude de la greffe qui convient à l'Olivier.

VIII. GREFFE DES OLIVIERS.— Les anciens savaient greffer l'Olivier, bien qu'ils eussent à ce sujet des idées fort erronées. Le vieux Caton pensait « que c'est au printemps, après-midi, quand le vent du sud ne souffle pas, et qu'il n'y a point de lune, qu'on doit greffer les Oliviers. » Il donne ensuite très-exactement les préceptes pour pratiquer la greffe en fente, puis ceux de la greffe en écusson.

Columelle, qui savait aussi parfaitement la pratique de la greffe, croyait que l'Olivier pouvait être enté sur toute espèce d'arbre, et il prend la peine d'indiquer le moyen de la faire réussir sur le figuier. On se demande où

Columelle avait pu voir le figuier servant de sujet à un arbre avec lequel il a les incompatibilités les plus grandes.

Palladius ne jugeait pas ce point d'agriculture d'une façon plus saine : au livre quatorzième on lit :

> Robora Palladis decorant silvestria rami,
> Nobilitat partus bacca superba feros;
> Fœcundat sterilis pingues Oleaster olivas,
> Et quæ non novit, munera ferre docet.

— Les rameaux de l'arbre de Pallas embellissent les chênes des forêts, et la superbe olive ennoblit des fruits sauvageons. L'Olivier sauvage, tout stérile qu'il est, féconde celui dont nous recueillons les olives grasses, et lui apprend à donner des fruits qu'il ne saurait produire lui-même.

En Grèce on croyait aussi pouvoir unir l'Olivier et la vigne et avoir du raisin-olive.

Toutes les méthodes de greffes peuvent être appliquées à l'Olivier, nous n'avons pas à les décrire ici. Le temps de greffer varie suivant les contrées, la hauteur à laquelle on doit enter ou écussonner les sujets, varie également suivant les habitudes des localités.

On greffe non-seulement les variétés cultivées sur l'Olivier sauvage, mais encore certaines variétés sur d'autres. C'est ainsi d'après M. J. Reynaud que le département du Gard a vu sa production s'accroître, lorsque l'on commença à greffer une variété très-productive de l'Olivier Collias sur une autre variété qui produisait fort peu.

Nul ne s'étonnera des étranges opinions des anciens au sujet des prétendues greffes des Oliviers : on se transmettait les erreurs sans aller à la vérification. Théophraste avait dit que les feuilles de l'Olivier se retournaient au solstice d'été, le scholiaste Nicandre (*in ther*, 32) le répéta, puis Varron (1, 46), puis Aulu-Gelle (IX, 7), puis Pline (18, 68), tout le monde enfin !

IX. De la pépinière. — La pépinière est le lieu où l'on place, pour les élever, de jeunes plants venus de semis ou nés spontanément dans les campagnes, les boutures enracinées, les jeunes pieds provenant de la germination des protubérances gemmifères, et puis, enfin, les rejetons du pied des Oliviers adultes.

La formation de bonnes pépinières est d'une importance majeure dans l'oléiculture : elle constitue même une industrie spéciale qui peut donner de grands profits aux hommes intelligents. C'est le *vivario* des Italiens.

Un terrain ni trop siliceux, ni trop argileux ; ni trop sec, ni trop humide ; bien meuble, très-modérément fumé, puis incliné vers le midi, conviendra pour la pépinière. On laboure à 0ᵐ80 de profondeur en novembre ou décembre, on abandonne aux pluies, à la neige, aux gelées la surface unie et préparée, un second labour moins profond au printemps achève les dispositions nécessaires pour recevoir les jeunes Oliviers sauvages, les boutures enracinées, tous les petits plants enfin produits d'une façon quelconque, et les rejetons.

Le plant devant rester au moins sept ans en pépinière, il faut calculer l'espace à mettre entre chaque pied : cette distance est généralement fixée à un mètre. Elle peut être moindre si le plant doit être porté plutôt à demeure. Dans quelques pays, on établit la pépinière de telle façon que la moitié des jeunes arbres étant enlevée à sept ans, le reste trouve un espacement suffisant pour constituer ce que l'on nomme un verger d'attente.

Quant aux précautions à prendre pour l'établissement du jeune plant dans la pépinière, soit en lignes soit en quinconces, la profondeur des trous, etc., etc. ; il n'y a dans ces opérations rien de spécial à l'Olivier, nous passons outre, c'est-à-dire à l'étude des soins qui seront nécessaires pendant sept ans, âge auquel les petits Oliviers seront bons à transporter à demeure.

ÉDUCATION DES OLIVIERS EN PÉPINIÈRE.

Le premier soin, quand les racines sont bien développées, est de former la tige de l'arbre futur en élaguant les branches latérales. Ce point a été discuté ; quelques physiologistes ont cru que cette suppression était une atteinte portée au développement régulier de la plante. Cela est vrai, mais dans l'espèce il ne s'agit pas d'avoir des arbres de toute venue, mais des individus produisant le plus en occupant l'espace le moins considérable ; on n'y arrive que par une direction de la plante, et cette direction s'obtient tout d'abord en supprimant les branches latérales, leur suppression tardive donnerait des pieds tortus, et sur lesquels la plaie des incisions se recouvrirait difficilement. Ghiolti a, d'ailleurs, élucidé cette question par rapport à l'Olivier, en laissant une file de jeunes plants venir à volonté, et guidant les autres : l'avantage fut pour la dernière méthode.

Pendant les cinq premières années, les soins se réduiront à continuer la suppression des branches latérales, à maintenir un tuteur à chaque plant, à sarcler, à empêcher l'accès des animaux. A la fin de la cinquième année, il sera temps de déterminer la hauteur du tronc à laquelle on veut tenir les Oliviers. Cette hauteur dépendra de bien des circonstances, de l'espèce d'abord, et surtout de la nature des sols où les arbres devront être mis. L'Olivier à tige courte est en général plus vigoureux, disait Columelle, *lœtius enim frondat;* une méthode nouvelle, c'est d'élever l'Olivier en broussailles : ce système a du bon là où l'on redoute les vents et le froid, comme dans la Vénétie et la Toscane, localités qui possèdent quelques cultures de ce genre.

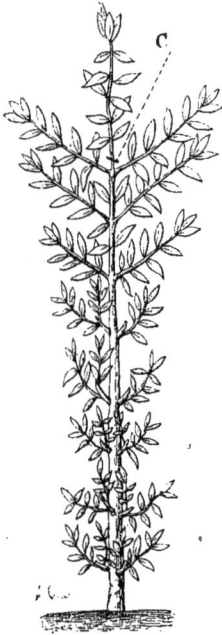

Fig. 71.

S'ils sont destinés à des sols profonds et riches les troncs pourront avoir 1 mètre 50 à 1 mètre d'élévation. S'ils doivent végéter dans des terres maigres ou exposées au vent, la hauteur de 1 mètre à 1 mètre 20 suffira. Il y a, d'ailleurs, des circonstances ou des habitudes locales qui peuvent faire varier ces tailles. Il faut, par exemple, que les Oliviers soient plus élevés si le sol est cultivé, que lorsque l'arbre l'occupe seul. Cela est encore nécessaire lorsque les troupeaux doivent paître sous ces arbres. Les moutons ne sont pas partout disciplinés comme les brebis *estantes* de certaines régions oléifères où elles n'osent lever la tête.

Vient ensuite le moment de former la tête de l'arbre en lui laissant six ou huit rameaux bien espacés destinés à la constituer. On a tour à tour donné à la tête des Oliviers la forme d'une pyramide, d'un éventail, d'une sphère ou d'un vase formé sur le sommet du tronc par un cône tronqué évidé à l'intérieur. Cette dernière disposition est celle qui permet à l'arbre d'offrir le plus de surface au soleil.

Ce n'est pas en une seule année que ce résultat est obtenu, et le plant est conduit presque jusqu'àsa douzième année avant qu'il soit propre à être mis en place. M. Du Breuil, dans son *Traité d'arboriculture*, donne le moyen d'arriver, par des tailles successives, à la forme citée plus haut. Soit un jeune plant de la forme indiquée ci-contre (fig. 71.) Au printemps on supprime en C l'extrémité de la tige. Les quatre rameaux opposés en

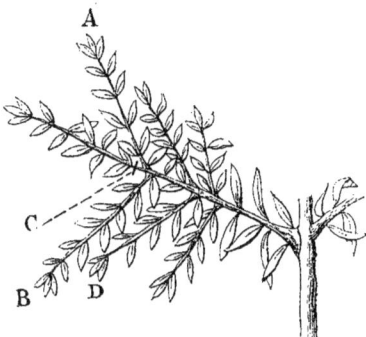

Fig. 72.

croix, placés au-dessous, développent plusieurs bourgeons également opposés en croix, ce qui détermine pour chacun d'eux, l'année suivante,

Fig. 73.

la forme donnée par la fig. 72. On coupe encore en C le sommet de ces branches de seconde génération, et le rameau A sert à les redresser dans une direction moins horizontale : le raccourcissement des rameaux opposés, B et D, lui donnent plus de vigueur. Au troisième printemps, chacun des quatre rameaux situés au-dessous de la section de la tige offrira l'aspect indiqué par la fig. 73. Enfin, si l'on supprime encore en C (fig. 73) l'axe de la troisième génération, les branches A et A bourgeonneront, et la

fig. 74 indiquera le résultat obtenu par ces tailles successives au quatrième printemps. La suppression du rameau B en C, le raccourcissement du rameau A, donnent de la force à la branche D moins horizontale. On arrive ainsi à la forme cherchée.

On peut abréger le séjour des jeunes Oliviers dans la pépinière, et les planter à demeure vers la septième année : il y a forcément un temps d'interruption dans la formation de leur tête. Les agriculteurs ne sont pas d'accord sur l'opportunité de transporter au bout de sept ans ou d'attendre à quatorze ans. Il existe sans doute un moyen terme qui convient mieux que les extrêmes. De plus, il y a aussi incertitude sur ce qu'il convient de faire au moment de la transplantation : faut-il raser la tête du jeune arbre ou laisser quelques rameaux ? Le

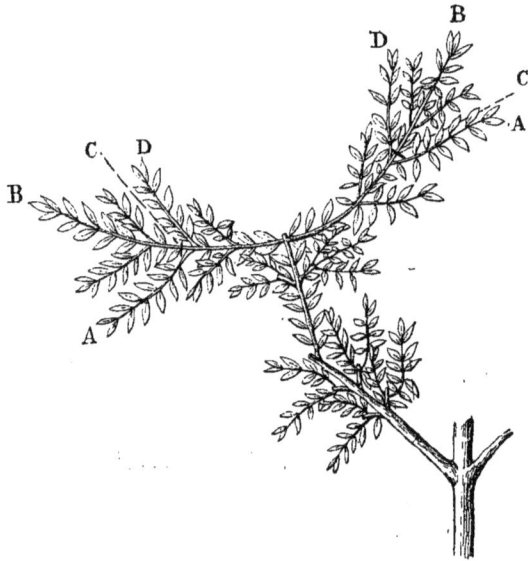

Fig. 74.

premier moyen force à recommencer la forme obtenue, il a pour avantage de permettre aux racines de se développer. Le second a pour utilité de ne pas retarder l'époque de la production, mais souvent l'arbre reste chétif. M. Antonio Aloi rapporte une pratique qui donne d'excellents résultats dans les Abruzzes, c'est de replier, comme l'indique la figure ci-contre (fig. 75), les cinq ou six branches les plus inférieures de la tête contre le tronc, et de les lier dans cette situation. Il arrive alors, qu'entre le tronc et la courbure, de nombreux bourgeons se développent, réformant rapidement une tête en remplacement des rameaux coupés au moment de la transplantation.

Il y a bientôt trente ans, M. de Gasparin estimait que sur un dixième d'hectare de terre de jardin, on pourrait obtenir 1,562 plants de semis, dont la moitié pourraient être vendus, au bout de sept ans, au prix de revient, 0 fr. 32 chacun ; et l'autre moitié, au bout de quatorze ans, à plus de 6 francs pièce, alors qu'ils auraient coûté à produire, en tenant compte de tout, 1 fr. 13 l'un. On voit que cette industrie pourrait rendre alors 2,500 francs par an à l'hectare.

X. DE LA TRANSPLANTATION A DEMEURE. — Nous allons parler de la formation d'une olivette par transplantation du plant à demeure : ce qui comprendra les règles à suivre quand il ne s'agira que du remplacement des arbres morts ou usés.

Avant d'aborder les règles de cette opération, vidons une question préalable. Convient-il de cultiver l'Olivier à l'exclusion de toute autre plante sur le même sol : ou bien faut-il admettre les cultures mixtes ? Nous avons parcouru en 1874 et 1875 les régions olćifères les plus importantes de France et d'Italie, et le mélange des deux systèmes, souvent dans la même localité, nous a démontré que l'un et l'autre avaient leurs avantages suivant les régions, les habitudes, la nature et la configuration du sol. Sur les collines, les cultures mixtes sont exclues des pentes rapides et sont, au contraire, presque toujours la règle sur les surfaces planes d'une certaine étendue. Les Oliviers sont alors plantés

Fig. 75.

en files, et ces files sont assez distantes les unes des autres pour que l'ombre des arbres ne puisse nuire aux cultures annuelles (fig. 76).

La première chose à régler, quand on doit faire une plantation d'Oliviers, c'est l'ordre et la régularité qu'on doit y apporter. « De belles lignes d'Oliviers charment l'œil, disait Varron, et augmentent la valeur du domaine. » Il est certain que la régularité a son prix, non-seulement pour l'œil, mais pour la prospérité même des cultures, l'égale insolation des arbres et l'économie de la place. Cependant cette symétrie n'est guère possible, que sur une certaine étendue. Sur le rivage ligure, par exemple, où les coteaux en terrasses et les étroits vallons se succèdent, la régularité n'est pas toujours facile.

La distance à mettre entre chaque arbre doit varier suivant que l'on veut planter en olivaie compacte, en file, ou sur la lisière des champs. M. de Gasparin donne les règles suivantes quand on veut planter en massif : « On considérera à quelle hauteur se maintiennent les gros Oliviers du pays. Cette hauteur déterminera la distance qu'ils doi-

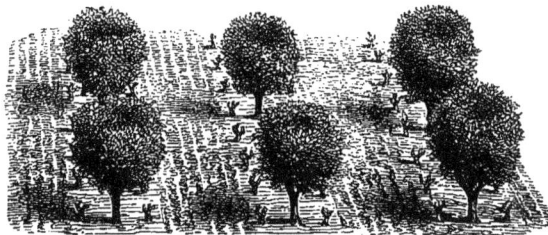

Fig. 76. — PLANTATION D'OLIVIERS (EN OULLIÈRES.

vent avoir entre eux, car cet arbre ne tient ses olives et n'en porte une quantité suffisante que sur les faces exposées au soleil ; il est donc essentiel qu'à partir de l'équinoxe du printemps les arbres voisins ne se couvrent pas réciproquement de leur ombre. »

Voici comment, d'après le célèbre agronome, on peut calculer la distance pour tous les pays : « On l'obtiendra avec une exactitude suffisante, en plantant les rangées du nord au midi, et en donnant aux arbres, dans les allées entre elles, un écartement tel que l'arbre planté au sud ne puisse porter son ombre sur celui planté à son nord le 22 mars à midi. Il faudra donc déterminer la hauteur méridienne du soleil pour ce jour-là et pour la latitude où se fait la plantation. Le jour de l'équinoxe, la déclinaison étant zéro, la hauteur méridienne est le complément de la latitude. Ainsi par la latitude d'Orange (44°8′), le jour de l'équinoxe, nous avons $M = 90 - 44°8′, = 45°52′$. Alors connaissant la hauteur à laquelle s'élèvent les arbres, et supposant qu'elle soit de cinq mètres, nous avons à résoudre le triangle rectangle (fig. 77). A B C, dont le côté A B, hauteur de l'arbre, égale cinq mètres ; l'angle C, hauteur méridienne, = 45°52′ ;

l'angle A $= 44°8'$, et nous avons la proportion : Sin. de $44°8' : 5 :: $ Sin. de $45°52' : x = 5^m15$. Ainsi à l'extrémité de la région des Oliviers, la distance minimum des arbres doit être à peu près égale à leur élévation. On voit donc qu'en adoptant la distance de cinq mètres, tous nos cultivateurs du Midi avaient trouvé la distance à laquelle leurs arbres doivent être placés pour ne pas se dérober le soleil. A Alger ($36°47'$), nous avons pour la hauteur méridienne du soleil à l'équinoxe $M = 53°13'$; si

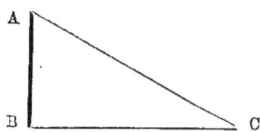

Fig. 77.

les arbres s'y élèvent à dix mètres, nous avons la proportion : Sin. $36°47' : 10 :: $ Sin. $53°13 : x = 7,48$. Plus on avance vers l'équateur, et plus la distance peut être petite relativement à l'élévation des arbres ». L'inclinaison du terrain, sa disposition en terrasses, peuvent modifier ces distances. Caton prescrivait entre chaque arbre des intervalles de 25 à 30 pieds.

Dans les plantations en oullières, la distance entre les files varie suivant les lieux entre huit et quinze mètres, et la distance d'un arbre à l'autre est d'environ sept mètres. Les files doivent être orientées du nord au sud, autant que possible, pour que les arbres se gênent le moins par leur ombre. Les anciens recommandaient bien d'orienter la face des rangées du côté d'où souffle le vent de favonius.

Des fosses carrées, ou mieux encore circulaires, de 1^m20 de large, de 0^m90 de profondeur, devront recevoir les Oliviers. Columelle voulait qu'on les ouvrît un an d'avance; cependant, le soin d'y brûler un peu de paille avant la plantation permettait de compenser l'effet produit par cette ouverture anticipée. Les dimensions des fosses seront plus grandes dans les terres compactes. On les remplacera par des tranchées dans les plantations en ligne.

L'époque de la transplantation varie, suivant que le terrain de l'Olivette nouvelle est sec ou humide : dans le premier cas, on transplante avant l'hiver; dans le second cas, au printemps [1].

---

1. Pline dit que, de son temps, on plantait le plus ordinairement l'Olivier au printemps; ou, si l'on choisissait l'automne, quarante jours après l'équinoxe jusqu'au coucher des Pléiades; encore y avait-il quatre jours où cette plantation était dangereuse. En Laconie, on plantait quand les vents étésiens soufflaient.

Avant de déposer le jeune arbre dans la fosse, il faut ameublir la terre du fond. On la recouvre ensuite de graviers et de cailloux pour l'écoulement des eaux si le sol est humide : Columelle n'oublia pas de formuler ce soin. Généralement on comble le fond de l'excavation avec des débris végétaux de toute nature : feuilles, bois mort, résidus de fabrique, etc. Parmi les anciens, Caton et Palladius conseillaient d'étendre un lit de grains d'orge au fond de la fosse.

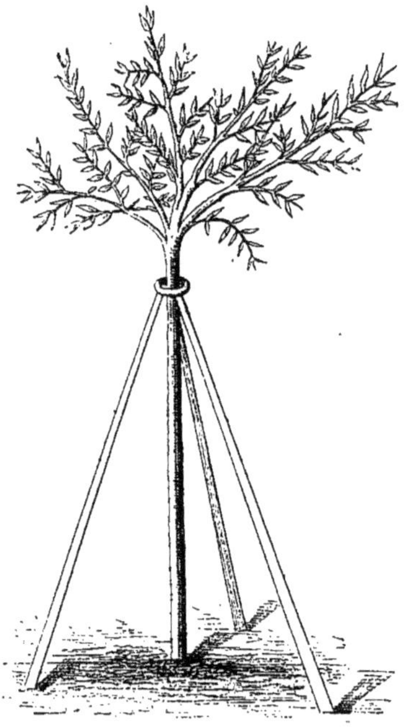

Le vieux Caton et Palladius n'ont pas oublié non plus la précaution à prendre pour le transport du jeune arbre avec sa motte : ces précautions sont les mêmes aujourd'hui : mais ce dont les modernes ne se préoccupent pas, c'est de placer le jeune Olivier de manière que le soleil le frappe de la même façon dans sa nouvelle place que dans la pépinière. Les anciens, pour qu'il en fût ainsi, marquaient à la sanguine le côté de la tige, par exemple, qui regardait le midi dans la pépinière.

Fig. 78.

La terre avec laquelle on recouvrira les racines devra contenir quelques engrais : des tourteaux de semences huileuses, des os pulvérisés ou des débris de cornes et de plumes, ou bien encore du fumier ordinaire.

La profondeur à laquelle on doit enterrer les jeunes plants est généralement de 0^{m}10 à 0^{m}12 de plus que celle à laquelle ils étaient placés dans la pépinière, quand le terrain est plat. Sur les pentes, on donne un peu plus de profondeur. C'est surtout dans les couches superficielles que l'Olivier trouve les matériaux assimilables. L'enterrer davantage, ce serait retarder sa fructification.

Un bon arrosage, un lit de paille sur le pied de l'arbre, une rigole circulaire pour retenir les eaux de pluie en été, un bon tuteur, ou le système représenté plus bas et adopté en Italie (fig. 78), complètent les opérations de la transplantion.

Dans quelques localités, quand on plante au printemps, un lait de chaux préserve le tronc de l'ardeur du soleil, ce qui vaut mieux qu'une enveloppe de paille, laquelle nuit au développement des bourgeons supérieurs, en favorisant celui des inférieurs.

N'oublions pas de dire que la plantation doit être close, pour préserver les jeunes arbres de la dent des animaux.

XI. TAILLE DES OLIVIERS. — Les proverbes sont la sagesse des nations, surtout en agriculture. Columelle le pensait lorsqu'il rappelait, au sujet de la taille des Oliviers, un dicton déjà vieux :

« Veteris proverbii meminisse convenit eum qui aret Olivetum, rogare fructum, qui stercoret exorare; qui cædat, cogere. »

— On ne doit pas oublier un ancien proverbe qui dit qu'en labourant un plant d'oliviers, on le prie de rapporter du fruit; qu'en le fumant, on l'en supplie, mais qu'en le taillant, on l'y contraint.

En Provence, on exprime la même pensée d'une autre façon : « Déshabille-moi et je t'habillerai. » C'est l'Olivier qui parle au laboureur. » Ou bien encore : « Fais-moi pauvre et je te ferai riche. »

En Italie, le même proverbe revêt une autre forme non moins pittoresque :

— Agli ulivi un savio da pié, e un pazzo da capo.

Ce qui veut dire : « Il faut à l'Olivier un sage à son pied, un fou à sa tête. » Maxime que l'on doit interpréter ainsi : « On doit raisonner les labours, mais la taille peut être faite largement sans y trop regarder. »

C'est donc avec raison que, dans la série des symboles et emblèmes, Camerarius a dessiné un Olivier bien taillé, avec cette légende : *Tanto uberius.*

Nulle vérité ne fut mieux exprimée par la parole et par le trait. Tous les auteurs qui ont écrit sur l'Olivier ont insisté sur l'utilité de la taille : mais cette insistance même prouve combien peu les agriculteurs y donnaient leurs soins. Sans remonter bien loin, Presta se plaignait non-seulement de l'abandon de l'Olivier de sa province, mais de ce que l'on prétendait que point n'était besoin de le tailler. Il désirait que l'on pût faire venir de Gênes ou de Toscane quelques bons cultivateurs, qui apprendraient beaucoup mieux à tailler l'Olivier que les livres. Si l'on parcourt les pages de l'enquête de M. G. Cappi sur les provinces oléifères de l'Italie, on verra qu'à part quelques provinces de la Toscane et des Abruzzes, Luques, Bari, la seule taille de l'Olivier se borne à l'enlèvement du bois mort, à un émondage imparfait, et que dans la plupart des localités l'Olivier est abandonné aux parasites, au bois mort, aux branches cariées, aux rameaux gourmands, aux déformations de tout genre, et cela dans les belles provinces oléifères de Gênes, de Port-Maurice, etc. Que deviendraient, s'écrie-t-il, la viticulture, la sériciculture, si la vigne et le mûrier étaient ainsi traités. En 1848, M. de Gasparin reconnaissait qu'en France on ne taillait passablement les Oliviers que sur les bords de la Durance.

Le fait est vrai. Et cet état lamentable peut s'observer ailleurs, le long du rivage méditerranéen. Cela tient plutôt aujourd'hui à des circonstances économiques et sociales qu'à une ignorance agricole. L'agriculture manque de bras, la main-d'œuvre est fort chère : le commerce, l'industrie enlèvent dans le Midi beaucoup d'hommes aux travaux des champs. L'Olivier, dans beaucoup de localités, relégué sur des coteaux arides, est considéré comme une culture secondaire; on y pense après tout le reste. Quand la récolte, même dans bien des endroits, ne consiste plus qu'à ramasser le fruit tombé, comment pourrait-on donner du temps à la taille des immenses Oliviers qui dépassent cinq à six mètres de hauteur?

Ce qui peut-être contribue à discréditer la taille des Oliviers, c'est que, ainsi que le fait observer M. Riondet, de toutes les questions qui peuvent s'élever au sujet de la culture de ces arbres, aucune n'est plus difficile et plus controversée. L'observateur que nous citons a vu dans le midi des concours pour la taille des Oliviers, où les méthodes les plus diverses étaient appliquées, et où bien souvent la décision des juges méritait d'être contestée.

Une taille déraisonnable, suivant le proverbe italien, étant toujours préférable à l'abandon, il semble qu'on doit se préoccuper moins de théorie que pour les autres arbres. Supprimer le bois mort, couper les branches qui empêchent l'air et la lumière de circuler au centre de l'arbre, lui conserver une forme régulière, le forcer à ne pas s'emporter à des hauteurs qui en stérilisant les parties inférieures, rendent la cueillette difficile, voilà des pratiques qui, en dehors de toute taille raisonnée et savante, devront être très-profitables à l'Olivier, et qui, n'exigeant pas de grandes connaissances horticoles, n'ont pas besoin d'être confiées à des mains très-habiles. Ce traitement est surtout indispensable pour les arbres qui, placés en terrain maigre ou peu fumés, ne pourraient nourrir trop de branches sans devenir stériles ou périr.

Les débuts de la taille, après la transplantation, diffèrent suivant l'âge du jeune plant. S'il est transporté à demeure à sept ans, on rabat les branches principales ménagées pour lui former une tête; s'il est transporté à douze ans, cette tête est déjà formée en partie, on la rabat cependant encore, et dans l'un et l'autre cas on supprime les rameaux qui se développeraient au pied ou sur le tronc. Si l'on s'est contenté de ployer de haut en bas les branches principales contre le tronc, on peut les supprimer au-dessus de leur courbure, aussitôt que de jeunes bourgeons, avenir de la tête définitive, se montreront.

Les trois ou quatre années suivantes seront laissées à l'arbre pour le refaire, et la taille annuelle et régulière ne commencera guère que la cinquième année après la transplantation ; la forme définitive de l'arbre pourra se trouver faite à la sixième année.

Nous venons de parler de taille annuelle; les avis sont encore partagés à cet égard. Columelle et Crescenzio ne voulaient tailler l'arbre que tous les huit ans, Trinci tous les quatre ou cinq ans, Davanti tous les deux ou trois ans, Rozier tous les trois ans, tous les deux ans ou tous les ans, mais par petites portions. On peut dire avec M. Cappi qu'il n'y a pas de règle absolue, et l'on pourra considérer tel cultivateur qui ne taillera que tous les trois ans comme négligent, et tel autre qui taillera tous les ans tous les arbres comme très-exigeant.

A quelle époque doit-on tailler les Oliviers? Caton la fixait pour l'Italie à quinze jours avant ou quarante-cinq jours après l'équinoxe du printemps. Les modernes sont les uns pour l'automne, les autres pour le printemps, à la fin de la récolte. La première époque ne convient pas, les plaies n'ayant pas le temps de se cicatriser avant les froids, la seconde convient mieux, pourvu toutefois que la récolte ne soit pas retardée jusqu'en mai, car alors il y aurait déperdition de séve. Tavanti conseillait de régler cette époque suivant le climat, le sol, l'exposition, les variétés, etc., etc.

Nous pouvons aborder maintenant l'examen des préceptes de la taille de l'Olivier, qui doivent répondre au mode de végétation de la plante elle-même.

Les jeunes rameaux se présentent opposés en croix sur les branches les plus vigoureuses, et ne portent que des boutons à bois; les autres et jusqu'aux plus faibles portent des boutons à fleurs sur toute leur longueur, et ces boutons s'épanouissent en grappes fleuries au printemps de la seconde année. Chacun de ces rameaux à fruit ne refleurit plus à la même place, mais il s'allonge et deux pousses latérales se développent. Ces nouvelles brindilles fructifieront au printemps suivant, et ainsi de suite. Ainsi l'Olivier ne fleurit que sur le bois de deux ans, il ne faut jamais l'oublier.

Si de nouvelles pousses se développaient chaque année, sans accidents, l'Olivier produirait annuellement, mais dans les années fertiles, la séve employée à nourrir le fruit ne produit qu'un nombre très-restreint de jeunes pousses et le lieu de la fructification prochaine fait défaut.

On voit maintenant que la taille doit tendre à favoriser la naissance de ces jeunes pousses latérales, soit en arrêtant l'essor du développement terminal, soit en supprimant les gourmands (*buon oli*), soit même en réduisant dans une certaine proportion chaque année les brindilles fructifères, pour récolter tous les ans.

La suppression de l'extrémité d'un rameau se fait au-dessus d'un bouton extérieur, pour que le développement soit centrifuge dans une direction oblique ascendante. Le bourgeon opposé et par conséquent intérieur est supprimé pour qu'il ne fasse pas concurrence à l'autre.

Il arrive un moment où, malgré ces raccourcissements annuels, les rameaux principaux atteignent des longueurs qu'il ne faut plus dépasser. On les coupe alors chaque année à la même distance de leur base.

On supprimera sans cesse les rejetons qui se montreraient au pied de l'arbre ou sur le tronc.

On n'oubliera pas encore que les brindilles les mieux éclairées sont les plus fertiles, et que les rameaux horizontaux ou pendants sont les plus productifs.

Les arboriculteurs habiles, qui pensent que l'Olivier peut n'être taillé
que tous les deux ans, savent diriger leurs plantations de telle façon
qu'une moitié fructifie une année, l'autre part la suivante, et que la taille
revienne tous les deux ans sur chaque moitié seulement.

RAJEUNISSEMENT DES OLIVIERS.

Cette opération n'est qu'une taille plus radicale, qui devient nécessaire
quand un Olivier a produit pendant quinze ou vingt ans depuis sa formation définitive.

Pour cela, on coupe un tiers de la longueur totale des branches principales, et l'on obtient ainsi au-dessous le développement de bois nouveaux
et fertiles pour remplacer ceux dont l'infécondité a nécessité la suppression. On conduira d'année en année les branches nouvelles jusqu'à la
longueur des anciennes.

Le renouvellement de la tête ne saurait être tenté plusieurs fois sans
amener la mort de l'arbre, dont la carie envahit les larges et nombreuses
plaies. Il faut bientôt songer au remplacement soit par rejet de souche, soit
par jeune plant venu de la pépinière.

Avant de terminer ce qui a trait à la taille de l'Olivier, disons que
Bernard signalait les différences que cette opération peut offrir suivant
les sols, les variétés et les climats. D. Aloi recommande bien de ne pas se
fier à l'habileté des arboriculteurs d'un pays pour leur confier les Oliviers
d'un autre.

Jadis, l'alternance des récoltes de deux ans en deux ans était considérée comme chose avantageuse ; et pour qu'un arbre ne se *dessaisonnât*
pas, on cueillait vertes les olives d'une année fertile succédant à une autre
également fertile.

En dehors de la taille, les anciens connaissaient quelques traitements
particuliers destinés à rendre à un arbre une fertilité depuis longtemps perdue. Columelle en indique, et Palladius insiste sur la pratique du procédé lui-même qui, tout singulier qu'il puisse paraître, se
comprend très-bien au point de vue des résultats. « On percera, dit Palladius, avec une tarière gauloise, un Olivier stérile, après quoi on prendra
du côté du midi, sur un autre arbre qui produise beaucoup, deux
branches également longues, que l'on enfoncera dans ce trou par chacun

de ses côtés; et après avoir coupé les portions de ces branches qui débor-
deront du trou, on les recouvrira d'un lut. »

C'était un rameau vert d'Olivier sauvage que Columelle faisait introduire dans la percée horizontale de l'arbre entêté qui ne voulait pas
produire; dans l'un et l'autre cas, c'était aux yeux des anciens une sorte
de transfusion d'un sang plus généreux.

Parfois (Palladius), c'était encore un pieu d'Olivier qu'on enfonçait
dans la principale racine.

On voit que c'est une pratique analogue à celle que tous les jardiniers
connaissent pour mettre à fruit un arbre trop vigoureux : soit en supprimant une racine maîtresse, soit en enlevant un anneau d'écorce, etc., etc.

XII. Des labours. — Columelle disait que par la taille on force l'arbre
de Minerve à donner du fruit. Avant d'en venir aux moyens violents, il
est sans doute bon d'user de douceur, de prier par exemple l'Olivier de
donner ses olives. On l'en prie en le labourant : *Eum qui aret Olivetum,
rogare fructum.* Et comme c'est une nature d'élite : *eximia tamen
jus ratio et!* il est rare qu'il repousse cette invitation courtoise.

Malheureusement il y a labour et labour. Si dans quelques localités, en
Corse, par exemple, on ne le laboure jamais, par la raison que le sol
appartient souvent à un propriétaire et les arbres à un autre, et que le
premier veut un gazon intact pour ses troupeaux; ailleurs on laboure
trop, par la raison que la culture de l'Olivier est associée à celle des
céréales, des légumineuses ou de la vigne. Ces plantes lui font, sur le
même sol, une concurrence dont il pâtit toujours grandement, quelque
soit le préjudice que de son côté il porte aux rivaux qu'il domine et couvre
de son ombre.

Dans ces assolements mixtes, on peut dire que les labours s'adressent
moins à l'Olivier qu'à ses associés : tant pis s'ils le gênent, tant mieux si
cela peut lui profiter. Hélas! il ne peut s'en plaindre qu'à sa manière, en
produisant un peu moins, mais il produit quand même : *eximia tamen
ejus ratio est!*

Chacun comprendra pourquoi, dans les cultures mixtes, où l'on
mutile ses racines, où d'autres plantes lui disputent la nourriture et
l'eau, l'arbre est moins fécond. Les plantes vivaces, vigne, luzerne, etc.,

lui sont surtout dommageables ; puis les céréales, les légumineuses d'hiver et de printemps, fèves, pois ; ou bien encore les pommes de terre précoces, qui le sont un peu moins.

Pour atténuer le mal, M. A. Aloi propose d'établir une rotation de cultures de la façon suivante : Première année, jachère ou plantes précoces ; deuxième année, épeautre ou blé ; troisième année, vesce ou avoine pour fourrage, ou trèfle incarnat et avoine, lupins ou avoine.

C'est dans les cultures spéciales que les labours profitent surtout aux Oliviers. Ils maintiennent le sol libre de mauvaises herbes : ils conservent la terre meuble, la rendent ainsi plus perméable aux pluies printanières, et l'empêchent de se fendre pendant les grandes sécheresses ; ils gardent l'humidité du sol. Le terrain étant libre sous les arbres, on peut, soit les biner, soit les déchausser, soit les entourer d'une rigole qui permet sur les pentes, aux premières pluies d'automne, de les rafraîchir.

Quand les Oliviers sont habitués à des labours superficiels, il faut craindre de blesser les racines. Les olivettes, dit M. de Gasparin, devraient être habituées à des labours de 0^{m}27 de profondeur. En plaine, on se sert de la charrue : sur les pentes, de la bêche ou de la houe. Trois binages et trois labours seraient nécessaires tous les ans, d'après l'auteur que nous venons de citer : point de règle bien fixe à cet égard.

XII. Des engrais. — Donner de l'engrais à l'Olivier, c'est encore, d'après Columelle, une façon polie de l'inviter à produire, mais une invitation pressante : *Qui stercoret exorare.*

Nul ne contestant l'immense avantage que peut causer aux arbres une bonne fumure, nous devons examiner le lieu, la matière, le temps de cette opération importante.

1° Le lieu. Placer l'engrais au pied même de l'arbre, c'est le mettre loin des bouches absorbantes situées vers l'extrémité radicellaire, et qui rayonnent à deux et trois mètres de la base du tronc : c'est en outre favoriser le développement des pousses à la base du tronc, ainsi que l'exhaussement de la souche. L'étendre sur toute la superficie du sol où rayonnent les racines, ce serait amener sa dessiccation rapide, son éparpillement par les pluies et autres agents. Il vaut donc mieux l'enfouir circulairement à 60 centimètres de profondeur, et le recouvrir ensuite. Les circonstances locales auront d'ailleurs une influence variée sur le *modus faciendi.*

2° Nature de l'engrais. Les anciens fumaient leurs Oliviers. « Il faudra, dit Columelle, leur donner à chacun en automne six livres de crottes de chèvres, ou un modius de cendres, ou un congius de lie d'huile, afin que ces fumiers s'incorporent à la terre pendant l'hiver, maintenant leurs racines dans un certain degré de chaleur. » Palladius insiste également sur la nécessité de l'engrais. « On versera, dit-il, du marc d'huile sans sel autour des racines des Oliviers malades ; d'autres jettent de la paille de fèves. D'autres, après avoir couvert le tronc de l'arbre, répandent dessus de la vieille urine d'homme, en faisant au pied de l'arbre une excavation pour la recevoir. »

Caton indique aussi la lie d'huile, non-seulement pour rendre la fécondité aux Oliviers stériles, mais aussi pour augmenter le produit des autres.

Ainsi, excréments des animaux, cendres, engrais humains, débris végétaux, résidus de l'extraction de l'huile, les agronomes de l'antiquité jugeaient toutes ces matières propres à rendre la vigueur aux Oliviers, ou à multiplier leur rendement. Ils avaient même la notion des amendements ; et Columelle, reconnaissant que la stérilité des arbres tient souvent au terrain, conseille de les déchausser et de verser de la chaux à leurs pieds.

Aujourd'hui les engrais destinés à l'arbre de Pallas sont très-variés, une première série comprend tous les déchets naturels ou industriels de l'Olivier lui-même : fumier des animaux nourris de ses feuilles, feuilles non utilisées, résidus d'huile, eaux sales des moulins à huile, tourteaux épuisés d'huile [1]. On rend ainsi à l'arbre une partie de sa propre substance. Les engrais de ferme, l'engrais humain sous ses formes diverses, le guano, la colombine, les retailles de cuirs, cornes, plumes, les chiffons de laine, les os, les tourteaux des semences oléagineuses rivales de l'Olivier, les roseaux, les retailles de buis, etc., toutes ces matières fertilisent notre arbre, les unes immédiatement, comme l'engrais humain,

---

1. Le marc d'olives contient 7,38 pour 1.000 d'azote. Avant de l'employer, on le fait pourrir dans des citernes avec de l'eau. Un peu d'huile vient alors à la surface et peut être recueillie.

le guano; les autres lentement, comme les cuirs, cornes, laines, etc.

Les engrais marins semblent devoir être d'une grande utilité pour l'Olivier dont les plantations avoisinent généralement les rivages de la mer. G. Presta en fait le plus grand cas, et, de son temps, on utilisait dans ce but les fucus et les algues jetés par le flot sur les plages de l'Italie méridionale. De nos jours les oléiculteurs de la province de Bari et des régions voisines les emploient également.

Dans quelques localités on peut encore user d'engrais verts, c'est-à-dire de plantes à végétation hivernale hâtive de la famille des légumineuses, lupins, fèves, etc., que l'on enfouit ensuite au pied des arbres, vers les premiers jours du printemps. Ces plantes, qui sont des condensateurs de l'azote atmosphérique, enrichissent ainsi le sol du principal élément de sa fertilité.

Tels sont les engrais qui peuvent être utiles aux oléiculteurs. Leur emploi discret peut faire de la culture de l'arbre dont nous parlons une culture riche. « Autour de la ville de Grasse, dit M. Riondet, de beaux Oliviers en terrasses, cultivés à la main, conditions onéreuses, ont fait acquérir aux terres une valeur considérable, parce qu'on les fume largement, surtout avec l'engrais humain. »

3° Epoque convenable pour fumer les Oliviers. — Point de règle absolue à cet égard, d'autant plus que dans les cultures mixtes, la considération de l'Olivier ne vient qu'en second lieu.

D'autre part, le temps de fumer dépend du climat, et surtout de la nature des engrais. Les anciens donnaient la fumure aux calendes de novembre, soit avec la lie d'huile, soit avec le crottin de chèvres ; les modernes donnent à la fin de l'automne les engrais à décomposition lente, tels que les cornes, chiffons, os, etc.; au premier printemps ceux d'une décomposition plus avancée; enfin à l'époque de la fructification, les engrais puissants et propres à agir de suite. Le mieux serait de fumer par petites doses répétées.

Nous parlons d'une manière générale, car les propriétaires de vastes olivettes font comme ils peuvent, et les bras leur manquent souvent pour administrer en temps convenable chaque catégorie d'engrais. Beaucoup même ne peuvent engraisser tous leurs Oliviers tous les ans, comme il le faudrait pour leur plus grand bien. Les anciens, d'ailleurs, ne faisaient pas de la fumure annuelle un précepte absolu : « *Tertio quoque anno, fimo vet pabulandæ sunt Oleæ* », disait Columelle, et Pline répétait : « *Stercorari tertio anno*, » l'engrais triennal leur semblait suffisant. Dans ce cas, il vaudrait mieux fumer tous les ans un tiers des Oliviers d'une propriété.

XIV. Matériel d'exploitation. — Les agronomes latins n'ont rien oublié au sujet de cette culture d'une importance si grande dans l'antiquité romaine. Caton a indiqué le personnel et le matériel nécessaires pour la tenue d'une plantation de 250 arpents ou *jugera* plantés en Oliviers. C'était en partie une exploitation mixte, il faut s'en souvenir; mais cependant l'arbre de Minerve, répandu sur toute cette surface, imprimait à l'ensemble des travaux un caractère spécial. Le tableau du personnel et du matériel donné par le vieux Caton appartient donc à l'histoire de notre arbre.

Le personnel se composait de treize individus, tous ou presque tous esclaves d'après Varron. C'étaient :

Un intendant ou *villicus*.
Une surveillante.
Cinq manœuvres.
Trois bouviers.

Un porcher.
Un ânier.
Un berger.

Puis, vient le dénombrement des animaux.

Trois paires de bœufs.
Trois ânes avec bâts pour transports d'engrais.
Un autre âne pour tourner la meule.
Cent brebis.

Voici maintenant le matériel nécessaire à l'exploitation :

Trois grands chars.
Six araires et leurs socs.
Trois jougs et leurs lanières.
Six harnais de bœufs.
Un râteau en fer.
Quatre civières à fumier.
Trois demi-bâts.
Trois couvertures pour les ânes.
Huit fourches.
Huit sarcloirs.
Quatre pelles.
Cinq houes.

Deux râteaux à quatre dents.
Trois faux à foin.
Six faux à chaume.
Cinq croissants.
Trois haches.
Trois coins.
Un pilon à blé.
Deux pelles à feu.
Un fourgon.
Deux réchauds.
Dix tonnes à vin.
Deux pour le froment.

Une pour les lapins.
Six cruches à vin.
Une aiguière.
Une baignoire.
Trois cuillers.
Un buffet.
Deux plats en cuivre.
Deux tables.
Trois grands bancs.
Un siége pour la chambre à coucher
Trois escabelles.
Quatre tabourets.
Deux fauteuils.
Un lit dans la chambre à coucher.

Quatre lits de sangle.
Trois autres lits.
Un pilon en bois.
Un pilon pour fouler la laine.
Un métier à tisserand.
Quatre pilons (pour usages divers).
Un boisseau.
Un demi-boisseau.
Huit matelas.
Seize oreillers.
Dix draps.
Trois serviettes.
Six casaques pour les esclaves.

Varron discute cet état de Caton, et lui oppose les évaluations de Saserna, qui habitait les Gaules, et qui estimait que pour chaque *jugerum* d'Oliviers, il fallait quatre journées du travail d'un homme. Selon Saserna, il fallait un attelage pour cent *jugera* d'Oliviers.

CHAPITRE V

DES CAUSES DE DÉPÉRISSEMENT DES OLIVIERS

Sommaire : I. Le froid. — II. Caducité des fruits. — III. Des insectes ennemis de l'Olivier. — IV. Maladies de l'Olivier causées par les parasites végétaux.

I. LE FROID. — Les êtres vivants ont à subir une lutte incessante contre les causes de destruction qui les entourent. C'est la loi de la vie, c'est la lutte pour l'existence, l'Olivier ne pouvait y échapper.

Ses ennemis sont nombreux et appartiennent, soit à la nature des milieux dans lesquels il croît, soit aux animaux et aux végétaux qui vivent à ses dépens. Il est, en outre, le siége d'altérations diverses qui constituent des maladies physiologiques, se rattachant moins directement ou obscurément aux influences extérieures. Nous allons étudier ces trois sources de dangers, et les moyens employés pour les conjurer.

Les abaissements de la température au-dessous de certaines lignes constituent un des périls les plus graves, sans cesse suspendu sur l'existence des Oliviers. Nous disons ailleurs quelles sont les limites des climats dans lesquels peut vivre l'arbre dont nous parlons, mais on comprend que dans ces limites il puisse être menacé par les froids anormaux, et cela d'une façon très-variée, qui n'a quelquefois même aucun rapport avec les latitudes. La Syrie, le nord de l'Afrique, le midi de l'Espagne et de l'Italie, les îles de la Méditerranée perdent rarement les Oliviers par le froid ; mais la Grèce, l'Italie centrale, la Provence, les régions moyennes de l'Espagne et du Portugal les voient, de loin en loin, succomber aux rigueurs de leurs hivers exceptionnels.

Pour étudier d'une manière complète cette cause de dépérissement, il ne faut pas oublier que l'exposition, l'altitude, et les différentes variétés de l'arbre, rendent inégaux les effets d'un abaissement de la température : que les circonstances météorologiques qui précèdent un froid vif et subit, en modifient encore les résultats.

La Grèce et le midi de l'Espagne sont placés sous les mêmes latitudes, et cependant les Oliviers sont plus exposés au froid dans la première région que dans la seconde. En Grèce, les vents du nord et nord-ouest, qui soufflent après l'équinoxe d'automne ou qui règnent après le solstice d'hiver, glacés par les sommets du Pinde et de l'Olympe, vont parfois porter la désolation parmi les Oliviers de l'Attique, déjà réveillés par les tièdes halcines de décembre et de janvier. Il y a bien des siècles, Théophraste signalait déjà ces causes de ruine, et M. A. Grisebach, dans sa *Végétation du globe*, a constaté que le domaine continental s'avance jusque dans les montagnes de l'Arcadie.

Chaque région présente des localités privilégiées où les arbres, bien abrités, échappent au fléau qui passe sur la contrée. De Gênes à Nice on rencontre un grand nombre de ces oasis cachées dans les découpures du rivage ; là, de vieux Oliviers ont vu déjà passer bien de cruels hivers. Finale, Albenga, Saint-Rémo, Menton, Beaulieu, Villefranche ont cette fortune.

Il y a eu, pour l'arbre dont nous parlons, des années néfastes, qui sont restées dans la mémoire des hommes. P. Radulfo, Cambi, Antonello Coniger, Presta, en Italie ; Bernard, Amoureux, H. Laure, J. Reynaud, en France, nous en ont transmis les dates. Les poëtes eux-mêmes se sont associés à ce deuil des régions oléifères, et Jacob Vanières à dépeint, en beaux vers, la tristesse des pays ravagés.

> Sed quæ vana cano vobis præcepta colonis
> Heu patriæ telluris opes! Heu grandia divum
> Munera! felices Oleæ dum vita manebat,
> Quæ vestris inimica lues decussit honorem
> Frondibus?

Roucher, un autre poëte de la région des Oliviers, s'écriait aussi mélancoliquement :

> Brillante Occitanie, hélas! encore les rives
> Pleurent l'honneur perdu de tes rameaux d'olives.

Quand on passe en revue ces cruelles époques, il est difficile de con-

14

stater dans le retour du fléau une périodicité bien marquée. Deux fois par siècle, dit M. Riondet, les Oliviers gèlent. D'après M. Du Breuil, tous les neuf ans ils sont menacés. Voici quelques dates fameuses, le lecteur jugera :

1216. La Toscane fut très-éprouvée.

1323. La Méditerranée fut prise en certains endroits.

1390. 1450.

1458. Des neiges abondantes font périr un grand nombre d'Oliviers aux environs de Lecce, d'après Coniger.

1476. Le froid se fit surtout sentir en Languedoc.

1507. Grands ravages, d'après Ruffi, de Marseille.

1510. Un des hivers les plus terribles en Italie, d'après Cambi.

1564. Grands dégâts en Provence.

1589. Le Rhône est immobilisé par les glaces.

1601. D'après Presta, la neige dura quarante jours en Italie.

1608. Nommé le grand hiver par Mézerai ; tous les Oliviers périrent.

1621, 1622, 1664, 1665. Hivers très-durs en Provence.

1709. Grands ravages en Provence et en Toscane.

1716. Année funeste, les arbres s'en ressentirent plusieurs années de suite.

1740, 1747. Le 24 mars, les Oliviers en fleurs sont brûlés à Gallipoli par un vent glacé (Presta).

1757. Des milliers d'Oliviers gèlent à Alep.

1766, 1767, 1768. Années funestes, surtout la dernière, nommée *année terrible*. Les Oliviers d'Aramon, sur les bords du Rhône, périrent, le comtat Venaissin et la Provence souffrirent beaucoup.

1770. Sévit aux environs d'Aix.

1782. Fatal aux Oliviers de la province de Bari, très exposés comme le fait observer Presta, quand les vents d'ouest refroidis par les montagnes de la Lucanie et des Principautés, passent sur leurs têtes.

1789. Remarquable en Italie comme en Provence par le mal qu'il fit.

1812, 1820, 1830 comptent encore parmi les mauvaises années, 1820 surtout.

Tous les observateurs sont d'accord pour reconnaître qu'il est difficile de fixer le degré de température au-dessous duquel les Oliviers périssent.

Les gelées subites qui saisissent l'arbre mouillé, et dont la végétation n'a pas subi de temps d'arrêt, font de grands ravages; c'est ce qui arriva en janvier 1820. Après un mois de décembre très-doux, le thermomètre descendit à 12 degrés; le mal fut complet, foudroyant. Les Oliviers les mieux soignés, et aux bonnes expositions périrent tous; les arbres des versants nord résistèrent en partie : ils étaient moins avancés, moins remplis de séve.

En 1830 le froid fut plus grand, mais il devint de plus en plus intense graduellement, à partir de novembre 1829. La séve n'ayant pu reprendre son activité, les arbres souffrirent bien moins.

On ne peut apprécier immédiatement l'étendue du désastre, le froid agissant à des degrés divers. Tantôt les fleurs et les feuilles sont seulement brûlées, parfois les branches les plus jeunes sont atteintes, surtout du côté du nord; leur épiderme s'enlève : les récoltes prochaines sont compromises, mais c'est tout, les élagages du bois mort, quelques labours, une bonne fumure, rendront la santé à l'arbre.

Dans d'autres circonstances le mal est plus grave, des branches entières sont frappées, et parfois quelques parties du tronc. Le printemps révélera l'étendue des blessures et l'on verra la vie et la mort associées, au grand détriment de la production. Restaurer ces Oliviers est chose fort difficile, on y dépense du temps et des soins en pure perte. Les branches nouvelles se souderont mal au bois mort qui leur est accolé, et le tissu vivant qui les nourrit encore sera bientôt insuffisant pour leur apporter la subsistance nécessaire. M. du Breuil indique cependant les moyens de réformer l'arbre, en supprimant les parties mortes et les bourgeons gourmands inférieurs, et modérant les branches conservées.

Il arrive enfin que toutes les parties extérieures de l'arbre jusqu'à la souche sont frappées de mort, alors les branches sont fendues, l'écorce crevassée.

. . . . . . stat iners sine cortice truncus :

La séve extravasée a rougi les troncs et la terre.

En 1790 les paysans des environs d'Aix arrachèrent leurs Oliviers gelés, et vendirent pour plus cher de bois à brûler que leur terre ne valait. Aujourd'hui ces désastres ne sont plus considérés comme une ruine définitive des plantations, on coupe jusqu'au ras de terre les arbres touchés de moins de trente ans, et l'on attend. Au printemps des jets verdoyants jaillissent, nombreux et serrés, de la souche ou même des racines. Quand l'arbre est trop vieux, on supprime la souche, exposée à pourrir. Elle-même peut geler quelquefois. On l'arrache, on laisse la fosse béante, des pousses plus ou moins nombreuses se développent sur les racines dont on a coupé bien net les parties altérées tenant à la souche. Un seul jet sera maintenu pour remplacer l'arbre mort, les autres seront plantés ailleurs.

On est aujourd'hui tellement fait ou préparé par l'expérience à ce sacrifice, que beaucoup de cultivateurs en profitent pour avoir beaucoup de plants d'Oliviers. M. Riondet va plus loin : il fait d'une catastrophe future, à la suite de laquelle on aurait le courage de couper tous les Oliviers, le point de départ d'une ère nouvelle pour cette culture. « Nous n'aurions plus tous ces arbres morts à moitié, qui déparent nos champs; alors nous verrions partout renaître des Oliviers jeunes et vigoureux, et les greffant en *pendouliers* ou en *cayons*, nous leur appliquerions la plus heureuse transformation..... Par ce moyen le mal pourrait se changer en bien [1]. ».

Comment faire de beaux arbres, des plantations utiles avec les rejets qui vont jaillir des souches? La question a son importance, mais les praticiens ne sont pas d'accord sur la marche à suivre pour mener à bien cette œuvre de réparation.

Tous les auteurs reconnaissent que pendant toute la première année il ne faut supprimer aucun des rejetons, mais dès la deuxième année Bernard pensait qu'il fallait laisser un seul jet et supprimer les autres. Trinci et Presta avaient en Italie été de la même opinion. M. Riondet conseille seulement des éliminations successives des pousses chétives qui gêneraient les autres; enfin M. du Breuil n'en arrive à la tige unique, par suppression des autres, que la cinquième année, au mois de mars.

Bernard avouait ce que l'expérience démontre tous les jours, c'est que le maintien de tous les rejetons rend la végétation bien plus vigoureuse d'abord, que lorsqu'on ne laisse qu'une pousse. Il reconnaissait encore que l'Olivier, refait de la première manière donne plus tôt des fruits; mais

---

1. Dans les Oliviers gelés, les pousses naissent toujours au-dessous de la greffe; il faut donc greffer de nouveau celles-ci.

il pensait, avec raison, que l'avantage définitif restait à son procédé, qui faisait un arbre plus vigoureux, bien tourné, ne gênant ni le passage du bétail ni les cultures secondaires, droit, tenant peu de place, adhérant fortement à la souche mère. On obtient tout le contraire en laissant plusieurs arbres se former sur la même souche; en attendant à la cinquième année pour arriver à l'unité, on a nourri sans profit des rejetons, à moins qu'on ait eu l'intention de les replanter ailleurs.

La neige, quand le vent ne lui permet pas d'adhérer aux branches, est peu dangereuse : le verglas qui se fixe aux rameaux l'est beaucoup plus. On a vu en 1855 les Oliviers résister d'Antibes à Perpignan malgré vingt centimètres de neige, tandis qu'aux environs de Nîmes, à la même époque, les Oliviers succombaient sous un épais verglas (J. Reynaud).

II. CADUCITÉ DES FRUITS. — M. G. Cappi comprend ce phénomène parmi les maladies de l'arbre, et il l'attribue soit à des changements brusques de température, soit à un défaut de chaleur, comme il arrive dans les années pluvieuses. Dans ces circonstances les olives tombent avant de s'être développées complétement: c'est un fait assez rare dans les pays oléifères. Le même mal pourrait être produit par une cause inverse, une grande sécheresse, de précoces chaleurs. Les binages fréquents et les irrigations, dit M. du Breuil, préviendront les conséquences de la sécheresse : biner souvent, arroser beaucoup, cela n'est pas toujours facile.

Il y a une caducité plus précoce encore, c'est lorsque les pluies abondantes survenant vers la fin de la floraison, les fruits ne nouent pas. Pline (lib. 17, cap. 24) a signalé ce mal : « *Pessimum est inter omnia, cum deflorescentem oleam percussit imber, quoniam simul defluit fructus.* »

III. DES INSECTES ENNEMIS DE L'OLIVIER. — Les auteurs qui se sont occupés des insectes qui nuisent à l'Olivier sont nombreux, mais il faut citer surtout les travaux de Cappari, Gioveni, Angiolini, Tavanti Sieuve, Bernard, Presta, Risso, comte Philipo Re, G. Costa, de Naples, où parut en 1840 la deuxième édition d'une excellente monographie sur cette question; Companyo dans sa *Faune du Roussillon;* Cazurro, en Espagne, dans son livre intitulé : *Épidemia actual del olivo.*

Les insectes qui attaquent l'arbre de Minerve et vivent à ses dépens sont nombreux. Il n'échappe pas à la loi générale en vertu de laquelle nul être, quelle que soit sa place dans la série organique, ne se soustrait au parasitisme. G. Cappi a même cru que sous ce rapport l'Olivier était dans les conditions les moins favorables, car pendant que les autres arbres ont des hôtes utiles qui contrebalancent l'action des parasites nuisibles, par une cruelle ironie de sa destinée, l'arbre de la paix n'aurait que des ennemis. Il n'en est pas tout à fait ainsi, comme nous le verrons plus loin.

Parmi les insectes redoutables pour notre plante, il y en a surtout quatre qui lui font une guerre incessante : ce sont : 1° la mouche de l'Olivier ; 2° le kermès ; 3° la psylle ; 4° la teigne de l'Olivier.

MOUCHE DE L'OLIVIER.

Bernard nommait « mouche qui pique les olives » l'insecte que l'on désigne encore vulgairement sous le nom de « ver des olives », et en Italie et en Espagne sous celui de *mosca dell' olivo.* (*Tephhritis Olea* de Risso)

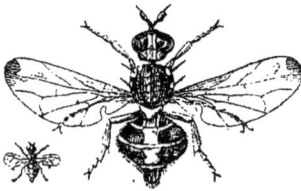

Fig. 79-80. — DACUS OLEÆ,
Mouche de l'Olivier.

C'est le *dacus Oleæ*, type du genre *dacus* (de δηζ, δηκος, ver qui ronge le bois). Ce genre *dacus*, établi par Meigen, appartient à l'ordre des diptères, à la division des brachocères, à la famille des athéricères, à la tribu des muscides.

Cet insecte nous gaspille annuellement, dit Pouchet, pour trois millions d'olives. Les autres rivages de la Méditerranée n'échappent pas à ses atteintes. C'est le plus terrible ravageur d'olives, parce qu'il se multiplie plusieurs fois dans le temps qu'elles mettent à mûrir, et qu'il apparaît surtout dans les années d'abondance (fig. 79, 80).

L'insecte parfait que nous représentons ici, très-grossi, a la tête jaunâtre, les yeux bruns, les antennes surmontées d'une soie simple, le corselet gris, avec trois bandes d'un brun foncé. L'abdomen ovale, noirâtre, avec une bande jaune longitudinale, terminé en pointe dans la femelle, est obtus chez le mâle. Les ailes transparentes, avec une nervure jaunâtre vers le bord extérieur, présentent une tache noire au sommet. Pattes jaunes, avec extrémité des postérieures plus claire.

Le mâle est plus petit que la femelle : celle-ci pique l'olive et fait couler un œuf dans l'ouverture peu profonde qu'elle a formée. Il sort de cet œuf une larve d'un blanc jaunâtre. Elle n'a point de pattes et marche en rampant : la tête est pointillée, et la bouche est armée d'un petit poinçon noirâtre.

Cette larve, connue dans quelques endroits de la Provence sous le nom de *chiron*, habite la pulpe de chaque olive, qui peut en contenir plusieurs. A mesure qu'elle grossit, la galerie qu'elle trace augmente : mais comme elle se tient près du noyau, le mal n'apparaît pas encore au dehors. Trois mois après son éclosion, elle se transforme en chrysalide dans les profondeurs de l'olive. Nous représentons ici côte à côte la larve et la chrysalide grossies (fig. 81 à 84).

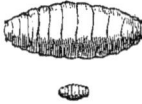

Fig. 81, 82. — CHRYSALIDE
DU DACUS OLEÆ.

Fig. 83, 84. — LARVE
DU DACUS OLEÆ.

Après un sommeil de cinq semaines, l'insecte, laissant sa coque dans le fruit, sort de l'olive, ouvre les ailes et part.

Quand les olives tombent ou sont récoltées avant la transformation des larves, celles-ci abandonnent les fruits. Elles se réfugient alors dans la terre pour faire leur coque, ou couvrant le plancher des greniers, elles se changent en chrysalides au milieu des poussières et des déchets. Aux premiers beaux jours, et surtout quand les olives amoncelées commencent à s'échauffer, les mouches s'envolent. Elles apparaissent sur les arbres, principalement vers la fin de septembre et en octobre.

Le *dacus* a un ennemi, c'est la fourmi. Sieuve croyait que les larves mêmes étaient leur proie. Elles se contentent d'extraire l'œuf qui vient d'être déposé par la femelle. Les fourmis ne sauraient totalement débarrasser l'arbre de cet ennemi. La figure 85 montre des olives piquées, et les lacunes faites par les larves dans leur pulpe.

On a beaucoup écrit sur les remèdes propres à combattre le fléau : des primes ont été offertes dans tous les pays oléifères, sans grand succès. On a remarqué que les ravages étaient d'autant plus considérables, que la récolte était plus tardive. Ainsi la Ligurie orientale, et même la Toscane, souffrent moins que la Ligurie occidentale, où les olives restent sur l'arbre jusqu'au printemps. Quand les olives seront piquées, il fau-

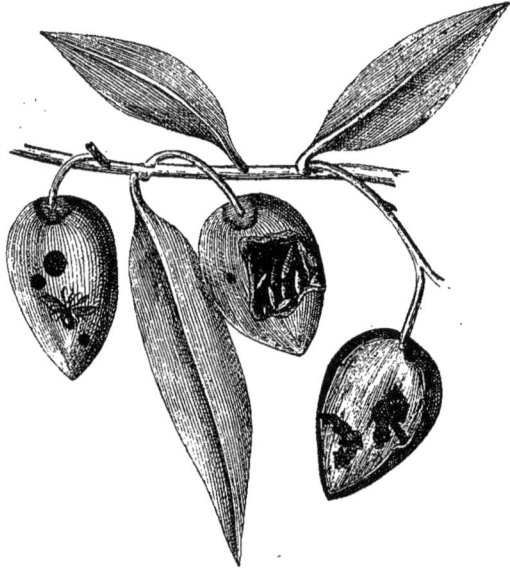

Fig. 85. — OLIVES PIQUÉES ET RONGÉES PAR LE DACUS.

dra les cueillir avant l'éclosion des mouches, et les passer immédiatement au moulin. L'huile est meilleure et plus abondante que si l'on attend que chaque ver ait rongé la cinquième partie du fruit.

TEIGNE DE L'OLIVIER.

L'insecte dont nous allons parler maintenant est le *tinea oleella* des entomologistes. C'est la chenille mineuse de Bernard. Presta le désignait sous le nom de *bruco minatore*; G. Cappi le nomme *minatrice delle foglie*. En Espagne, d'après Tablada, il est connu sous le nom de *polilla del olivo*.

Pour compléter cette synonymie, nous dirons encore que c'est le même animal qui a été désigné sous le terme de *elachista oleella* par Fonscolombe. Il ne doit pas être distingué du *cynips oleae* de Fabricius *(roditore del nocciolo* des Italiens), car Guérin-Méneville pense que ce *cynips* n'est qu'un des états de la teigne de l'Olivier.

L'*Œcophora olivella* de Fonscolombe ; *Minatrice del nocciolo* de G. Cappi ; *Oruga minadora* ou *Taladrilla* de Tablada, doivent encore se rapporter au *Tinea oleella* de Fabricius.

En résumé, sous tous ces noms, il n'y a qu'une espèce d'insecte, mais qui, dans trois générations successives, se présente avec des différences d'habitat, et quelques nuances particulières dans les formes extérieures. Voici la série des trois générations :

Première génération.	Chenille habitant le noyau de l'Olive (ecophora olivella. — Minatrice del nocciolo). Puis en sortant après avoir entamé le pédoncule (cynips oleae. — Roditore del nocciolo). Chrysalide. Papillon. Œufs pondus *sur les feuilles.*
Deuxième génération.	Chenille habitant le parenchyme des feuilles et les bourgeons (elachista oleella. — Minatrice delle foglie). Chrysalide, sur les feuilles. Papillon. Œufs pondus *sur bourgeons.*
Troisième génération.	Chenille habitant les bourgeons et les jeunes pousses (elachista oleella.—Minatrice delle foglie). Chrysalide. Papillons. Œufs pondus *sur les olives.* Chenille habitant le noyau de l'Olive, etc.

Bien avant que Guérin-Méneville eût découvert l'identité de ces générations successives au point de vue spécifique, Bernard, avec une sagacité peu commune pour son temps, l'avait affirmée. Il avait suivi l'insecte pondant alternativement sur les feuilles, les bourgeons et l'olive ; avait constaté que sa larve fait aussi successivement sa nourriture du parenchyme des bourgeons et du noyau ; et dans ces différentes demeures, ou attablé à ces festins divers, il n'avait vu en lui qu'un même parasite : la chenille mineuse. Aussi Presta, Hidalgo Tablada, rendant hommage à l'auteur du Mémoire sur l'Olivier, se sont contentés de reproduire et d'accepter les vues du savant Marseillais.

La chenille mineuse est un insecte lépidoptère.

Nous le représentons : 1° à l'état parfait ; 2° à l'état de larve dans le noyau. (fig. 86).

La chenille, née d'un œuf déposé au revers de la feuille de l'Olivier, a douze anneaux. Sa tête est écailleuse et armée de deux crochets. Le masque est noir dans le jeune âge, et jaunit ensuite. On voit sur le premier anneau deux taches noires disposées symétriquement. Celles qui se trouvent sur les autres anneaux, sont en même nombre, mais plus petites. Aux trois premiers anneaux, il y a de chaque côté trois pattes écailleuses et noires. Les deux anneaux suivants sont sans pattes; les quatre qui leur succèdent ont chacun une patte membraneuse de chaque côté. Il y a enfin trois anneaux, dont le dernier a deux pattes et deux taches assez grandes. On voit à la loupe des poils sur toute la longueur de la chenille; sa couleur, d'un vert foncé, s'éclaircit plus tard (fig. 87, 88).

Fig. 86. — Teigne de l'Olivier
(Tinea Oleella Fabr.)

La chenille attaque la feuille par dessous, c'est le côté le plus tendre; elle se loge dans le parenchyme qu'elle dévore et se met ainsi à l'abri

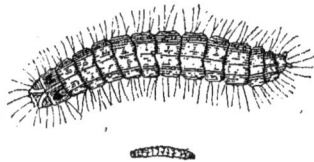

Fig. 87, 88. — Chenille grossie
de la Teigne de l'Olivier.

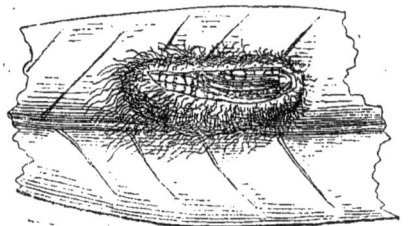

Fig. 89. — Cocon très-grossi de la Teigne
de l'Olivier.

du temps et des oiseaux. La feuille de l'Olivier paraît comme tachée dans l'endroit qu'elle occupe. La chenille hiverne dans ce gîte et se métamorphose au printemps. Les chenilles qui naissent au commencement de cette saison n'attaquent pas les anciennes feuilles, mais pénètrent dans les bourgeons à fleurs et à feuilles, et les rongent à l'intérieur jusqu'à leur insertion sur le vieux bois. Puis, vient le tour des jeunes feuilles qui paraissent alors découpées sur leurs bords. Elle file ensuite, soit dans une feuille roulée, soit entre plusieurs feuilles rapprochées par les fils de soie qu'elle tisse, et qui partent de son propre cocon (fig. 89).

L'insecte parfait a deux lignes et demie de longueur, quatre ailes grises ou tachées de brun rouge; les inférieures sont bordées de soie sur leurs bords, les antennes sont plus longues que la moitié du corps; la tête est armée d'une trompe. Il y a six articles aux tarses; les pattes sont couvertes d'écailles et accompagnées, si ce n'est à celles de la première paire, d'organes pour le saut.

Ces papillons pondent vers le mois d'août sur les olives, dans le noyau encore tendre desquelles les nouvelles chenilles pénètrent pour en ronger l'amande. L'animal a l'instinct d'attaquer le noyau par l'endroit le plus faible, celui où s'insèrent les faisceaux du pédoncule. Les olives ainsi envahies tombent, soit parce que l'afflux des sucs ne peut plus se faire, soit parce que les ligaments du pédoncule sont blessés. Tantôt les olives tombées n'ont pas encore une maturité suffisante pour fournir de l'huile, tantôt elles pourraient en donner, mais alors elles seraient gâtées par les excréments et détritus de l'insecte. C'est ce qui fit penser aux anciens que les noyaux de l'olive donnaient à son huile une saveur désagréable quand on les écrase. Pline croyait que la destruction du noyau par le ver faisait augmenter la pulpe huileuse du fruit; il n'était dangereux que quand il se tenait sous la peau.

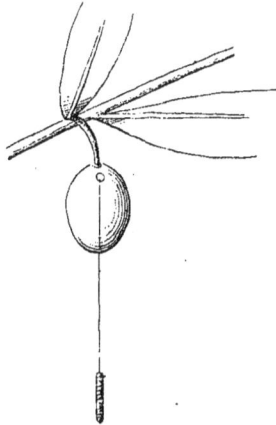

Fig. 90. — LARVE DE LA TEIGNE de l'Olivier sortant du fruit.

Presque toutes les olives tombées en août ou septembre contiennent dans leur noyau une larve blanche de tinea. Cette larve devient verte quand on la nourrit de feuilles.

La chenille sort de l'olive en se suspendant à sa soie, et va se transformer ailleurs (fig. 90). Les papillons de troisième génération pondent en automne à la face inférieure des feuilles.

Il est un autre dommage causé par le même insecte aux Oliviers. Bernard le signalait en ces termes : « J'ai dit que la chenille s'insinuait dans le centre des bourgeons naissants et les dévorait jusqu'à l'endroit où ils étaient articulés sur le vieux bois. Cette piqûre se cicatrise rapidement sur plusieurs espèces d'Oliviers ; d'autres fois il reste un trou à l'insertion du vieux bois : les eaux pluviales s'y arrêtent, et la pourriture attaquant alors ce bois tendre l'affaiblit considérablement. Aussi lorsqu'en automne des vents violents succèdent à des pluies abondantes, tous ces rameaux malades sont abattus. Bernard parle encore des excroissances ou fausses galles sur les jeunes rameaux, et qu'il faut attribuer à la morsure des mêmes larves. Ces tubérosités, quand elles serrent circulairement la jeune branche, la font périr (fig. 91).

Le mal causé aux Oliviers par la teigne est bien connu en Espagne ; D. José Hidalgo Tablada en parle longuement, et reconnaît aussi que c'est la chenille mineuse, si bien décrite par Bernard, qui mange les feuilles, détruit les bourgeons, ronge le noyau et produit les tubérosités. Il donne à l'appui une photographie de rameaux attaqués par les larves de la teigne ; on y voit des feuilles rongées, dénaturées, et de jeunes ramuscules arrêtés dans leur développement. Le savant espagnol pense que le froid, en dépouillant les arbres, peut interrompre les ravages causés par cet insecte. Nous donnons ci-contre, d'après Tablada, une idée de la maladie dont nous venons de parler (fig. 92).

Fig. 91.— TUBÉROSITÉS causées par la Teigne de l'Olivier.

PSYLLE DE L'OLIVIER.

Les anciens désignaient sous le nom d'*araneum* un insecte qui habite l'Olivier, et que nous nommons aujourd'hui Psylle de l'Olivier : *Psylla oleae* (Fonsc.) Dans le sud de l'Italie, le même animal se nomme *bombacella ;* en Toscane *ragnatella*. C'est encore l'*algodon del olivo ;* sans aucun doute, c'est l'*Eriosoma olae* de Risso ; le neiroun, le sauteret, le blanquet des agriculteurs du Var.

Le genre Psylla appartient à la famille des psyllides et à l'ordre des hémiptères.

L'insecte parfait a cinq millimètres de large, les ailes sont en toit, tran-

sparentes et ponctuées de jaune sur le dessus, les antennes sont fili-
formes, le ventre vert est terminé en pointe, la tête et le corselet sont
ornés de taches jaunes et vertes. L'insecte saute parfaitement, ce qui lui
a fait donner en Espagne le nom de *pulgilla del olivo*.

La larve est d'un vert clair, elle a des antennes en masse ; elle marche
sur six pattes. Nous représentons plus loin l'animal sous ces deux états
(fig. 93-94).

La Psylle vit dans l'aisselle des feuilles et autour des pédoncules des

Fig. 92. — MALADIE DES JEUNES BRANCHES D'OLIVIER,
causée par la Teigne (*Tinea oleella*).

fleurs, caché sous une matière visqueuse qui ressemble à du duvet fort
blanc. Cette larve, rare en automne et en hiver, mais surtout abondante
au moment de la floraison, suce la séve près des fleurs, et les fait avor-
ter; de plus, elle couvre en partie ces dernières d'une matière coton-
neuse, pleine de gouttes visqueuses, ce qui contribue encore à les faire
couler.

Les agriculteurs n'emploient aucun moyen pour débarrasser l'Olivier
de ce parasite dangereux; mais ils voient souffler avec plaisir le vent
de nord-ouest, qui fait tomber ces insectes, et emporte le produit lanu-
gineux, dont la figure 95 peut donner une idée.

KERMÈS.

Il s'agit ici de l'insecte désigné sous les noms de Kermès rouge, cochenille adonide, *coccus oleae*, pou de l'Olivier, *cuciniglia dell' olivo*, etc.

Le genre coccus, de l'ordre des hémiptères, a des ennemis pour tous les arbres utiles de l'Europe ; l'Olivier devait subir cette condition. Les

Fig. 93. — PSYLLE DE L'OLIVIER
très-grossie.

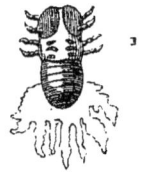

Fig. 94. — LARVE GROSSIE
de la Psylle de l'Olivier.

plus anciens écrivains en parlent, et Bernard, qui constata ses ravages de Marseille à Antibes, l'a décrit avec son soin ordinaire.

Chaque femelle peut contenir deux mille œufs. En naissant, ces insectes se répandent sur la partie inférieure des feuilles et les pousses tendres. Ils possèdent une couleur rouge clair ; au bout de quatre ou cinq mois, ils s'attachent aux branches ; ils sont alors plus longs que larges, une de leurs extrémités est pointue, l'autre obtuse. En grossissant, ils deviennent plus rouges, et passent ensuite au brun foncé ; la pérennité de la verdure de l'Olivier maintient la multiplication de ces kermès sans interruption.

Le kermès nuit à l'Olivier beaucoup plus en amenant une déperdition considérable de sa séve, qu'en consommant lui-même cette séve ; les arbres affaiblis produisent des récoltes peu abondantes, et souvent les olives ne parviennent pas à leur maturité.

Les arbres ainsi envahis ont cependant de loin l'apparence de la vigueur, parce que la séve extravasée délayant les excréments des coccus prend une couleur noire qui masque ainsi la teinte jaunâtre des feuilles et des rameaux chez les Oliviers malades.

D.-J.-H. Tablada a représenté (page 288, figure 28) un rameau infecté de kermès, d'après une épreuve photographique dont nous essayons de rendre la physionomie (fig. 96).

Les remèdes nombreux qui ont été proposés, taille des arbres, grattage, soufre, pétrole, lessive alcaline, eau de chaux, eau bouillante, flambage, sont d'une application difficile et d'un succès incertain contre des millions d'insectes. Le froid, qui éprouve les Oliviers de loin en loin, est encore leur meilleur auxiliaire contre les ennemis qui l'assiégent.

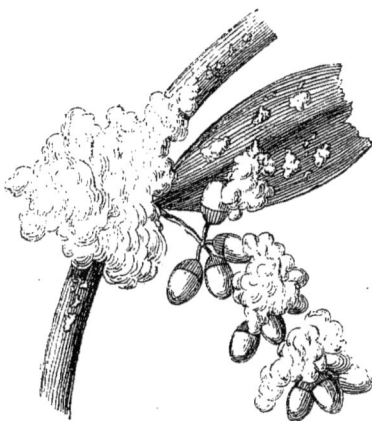

Fig. 95.—MATIÈRE LANUGINEUSE DE L'OLIVIER produite par la Psylle.

Pour terminer cette énumération des insectes nuisibles à l'arbre de Minerve, il nous resterait à parler de deux coléoptères, le premier est le :

Hylesinus oleïperda. (Fabr.)

Le genre hylesinus appartient à la famille des xylophages, à la tribu des scolytaires.

L'hylesinus oleïperda est connu dans le Midi sous le nom de ciron, taragnon, kairon.

La larve de l'hylesinus habite sous l'écorce ou dans l'aubier des jeunes rameaux. On reconnaît ces derniers aux taches jaunes, brunes ou violacées qui les couvrent, et surtout à leur étiolement. La larve se transforme en insecte parfait dans une cellule creusée entre l'écorce et l'aubier; celui-ci perce l'écorce et paraît au dehors en avril ou mai. Après l'accouplement, la femelle va percer l'écorce pour y déposer son œuf.

L'hylesinus a trois millimètres de long; il est noir, couvert de poils,

avec les antennes en massue comprimée; la tête, large et grosse, est
comme encapuchonnée dans le corselet et veloutée sur la face cachée.

Le corselet est convexe, plus étroit devant que derrière, ponctué sur
le dos avec un sillon sur le milieu. Les élytres, deux fois plus longues

Fig. 96. — RAMEAU D'OLIVIER ENVAHI PAR LE KERMÈS.

que larges, convexes, présentent dix cannelures ponctuées. Les pattes
sont d'un brun noir, avec les tarses plus clairs.

Cet insecte, qui est sans doute le bostriche de Bernard, attaque surtout les Oliviers déjà malades, et même les branches mortes. Les dommages qu'il cause ne seront pas considérables, quand on aura la précaution de couper et de brûler les rameaux atteints.

Phloiotribus Oleæ (Fabr. de).

Cet autre coléoptère a été décrit par Bernard sous le nom de scarabée
de l'Olivier; c'est encore le *phloiotribus adspersus* de Passérini.

Il est long de deux millimètres, de couleur noire, et couvert de poils gris. Les antennes, plus longues que la tête, sont terminées en massue allongée, et divisées en trois feuillets de couleur rouge, et couverts de poils. La tête, un peu enfoncée dans le corselet, présente des mandibules un peu élevées; la face est plate, velue et finement ponctuée. Le corselet est convexe, arrondi sur les côtés, ponctué et velu. Les élytres, sont deux fois plus longs que larges, convexes, ponctués, rayés de dix cannelures, velus et rouges.

« Tous les rameaux d'Olivier, dit Bernard, que le froid avait fait périr aux environs de Draguignan en 1787, étaient attaqués par cet insecte. La larve se métamorphose au mois d'avril. L'ouverture qu'elle a faite aux branches donne issue à l'écoulement d'une substance qui a la forme, la couleur, l'odeur et le goût de la manne. »

Les anciens avaient connu cette exsudation; Pline en parle sous le nom d'*Eleomeli*, au livre XV, ch. VII, et dit qu'elle se montrait sur les Oliviers de la Syrie; M. Cappi la compare aussi à la manne.

La larve du *phloiotribus* attaque encore les jeunes pousses, celles qui porteraient du fruit l'année suivante, et creuse des galeries entre l'écorce et l'aubier. (V. XI, *Bulletin de la Société agricole des Pyr. Or.*, 1858.)

D'après Companyo, il faudrait encore ranger parmi les hôtes de l'Olivier; une espèce de *stromatium* : le *sexpustulatum*, famille des longicornes; puis le *agrypnus fasciatus*, famille des sternoxes. Tablada cite encore l'*aspidiotus conchyformis*, qui couvre les rameaux d'une croûte, et qui n'est sans doute qu'un coccus.

IV. MALADIES DE L'OLIVIER CAUSÉES PAR DES PARASITES VÉGÉTAUX, etc. — Les plantes n'échappent pas au parasitisme végétal, l'*Olea europaea* va nous en donner des exemples. Nous allons parler d'abord de cette affection désignée sous le nom de noir des Oliviers.

Cette cause de dépérissement de l'arbre semble avoir médiocrement préoccupé les agronomes de l'Italie et du midi de la France. Presta n'en dit rien, M. Cappi n'en dit qu'un mot et la considère comme une conséquence de l'invasion des Oliviers par les Kermès, sur les excréments desquels pousse un champignon.

En France, Bernard parle de la teinte noire communiquée aux parties aériennes par les kermès ; Risso attribue cette teinte à l'invasion d'un champignon : le *dæmatium monophyllum*. Enfin M. Riondet, sans ndiquer sa nature, la considère comme se produisant surtout sur les arbres touffus dont l'intérieur manque d'air et de soleil.

Malgré le silence des auteurs, le noir ou fumagine des Oliviers, aurait causé, il y a une vingtaine d'années, de grands ravages aux environs de Grasse et à Beaulieu, localité très-abritée du littoral : la maladie disparut d'elle-même. Plus récemment, les environs de Cette auraient été, d'après M. Napoléon Doûmet, visités par le même fléau.

Le noir des Oliviers semble avoir été, en Algérie et en Espagne, l'objet d'une plus grande attention. Tout le monde est d'accord pour signaler cette maladie comme très-dangereuse pour les Oliviers, mais les divergences commencent quand il s'agit d'interpréter son origine et de fixer ses causes.

Il y a quelques années, la Société botanique de France fut amenée à s'occuper de cette question [1]. Des rameaux de cet arbre, recueillis dans le cercle de Djidjelli et aux environs de Bône, avaient été présentés par M. Cosson [2], de la part du général Desvaux, commandant la division de Constantine. Un rapport de M. le capitaine Cousin accompagnait les échantillons.

Ce rapport disait : « Les Oliviers sont très-répandus dans le commandement de Collo ; ils y forment même une des principales richesses des Kabyles, mais malheureusement ils sont souvent attaqués par une maladie qui les rend improductifs pendant plusieurs années. Cette maladie a reçu deux dénominations dans le pays : *El Menn* et *El Djaïah.*

« Les arbres atteints de cette maladie deviennent noirs ainsi que leurs feuilles. S'ils portent quelques fruits, ce qui est rare, ces fruits ne contiennent pas d'huile.

« Cette maladie fait le désespoir des Kabyles, car ils ne connaissent réellement aucun remède efficace pour la faire cesser. Comme elle

---

1. Bulletin de la Société botanique, t. VIII, p. 229.
2. M. Cosson a remarqué qu'en Algérie les Oliviers non greffés n'avaient pas le noir

frappe principalement les vieux arbres, quelques indigènes les émondent
pour les rajeunir.

« Ces opérations donnent tant de peines, et les résultats se font si longtemps attendre, que la plupart des Kabyles préfèrent laisser au temps le
soin de guérir leurs oliviers. Une plantation atteinte de la maladie du
noir ne donne pas de bons fruits avant dix ans.

« Les Kabyles ne connaissent pas les causes de cette maladie : les uns
disent qu'elle provient du brouillard, d'autres des émanations de la
terre, d'autres du vent de mer. »

On lit dans une autre note que le nom d'*El Menn* signifie poussière
en arabe, et que ce sont les vents de mer, poussés par le *bahari* (vent
du nord), qui déposent le noir sur toutes les parties de l'arbre.

On trouve dans le tome XIV de la Société botanique de nouveaux
faits sur l'histoire de cette maladie, exposés par MM. Aug. Rivière et
E. Rose. Les deux opinions qui font du noir, l'une la conséquence des
kermès, l'autre une maladie indépendante, se font jour. La même controverse s'est élevée en Espagne ; elle a partagé les observateurs en
deux camps, et D. J. de H. de Tablada expose bien le débat et l'état de
la question : à l'aide de ces documents, nous pouvons la résumer.

Nous avons dit que Bernard semblait confondre la maladie du noir
avec celle des kermès. En 1866, l'abbé Locquez la considérait aussi
comme le résultat du double parasitisme d'un insecte et d'un champignon. Robineau Desvoidy, dans un Mémoire publié en 1856 dans le
Magasin de zoologie sur les gale-insectes de l'Olivier, du citronnier, etc., admet que le noir ou morphée a pour précurseur nécessaire le
coccus adonidum. Companyo, qui connaissait si bien la faune et la flore
du Roussillon, reconnaît aussi cette succession d'un coccus parasite et
d'un champignon.

Desmazières et Berkeley croient également à la coalition nécessaire de
l'insecte et du champignon pour produire le fumago, lequel, suivant
M. Léveillé, végéterait sur le léger vernis laissé sur les feuilles par
l'excrétion mielleuse de certains insectes : combattre ces derniers serait
le plus sûr moyen de vaincre la maladie du noir.

M. Aug. Rivière pense que la fumagine naît sous la forme d'un champignon dans le miélat déposé sur les feuilles par les insectes. Ceux-ci,

aphis coccus ou *chermes*, apparaissent à la face inférieure des feuilles : puis le miélat se montre sur la surface des feuilles placées au-dessous. Ce miélat, reçu sur des pots ou des vitres, peut se couvrir de fumagine, et celle-ci, quand elle se montre sur les feuilles, est sans adhérence avec elles. Les filaments du mycélium restent confinés, suivant l'observation de M. Rose, dans le miélat qui est sa terre végétale.

L'insecte produit-il seul le miélat, qui parfois est très-abondant : l'écoulement des sucs de l'arbre, sous l'influence de sa piqûre, y contribue-t-il? On a observé dans les serres du Luxembourg que, grâce à une force de projection considérable, l'insecte pouvait lancer sa liqueur sucrée sur les plantes voisines de celles qu'il habite.

La maladie du noir est très-commune en Espagne, où on la désigne sous les dénominations nombreuses de *melera, mangla, melazo, limuela, pringue, hollin, tizne, tina, aceite, aceitillo, negra, negrilla, negruro*. La plupart des observateurs, dit Tablada, ont cru que les kermès produisaient cette maladie en amenant l'écoulement de la séve : seuls font exception : Sotomayer dans ses *Leçons d'agriculture*, Payo Vincente dans son *Arte de cultivar el Olivo*, et le chanoine Lopez y Caprero. Quant à Tablada, l'étude de cette maladie dans de nombreuses régions de l'Espagne, de l'Andalousie à la Manche, un séjour habituel dans les régions des Oliviers, l'ont conduit à penser que le kermès était une chose et la fumagine une autre.

Chez nous, Risso, Poiteau, Turpin, Tulasne, ont également pensé que le champignon seul constituait la maladie, et les auteurs du *Selecta fungorum carpologia* considèrent comme inutile le rôle de l'insecte.

M. D.J. de H. Tablada discute les causes de cette maladie ; il ne l'attribue pas uniquement à l'humidité, au défaut de ventilation et de lumière, car il a vu des Oliviers à l'exposition du midi, dans des lieux secs et ventilés, atteints de la *melera*. Pour lui cependant, elle apparaîtra lorsque les conditions seront telles, que la séve abondante causera la pléthore ou la plénitude des tissus superficiels. Enfin il a vu des Oliviers envahis par le noir sans traces de kermès, des arbres couverts de kermès sans traces de noir, et les deux maladies réunies.

Risso désignait sous le nom de *dæmatium monophyllum*, le champignon de la fumagine. Ce serait, pour M. Montagne, le *antennaria cælophila*. M. Rose le rattache au *fumago salicina*.

Parmi les remèdes nombreux, on a conseillé des laits de chaux ou d'hyposulfite de chaux, des fumigations au coaltar (Signoret), le pétrole, etc. L'écoulement des eaux, les labours, l'élagage pour augmenter l'air et la lumière au centre de l'arbre malade, ont encore été préconisés.

Tablada assure que la taille des Oliviers lui a toujours réussi, et que les propriétaires qui n'ont pas voulu s'y résoudre, ont vu la maladie persister chez eux. Il pense que les remèdes peuvent varier avec les circonstances. Dans tous les cas c'est un surcroît de main-d'œuvre et, par suite, de dépenses.

Souvent le mal prend une extension considérable, et l'auteur espagnol que nous citons plus haut, a vu, en 1856, plus de 60,000 Oliviers atteints dans les environs de Villarubia.

Il est une maladie des Oliviers désignée sous le nom de moufle ou mouffe, et sur laquelle tous les auteurs ne semblent pas d'accord. Presta, Bernard, Riondet n'en disent mot. D'après M. Du Breuil, ce serait le nom donné, aux environs de Draguignan, à la carie des racines de l'arbre ; et il en distingue le blanquet, affection des racines de l'Olivier due à un petit champignon blanc [1]. M. Cappi, au contraire, confond la mouffe avec le blanc des racines. Il reconnaît que c'est la maladie des Oliviers dont les racines plongent dans un sol fertile et humide. Le blanc des racines serait un champignon filamenteux supportant des conceptacles couverts d'une fine poussière blanche. Le blanc des racines peut, dit le même auteur, atteindre l'écorce et même les feuilles. On le voit, ce n'est pas là une maladie propre à l'Olivier, tous les arbres usés peuvent l'offrir. Les Oliviers qui inclinent vers la mort sont envahis comme tous les organismes vivants, par les êtres inférieurs qui s'apprêtent à se partager leurs dépouilles.

CARIE DES OLIVIERS.

Les amputations, dit M. Du Breuil, la rupture des branches, les con-

---

1. Tablada parle aussi d'un champignon blanc pui s'insinue entre l'écorce et le bois des racines.

tusions, produisent des plaies qui, si elles ne sont pas garanties du contact de l'air, exposent le corps ligneux à la carie, et creusent profondément les arbres. Les Oliviers bien aérés et en terrains maigres ont rarement cette maladie, qui n'est autre chose qu'une désorganisation partielle de la substance ligneuse.

Le traitement consiste à enlever autant que possible les parties cariées, à enduire les plaies d'un lait de chaux, et à remplir les cavités bien exactement avec un mortier de sable et de chaux. M. Du Breuil a figuré les instruments employés dans le midi pour l'enlèvement des parties cariées.

Un autre groupe d'affections produit chez l'Olivier des effets contraires, ce sont des excroissances variées qui apparaissent sur ses différentes parties.

La rogne, par exemple, a été décrite par Presta et Cappi, tandis que les agronomes français n'en parlent pas. Avant eux, elle avait été signalée en Italie par Fineschi, Panzini [1], Moschettini et Giovene. Ils n'avaient pu s'accorder sur les causes de cette affection, qui consiste en tuberculosités de taille et de couleur variables, irrégulières et déchiquetées, placées sur les jeunes rameaux. Les uns ont attribué ces végétations à l'avortement de germes de bourgeons, d'autres au dégel, ceux-ci à la grêle ou aux blessures faites aux branches pendant la récolte des olives, ceux-là à la piqûre des kermès. Toutes ces causes peuvent être admises.

Il n'y a pas à se préoccuper de cette rogne des Oliviers, ni à chercher à enlever les rameaux tuberculeux; Presta va plus loin, et l'on pensait de son temps que la rogne était un gage de la fertilité des arbres.

Nous ne dirons rien des loupes, des callosités des racines signalées par Cappi comme maladies de l'Olivier. Ces monstruosités appartiennent à la tératologie végétale, toutes les plantes y sont sujettes; il en est de même de la déchirure des écorces, de la chute des fleurs, de la chute des fruits, ce sont là des accidents de végétation dus aux causes les plus diverses, que tous les agriculteurs connaissent et qu'ils combattent de la même façon, que ce soit l'Olivier ou tout autre arbre qui en soit le siége.

1. *Dissertation della regna doggli ulivi*, imprimée à Naples en 1798.

Nous rangeons dans la même catégorie ce que Presta a longuement décrit sous le nom de *male della brusca ;* la maladie désignée sous ce nom était spéciale, paraît-il, à la péninsule de Salente, et n'attaquait que la variété *d'Olea* désignée sous le nom de *ogliarola*. Presta crut y reconnaître le ξανσυμος de Théophraste ou l'*uredo* des Latins. Les vents d'est, les nuits froides ont été considérés comme les causes de la *brusca*. Ce qui est certain, c'est que les arbres atteints jaunissaient, que leurs feuilles tombaient et que la récolte était compromise. Le remède était de greffer les ogliaroli, et de les remplacer par d'autres variétés moins délicates.

Le tronc des Oliviers, et surtout des vieux, est couvert des parasites ordinaires des arbres, lichens, mousses, champignons. Riondet signale une mousse jaune des arbres placés dans des lieux humides, et qui force souvent à arracher les Oliviers sté-

Fig. 97. — AGARIC DE L'OLIVIER.
(Agaricus olearius. D. C.)

rilisés par elle. Risso indiquait un lichen très-commun sur les troncs des *Olea*, le *lobaria olivacea*. Un champignon très-vénéneux, l'*agaricus olearius D. C.*, doit son nom spécifique à ce que les racines de l'Olivier sont une de ses stations favorites (fig. 97). L'ombrage de l'arbre de Pallas semble convenir au développement du *morchella esculenta*, et M. Eug. Robert a cru trouver une relation entre certains *morchella* et les arbres qui composent la famille des *oleinées*.

Pline croyait que le voisinage des chênes était une cause de dépérissement pour *l'Olea europœa*, et réciproquement : *quercus et Olea tam pertinaci odio dissident ut altera in alterius scrobe depactœ moriantur ;* abattre un chêne c'était forcer les vers de ses racines à émigrer dans celles de l'Olivier voisin.

Palladius désignait le *cerrus* et l'*œsculus* comme étant surtout préjudiciables à notre arbre; les yeuses et les arbousiers ne lui nuisaient pas.

Personne ne croit plus à ces antipathies, Bernard s'en est moqué, et cependant il tomba dans la même erreur en admettant une affinité entre l'Olivier et l'amandier : « J'ai souvent observé, dit-il, et surtout à Aups, que lorsqu'un amandier voisin d'un Olivier périssait, celui-ci partageait presque toujours son sort. » Y aurait-il ici sympathie ou le survivant hériterait-il encore, à son grand dommage, de la clientèle parasitaire du défunt? Bernard le croyait. Aristote, après tout, admettait bien de secrètes sympathies entre l'Olivier et les grenadiers sauvages!

DEUXIÈME PARTIE

L'OLIVE

CHAPITRE VI

PHYSIOLOGIE DE L'OLIVE

Les anciens savaient par expérience que les espérances données au printemps par une belle floraison de l'Olivier sont souvent trompeuses, et que de la fleur à l'olive il y a souvent la même distance que de la coupe aux lèvres.

C'est pour cela qu'Horace, avec sa bonne philosophie, comptait le coup de soleil qui détruit les jeunes olives au nombre de ces accidents imprévus, que la fermeté du sage doit savoir supporter sans trouble.

> Si quœret quid agam dic multa et pulchra minantem,
> Vivere nec recte, nec suaviter : haud quia grando
> Contuderit vites, oleamve momorderit æstus.
>
> Livre I, épître 8.

C'était pour conjurer un autre risque du précieux fruit qu'un autre poëte disait :

> Phryxeus roseo producat fertile cornu
> Ver aries pingues nec grandine tundat olivas
> Scorpios .. .

— Que le bélier Phryxus aux cornes fleuries amène un printemps fertile en richesses ; que le scorpion épargne les ravages de la grêle aux onctueuses olives.

Éloge de Stilichon, livre II, vers 463.

La science des prévisions météorologiques n'avait pas encore trouvé ses Nick ou ses Mathieu de la Drôme, et beaucoup d'influences fatales aux Oliviers semblaient des coups de la mauvaise fortune ou de la colère des dieux. Le philosophe Thalès (Démocrite, d'après les autres, pourquoi pas les deux ?) trouvait cependant qu'il existait certains pronostics, tels que le lever des Pléiades, par exemple, à l'aide desquels on pouvait

prévoir les bonnes ou les mauvaises années d'olives. Il eut une fois
l'idée de mettre cette science à profit, et prévoyant une maigre récolte,
malgré de splendides apparences, acheta toutes les huiles de son canton
à des prix très-bas. On découvrit bientôt les motifs de sa conduite, et le
désintéressé philosophe, satisfait
d'avoir donné la preuve de sa per-
spicacité, restitua aux avides propriétaires le prix de leurs huiles
(Pline, livre 18-68).

Les cultivateurs habiles savent
d'avance reconnaître les boutons
à fruits de forme obtuse et les distinguer des boutons à feuilles qui
sont pointus. Ils ne compteront
pour la récolte que sur les fleurs
qui se montrent sur les ramuscules
de l'année précédente, sachant que
les fleurs portées par le bois nouveau ne subsistent pas.

Les fleurs de l'Olivier, pour lesquelles les Italiens ont le nom spécial et charmant de *migna*, d'où
vient le verbe *mignolare*, qui
exprime que l'arbre de Minerve
fleurit, les fleurs de l'Olivier sont
disposées en grappes. Chaque

Fig. 98. — KAMEAU CHARGÉ D'OLIVES.

grappe peut porter de trois à quarante fleurs non épanouies, mais il
en tombe beaucoup, et il est rare de trouver trois olives sur le même
pédoncule (fig. 98); deux ou seulement une, voilà ce qui reste de tant de
promesses (fig. 99). L'Olivier sauvage retient un bien plus grand nombre
de fruits sur chacune de ses grappes.

Les différentes phases de la floraison se produisent en des temps
différents, suivant les climats. Dès le mois de février, l'Olivier commence à parfumer l'air sur la côte d'Afrique, en Syrie et le midi de
l'Espagne. Le même phénomène se produit en mars dans le sud de

l'Italie et la Sicile. Dans la Ligurie, la Catalogne et la Provence, ce n'est que vers la fin d'avril et le commencement de mai que les fleurs apparaissent. La floraison principale est rapide, et dure huit ou dix jours. Cette circonstance est fort heureuse, car la fécondation peut avoir lieu sans encombre et échapper aux pluies qui amènent le coulage des fleurs en entraînant la poussière fécondante. Un grand nombre de fleurs cependant s'épanouissent successivement, ce qui porte la terminaison de la floraison des Oliviers jusque vers la fin de mai et parfois de juin.

La petite olive est d'un vert foncé après la fécondation, de forme ovoïde plus large que longue. Bernard a observé que l'olive, avant sa maturité complète, n'est pas parfaitement régulière, ce qui tient à l'avortement de l'une des loges du fruit, et à la prépondérance de celle qui contiendra une amande fertile. Cette irrégularité disparaît toujours quand la pulpe charnue revêt également le pourtour de l'unique noyau ; l'olive alors semblable aux coquettes dont l'embonpoint réel ou factice dissimule les imperfections, peut montrer des rondeurs irréprochables.

Fig. 99. — OLIVE UNIQUE
restée sur la pédoncule.

Pendant son développement qui dure six mois, l'olive va de la couleur vert foncé à la couleur noire foncée en passant par les teintes vert clair, blanchâtre, roussâtre, violacée, noire, très-noire. Ces phases se modifient légèrement suivant les variétés des climats, etc.

La gamme des couleurs par lesquelles passe l'olive varie avec les climats. En Espagne, une injure aux gitanos est de leur dire :

> Picaros gitanos
> Caras de aceituñas

— Fripons de gitanos, faces d'olives

Les Grecs donnaient aux olives mûres le nom de δρυπεπεις : et Pline fait observer que ce nom fut appliqué plus tard à tous les fruits succulents qui contiennent un noyau. L'olive est donc la drupe par excellence, la drupe modèle.

Cette drupe se compose d'une pellicule lisse ou épicarpe, d'une pulpe huileuse ou mésocarpe, d'un noyau ou endocarpe, dont la configuration varie légèrement avec les variétés d'olives, enfin, d'une amande dicotylédonée.

La forme, la proportion entre les différentes parties des olives, leur grosseur, se modifient à l'infini, suivant les variétés, comme nous le disons ailleurs.

La pulpe charnue ne prend son développement que lorsque le noyau a presque achevé le sien. La nature songe à ce qu'il y a de plus important pour elle, la reproduction de l'espèce : et ce n'est que vers le mois d'août que cette partie a pris la consistance, la dureté qui la caractérisent. C'est donc à tort que Théophraste et Pline disaient que le noyau de l'olive ne commence à grossir que vers le 15 septembre, c'est-à-dire quand paraît l'étoile qu'ils désignaient sous le nom d'*Arturus*. Ce fut également une erreur que de croire, avec les auteurs de l'*Encyclopédie*, que dès juin ou juillet l'olive s'adoucissait et pouvait être confite.

L'olive grossit jusqu'à sa maturité parfaite, et par conséquent n'atteint qu'à cette époque le maximum de suc huileux qu'elle doit contenir.

Les auteurs ne se sont jamais accordés sur les signes de la maturité parfaite : Columelle semble la placer au moment où l'olive commence à noircir. En France, Sieuve, Rozier, l'*Encyclopédie*, pensaient l'olive mûre quand elle commence à rougir. Pline, Vettori et le plus grand nombre croient que l'olive n'est mûre que quand elle est bien noire.

Elle grossit jusque-là, avons-nous dit : Presta, qui avait le génie de l'expérimentation, l'a prouvé avant les modernes. Il récoltait en même temps, sur le même arbre, des olives rougeâtres, des olives rouge noir et des olives noires, et constatait le nombre d'olives de chaque teinte, nécessaire pour faire une livre.

	Olives rougeâtres.	Olives noires.	Années.	Mois.
Quantité dans une livre	19	18	1779	18 novembre.
»	19	16	1782	3 novembre.
»	18	15	1783	»

La couleur noire envahit d'abord la peau de l'olive, et de là gagne la pulpe qui passe successivement du vert blanchâtre au noir foncé. Une olive noire à la surface ne l'est pas toujours à l'intérieur quand on l'ouvre avec l'ongle : elle le devient même après avoir été cueillie, ce qui montre que la maturité peut s'achever après la récolte, comme le pensait Aristote et bien d'autres après lui.

Les anciens avaient sur le développement des différentes parties de l'olive les idées les plus étranges. Pline, qui a répété, je dirais même amplifié toutes les erreurs de son temps, parle d'un liquide amer ou lie, associé à l'huile dans l'olive ; cette lie, cause de la couleur noire des fruits, était un produit d'altération et non le commencement de la maturité. C'est l'huile qui se changeait en chair quand les olives grossissaient, et pouvait même être totalement employée à ce travail : mais elle reparaissait lorsque les olives maigrissaient.

Presta, un des investigateurs les plus sagaces du dernier siècle, a suivi pas à pas le développement de l'huile dans les olives. Très-rarement ce liquide apparaît avant la solidification complète du noyau, mais huit ou dix jours après on commence à pouvoir constater sa présence. L'induration, dépendant de la floraison, du climat, l'apparition de l'huile dans les olives varie suivant le pays, et dans un même pays avec les années.

Le noyau durcit ordinairement dans la première quinzaine d'août (midi de l'Italie) ; à ce moment l'huile apparaît. Voici le tableau résumant les expériences de G. Presta sur la quantité d'huile fournie par mille olives de même espèce à diverses époques.

Année.	Jour et mois.		Poids des olives.		Huile.	
1779	20 août	25 onces	5 drachmes		3 dr.	56 grains
et 1780	2 septembre	29	3		7	28
	15 —	34	»		13	40
Oilves toutes vertes	30 —	38	1/2		25	20
Quelques-unes rougeâtres.	15 octobre	46	8		32	20
	27 — .	49	6		66	40
	3 novembre	50	3		75	20
Peu de vertes	18 —	52	2		91	20
Toutes vertes	18 —	58	1		56	20
Toutes rougeâtres	18 —	43	5		72	»»
Toutes noires.	18 —	53	5		103	22
	25 —	53	5		96	»»

Jour et mois.	Poids des olives.		Huile.	
1ᵉʳ décembre 53	5		94	5
11 — 53	5		94	2
21 — » »	»		105	6
7 janvier » »	»		109	14
16 — » »	»		111	59
25 — ɔ »	»		124	3

Ce tableau prouve que l'huile croît avec la grosseur des olives, et continue même à augmenter quand l'olive ne se développe plus.

Le tableau suivant prouvera de plus que si, pour un même pays, les quantités d'huile formées dans les olives ne sont pas toujours corélatives aux mêmes époques, il y a cependant des concordances rapprochées. Pendant la récolte de 1785, 1786, Presta, en opérant comme précédemment, arriva aux résultats suivants. Le noyau des fruits n'avait achevé son induration que le 20 août.

Mois et jours.		Poids de 1000 olives.			Poids de l'huile.		
2 septembre..	—	25 onces	3 drachmes		0 dr. 13 grains 1/2		
15 —	—	27 —	3 —		0	51 grains	
30 —	—	31 —	0 —		11	41	—
15 octobre....	—	37 —	4 —		19	45	—
30 —	—	42 —	9 —		27	29	—
15 —	toutes vertes,	35 —	.	..	35	29	—
15 —	toutes rougeâtres, 38	—	6	—	48	40	—
15 —	toutes noires,	48 —	8	—	60	32	—
30 —	plus mûres encore, 45	—	3	—	72	23	—
15 décembre..	rouges et noires, pas de vertes.	47 —	7	—	71	37	-
30 —	noires, pas de rougeâtres. 46	—	6	—	74	15	—
15 janvier.....	toutes noires,	53 —	0	—	80	21	—
30 —	un poids de	53 —	0	—	80	21	—
14 février....	—	53 —	0	—	92	48	—
28 —	—	53 —	0	—	92	54	—
15 mars......	—	53 —	0	—	100	13	—
30 —	—	53 —	0	—	109	17	—
15 avril.......	—	53 —	0	—	107	10	—
3 mai....... .	—	53 —	0	—	101	19	—

Dans une autre expérience, Presta remplit des mesures égales d'olives vertes, rougeâtres et noires : il compta les olives et les exprima; voici les résultats :

Égale mesure. { olives vertes, n. 4,192 donnant 23 onces d'huile.
olives rougeâtrres, n. 3,716 — 26 onces 1/2 —
olives noires, n. 2,902 — 30 onces —

Autres expériences du même auteur sur 1000 olives de diverses teintes.

Année.	Mois.	Couleur.	Poids.				Huile.		
1779	18 novembre.	noires,	53	onces	4	drachmes	100 dr.	15	grains
		rougeâtres,	43	—	5	—	71	0	—
		vertes,	38	—	0	—	56	0	—
1781	8 novembre.	noires,	58	—	3	—	87	9	—
		rougeâtres,	50	—	4	—	60	18	—
		vertes,	45	—	0	—	47	0	—
1782	7 novembre.	noires,	72	—	1	—	100	32	—
		rougeâtres,	64	—	0	—	75	30	—
		vertes,	53	—	7	—	57	18	—
1783	10 novembre.	noires,	59	—	5	—	103	7	—
		rougeâtres,	52	—	6	—	82	40	—
		vertes,	50	—	9	—	60	55	—
1785	8 novembre.	noires,	43	—	7	—	55	51	—
		rougeâtres,	36	—	0	—	45	37	—
		vertes,	32	—	5	—	34	6	—
1787	27 novembre.	noires,	42	—	6	—	89	30	—
		rougeâtres,	37	—	0	—	64	45	—
		vertes,	34	—	0	—	54	48	—

On voit que les années ne se ressemblent pas : ainsi les 100 olives noires ont pesé et ont donné.

poids de 1,000 olives noires,   53o.,4dr. —58,3 — 72,1 — 59,5 —43,7 —42,6 —
huile obtenue,   100dr.,15gr. —87,9 — 100,32 —103,7 —55,51 —89,30—

poids de 1,000 rougeâtres,   43o.,5dr. —50,4 — 64,0 — 52,6 —36,0 —37,0 —
huile obtenue,   71dr.,0gr. —60,18 — 75,30 — 82,40 —45,37 —64,45—

poids de 1,000 olives vertes,   38o.,0dr. —45,0 — 53,7 — 50,9 —32,5 —34,0 —
huile obtenue,   56dr.,0gr. —47,0 — 57,18 — 60,55 —34,6 —54,48—

Un autre fait qui ressort du tableau précédent, c'est que des poids inférieurs d'olives donnent quelquefois plus d'huile que des poids supérieurs. Enfin les années mauvaises pour l'Olivier réduisent dans de fortes proportions l'huile extraite. On peut encore juger de la perte qui peut résulter, quand on presse des olives insuffisamment mûres.

Presta voyait dans les faits et expériences que nous venons de rapporter, la confirmation de ce proverbe : que l'olive est d'autant plus huileuse, qu'elle reste plus longtemps sur l'arbre. Pour lui, la teinte noire de la pellicule n'était que le commencement de la maturité; pour que celle-ci fût achevée et avec elle le développement total de l'huile, il fallait que de la peau la teinte noire fût passée non-seulement à la pulpe, mais encore au noyau, ce qui n'avait lieu qu'en janvier, février et mars.

Pénétré de cette idée et sachant, par expérience, que l'huile une fois formée ne disparaît pas des olives, même quand, après avoir été amoncelées, elles ont commencé à fermenter, Presta cherchait à pénétrer les causes de la disparition réelle de l'huile, lorsque certaines circonstances atmosphériques ont passé sur les Oliviers. Il se demandait si le liquide onctueux n'était pas résorbé par la plante mère, et ne repassait pas de l'olive dans le rameau.

Des recherches analogues à celles de Giovani Presta ont été tentées en 1858 en Italie par M. S. de Luca, le savant professeur de l'Université de Pise. Lui aussi a voulu déterminer l'époque à laquelle la matière grasse commence à se montrer dans les olives, et quelles sont les matières dont elle provient : recherches longues et difficiles. (*Ann. des Sc. nat.*, 1861.)

Du 26 juin 1859 au 8 janvier 1860, le poids moyen de l'olive grandit de 0 gr. 019 à 2,422. Il semble devoir diminuer ensuite. La densité des olives, au commencement de la fermentation des fruits, égale presque celle de l'eau ; elle grandit jusqu'à ce que les olives soient bien vertes, pour diminuer progressivement et revenir à la densité des fruits à peine formés. Le maximum d'huile correspond à la plus faible densité. Le 26 juin la densité des olives à 18° est de 1,008. Le 12 février suivant, elle est à 18°, de 1,007. Le maximum de densité 1,097 correspond au 21 août.

L'eau diminue dans les olives parallèlement à leurs progrès vers la maturité. 100 parties d'olive qui renferment 56,7 d'eau au 23 juin, en renferment 72,6 le 29 juillet, et 25,3 le 9 décembre.

M. de Luca a recherché quelle était l'influence de l'air, de l'oxygène et de la lumière sur la maturité des fruits. Voici quatre lots d'olives encore vertes sur quelques points : le premier est pressé de suite après la cueillette ; le second après avoir été exposé à l'air et la lumière diffuse ou directe ; le troisième à l'oxygène et à la lumière ; le quatrième à l'acide carbonique humide.

25 OLIVES RÉCOLTÉES LE 14 JANVIER 1861

1. pressées de suite donnent :	2. pressées après exposition à l'air et à la lumière donnent :	3. pressées après exposition dans l'oxygène donnent :	4. pressées après exposition dans l'acide carbonique donnent :
66,9 0/0 d'huile	69,86 0/0 d'huile	67,50 0/0 d'huile	66,16 0/0 d'huile

Les mêmes expériences sur 12 olives donnent les résultats suivants :

65,38 0/0	66 0/0	67 0/0
d'huile	d'huile	d'huile

Ces expériences confirment celles de Presta, qui pensait aussi que l'huile peut augmenter dans les olives même après leur séparation de l'arbre.

M. de Luca, qui a retrouvé la mannite dans les feuilles, les fleurs, les fruits et les autres parties de l'Olivier, croit qu'elle est indispensablement liée à la formation de la matière grasse.

Dans les feuilles, par exemple, la mannite qui, en Toscane, est de 0,43 pour 100 le 5 novembre, atteint son maximum vers le mois de janvier, 0,80 pour 100, et décroît ensuite avec des oscillations diverses jusqu'à la fin d'avril, où la proportion de ce principe sucré n'est plus que de 0,04 pour 100. Les feuilles d'Olivier qui ont perdu leur teinte verte n'en contiennent plus. Comme ces organes sont persistants et ne quittent l'arbre que lorsqu'ils sont remplacés par d'autres, M. de Luca pense avec raison qu'ils doivent remplir quelque fonction importante dans la végétation de l'Olivier.

Les fleurs aussi contiennent une assez forte proportion de mannite, mais quand après l'acte de la fécondation elles tombent sur le sol, elles n'en gardent plus la moindre trace.

A peine formées, les petites olives contiennent de notables proportions de cette substance. Ce principe s'y rencontre alors même qu'on peut à peine les détacher du reste de la fleur.

Les olives sont toujours accompagnées de mannite quand elles sont vertes et dans les premiers temps de leur développement. Plus tard ce principe diminue, pour disparaître complétement quand les fruits mûrs ont leur maximum d'huile.

Ainsi dans les feuilles comme dans les olives, la matière verte accompagne la mannite, et celle-ci disparaît avec elle. Cette chlorophylle et cette mannite se transforment-elles en huile dans les fruits ? Il y a là une relation dont la démonstration attend d'autres recherches.

L'huile est contenue dans la pulpe de l'olive. Les anciens et les modernes ont longuement discuté ce point : à savoir si le noyau contient

de l'huile. Nous n'exposerons pas l'histoire de cette question ; il suffit de
dire que l'on sait aujourd'hui que la matière ligneuse qui constitue le
noyau ne renferme pas de traces d'huile.

Il n'en est pas de même de l'amande, qui en possède un peu. Cette
huile est légèrement amère. Les anciens et Presta lui-même pensaient
qu'elle était de nature à corrompre l'huile d'olive à la manière d'un fer-
ment, aussi recommandaient-ils bien de détriter les olives sans écraser
les noyaux.

Voici, d'après Stanchowich, la composition de l'olive :

Pulpe.			51,25
Eau.			14,38
Résidu.			9,39
Noyau.			20,16
Huile de l'amande.			00,06
Autre analyse.	Noyau	Eau.	51,25
		Partie ligneuse.	16,38
		Huile.	9,29
	Pulpe	Huile.	0,00
		Résidu.	20,00
		Huile de l'amande.	0,62
		Résidu de l'amande.	0,16

D'après le professeur Bechi, 100 parties de cendres de pulpe et de
pellicule d'olive ont donné :

Potasse.	57,366
Soude.	5,270
Chaux.	5,215
Magnésie.	0,130
Oxyde de fer.	0,505
Chlore.	0,111
Acide phosphorique.	0,929
— sulfurique.	0,633
— silicique.	0,456
— carbonique.	29,385
	100,000

Les analyses de l'olive et des différentes parties de l'Olivier diffèrent
beaucoup suivant les auteurs que l'on compare ; une bonne analyse des
olives est encore à faire, et nous ne donnons qu'avec certaines réserves
celles que nous venons d'inscrire. Il en est de même de celles de Muller

qui, dans 1000 parties d'olives, signale, en éliminant l'eau, les éléments minéraux suivants :

Potasse.   12,60
Magnésie.   0,91
Chaux.   3,28
Acide phosphorique.   2,32
   — sulfurique.   0,25
Silice.   1,16
Chlore.   0,87

CHAPITRE VII

RÉCOLTE ET RENDEMENT

SOMMAIRE : I. Manière de récolter. — II. Temps de récolter. — III. Après la récolte, —
IV. Rendement des Oliviers.

I. MANIÈRE DE RÉCOLTER. — La récolte des olives appartient encore
à la partie agriculturale de cette étude, la manipulation industrielle des
fruits de l'Olivier ne commençant qu'après. Il arrive cependant que le
cultivateur, celui qui laboure le champ où sont les Oliviers, qui les
taille, etc., se désintéresse de la cueillette, soit que la récolte ait été vendue
sur pied à un fabricant d'huile, soit qu'il ait été traité à forfait pour cette
opération.

Ce système fut pratiqué dès les temps les plus anciens, et Caton
(C. XLIII) nous en a tracé les conditions dans l'une des pages les plus
curieuses des mœurs agricoles de son époque. Ainsi l'entrepreneur de la
récolte devait fournir un cautionnement au propriétaire comme garantie
de la bonne exécution de l'opération, les olives ne devaient être ni pincées,
ni gaulées; en cas de contravention le travail n'était payé ni à l'ouvrier
ni à l'entrepreneur. La récolte finie, tous les employés devaient jurer
qu'ils n'avaient soustrait aucune partie des olives; le refus de serment
conduisait à la perte du salaire. Les échelles fournies par le propriétaire
devaient être rendues en bon état, et la valeur de celles qui avaient été
brisées, autrement que pour cause de vétusté, était retenue sur le prix à
verser à l'entrepreneur. Ce dernier devait avoir un personnel de 50 personnes environ. Toute soustraction sur la propriété était punie d'une
amende de 40 *sestertii*. Les olives devaient être mesurées bien propres

dans le *boisseau à olives*. La bonne main pour une récolte de 1200 muids était de cinq muids d'olives salées, neuf livres d'huile épurée, cinq *sestertii* et cinq *quadrantals* de vinaigre pour toute la récolte. Si l'on ne donnait pas d'olives salées, on payait chaque muid à raison de cinq *sestertii*. Toutes les contestations étaient soumises à un arbitre qui devait être un homme bien famé.

Dans les régions oléifères la récolte des olives est un travail considérable, surtout pendant les années fructueuses. Dans nos départements du midi les bras manquent pour la faire convenablement, aussi est-elle en partie abandonnée aux femmes et aux enfants, et se prolonge-t-elle tout l'hiver. Dans les années très-abondantes des bandes d'ouvriers, souvent accompagnés de leurs femmes et de leurs enfants, descendent des départements montagneux avoisinant les rivages oléifères, et viennent travailler à la récolte des fruits de l'Olivier. Au printemps ils regagneront leurs montagnes pour y semer leurs grains, faire leur moisson, et revenir encore à l'automne.

La récolte des olives peut se faire de trois manières : elles sont cueillies à la main, gaulées ou simplement ramassées quand elles sont tombées. Le premier mode, qui est le meilleur, exige beaucoup de temps et de travail et coûte cher : de plus il n'est possible que sur les oliviers qui n'offrent pas une grande élévation. Il semble cependant avoir été pratiqué très-anciennement, ainsi qu'il résulte du verset 20, ch. XXIV du Deutéronome. Voilà pourquoi les variétés d'Oliviers que l'on peut maintenir très-basses sont avantageuses. La récolte se fait à l'aide d'échelles simples ou doubles. Des circonstances de terrain, de conformation des arbres, ne permettent pas toujours de s'en servir utilement. Les arbres, d'ailleurs, ne produisent quelquefois, quand ils sont mal dirigés, qu'à l'extrémité de leurs branches : la main ne peut aller les y chercher sans péril pour le récolteur. C'est de ces olives que le poëte nîmois a pu dire :

> Puis, quand la vieillesse vous penche,
> N'allez pas en haut d'une branche
> Chercher quelque triste accident.

La récolte à la main convient surtout quand on veut obtenir de l'huile avec des olives qui n'ont pas atteint leur maturité, et qui tiennent encore solidement à l'arbre. Pour les faire tomber à l'aide du gaulage, on causerait un dommage énorme aux Oliviers, et les fruits seraient meurtris. Les récolteurs laissent tomber les olives sur de grands draps étendus sous les branches, ou mieux encore se servent de paniers.

Un autre mode de récolte consiste à gauler les olives, c'est le seul qui soit praticable dans les pays oléifères où les Oliviers ont atteint de

Fig. 100. — GAULAGE DES OLIVES.

grandes proportions, ou sont placés sur le bord d'escarpements qui rendent tout autre genre de cueillette impossible (fig. 100).

Ce système a pour les arbres des inconvénients très-réels, et les anciens défendaient absolument aux ouvriers ou aux entrepreneurs de récolte d'en user, à moins que le propriétaire des arbres n'y consentît : « *Oleam injussu domini ne verberato* », disait Caton. Varron recommandait de ne pas gauler à rebours; conseil inutile, le gaulage est rarement pratiqué par des mains intelligentes. Le sol se trouve bientôt jonché de brindilles, qui sont justement ces petits rameaux sur lesquels la fructification devait se produire l'année suivante, et chaque feuille arrachée par cette opération barbare, c'est l'abri d'un jeune bourgeon qui est détruit, c'est un des éléments essentiels de sa nutrition perdu. C'est au gaulage que l'on doit en grande partie attribuer le retour des récoltes de deux ans en deux ans; circonstance fâcheuse, et pour la régularité de la production industrielle qui se trouve avoir ainsi des chômages, et pour l'arbre lui-même, auquel il serait meilleur de produire un peu chaque année.

La récolte des olives, qu'elle soit faite à la main ou autrement, doit autant que possible être pratiquée par un temps sec et surtout quand le sol n'est pas humide, si les olives tombent à terre.

Les fruits récoltés doivent être ensuite triés avec soin. La bonne qualité de l'huile dépend beaucoup de ce triage. On séparera les olives ayant séché sur l'arbre, celles qui sont gâtées ou meurtries, on éliminera les feuilles, brindilles, lichens, etc., etc. Si l'on pouvait ne fabriquer l'huile qu'avec des fruits d'égale maturité, on aurait d'excellents produits. Je sais que toutes ces précautions sont souvent impossibles. On ne pourra jamais, disait Bernard en son temps, rendre toutes les huiles comestibles; cela serait difficile encore aujourd'hui, l'éclairage et l'industrie ont d'ailleurs besoin d'huile et la saveur agréable de ce produit n'y a que faire.

Peut-on classer parmi les procédés de récolte des olives celui qui consiste à les ramasser quand elles sont tombées sur le sol? si cette opération se faisait régulièrement, si, chaque jour, les fruits tombés étaient recueillis, les inconvénients du système seraient beaucoup moindres. Malheureusement il n'en est pas ainsi, les olives jonchent le sol, y dessèchent ou y pourrissent suivant le temps; les pluies les roulent et les salissent, les troupeaux les mangent ou les écrasent; et quand, après avoir subi toutes ces vicissitudes, on songe à les ramasser, elles sont dans un tel état qu'il serait difficile d'en obtenir de bons produits. Souvent, au lieu de les enlever dans des corbeilles, on les entasse dans des sacs où elles se meurtrissent davantage et s'échauffent rapidement. La seule compensation, si c'en est une, c'est l'économie du procédé; dans ces conditions la cueillette coûte en Provence 1 fr. 25 à 1 fr. 50 l'hectolitre. Au temps où vivait Giovani Presta, la moitié des olives était ainsi récoltée en Italie! Les choses n'ont pas beaucoup changé.

II. Temps de récolter. — L'époque à laquelle on doit récolter
l'olive a plus d'importance encore sur les produits que la façon de
récolter elle-même. Faut-il attendre sa maturité complète révélée par la
couleur noire? Faut-il la cueillir un peu avant la maturité, quand elle
commence à brunir? La réponse à ces questions dépendra du résultat
que l'on veut obtenir en pressant ces olives, résultat différent, on le
comprend bien, les olives vertes donnant une huile plus fine, les mûres
une huile de qualité moins élevée.

Columelle reconnaissait trois époques principales pour la récolte des
olives : « Media est olivitas plerumque initium mensis decembris; nam et
ante hoc tempus acerbum oleum conficitur, et circa hunc mensem
viride premitur; dein postea maturum. » (Livre XII, ch. L.)

Niclas, dans les *Géoponiques* (*Ap.* Géop., IX, 3, 3), distinguait également trois espèces d'olives, eu égard à leur degré de maturité, l'époque
de l'année où on les récoltait.

Les anciens écrivains, Caton, Columelle, Pline, Palladius, entre autres,
conseillaient la récolte anticipée commé conduisant à l'obtention d'une
huile plus fine, l'huile omphacine, ainsi qu'ils la nommaient : huile ayant
une saveur austère rappelant celle de l'olive elle-même. Caton (*R. r.*,
ch. III) recommandait de ne pas perdre les fruits verts abattus par la tempête, parce qu'ils pouvaient donner de très-bons produits. Les anciens
agronomes savaient cependant fort bien que les olives vertes donnent
moins d'huile que les noires, mais la qualité leur semblait plus précieuse
que la quantité. Tous les pays oléifères ne suivaient pas cependant leurs
conseils : bien peu, d'après Columelle (*R. r.*, I, 12, I), pressaient
l'olive verte : ils attendaient au moins la fin de novembre ou de décembre, dans la Campanie particulièrement. L'huile s'écoulait alors plus
abondante; et pour lui rendre la saveur acerbe que l'on recherchait
dans l'omphacine, on prenait les olives mêlées de feuilles ou de petites
branches vertes d'Olivier couvertes de bourgeons; c'est ce qui semble
résulter d'un passage de Galien, qui paraît prendre son parti de cette
fraude en disant : « Qu'importe le procédé, si le goût est bon. » Plus
tard même, l'erreur dans laquelle on tomba de croire que les olives
vertes ne contenaient pas d'huile, fit penser à quelques-uns que toute
l'omphacine des anciens était ainsi obtenue.

Après la récolte anticipée qui produisait l'omphacine ou *oleum acerbum*, il y avait une récolte intermédiaire que Columelle désignait sous le nom de *media olivitas*, et qui produisait l'huile verte, *oleum viride*, *oleum strictivum*, *oleum ad unguenta*. Les olives avaient alors une teinte brune, ce qui arrivait en décembre dans l'Italie moyenne; en octobre en Sicile. L'auteur que nous venons de citer reconnaissait que la quantité d'huile obtenue était moins considérable que celle retirée des olives tout à fait mûres, mais qu'en revanche son prix était du double supérieur à celui de la dernière.

Rangeant dans la récolte anticipée celle des olives vertes et des olives demi-mûres, nous désignerons sous le nom de récolte tardive, celle des olives tout à fait noires, et commençant à couvrir le sol. Ces olives fournissaient, disait-on, l'huile que Columelle nommait *oleum maturum*, *oleum caducum*, *oleum commune*, ou bien *oleum romanicum*, parce qu'elle se faisait surtout dans le pays de Rome, de même que l'omphacine se faisait surtout en Espagne, d'où son nom d'huile d'Espagne. C'était encore l'huile que Paxamus nommait κοίνον (Géop., IX, 17, ι).

Nous avons dit que les anciens agronomes penchaient pour la récolte anticipée : nous pouvons ajouter qu'en Italie, Davanzati, l'Alamanni, Pollini, furent du même avis, et en France, Sieuve, l'abbé Rozier, Amoureux, etc. Tavanti, Picconi et, de nos jours, Philippo Re, ont été de cette opinion qui règne sans contestation parmi tous les hommes intelligents des pays oléifères, bien qu'elle soit loin d'être partout mise en pratique.

Les partisans de la récolte tardive se basent sur ce qu'elle procure des huiles blanches, préférant ainsi satisfaire la vue plutôt que le goût. C'est là une raison commerciale, mais des considérations économiques permettent de mettre en doute la valeur du système. Les huiles blanches, provenant d'olives récoltées au printemps, manquent de nerf, suivant l'expression de M. Cappi (p. 241), se conservent mal, et bien des consommateurs préfèrent la teinte ambrée des huiles fines d'Aix, de Nice et de la Rivière de Gênes. Beaucoup de producteurs coupent aujourd'hui leurs huiles blanches avec des huiles de Bari, pour leur donner la saveur de fruit qui les relève et les fait passer pour des huiles de Nice.

Les partisans de la récolte tardive soutiennent encore que les olives très-mûres rendent plus d'huile : c'est une illusion. Les olives qui remplissaient un boisseau au mois d'octobre ou novembre, ne le rempliraient plus aux mois de février et mars, ayant perdu leur eau de végétation. Si un boisseau d'olives rend plus en février et mars qu'en octobre, la récolte totale d'un Olivier ne rendra pas plus en une saison qu'en l'autre. M. Cappi rapporte une expérience remarquable faite par le professeur E. Bachi. La moitié des fruits d'un Olivier de la variété désignée sous les noms d'*infrantoio* ou *morcaio*, furent pressés en novembre, époque à laquelle les olives commençaient à peine à perdre leur couleur verte. Le 7 janvier on pressa le reste des fruits devenus tout à fait noirs. La quantité d'huile d'olive obtenue fut à peu près égale, la différence ne dépassa pas un pour cent. L'huile des olives cueillies en novembre était excellente de couleur et de goût [1].

Ainsi la récolte précoce fait perdre peu sur la quantité des produits. Elle a, de plus, l'avantage d'avancer la vente des huiles de plusieurs mois, et d'épargner à l'agriculteur les pertes que causent les pluies, la grèle et la gelée. Ce n'est pas tout : la récolte tardive compromet celle de l'année suivante. Quand l'Olivier est débarrassé de ses fruits en automne, tous les sucs nourriciers sont utilisés au bénéfice des récoltes futures, et non comme le faisait remarquer Picconi, au remplacement de l'eau que perdent les fruits mûrs. La formation des bourgeons à fleur exige plus de temps chez l'Olivier que chez les autres arbres, qui parfois fleurissent dès la fin de l'automne. Il faut donc laisser à l'arbre le plus de temps possible pour se préparer à fleurir de nouveau.

Malgré tout, beaucoup de producteurs continuent et continueront à cueillir tard, soit par indifférence, soit par commodité ou faute de bras suffisants pour faire la récolte et presser les olives en un seul temps. Columelle appréciait fort bien la convenance de ces temps divers de la récolte des olives. « L'huile acerbe rendant peu, il n'est pas de l'intérêt d'un chef de famille d'en faire, à moins que les olives n'aient été abattues par le mauvais temps. »

Il est au contraire (récolte moyenne) très-important d'en faire de verte,

---

1. Nous verrons plus loin que d'autres auteurs ne sont pas tout à fait de l'avis de M. E. BACHI.

tant parce que celle-ci rend abondamment, que parce qu'elle double le
revenu du propriétaire, à cause de son prix élevé. Mais si les plantations
sont d'une étendue immense, on est forcé d'en réserver pour faire de
de l'huile mûre (récolte tardive).

Pour ces raisons ou pour d'autres, les anciens considéraient en
somme l'hiver comme la saison de récolter les olives. C'est pour cela
que Virgile dit de l'Olivier :

> . . . . . et prolem tarde crescentis Olivæ.
>
> *Géorg.*, livre II, vers 3.

et comprend ailleurs cette cueillette parmi les travaux de la saison
froide.

> Sed tamen et quernas glandes tum stringere tempus,
> Et lauri baccas, oleamque, cruentaque myrta.
>
> *Géorg.*, liv. I.

III. Après la récolte. — Caton conseillait de presser l'olive aussitôt après la récolte, et signalait les inconvénients de retarder cette
opération : « Laissez les olives le moins longtemps possible sur la terre
ou sur le plancher, car elles y pourrissent. Ceux qui font la récolte dési-
rent qu'il y ait beaucoup d'olives tombées, afin d'aller plus vite en
besogne. Les pressureurs souhaitent qu'elles séjournent longtemps sur
le plancher, afin qu'elles blettissent et s'expriment avec plus de facilité.
Plus vous mettrez de promptitude dans le travail, mieux vous vous en
trouverez, soit pour la quantité, soit pour la qualité de l'huile ».

Columelle nous apprend comment les Romains s'y prenaient quand
l'abondance des olives et l'étendue des plantations ne leur permettaient
pas de presser la récolte de chaque jour : « Il faut avoir un grenier pla-
fonné dans lequel on mettra les olives et dont le plancher sera semblable à ceux sur lesquels on pose les grains. Ce grenier doit aussi être
distribué en tel nombre de cases que l'exigera la quantité d'olives que
'on aura, afin de mettre à part dans des cases particulières la
cueillette de chaque jour. Il faut que le sol de ces cases soit pavé de
terre ou de tuile, et qu'il aille en pente afin que toute humidité s'en
écoule promptement, parce que la lie d'huile est très-contraire à cette
liqueur ; pour peu que l'olive y séjourne, elle gâte le goût de l'huile. »

C'est en posant des soliveaux sur la surface des cases et en étendant sur eux des clisses de roseaux sur lesquelles les olives reposaient, que le but indiqué était atteint.

L'insistance de Columelle sur les moyens de conserver les olives, se comprend quand on songe que c'est dans le temps qui s'écoule entre la récolte et la mise en pressoir, que la production oléifère trouve ses plus grands obstacles, ses plus grands périls au point de vue de la qualité des produits.

Deux circonstances empêchent l'exploitation des olives aussitôt après la récolte : l'étendue ou la division des propriétés. Là c'est l'abondance des olives, ici le manque de bras ou de moyens qui empêchent de faire les choses en leur temps.

En Toscane et dans tous les pays où l'on a souci de la qualité de l'huile d'olive, on n'a pas oublié les préceptes de Columelle, et des dispositions sont prises pour soustraire les olives à l'échauffement que produit leur amoncellement, aux altérations qui les atteignent quand elles baignent dans les liquides qu'elles laissent échapper après leur récolte. L'écoulement de ces liquides, une ventilation active, sont assurés au moyen de dispositions ingénieuses, qui permettent de conserver les olives pendant plus d'un mois après leur récolte. Ce résultat est surtout précieux dans une contrée dont les exploitations oléifères sont très-restreintes et où, comme dans le midi de la France, les propriétaires les plus riches dépassent rarement une production de 10,000 francs d'huile d'olive.

Ces installations spéciales, qui sont possibles là où la quantité d'olives récoltées est peu considérable, deviendraient plus difficiles, plus dispendieuses dans les pays de grande production, où d'immenses étendues d'Oliviers appartiennent au même propriétaire, comme dans les provinces méridionales de l'Italie, et surtout en Espagne. Dans les années d'abondance tout manque à la fois, et les lieux pour conserver les olives, et les moyens de les presser rapidement. On voit alors dans les champs les olives amoncelées sous les arbres, envahies par les mauvaises herbes, exposées à toutes les intempéries pendant de longues semaines : on se figure assez en quel état elles sont quand on les porte aux moulins, et la qualité de l'huile qu'elles peuvent rendre.

Presser les olives au fur et à mesure de leur récolte, tel serait le but à atteindre partout. Les régions qui produisent les meilleures huiles, Aix, Nice, certains points de la Rivière de Gênes, Port-Maurice, Oneille, etc. ; la Toscane, la province de Bari, trouvent là le secret de leur fabrication supérieure. Bien récolter, ne mêler ni les olives de diverses maturités, ni celles de diverses provenances, voilà ce que l'on doit faire avec une bonne fabrication pour arriver à produire des huiles très-fines, comme celles dont nous venons de citer les origines, qui sont recherchées partout, et dont les noms servent même d'enseigne aux bonnes ou aux médiocres huiles que l'on fabrique ailleurs. Dans les régions de grande production, la multiplication des usines permettrait d'atteindre le but que nous venons d'indiquer : là, en effet, où l'on peut dire : « beaucoup d'olives, peu de moulins », on peut ajouter « mauvaise huile. »

Malgré l'avantage incontestable de ne pas faire attendre les olives, on rencontre cependant encore, dans les pays oléifères, des gens qui croient que quand on a laissé les olives fermenter en les amoncelant ou en les foulant aux pieds, elles rendent plus d'huile. C'est une erreur, quatre hectolitres d'olives fermentées, tassées, contiennent plus d'olives que quatre hectolitres fraîchement récoltés. Que l'on consulte les hommes expérimentés, Bernard, par exemple, et l'on verra ce qu'il pense des résultats de cette fermentation.

Il nous reste, avant de parler de la fabrication proprement dite, à dire un mot des conditions économiques et sociales sous la loi desquelles elle s'est faite à différentes époques.

Au temps des Caton et des Columelle, tous les agriculteurs ne pressaient pas leurs olives : non-seulement on traitait pour la récolte, comme nous l'avons dit, mais souvent on vendait les olives sur pied, ou l'on passait marché pour leur manipulation seulement.

Ceux qui achetaient les olives sur pied devaient, outre le prix de l'adjudication, payer le centième pour franc-vingt, plus tant de livres d'huile ordinaire, plus tant de litres d'huile verte, tant de muids d'olives tombées, tant de muids d'olives cueillies à la main, tant de livres d'huile à graisser, tant de cotyles d'huile vierge pour l'usage des muids et poids prêtés par le propriétaire.

L'adjudicataire devait payer en dix mois le prix convenu. Il fournissait caution ou bien ses instruments de travail en tenaient lieu. S'il ne payait pas ses ouvriers, le maître était libre de les payer en faisant des retenues sur le prix de l'adjudication. (CXLVI.)

Le vieux Caton, traçant les conditions du marché à forfait pour le pressurage de l'olive, écrivait : « Travaillez consciencieusement au gré du propriétaire ou de l'homme à qui il a confié la surveillance de la fabrication. Employez, si cela est nécessaire, des séries d'ustensiles. Choisissez pour ouvriers des hommes agréables au surveillant ou à celui qui a acheté l'huile. Ne détournez aucune portion de l'huile ni pour vous en servir ni pour la dérober, et n'employez que celle qui vous aura été donnée par le surveillant ou par le propriétaire. Si on a volé de l'huile, chaque soustraction sera punie d'une amende de quarante sestertii, ou d'une égale diminution sur le prix ; ceux qui fabriqueront l'huile jureront devant le propriétaire ou devant son intendant, qu'ils n'ont soustrait, eux ni personne, ni huile ni olives de la provenance du domaine de leurs moulins. Ceux qui ne prêteront pas ce serment ne recevront pas le prix de leur travail. Si par la faute de l'entrepreneur le propriétaire à éprouvé quelque dommage, on fera une déduction sur l'estimation d'un homme d'une probité reconnue. »

Les précautions dont il fallait entourer ces marchés pour l'expression des olives, montrent à combien de fraudes les producteurs étaient exposés. Cela s'est vu dans tous les temps, et les bénéfices illicites des propriétaires des moulins ont été signalés à toutes les époques. Au siècle dernier Bernard écrivait : « Voici un fait qui annonce combien les profits des propriétaires de moulins doivent être à considérables Grasse. Ils entretiennent des mulets et des domestiques qui vont chercher gratis, même à plus de trois lieues de distance, les olives des particuliers, et les olives sont encore détritées gratis. Ainsi chaque particulier, sans nourrir les meuniers, sans leur donner de salaires, sans faire les frais du transport de ses olives, reçoit son huile, la vend ou la conserve à son gré. Il n'abandonne pour jouir de ces avantages que les grignons. Ce sacrifice paraît peu considérable, et cependant on peut douter qu'il y ait des endroits où le détritage soit plus cher qu'à Grasse. Les propriétaires des moulins trouvent le dédommagement de leurs soins officieux dans l'huile qui reste dans les marcs et dans les caquiers. »

Il en était ainsi dans toute la Provence. Le paysan qui ne fabriquait pas allait faire presser ses olives au moulin le plus proche. De là des abus énormes qu'Isnard signalait et auxquels on avait peine à croire. Les olives étaient mal pressées, en revanche le producteur d'olives l'était considérablement. Une police spéciale ne pouvait suffire à empêcher les fraudes et les profits immenses des meuniers. Ainsi le temps pendant lequel les olives devaient rester sous la meule était réglé, ainsi que les quantités d'olives que le propriétaire pouvait faire broyer à la fois. Il arrivait que suivant la qualité des broyeurs, la rapidité de leur marche, les olives étaient plus ou moins bien écrasées. Aussi voyait-on les propriétaires habiles préférer mettre moins d'olives sous la meule, 16 panaux au lieu de 20, par exemple, parce qu'en somme ils en retiraient tout autant d'huile. A Grasse, le propriétaire du moulin se payait sur les marcs ; ailleurs, la moitié du marc seulement lui restait ; dans d'autres localités le paysan payait en argent, ou bien abandonnait un dix-huitième de l'huile exprimée, plus les marcs et l'huile des caquiers. Le meunier était largement payé, on en juge quand on lit, dans Bernard, qu'en 1778 les caquiers de Draguignan ont retenu la neuvième partie de l'huile recueillie dans le terroir. M. Cougit, résidant à Tourves et ancien fermier des moulins de Bayols, assurait à Bernard que les marcs et les caquiers retenaient la douzième partie de ce qui s'en recueillait dans le terroir. L'hôpital de Draguignan se défrayait avec l'huile des caquiers des moulins de la ville, qui lui était attribuée. C'était enfin, suivant l'expression de Bernard, un véritable brigandage.

Une des choses qui contribuèrent le plus à arrêter en France l'essor des plantations d'Oliviers, ce fut cette circonstance que les moulins possédés avec banalité par les seigneurs ne pouvaient être rachetés par les communes. Les redevances qui dérivaient de la propriété des moulins seigneuriaux étaient plus onéreuses au peuple qu'avantageuses au possesseur du fief,

Le seigneur possédait dans la plupart des villages des moulins à huile, et les vassaux étaient obligés d'y détriter leurs olives aux conditions

suivantes, savoir : que les moulins seront construits et entretenus aux
dépens du propriétaire, qu'il fournira tous les ustensiles, qu'il payera
les meuniers, qu'on lui donnera la vingtième ou la trentième partie de
l'huile que l'on recueillera, qu'on lui abandonnera le marc d'olives et
la propriété des caquiers. Au moyen de cet accord l'intérêt du seigneur
était opposé à celui des vassaux : assuré qu'ils porteront leurs olives à
ses moulins, il se souciera peu d'en bâtir à suffisance, leur mauvais
état fera ses bénéfices !

Ainsi le malheureux paysan forcé de garder longtemps ses olives au
détriment de son huile et même de sa santé, les portait à moitié gâtées
aux moulins, conditions dans lesquelles une forte part d'huile allait aux
caquiers.

Tous ces abus ont disparu depuis longtemps, et l'industrie tend à
centraliser la manipulation des olives dans de grandes usines. Le cultivateur vend ses fruits au lieu de vendre, comme l'usage s'en était répandu, l'huile aux courtiers qui passaient par les moulins.

Dans ces centres, des moteurs puissants, un outillage perfectionné,
permettent d'extraire du fruit de l'Oliver tout ce qu'il peut rendre. On
obtient des huiles vierges et des huiles grossières qui valent les huiles
de deuxième qualité. Ces tendances manufacturières font échec aux
petites fabriques, qui ne peuvent soutenir une pareille concurrence et
produire avec autant d'économie.

C'est un avantage d'un côté, un inconvénient de l'autre ; jamais ces
grandes fabriques, triturant des olives de tout âge, de toute provenance,
ne feront d'huiles d'olives vraiment fines. Pour obtenir ces dernières,
les petites usines agricoles vaudront toujours mieux, surtout quand
elles se seront mises à la hauteur des progrès modernes. Aux environs
d'Aix, de Nice, dans la campagne de Lucques, ce sont encore les propriétaires intelligents qui pressent eux-mêmes leurs olives, qui font les meilleures huiles.

IV. RENDEMENT DES OLIVIERS. — Nous avons déjà parlé en plusieurs
endroits (régions de l'Olivier) de la quantité d'olives ou d'huile rapportées par les Oliviers, et nous avons pu constater qu'il était impossible de
fixer un rendement absolu, mille circonstances le faisant varier.

« Les gros Oliviers, dit M. Riondet, occupant 100 mètres carrés de terre, peuvent donner en moyenne 130 à 150 litres d'olives. Ce produit peut s'élever exceptionnellement à 500 et 600 litres. Les Oliviers à basses tiges, n'occupant que 25 mètres carrés de terrain, pourront donner en moyenne de 30 à 40 litres d'olives ; quelques-uns en rendront jusqu'à 100 litres. C'est donc un produit moyen de 140 hectolitres d'olives par hectare tous les deux ans. »

Cent litres d'olives donnent, d'après M. Heuzé, 7 kilog. d'huile dans le Languedoc, et 12 en Provence.

« En Provence, dit M. de Gasparin, on appelle un *Olivier réduit*, l'Olivier ou la réunion d'Oliviers qui donnent un sac d'olives (39 kilog.) et produisent ainsi $3^k,9$ d'huile. Un gros Olivier peut faire plusieurs Oliviers réduits. » A quarante ans, d'après Gérard, un Olivier planté devenait un Olivier réduit, c'est-à-dire un arbre produisant 39 kilog. d'olives et $3^k,9$ d'huile ; ou si l'on veut 100 kilog. produisant à peu près 10 kilog. d'huile.

Ainsi la quantité d'huile est le dixième environ du poids des olives récoltées, et, suivant d'autres estimations, le huitième du volume des olives. Il y a de nombreuses causes de variation : d'après M. de Gasparin, dans les années où la récolte a réussi, et où les fruits sont pleins de sucs élaborés ; la variété *blanquette*, cultivée à Tarascon, rend 9 kilog. d'huile pour 39 kilog. d'olives, ou 0,23 du poids du fruit, et 0,15 dans les années moyennes.

Les soins et la fumure font varier le rendement en huile ; l'auteur, que nous venons de citer, rapporte dans ses *Mémoires d'agriculture* (tome II, p. 458), que 1,600 cents jeunes Oliviers, situés à Tarascon, produisaient en sept ans, sans être fumés, $310^k,40$ d'huile, le même nombre de plants fumés donnaient $713^k,92$, différence $403^k,52$ d'huile. Cette olivette recevait tous les trois ans 1,278 kilog. de fumier dosant $5^k,115$ d'azote. Ainsi chaque kilogramme d'huile avait été produit par un engrais contenant $0^k,012$ d'azote.

En résumé 100 kilog. de fumier produisaient une augmentation de $31^k,57$ d'huile.

Des auteurs plus modernes estiment qu'une récolte de 100 kilog. d'olives enlève $0^k,389$ d'azote au sol : et d'autres estiment à 95 kilog. la quantité de fumier de ferme nécessaire pour restituer au sol l'azote qui a été pris par une récolte de 100 kilog. d'olive.

L'ensemble des conditions propres à chaque région oléifère peut donc modifier les rendements des Oliviers en olives, et des olives en huile. M. l'inspecteur général d'agriculture G. Heuzé, dans la *France agricole*, résume par le tableau suivant ces variations pour nos départements du Midi.

DÉPARTEMEFTS	QUANTITÉ d'olives nécessaire pour 100 litres d'huile.	PRIX DE L'HECTOLITRE	
		Oilves.	Huile.
	Litres.	fr. cent.	fr. cent.
Alpes-Maritimes.	720	18 65	129 »
Var.	770	14 96	134 »
Bouches-du-Rhône. . . , . . .	774	20 64	182 »
Corse.	824	15 10	116 »
Hérault.	865	14 85	159 »
Gard.	808	17 15	159 »
Pyrénées-Orientales..	779	14 85	130 »
Basses-Alpes. . . . . . ' . . .	900	19 05	174 »
Vaucluse.	750	21 85	175 »
Aude.. . . . . , . .	865	17 70	152 »
Drôme.	750	22 62	164 »»
Ardèche..	680 .	29 37	172 »
Moyennes.	780	18 89	153 »

CHAPITRE VIII

L OLIVE ET LA GASTRONOMIE

I. L'ESTIME EN LAQUELLE LA TENAIENT LES ANCIENS. — Trouverait-on maintenant un grand nombre de gourmets poussant aussi loin le goût de l'olive que le poëte épicurien qui traçait de la manière suivante l'ordre de ses préférences :

> Non Afra avis descendat in ventrem meum,
> Non attagen Ionicus
> Jucundior, quam lecta de pinguissimis
> Oliva ramis arborum.
>
> (HORACE, liv. V, ode II.)

— A la poule d'Afrique, au faisan d'Ionie, ornement des tables succulentes, je préfère l'olive savoureuse empruntée aux plus beaux plants de mon verger.

Beaucoup préféreraient le faisan et laisseraient l'olive, surtout si elle se présentait escortée de la chicorée et des mauves qui plaisaient tant au poëte de Tibur :

> . . . . . me pascunt Olivæ
> Me cichorea levesque malvæ.
>
> Odes, livre I, LXXI.

Horace ne fut pas cependant le seul de son temps ou de son pays à aimer l'olive; citerai-je pour le prouver certain passage du Satyricon (ch. LXVI), où l'on nous montre des convives exprimant avec passion leur goût pour le fruit de l'arbre de Minerve : — on fit circuler dans une petite nacelle des olives marinées que quelques convives nous disputèrent grossièrement à coups de poing. — Montrons que l'olive était recherchée dans la meilleure compagnie : voici Pline le Jeune envoyant à Septicius Clarus, pour le punir, le menu d'un souper auquel il l'avait convié : « Paratæ erantlactucæ singulæ, cochleæ ternæ, ova bina, alica « cum mulso et nive, olivæ, betacei, cucurbitæ, bulbi, allia mille non « minus lauta. » Des laitues, du cresson, des œufs, de l'alica au miel et à la neige, des olives, des bettes, des cornichons, de l'ail, etc., etc., quel régal !

Si l'olive n'avait pas été un des éléments les plus recherchés de l'alimentation chez les Romains, Martial n'aurait pas aussi souvent loué celles du Picenum, les plus estimées de toute l'Italie :

> Succurrent tibi nobiles olivæ,
> Piceni modo quas tulere rami.
>
> Livre V, épig. 79.

Ailleurs il se réjouit d'avoir reçu d'un client du Picenum quelques olives dans un petit baril :

> Piceno quoque venit a cliente
> Parcæ cistula non capax olivæ.
>
> Livre IV, ép. 46.

Et dans un autre passage il reproche à un ami avare de n'en avoir pas envoyé :

> Rustica lactantes nec misit fiscina metas,
> Nec de Picenis venit oliva cadis.
>
> Livre I, ép. 44.

Les olives sidicines dont parle Pline étaient aussi très-vantées[1], et comme celles de beaucoup d'autres localités de la péninsule, ne le cédaient en rien à celles des bords du Tartessus, le Bétis célèbre :

> Nec Tartessiacis Pallas tua Fusce trapetis
> Cedat. . . . .
>
> MARTIAL, livre VII, épig. 28.

Heureux le propriétaire qui, cultivant et soignant lui-même ses Oliviers, avait toujours sous la main d'excellentes olives ! Mon bien, cher Quintus, écrivait Horace, me produit ma suffisance en blé, olives, etc. :

> Ne perconteris fundus meus optime Quincti,
> Arvo pascat herum, an baccis opulentes olivæ,
>
> Épîtres, livre I, xvi.

---

1. Le territoire de Sidicin est, pense-t-on, celui de Tiano dans le royaume de Naples.

Quant au vulgaire, il allait comme Martial acheter ses olives au marché de Suburra :

> Id tota mihi nascitur Suburra.
>
> Livre VII, épig. 31.

Les olives du Picenum y arrivaient dans de petits paniers d'osier :

> . . . . . fabæ, cum vimine picenarum.
>
> Livre VII, épig. 52.

Le marchand au détail les vendait au nombre ou au poids, et comme dans ce temps-là, ainsi qu'aujourd'hui, les vieux papiers allaient à l'épicerie, le client du marché de Suburra rapportait des olives, du thon, etc., dans des cornets de papyrus :

> Quales aut Libycis madent olivis
>
> STACE, livre IV, silve IX.

> Ne toga cordylis, ne pænula desit olivis.
>
> MARTIAL, livre XIII, les Présents, ép. 1.

Les olives étaient considérées comme des hors-d'œuvre : dans le banquet de Trimalcion plusieurs variétés figurent à ce titre au premier service : sur un plateau destiné aux hors-d'œuvre était un petit âne en bronze de Corynthe, portant un bissac qui contenait d'un côté des olives blanches, de l'autre des noires (Satyricon, chap. XXXI).

Les olives se mangeaient au commencement ou à la fin des repas :

> Inchoat, atque eadem finit Oliva dapes.

On les considérait comme excitantes et apéritives :

> Post hæc omnia forte si movebit
> Bacchus, quam solet, esuritionem,
> Succurrent tibi nobiles Olivæ,
>
> MARTIAL, Épigramme à Turanus.

On voit dans les Acharnenses qu'elles figuraient parmi les provisions faites pour les navires avec les aulx et les oignons.

Malheur aux Oliviers qui croissaient sur le bord des routes ; le passant ne les ménageait pas. Ovide déplore ce pillage dans le Noyer, v. 133.

> . . . . Quæ publica tangunt
> Carpere concessum est : hoc via juris habet
> Si licet hoc, Oleas distringite, cædite messes :
> Improbe !. . . . .

Les olives ne coûtaient cependant pas trop cher chez les anciens, aussi étaient-elles une grande ressource pour les classes peu favorisées et en quelque sorte le symbole de la frugalité.

Dans une comédie d'Aristophane, les *Ecclesiazusæ*, le chœur parle d'une sobriété telle, que, sous l'archontat de Myronides, chacun tirait de son sac sa boisson, son pain, deux oignons et trois olives :

> καὶ πρὸς δύο κρομμύω
> καὶ τρεῖς ἂν ἐλάας.

Il en était de même en Italie, car Horace se plaint que les grandes tables absorbent ce mets du pauvre :

> . . . . Nam vilibus ovis.
> Nigris que est oleis hodie locus. . . . . .

Livre II. satyre II.

Dans la comédie de Stichus, acte V, scène IV, un pauvre esclave dit ceci :

— Le banquet est assez bien proportionné à nos moyens, il se compose de noix, de fèves, d'olives dans une écuelle, de petits gâteaux. C'est assez, chacun doit vivre selon son bien.

Ovide, en un touchant tableau nous montre la compagne de Philémon, la vieille Baucis, préparant à ses hôtes divins un frugal repas.

> Ponitur hic bicolor sincerae bacca Minervæ.

Métam., livre VIII.

Le pauvre, volontaire, c'est-à-dire l'avare, faisait aussi son profit du bon marché des olives. Horace fustige quelque part ce chien d'Avidenius qui va dîner de quelques olives rances et de baies sauvages; et Martial se moque de l'avare Scevola qui, sur dix olives qu'on lui servait, en gardait pour le lendemain le plus grand nombre (livre I, épig. 104).

II. Comment on préparait les olives. — L'olive prise sur l'arbre est loin d'être aussi savoureuse que l'huile qu'elle laisse couler quand on la presse; beaucoup de gens qui l'ignorent s'y laissent prendre. Ceci me met en mémoire une des plus jolies fables de Viennet, fable qui exprime mieux que je ne pourrais le faire ce que valent les olives cueillies sur la branche.

Le héros de cette histoire est un hibou, l'oiseau de Minerve, solitaire habitant d'une vieille église :

. . . .
Il était égoïste et partant fort heureux.
Son péché le plus doux était la friandise.
L'huile offrait à son bec un ragoût sans égal,
Et quand pour se gorger de ce divin régal,
Il avait mis à sec les lampes de l'Église,
    En digérant ce mets délicieux,
Mon ermite emplumé fatiguait son génie,
    A deviner de quelle part des cieux
    Coulait pour lui cette ambroisie.
Un jour enfin sur un pâle Olivier,
Par le soleil levant s'étant laissé surprendre,
Il apprit par hasard ce qu'il brûlait d'apprendre,
    En écoutant un valet de fermier.
    Son aile en battit d'allégresse.
« Quoi ! c'est l'olive qui produit
« Ce breuvage onctueux qui me met dans l'ivresse !
« Si le jus est si bon que doit être le fruit ?
    « Et quel plaisir, de pouvoir jour et nuit
    « M'en régaler sans mesure et sans cesse ! »
Impatient d'assurer son bonheur,
Sur une olive alors son bec se précipite ;
Fatale expérience ! Il jette un cri d'horreur,
Et d'une aile tremblante, il regagne son gîte.
Mais il fuit vainement. Sa curiosité,
Par l'amer chicotin est à jamais punie.
Du fruit dont son palais conservait l'âcreté,
    L'arrière goût avait gâté
    Le plus doux plaisir de sa vie.

            VIENNET, livre IV, fable 12.

C'est une idée très-répandue dans le Midi que certains oiseaux nocturnes boivent l'huile d'olive dans les lampes des églises. On lit dans le beau poëme provençal de *Mireïo* :

Parlas, parlas, n'en i bèulóli :
Dins ligleiso. per bèure l'oli
Di lampo, quand l'iver davalour di clouquié.

Il existe, comme nous le disons ailleurs, certaines olives qui peuvent être mangées sans préparation ; elles se dessèchent d'elles-mêmes et deviennent douces comme des raisins. Pline vantait comme telles les olives de Mérita (Mérida en Espagne). Dans quelques localités du Midi, on mange les olives tombées et desséchées sur le sol, sous le nom de *fachouiles*. Le plus grand nombre des variétés ne devient comestible qu'après avoir subi un certain nombre de manipulations.

Les Romains estimaient beaucoup les olives cueillies très-tard et que le froid avait surprises, pâlies et ridées.

> Glauca duro oliva frigore
>
> CATULLE CARMEN, XX.

Dans une invitation à souper à Julien Céréalis, Martial, dans la carte du menu, n'oublie pas, parmi les hors-d'œuvre destinés à ouvrir l'appétit, le fromage du Vélabre, durci au feu, et les olives du Picenum ridées par le froid :

> Et quæ Picenum senserunt frigus olivæ.
>
> Livre X, épig. 52.

Dans une autre circonstance, il se plaint de ne pas recevoir de ces olives ridées :

> Nec rugosarum vimen breve Picenarum.
>
> Livre IV, epig. 89.

Pas plus dans ce cas que dans tout autre, on ne peut disputer sur les goûts; le plus grand nombre cependant partageait, en fait d'olives, l'opinion de certain vieillard dont parle Aristophane dans ses fragments sur la vieillesse [1], et aux picéniennes ridées préférait :

> Quæ muria conditæ compacto sunt corpore.

Le goût des Romains pour les olives confites s'accuse par le soin et la variété des procédés que l'on employait pour les conserver : non-seulement on s'efforçait de les débarrasser de leur âcreté naturelle comme nous le faisons, mais on leur communiquait, à l'aide de très-nombreuses substances aromatiques, des saveurs particulières auxquelles les gourmets d'alors attachaient beaucoup de prix. C'est un art oublié de nos jours, et qui expliquerait peut-être la passion d'Horace pour les olives, passion que nous avons peine à comprendre. Si quelque Chevet du présent ou de l'avenir, se pénétrant des préceptes que les Caton, les Palladius et surtout Columelle n'ont pas dédaigné de formuler, appliquait son génie à préparer des olives d'après ces antiques procédés, qui sait à quel succès et à quelle fortune il ne parviendrait pas !

---

1. Ὦ πρεσβῦτά πότερα φιλεῖσ τὰς δρυπετεῖσ ἑταίρα; ἤ και τάς ὑποτρθέντυς ἀλμἀδας; ὡς ελάας στιφράς;.

Je vois d'ici, sur le boulevard, des gourmands en quête de sensations nouvelles, arrêtés devant des objets singuliers : ce sont des potiches étrusques avec ce mot *epityrum!* ce sont des amphores rustiques avec des étiquettes variées, telles que celles-ci :

Posiæ conditæ cum apio tenero et menta [1].
Orchites conditæ cum seminibus lentisci fœniculoque [2].

Je cherche sur l'enseigne le secret de ce mystère et je lis :

130	NEVIUS ET SCEVOLA	130
	SALMAGARII, PALLADIS BACCARUM CONDITURA.	

Nous allons entrer dans quelques détails sur la préparation des olives, puisqu'elle avait tant d'importance chez les anciens.

Columelle a traité ce sujet de main de maître : nous abrégerons un peu. Une opération précédait quelquefois l'ensemble des procédés de conservation, on meurtrissait les olives en les battant. On battait ainsi les *pausia*, les olives *pausea, blanche, orchis, regia*, cueillies en septembre ou octobre, par conséquent acerbes. Il y avait alors deux manières de les confire : 1° Trempage à l'eau chaude, égouttage, introduction dans un vase avec graines de fenouil, de lentisque et sel grillé ; remplissage avec du moût très-nouveau, ou bien avec du vin cuit, ou bien encore avec de l'eau miellée. 2° Séjour préliminaire dans la saumure, égouttage, introduction dans une amphore avec les semences précédentes, remplissage avec un mélange de moût et de saumure. Dans l'un et l'autre procédé, une petite botte de fenouil maintenait les olives plongées dans le liquide conservateur. Au lieu du battage qui altérait la couleur des fruits, on les coupait quelquefois par morceaux avec un roseau tranchant.

Les *posiae* et les *regiae* se conservaient aussi tout simplement dans la saumure avec addition de lentisque et de fenouil ; mais peu agréables au goût, on les réservait pour entrer dans divers mets à titre de condiments. Parfois on les rendait plus sapides, pour la même destination,

[1]. Posiæ (variété d'olive), confites à l'ache et à la menthe.
[2]. Orchites confites aux semences de lentisque et au fenouil.

en les battant et les faisant macérer quelque temps dans l'huile verte avec poireaux, rue, ache tendre, menthe, un peu de vinaigre, de miel et de vin.

Columelle précise souvent les quantités des ingrédiens entrant dans ces diverses préparations. Quelques-uns, dit-il, mettent trois *heminae* de sel sur un *modius* de fruit, aromatisent avec lentisque et fenouil, et finissent de remplir de vinaigre faible. Quarante jours après, on vidait ce jus chargé de l'âcreté de l'olive, et on le remplaçait par trois parties de vin cuit et une de vinaigre.

Une préparationplus simple consistait à laisser simplement les *poseae* dans un mélange de saumure et de vinaigre. Si l'on voulait conserver la couleur verte qu'elles offrent quand elles sont cueillies avant la maturité, on remplaçait la saumure par d'excellente huile.

Voilà les moyens que les Romains employaient pour conserver les olives vertes cueillies avant maturité et avant les froids : le sel, on le voit, intervient le plus souvent comme moyen de préparation, le moût, le vinaigre, l'huile, le vin cuit, et des aromates variés, parmi lesquels le fenouil et le lentisque manquent rarement, s'associent à la saumure ou la remplacent.

Les olives cueillies plus tard exigeaient d'autres soins, en raison de la quantité de liquide acerbe dont elles sont alors gorgées. Avant de les plonger dans un liquide conservateur qui était ordinairement du vin cuit, seul ou additionné de vinaigre ou de miel, on les laissait suer de trente à quarante jours dans des paniers d'osier, où des lits d'olives alternaient avec des couches de sel. Les *pauseae*, les *orchites*, les olives de *nævius*, étaient particulièrement ainsi accommodées.

Les procédés suivants sont au fond les mêmes : 1° Les olives sont encore mises à dégorger dans des amphores de petites dimensions, avec du sel grillé mélangé de fortes proportions de semence d'anis, de fenouil et de lentisque : quarante jours après on les retire, et sans les essuyer on en remplit de nouvelles amphores que l'on place à la cave, et qui les conservent très-bien. 2° Des olives retirées de la saumure et coupées au roseau macèrent pendant trois jours dans du vinaigre. On les place ensuite dans une cruche avec ache et rue, on remplit de vin cuit, et l'on recouvre le tout d'une couche de tendrons de laurier. Vingt jours après elles sont exquises.

Palladius a donné (liv. XII, ch. xxii) de nombreuses recettes pour confire les olives; toutes rentrent à peu près dans celles indiquées par Columelle longtemps avant lui. Aux aromates indiqués plus haut viennent se joindre l'aneth, le pouliot, l'origan, les feuilles de cyprès et mêmes celle d'Olivier, le persil, etc. Les liquides conservateurs sont la saumure, le vin cuit, le vinaigre, le miel, le moût. Ces procédés donnent tous les olives confites que les anciens nommaient *colymbades*, « *colymbades olivæ fiunt sic*, » c'est-à-dire suivant l'expression du traducteur, « des olives nageant dans leur jus. »

Il y a cependant un fait important à signaler parmi les recettes de Palladius, c'est l'emploi dans l'une d'elles de cendre bien criblée. C'est la seule fois que nous trouvons chez les anciens l'indice d'un carbonate alcalin ou d'une lessive pour priver l'olive de son amertume, moyen très-employé de nos jours.

On conçoit que la qualité des olives confites dépend de celle des variétés employées : les anciens apportaient un grand soin à ce choix. Tous leurs aromates ne seraient sans doute pas de notre goût, le lentisque et la rue, par exemple : Columelle cependant semble tenir beaucoup à cette dernière substance qui, d'après lui, exaltait le goût naturel des olives confites.

Rutaque Palladiæ baccæ jutura saporem.

De Cultu hortorum, v. 121.

L'Italie avait reçu de la Grèce, avec l'Olivier, la plupart de ces recettes. Dans ce dernier pays, en effet, on désignait sous le nom d'Ἁλμάδες (de Ἁλμη, saumure) les olives confites dans la saumure. L'expression de κολυμβηται ἐλαῖαι était encore employée pour désigner les olives nageant dans une sauce, saumure ou autre.

Le fenouil était aussi chez les Grecs l'assaisonnement ordinaire des olives : nous le savons par ce calembourg d'Hermippe : « Pour se souvenir à jamais de Μαραθος avec plaisir, ils jettent tous du μαραθρον (fenouil) dans les Ἁλμάδες.

Les olives conservées dans le vinaigre formaient, à ce qu'il paraît, une subdivision des κολυμβάδες, car l'usage du vinaigre n'excluait pas celui du sel ou d'une eau salée : les procédés décrits plus haut en sont la preuve.

Dans ces circonstances, on peut concevoir qu'Athénée (IV, p. 133), et après lui Oribase (*Coll. méd.*, I, 54), aient fait ἁλμάδες, (de ἅλμη, saumure), synonyme de κολυμβάδες. Cependant toutes les colymbades ne nageaien tpas dans un liquide salé : parfois, après un séjour dans le sel, les olives étaient ensuite placées dans du vinaigre pur. S'il fallait un synonyme à κολυμβάδες, nous admettrions, avec Pollux (VI, 45), celui de νηκτρίδες, qui dérive aussi d'un verbe signifiant nager. Palladius généralisait donc un peu trop, quand il désignait sous le nom de colymbades des olives que tous les procédés de préparation donnés par lui ne mettaient pas en état de nager. (Colymbades vient de κολυμβάω, je nage.)

Resterait à déterminer si toutes les variétés d'olives étaient employées à faire des colymbades. Il paraît que c'étaient les *olivæ variæ* des Latins qui l'étaient surtout (τὰς καλουμένας κολυμβαδάς — τὰς ἁδρὰς... Didymus Geopon, IX, 33, 1). Cependant Cœlius Aurelius définit les colymbades : « *Olivas ex viridi novitate messas* ».

Athénée vante les colymbades pour leur grosseur, et les Grecs d'Athènes leur donnent encore aujourd'hui le même nom, et pendant longtemps le grand seigneur les fit retenir toutes pour sa table. (Spon, voy. t. II, p. 147.)

Les Grecs connaissaient encore les olives préparées, qu'ils désignaient sous les noms de στεμφυλα et de θλαστα. Les premières étaient distinctes des Ἁλμάδες. Aristophane le dit expressément dans ce passage des *Nesi* ou *insulae*.

Οὖν τύπτον ἐστίν ἁλμάδες καὶ στεμφυλα.

Ailleurs le même auteur affirme que les olives stemphyles étaient pour les Athéniens les mêmes que les τετριμεναι, olives broyées et écrasées, nommées aussi θλαστα : et l'on comprend qu'il ait eu raison de dire que les Ἁλμάδες différaient des stemphyles ou θλαστα. Employant ce dernier terme, le poëte répète plus loin :

Θλαστάς γὰρ εἶναι κρεῖττον ἐστιν ἁλμάδος.

il vaut mieux que les olives soient thlastes que halmades.

Didymus (*Géopon*, IX, 32) décrit sous le nom de ὲλασταί un procédé pour conserver les olives blanches; il paraît que que c'était surtout celles-là que l'on écrasait. Cependant Diphilus de Siphnos (*ap. Athen*. II, ch. xlvii) parle aussi d'olives écrasées noires. Pollux rapporte que les poëtes comiques appelaient aussi les olives écrasées πυρῆνας. (Oribase, notes sur le livre II, ch. lxix, ap. Bussemaker et Darenberg.)

Philémon nous apprend (Hécale) que les olives écrasées étaient aussi appelées *pityrides :* cette manière de voir est la vraie. On ne peut, avec Callimaque, reconnaître dans les pytirides une variété du fruit de l'Olivier. Ce qui prouve surabondamment que les pytirides étaient des olives écrasées pour subir une certaine préparation, c'est que les Romains donnaient le nom d'epityrum à une façon de confire les olives, très en usage, dit Columelle, dans les villes grecques.

L'epityrum, dit l'auteur que nous venons de citer, se préparait avec l'olive *pausea* ou l'*orchis*, cueillies à la main au moment où elles commencent à perdre leur blancheur, et préalablement séchées à l'ombre et mondées. On les place à la presse dans des cabas, et on les comprime fortement : on répand ensuite dessus un *sextarius* de sel grillé, et égrugé par *modius* de fruit, puis des semences de lentisque, des feuilles de rue et de fenouil hachées. Alors on remplit le pot dans lequel les olives ainsi assaisonnées ont été placées avec de bonne huile, et on maintient les olives plongées à l'aide d'une petite botte de fenouil.

On faisait aussi une sorte d'epityrum avec les olives noires (Columelle, LI). Le fenugrec, le cumin, l'anis d'Égypte, servaient d'assaisonnements. On donnait pour cette préparation la préférence aux *pausiae*, bien que leur goût se perdît promptement. Les *liciniennes*, la *culminea* et surtout l'olive de Calabre, ne présentaient pas cet inconvénient et avaient tout l'avantage des premières.

Dans le *Banquet des savants*, Athénée parle encore d'autres olives recherchées chez les Grecs. On lit dans Eupolis : « Des seiches des des olives, Δρυπέτης. » Ces olives, d'après Pline, étaient celles que les Romains nommaient Druppæ. « *Incipiente bacca nigrescere*, lib. XV, cap. ii. » On lit dans la *Gastronomie* d'Acherstrate : « Qu'on serve des olives déjà ridées, et Δρυπέτης. » Ce qui voulait dire des olives mûres. Le mot Δρυπέτης seul avait cette signification, d'après Didyme, qui les désignait aussi sous le nom de gergérimes.

La phrase suivante indique bien encore en quelle estime les Grecs les tenaient. « Téléclide me supplia de lui laisser goûter enfin de mes Δρυπέτης et de ma fouasse, après avoir vécu si longtemps de peigne de Vénus. »

A propos des mots δρυπέτης et δρυπέτησ, nous trouvons dans les notes sur le livre II, ch. LXIX d'Oribase, par M. Bussemaker et Darenberg, une discussion savante : 1° Sur la nécessité d'admettre ces deux mots grecs dérivés, le premier de δρῦς, arbre, et πίπτω, je tombe ; et l'autre de δρῦς et de πεπτω, je fais mûrir ; 2° sur le sens à donner à ces deux mots qui signifieraient tous les deux *olives vertes*, ou *olives mûres*, ou l'un *olives vertes*, et l'autre *olives mûres*. Les auteurs cités plus haut ont pensé que les δρυπέπεῖς étaient des olives à moitié mûres, et les δρυπετεῖς, au moins pour Galien, des olives noires ou mûres. Cette explication, ajoutent-ils, est en contradiction avec Pline, et même avec Celse, lesquels ont pu facilement confondre les deux mots grecs. Ils observent encore que, pour les anciens, la chute des olives n'était pas toujours un signe de maturité. (Columelle, XII, 52, I.)

Les πυραλλίδες de Philotime appartenaient encore au même genre que les *olivae variae*. Leur signification est mal définie par l'étymologie du mot qui est un nom d'oiseau, πυραλλίς.

III. COMMENT ON LA PRÉPARE. — L'art de confire les olives a fait peu de progrès depuis les temps anciens : le moût, le vin cuit, le miel, ont été abandonnés et remplacés presque exclusivement par le sel. On a délaissé également l'usage des substances aromatiques. Vers la fin du siècle dernier, on préparait assez rapidement des olives vertes bonnes à manger, en les écrasant légèrement et les laissant tremper pendant neuf jours dans de l'eau renouvelée. Au bout de ce temps elles avaient perdu leur amertume, et l'on pouvait les plonger dans de la saumure. L'eau chaude agissait encore plus rapidement.

On préparait les variétés qui deviennent douces en mûrissant, par le procédé suivant : on les faisait sécher au soleil comme des figues, on les ramassait dans des paniers, et au fur et à mesure des besoins, on les assaisonnait avec sel, poivre et vinaigre.

L'indication donnée par Palladius sur l'effet de la cendre pour enlever à l'olive son amertume, n'a jamais été oubliée, et les olives célèbres, confites à la manière de Picholini, sont traitées par une lessive de cendres, rendue plus alcaline par une addition de chaux vive. Aujourd'hui on n'emploie pas d'autre moyen [1]. Après avoir laissé les olives dans ces liqueurs alcalines pendant un temps qui dépend de leur grosseur, de la concentration de la lessive, et qui a pour limite la facilité avec laquelle la pulpe se détache du noyau; on retire les fruits, on les lave et on les plonge dans de l'eau renfermant près de 100 grammes de sel pour 1000. Dans le Midi, on aromatise quelquefois avec fenouil ou coriandre, ou bien on substitue au noyau un petit morceau d'anchois et une capre. Dans ce dernier cas, les olives doivent être placées dans l'huile.

Le commerce des olives n'a pas l'importance de celui de l'huile. Cependant certains départements, tels que ceux du Gard et du Var, en préparent pour des sommes importantes. D'après une statistique publiée en 1862 par M. Joseph Reynaud, les quatre arrondissements du Gard produiraient annuellement pour une valeur de 240,000 fr. d'olives vertes confites, et pour 20,000 fr. d'olives noires ou cassées, piquées, taillées, etc. De plus ils expédieraient dans les départements voisins, et principalement dans les Bouches-du-Rhône, pour une valeur de 110,000 fr. environ d'olives vertes non confites, mais que l'on prépare en partie dans ces localités. En résumé ce seul département, en dehors de la production d'huile, vendrait pour 370,000 fr. d'olives confites ou destinées à l'être. Les Bouches-du-Rhône, qui produisent beaucoup d'huile, préparent peu d'olives, parce que les variétés picholines et verdales, qui sont les meilleures pour confire, y sont peu abondantes. Il en est de même dans les autres départements oléifères, mais nous ne possédons aucun renseignement sur cette industrie dans ces régions.

Les olives, qui sont un hors-d'œuvre sur les tables opulentes, sont encore, dans les contrées méridionales de l'Europe et en Orient, un des éléments principaux de la sobre alimentation des populations peu aisées. A midi, dit Galien, les anciens faisaient un frugal repas composé d'olives,

---

1. Quelques préparateurs d'olives ont cru bien mieux faire en ne prenant pas la première cendre venue, mais celle provenant de noyaux d'olives brûlés.

de miel ou de quelque autre aliment peu substantiel (*de tuenda valetud.*, lib. 6). Il en est de même encore. Un morceau de pain sous le bras, quelques olives dans la poche, où elles acquèrent certaines qualités (olives pochetées), voilà la provision du manœuvre, dans beaucoup d'endroits.

Point de repas sans olives dans le midi de l'Italie. A Naples, dans les quartiers populaires, l'heure est marquée par le cri de nombreux marchands qui passent à heure fixe, comme les oiseaux marquent les saisons. M. Marc Monnier raconte dans son voyage à Naples la naïve histoire de Pennerol, le gourmand, réglant sa vie sur les bruits de la rue. Cris du marchand d'eau, du marchand d'eau-de-vie, passage des marrons bouillis, des fromages, clochettes des chèvres, des vaches, voix rauque du marinero de Sorente, voix aigre des porteurs de ricotta, de radis, de raiponces, etc., et enfin quand le crépuscule annonce qu'il est temps d'allumer la lampe, les olives passent, c'est l'heure du souper. C'est pour cela, ajoute M. Monnier, que « l'homme qui vient de cirer vos bottes, et qui s'est bien gardé de se laver les mains, vend des olives de Sicile pendant la nuit. »

En Espagne, les *aceitunas sevillanas* sont aussi renommées que l'étaient jadis les *olivae bœticae*. On estime encore beaucoup les olives désignées sous le nom de *aceitunas de la reina* : elles sont de forme ovale et dépassent quelquefois la grosseur d'un œuf de pigeon. Les *zorsalenas*, au contraire, appelées ainsi du nom d'une espèce de merle qui en est très-friand, sont rondes et de la grosseur d'une cerise.

En Espagne, les olives se mangent ordinairement à la fin du repas, et l'on dit familièrement d'une personne qui arrive au dessert, qu'elle arrive aux olives, *llega á las aceitunas*. Les Espagnols, qui sont toujours sobres, le sont surtout quand il s'agit d'olives : « *aceitunas*, dit le proverbe bien connu, *una es oro, dos plata, y la tercera mata* : une c'est de l'or, deux c'est de l'argent et la troisième vous tue. » Suivant un autre proverbe, si les olives sont très-bonnes, on peut aller jusqu'à la douzaine : « *aceituna una; y si es buena una docena.* »

En Italie, on mange beaucoup d'olives préparées. M. Cappi recommande de confire l'olive d'Espagne : mais il préfère encore celle qu'on désigne sous le nom d'olive de saint-François. Elle est commune sur le territoire d'Ascoli et grosse comme une noix.

Les procédés de conservation sont les mêmes qu'ailleurs, saumure ou lessives alcalines sont les liquides employés. On désigne sous le nom de *falcite* les olives privées de leur noyau ; sous celui de *schiacciate* les olives contuses ou battues, et de *secche* celles qui sont desséchées au four.

Dans l'Orient on mange encore l'olive, bien que celles de la Décapole aient perdu leur réputation. Elles sont un des éléments habituels des frugals repas de ces contrées mères de l'Olivier.

Spoll, dans son voyage au Liban, reçut l'hospitalité dans un monastère. — la faim lui fit trouver exquis un festin composé d'œufs, d'olives en saumure et de raisins. — Dans le récit de la mission de M. Renan en Syrie, M. E. Locroy parle d'un déjeuner à Djébel : « Trois olives, une galette, deux oranges, nous étions six. » Un Français pique-assiette se fait inviter à dîner par un effendi de Beyrouth. L'hôte commande trois choses commençant par un Z : de l'origan (zaatar), des olives (zeitoun), de l'huile (zeit), puis le pain nécessaire. Notre compatriote n'oublia pas le dîner des trois Z et jura, mais un peu tard !... Les moines d'Orient trouvent dans les olives une grande ressource pendant le carême : les moines grecs du mont Athos, et tous ceux de ces parages vivent en ce temps, d'olives, de caviar, de racines et de coquillages.

Cassien dit quelque part, en parlant des moines d'Égypte, que Serène, les traitant un dimanche, leur donna une sauce avec un peu d'huile et de sel frit, trois olives, cinq pois chiches, deux prunes et chacun une figue ; Cassien traite ce menu de douceurs peu ordinaires aux moines. (Proust, *Voyage au mont Athos.)*

Du pain et des olives ce fut, dit-on, toute la nourriture de saint Prior pendant de longues années de solitude.

L'Olivier a été introduit sur quelques points du Nouveau Monde. En 1791, Lakanal en essaya la culture sans succès dans le Kentucky, l'Ohio, l'Alabama [1]. D'après M. Simonin, la vallée du Sacramento s'est montrée depuis très-favorable à l'arbre de Minerve, et l'on vante déjà les

---

1. Comptes rendus, II, p. 471.

remarquables olives de *los angelos*. Salut aux olives de *los angelos*, fleuron nouveau de la couronne de l'Olivier.

Sébizius, dans son traité des aliments, considérait les olives comme une nourriture peu réparatrice. Garidel, qui était du pays des Oliviers, partageait cette opinion qui n'a pas besoin d'être grandement défendue. Elles excitent l'appétit, ce qui rend inexplicable la place qu'on leur donne dans les repas en Espagne. Elles constituent de plus un condiment agréable, et l'art culinaire sait les employer de mille manières, depuis les olives farcies, jusqu'à la plus classique de ces préparations, le canard aux olives.

IV. Ce qu'en pensaient les médecins. — Nous aurions voulu finir ce chapitre sur ce souvenir gastronomique, mais les médecins qui vont au delà de la sensation et dépoétisent toute chose, nous disent les uns que l'olive est astringente, les autres qu'elle est laxative. Galien, Sébizius sont pour la première opinion, Dioscorides, Garidel pour la seconde. Tous ont peut-être raison, et l'effet produit doit varier avec la nature des olives et leur mode de conservation.

Diphilus de Siphnos signalait les olives noires comme dérangeant l'estomac et appesantissant la tête. Les colymbades avaient le défaut de resserrer, et les noires écrasées, peu nourrissantes comme toutes les olives en général, étaient cependant les plus stomachiques. Pline, opposant les olives blanches aux noires, disait : « Les premières sont bonnes à l'estomac, nuisibles au ventre, les secondes agissent inversement. »

Oribaze, lui aussi, nous montre la variété d'action des olives sur l'économie, résultant de leurs divers modes de préparation : l'article vaut la peine d'être cité, nous en empruntons la traduction à MM. Bussemaker et Daremberg.

« De toutes les olives, les noires sont les plus grasses, les plus difficiles à assimiler et les plus susceptibles d'engendrer le choléra (χωλερώδεις) ; elles donnent lieu à des nausées persistantes, et produisent des selles nombreuses et peu abondantes. Celles qu'on appelle pyrallides produisent, du reste, le même effet que les noires, mais à un moindre degré, parce qu'elles contiennent moins de graisse ; cependant ces deux espèces distribuent dans le corps une humeur grasse glutineuse et de

beaucoup d'âpreté ; par conséquent elles produiront l'humeur semblable
à du jaune d'œuf. Les olives conservées dans du vinaigre sont, il est
vrai, faciles à assimiler, mais elles distribuent dans le corps une humeur
acide. Les olives blanches sont moins difficiles à assimiler que les précédentes, parce qu'on les conserve dans de l'eau salée, mais elles distribuent dans le corps des humeurs douées de propriétés salées, amères,
et très-âpres, lesquelles engendrent à leur tour l'humeur semblable au
jaune d'œuf. Les olives écrasées s'assimilent, à la vérité, mieux que les
blanches, mais elles distribuent dans le corps une humeur salée. »

Voilà de quoi terrifier les consommateurs d'olives, et nous ne voyons
pas comment ils pourront échapper à cette distribution d'humeurs
variées, que le médecin et ami de l'empereur Julien leur promet si largement.

Ces considérations nous conduisent tout naturellement à parler de
l'emploi des olives comme médicament. Qu'est-ce que les Ἐλᾶαι
καθαρτικαί. (olives purgatives) de Rufus ? Oribaze va nous l'apprendre
encore.

Prenez : gomme, une once ; dattes patètes sans les noyaux, une
livre ; miel, une livre ; poivre, cumin, anis, de chacune quatre onces ;
vinaigre, une chenice ; olives marinées (ἐλαιῶν κολυμβάδων) dont on a tiré
les noyaux, une livre ; triturez les dattes avec le miel et la gomme dans
un mortier. Puis on ajoute les autres ingrédients pilés, et on les triture
de nouveau tous ensemble, ensuite on verse le vinaigre, et on réunit le
tout à la manière d'une sauce. Après cela on trempe et l'on édulcore
les olives dans de l'eau douce, et on les réunit aux autres ingrédients.
Enfin on donne cinq cuillerées de sauce et trois olives. (Rufus ne croyait
pas inutile d'ajouter à ce médicament quatre drachmes de scammonée.)

Les olives salées dont il est ici question, semblaient incompatibles
avec certains médicaments ; il fallait les proscrire de l'alimentation lorsque, par exemple, on devait prendre l'Ellebore (*Coll. med.*,
VIII, 1).

Garidel parle de l'usage que faisaient dans le midi, les paysannes, de
la saumure dans laquelle avaient macéré les olives, le *muria* des Latins
et des Grecs. Elles s'en servaient contre les affections hystériques
nommées par elles mal de mère. Les hommes aussi buvaient l'eau des

olives contre un mal semblable, dit Garidel, le *mau masclum* ou mal hypochondriaque des médecins.

Qui eut cru que les olives fussent un bon remède contre la gravelle et la carie dentaire? Pline le dit expressément, livre XXIII, chapitre xxxvi. Nous comprenons mieux le grand compilateur quand il prescrit les olives non confites broyées contre les brûlures ; et quand il affirme que l'olive noire mâchée et appliquée de suite sur le mal, arrête les ampoules.

TROISIÈME PARTIE

L'HUILE D'OLIVE

CHAPITRE IX

FABRICATION DE L'HUILE D'OLIVE CHEZ LES ANCIENS
ET DANS LES TEMPS MODERNES

SOMMAIRE : I. Procédés antiques.— II. Les moulins.— III. Les pressoirs.— IV. Traitement des résidus. — V. Épuration. — VI. Conservation de l'huile d'olive.

I. PROCÉDÉS ANTIQUES. — La découverte de l'huile d'olive doit être comptée parmi les premières que l'homme ait faites. L'homme errant et solitaire, foulant aux pieds les olives mûres tombées sous les arbres, dut s'apercevoir des gouttelettes huileuses qui s'en échappaient, lesquelles imbibaient et adoucissaient la peau. Cet acte renouvelé avec les mains ou entre deux pierres, le conduisit peu à peu à de nouveaux moyens d'extraction du liquide oléagineux, et à la découverte des diverses utilités de l'huile d'olive.

Les peuples en restèrent longtemps aux moyens primitifs d'expression, et je pense que l'on trouverait encore dans quelques localités, au Maroc, l'usage d'écraser et de presser les olives sous les genoux ou avec les pieds. Dans la *Maison rustique*, Ch. Estienne dit ·que l'on foulait aux pieds les olives avant de les triturer : on en retirait ainsi une première huile « toujours plus douce, plus claire et agréable au manger en salade » !

L'antiquité attribue à Aristée l'invention de meules et de pressoirs : « *Oleam et trapetes Aristæus Atheniensis.* » (Pline, liv. VII, chap. LVII.)

Nous savons fort peu de chose de la structure des appareils avec lesquels les anciens écrasaient et pressaient les olives. Les Hébreux, d'après les indications du livre de Job, devaient faire usage de pressoirs analogues a ceux dont ils se servaient pour le vin. Chez les Égyptiens des environs de Saïde, d'après Pluche, l'expression des olives donnait lieu aux mêmes fêtes que la vendange elle-même. Pluche pense encore que la fable de la tête de Méduse changeant les hommes en pierres, était une image des anciens moulins à olives, qui les détritaient sans écraser les noyaux.

Dans le deuxième verset du chapitre xxiv du Lévitique, on semble parler de l'huile, de la pulpe seule, obtenue par conséquent sans écraser les noyaux.

Les auteurs grecs n'ont rien dit des moyens employés pour extraire l'huile de l'arbre caractéristique de leur pays. C'était sans doute chose trop vulgaire pour eux. C'est par l'existence du mot grec Τραπες qu'il peut sembler probable qu'ils se servaient d'appareils analogues à ceux qu'en Italie on désignait aussi sous le nom de *trapetes*.

> Venit hyems, teritur Sicionia bacca trapetis.
> VIRGILE, *Géorgiques*, livre II.

L'Italie perfectionna beaucoup l'art d'exprimer les olives ; on peut le penser aux soins qui étaient apportés à cette fabrication. Elle est décrite dans Columelle avec une précision, une clarté et des détails si complets, que plusieurs prétendues découvertes modernes s'y trouvent, et que des préjugés qui subsistent encore y sont combattus par les meilleures raisons.

II. LES MOULINS. — La fabrication de l'huile présente deux temps principaux : 1° le détritage des olives ; 2° leur expression : les moulins et les pressoirs satisfont à ces deux opérations.

D'après Columelle, on connaissait en Italie cinq instruments propres à écraser les olives : 1° les *molae* ou meules, qui permettaient d'écraser la pulpe seule ou la pulpe et le noyau ; 2° le *canalis ;* 3° la *solea*, dont on ignore la constitution ; 4° la *tudicola*, qui ressemblait à un moulin à café, et qui écrasait les olives dans sa spire, mais avait, comme le dit Columelle, le défaut de se déranger souvent ; 5° le *trapetum*, que nous connaissons par les descriptions de Caton et de Columelle, et par des restes de ces appareils trouvés sous les cendres volcaniques dans les fouilles de Stabia, près de Naples. Columelle hésitait entre les meules

et le trapète; les meules lui semblaient préférables; en tout cas, le trapète valait mieux que le canalis, etc.

Le trapète se composait d'une grande vasque ou mortier de pierre
volcanique du Vésuve, dans lequel on plaçait les olives à écraser.

A l'intérieur de ce mortier étaient suspendues perpendiculairement et
se mouvaient deux meules ayant la forme de segments de sphère. Ces
meules étaient traversées dans leur centre par un axe ou levier, qui
tournait appuyé sur un pivot de fer fixé lui-même dans une colonnette
nommée milliaire, s'élevant au milieu du mortier.

L'axe était mis en mouvement par deux esclaves qui faisaient agir ainsi

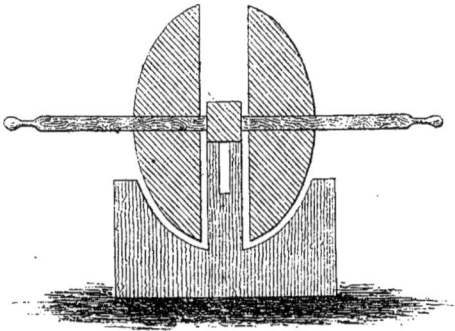

Fig. 101. — LE TRAPÈTE ANTIQUE.

les deux meules; celles-ci tournaient aussi sur elles-mêmes et broyaient,
ou la pulpe seule dont on remplissait le vide du mortier, ou la pulpe et
les noyaux ensemble, quand la distance entre les meules et la surface
interne du mortier était diminuée. Un orifice, traversant le fond du
mortier, donnait passage à la pulpe huileuse, dit Bernard, mais il ne
paraît pas qu'il en fût ainsi pour tous les trapètes fixés solidement sur
le sol.

On voit par ces détails que les meules étaient suspendues sur l'es-
sieu; elles n'agissaient donc pas sur les olives par leur poids, et elles
déchiraient la chair de ces fruits sans les broyer. Cette disposition était
regardée comme essentielle, à cause du préjugé qui admettait qu'en
brisant les noyaux, on communiquait un mauvais goût à l'huile. La
coupe ci-dessus peut donner une idée des trapètes de Stabia et de
Pompéi (fig. 101).

François la Vega, qui en donna le premier une exacte description, en
fît construire de semblables pour presser les olives en Italie. Cette restauration d'une antique machine n'eut pas de succès, dit Presta. Il n'y
avait plus d'esclaves pour la faire tourner, et l'on s'aperçut bientôt
qu'elle se détraquait facilement et exigeait des réparations nombreuses.
L'engouement pour les trapètes des anciens dura peu.

Chaque trapète ne pouvait broyer d'une fois qu'une pressurée du tour
ancien ; il fallait remplir d'olives et vider trente-six fois ce moulin, pour
parfaire les 100 ou 130 *modii* qui, d'après Varron et Pline, composaient
le *factus* ou quantité de pulpe soumise en une fois au pressoir.

On comprend difficilement que Pline ait pu dire qu'avec deux moulins et deux tours (pressoir), quatre hommes pouvaient faire, en tra-

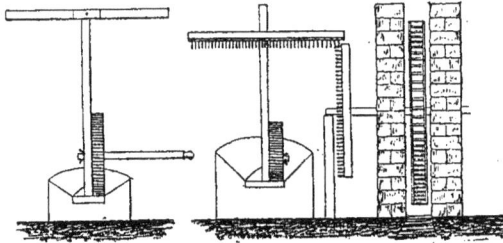

Fig. 102.   Fig. 103.
MOULIN A SANG.   MOULIN A EAU.

vaillant nuit et jour, trois pressurées d'olives. Grimaldi, qui tenta de le
faire en Italie, eut beaucoup de peine à réaliser deux pressurées,
à cause des précautions nécessaires pour ne pas briser le moulin.

Les modernes ont fait usage de plusieurs sortes de moulins, si l'on
considère la variété des moteurs qui les mettaient en mouvement. Dans
les régions oléifères du nord de l'Afrique, on attèle encore des hommes,
et surtout des femmes, aux meules qui broient les olives ; mais en
Europe, d'autres forces, celle des animaux et celle de l'eau, ont été
requises pour cette besogne. Le vent a été rarement employé comme
force motrice, à cause de ses intermittences.

Les moulins mis en mouvement par les animaux étaient désignés, en
Provence, sous le nom pittoresque de moulins à sang. Ils y sont encore
très-nombreux, bien qu'on leur ait substitué les moulins à eau partout
où cela était possible.

Quant au broyeur lui-même, c'était et c'est encore une meule verticale fixée à un arbre vertical et tournant. Cette meule tournait dans une auge de pierre, où elle écrasait les olives. Le mouvement était communiqué directement à la meule traversée par un levier, à l'extrémité duquel l'animal était attaché; ou bien à l'arbre vertical, soit par l'animal, soit par la force de l'eau.

Ces appareils ont été perfectionnés, mais dans beaucoup de localités

Fig. 104. — LE FABRICANT D'HUILE D'OLIVES
au moyen âge.

ils sont restés tels qu'ils existaient à la fin du siècle dernier, et tels que les figures 102 et 103 les représentent.

Nous reproduisons encore un dessin, gravé par J. Amman au seizième siècle, emprunté à l'ouvrage : *Mœurs, usages et coutumes au moyen âge*, etc., de Paul Lacroix, p. 143, F. Didot, éditeur, et représentant une fabrique d'huile d'olive (fig. 104).

Nous donnons ci-dessous (fig. 105) la vue d'un moulin à double meule, pouvant être mis en mouvement par un seul cheval, et auquel, avec quelques modifications, on peut adapter tout autre moteur. Ce genre

de moulins, d'après M. Cappi, serait très-employé dans le midi de
l'Italie.

Les moulins à olives mus par la vapeur commencent à se multiplier,
malgré l'ancien préjugé qui croyait que la rapidité du broyage pouvait,
en échauffant la pâte, être préjudiciable à la qualité de l'huile. On peut
répondre à cela qu'avec un moteur à vapeur on peut régler à volonté le
mouvement des meules, de façon à ne pas dépasser six à huit tours
de meule par minute; que la rapidité du broyage a l'immense avantage
de ne pas laisser longtemps amon-
celées de grandes quantités d'o-
lives : conditions dans lesquelles
la qualité de l'huile court de bien
plus grands périls.

Partout où les moteurs à eau
ne peuvent être établis, et dans
les pays où la nourriture des animaux est rare, on emploiera la

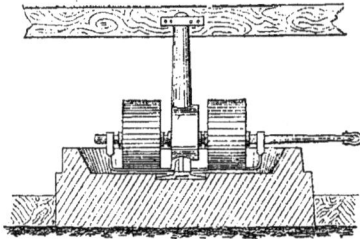

Fig. 105.— MEULES POUR ÉCRASER LES OLIVES.

vapeur pour broyer les olives. Les grandes usines y auront surtout
recours, comme cela a lieu dès maintenant dans les contrées qui
produisent beaucoup d'olives.

Ici lesmeules et la plate-forme sur laquelle elles roulent sont en lave,
en pierre dure, avec d'excellentes jointures de ciment. Là on préfère des
appareils de fonte plus faciles à nettoyer et moins susceptibles de s'imprégner d'huile.

La quantité d'olives à écraser en une fois est réglée sur la force des
appareils et sur leurs dimensions, il y a grand avantage pour le rendement comme pour la qualité à bien régler les charges; dans plusieurs
localités on fait repasser sous les meules la pâte remaniée avec de
l'eau.

III. Les pressoirs. — Quand les olives ont été écrasées, il faut les
presser pour en faire écouler l'huile. Voyons d'abord de quels pressoirs
se servaient les anciens.

En 1748 on a trouvé dans les fouilles de Résina, au voisinage de Por-
tici, une peinture assez bien conservée qui fut gravée, table 35, fig. 1,

T. I, *des Antiquités d'Herculanum*. Ce pressoir, que nous reproduisons avec tous ses détails (fig. 106), d'après une gravure de Winckel-
mann, était formé de deux montants réunis supérieurement et inférieurement par deux travées fixes. Sur la face intérieure des montants
verticaux étaient pratiquées des rainures dans lesquelles montaient ou
descendaient trois travées mobiles : entre chacune d'elles trois coins,
en tout neuf pour les trois, pouvaient être enfoncés avec des directions

Fig, 106. — Pressoir antique pour les olives,
D'après Winkelmann, liv. II, p. 488.

inverses de travée en travée. Les olives, placées dans des sacs sur la
travée fixe inférieure, étaient pressées par l'enfoncement de ces coins,
fait par deux hommes armés de masses, et placés l'un sur la face anté-
rieure de l'appareil, l'autre sur la face postérieure. Deux génies ailés
représentent ces travailleurs dans l'antique peinture.

Caton, au chap. xviii, a donné la description d'un autre genre de
pressoir à olives, mais avec si peu de clarté qu'il faudrait être la sybille
pour le comprendre. Nous savons par Vitruve (*de Architectur.*, liv. VI,
ch. ix) que le pressoir de Caton, dans lequel on se servait de travées
mobiles et d'un levier, occupait un espace de 40 pieds romains en

longueur, sur 16 de large, et qu'il fallait autour une place libre pour la manœuvre.

Le levier, partie essentielle de ce pressoir, était une barre longue d'au moins 25 pieds, travaillée à sa tête, nommée *lingula*, de façon à entrer et se mouvoir comme un pivot entre deux montants verticaux. Un treuil (*sucula*) servait à lever puis à abaisser cet énorme levier, pour presser les olives en pâte placées perpendiculairement entre des gabbies de jonc sur une aire (*forum* ou *lucerna*) en avant des deux montants.

On a trouvé, dans les fouilles de Stabia, les fonds de ce pressoir, dont Bernard a donné un dessin d'après Rozier, dessin que nous reproduisons ci-dessous (fig. 107).

Vitruve dans le même passage parle du pressoir à vis. Cet instrument,

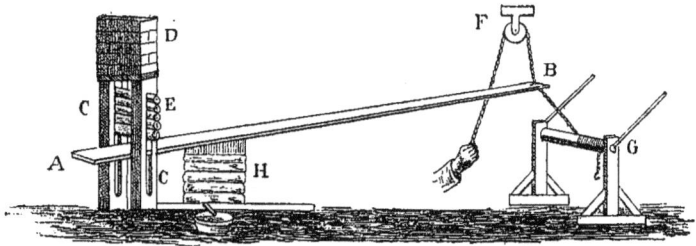

Fig. 107. — Pressoir antique.

AB, levier. CC, montant. D, massif de maçonnerie. E, traverses mobiles. F, Poulie
pour relever ce levier. G, treuil pour l'abaisser. H, gabbies d'olives.

qui fut adapté à tous les pressoirs, même du temps de Pline, devait être connu de Caton, puisque sa découverte remontait, d'après le grand compilateur romain, au temps de Platon ; elle fut faite par Archita. Columelle, postérieur à Caton, a laissé la description de pressoirs à vis.

Rozier et Bernard ont décrit un pressoir analogue à celui de Caton, à cette exception que le levier, au lieu d'être mu par un treuil, l'était par une vis : c'était là le pressoir dit à la Martin. Aujourd'hui des pressoirs à vis perfectionnés et à la hauteur de l'industrie moderne fonctionnent dans toutes les fabriques.

Lorsque les olives étaient écachées, on les prenait avec leurs noyaux, et on les mettait dans des cabas que Caton désignait sous le nom de *fiscinæ oleariæ Campanicæ*, et dont la matière n'est pas bien connue.

On peut présumer que ces cabas étaient flexibles et peu nombreux, puis-qu'on les emmaillotait, pour ainsi dire, avec une ceinture de cuir. La pâte d'olive était disposée sur une seule colonne.

Presta a fait de fort judicieuses observations sur la façon dont les anciens retiraient l'huile de leurs olives. Et d'abord il s'étonne de cette recommandation de Columelle (l. XII, ch. 50), de mêler les olives, de les presser avec la huitième partie de sel commun. C'était une augmentation de dépenses dans le but d'avoir des huiles plus suaves, plus limpides, le sel d'après l'idée des anciens facilitait la séparation de l'huile et des impuretés. Le liquide oléagineux ne retenait aucune portion de sel : et cependant Galien, plus tard, établissait une différence entre les pro-priétés médicales d'une huile d'olive obtenue avec sel, et d'une autre préparée sans sel. Presta, qui voulut imiter le procédé ancien, observa que l'huile préparée avec du sel, quoique plus limpide, se conservait moins bien. Le nitre grillé était aussi employé pour fluidifier la lie quand on opérait par de grands froids.

Columelle proscrivait l'usage de vieux cabas imprégnés d'huile rance et qui faisaient que de l'huile nouvelle on pouvait dire avec Pline : « *Plurimum œtatis annuo est* ». Presta faisait observer que les cabas neufs (*fiscinœ*) pouvaient donner à l'huile une saveur provenant de la matière végétale dont ils étaient tissés, jonc ou sparte. Ces cabas étaient aussi remplacés par des règles en bois qui maintenaient la pâte.

De nos jours on a substitué aux anciennes fiscines de jonc des sacs de laine, de coton, ou de sparte. Le remplissage des sacs est une des parties de l'opération qui demande le plus de soin et un ouvrier exercé. Il ne faut pas que les sacs soient trop pleins, car une partie de l'huile y resterait, il faut que la pâte y soit également répartie. Il est bon de séparer chaque sac par une plaque métallique, qui empêche l'huile de couler de haut en bas sur tous les sacs, et de s'accumuler à l'extérieur du dernier.

Dans ces derniers temps on a même remplacé les sacs par des cylindres en fer présentant des fentes longitudinales comme le montre la figure ci-jointe ; ce système offre les avantages suivants : 1° meil-leur travail, la pression étant régulière et pouvant être plus énergique, 2° économie, il n'est pas nécessaire de renouveler cette partie des appareils; 3° propreté, facile entretien, le fer ne s'imprégnant pas d'huile et ne pouvant donner mauvais goût à l'huile; 4° possibilité de presser plus d'olives à la fois. Malgré tout, cet appareil ne filtre peut-être pas aussi bien l'huile que la matière dont sont faits les cabas (fig. 108).

Columelle ne voulait pas de feu dans l'usine à huile surtout quand on fabriquait l'huile verte. Il craignait jusqu'à la fumée d'une seule lampe. Il y existait cependant un petit fourneau pour chauffer l'eau nécessaire pour laver les olives, coutume introduite par Caton, selon Pline. On pense même que l'on arrosait d'eau bouillante les sacs pleins de pulpe d'olive pour faciliter l'écoulement de l'huile.

On le fait encore aujourd'hui quand le temps est froid et les olives peu mûres. Malheureusement l'eau chauffée communique presque toujours à l'huile un goût de fumée.

Au premier effort du pressoir, au premier tour de vis, l'huile commence à couler. C'est la meilleure, c'est l'huile vierge. On peut même en recueillir déjà une petite portion avec des cuillers plates dans le cuvier où séjourne la pâte avant d'être mise en sacs.

Fig. 108.
CYLINDRES
CANNELÉS.

Il faut presser avec mesure, et laisser la pâte au repos après trois ou quatre tours de vis. Enfin on presse à toute force : on donne à cette seconde huile le nom d'huile de pâte, et dans quelques localités on distingue même celle qui est obtenue à pression moyenne de celle qui s'écoule à toute pression.

Une quatrième sorte d'huile est obtenue de la même pressurée, en arrosant à la fin d'eau bouillante la colonne des sacs. On la récolte à à part dans des seaux spéciaux.

L'huile a coulé dans les récipients qui lui ont été présentés. La première, l'huile vierge, était presque pure : les portions suivantes se sont trouvées associées à des quantités d'eau de plus en plus considérables qu'elles surnagent.

La propreté, la nature, le nombre de ces récipients, ont beaucoup préoccupé les anciens, qui attachaient une grande importance à ces détails. Columelle dit à la métayère que cette besogne lui incombe, que ce n'est pas au moment de la récolte seulement qu'elle doit songer aux tonneaux, mais que la propreté de ces vases doit être faite aussitôt que l'huile a été livrée au marchand. Rien n'est oublié, ni la façon de laver ces vases, ni la précaution de les enduire de cire tous les six ans, ou bien de gomme liquide pour empêcher les fuites.

Columelle insistait encore sur la nécessité de diviser les produits de l'expression en trois groupes : 1er pressurage; 2e pressurage; 3e pressurage. Trente bassins étaient nécessaires pour chacune de ces qualités d'huile, et l'on devait transvaser successivement du premier bassin jusqu'au trentième de chaque groupe.

Aujourd'hui les choses sont bien simplifiées, mais chaque pays a son système. Quand l'huile s'est un peu reposée, ou plutôt quand elle s'est réunie à la surface de l'eau, on la cueille avec des cuillers plates en fer-blanc, nommées patelles. Quand on ne peut plus enlever d'huile, on réunit dans une seule cuve toutes les eaux, on les agite, et par le repos elles donnent encore une nouvelle couche d'huile. La séparation de l'eau et de l'huile est souvent fort lente, malgré leur différence de pesanteur spécifique. La température a une grande influence sur cette opération : c'est pourquoi tous les anciens ont été unanimes pour recommander de placer les celliers à huile à une bonne exposition, puisqu'on n'y pouvait faire de feu.

Ainsi ce premier temps de la fabrication donne : d'abord, par une légère pression, une huile de première qualité à laquelle on devrait réserver la dénomination d'huile vierge ; puis des huiles obtenues sous l'influence de pressions croissantes, et en dernier lieu sous l'action de l'eau bouillante, dont on arrose les cabas superposés sous le tour. Toutes ces huiles sont comestibles et de bonne qualité, quand on soigne leur préparation.

Les tourteaux, après ce premier pressage, ne sont généralement pas épuisés, à moins que l'on ait à sa disposition des appareils développant une grande puissance. Dans la plupart des fabriques agricoles, on procède donc à un remaniment des résidus pour les soumettre à un second pressurage. On se bornait à ouvrir chaque sac, à y briser le tourteau et à y verser de l'eau bouillante, puis à presser de nouveau. Quelquefois on immergeait seulement les cabas dans l'eau bouillante sans les ouvrir. Ce temps de la fabrication se nomme l'échaudage.

Cette seconde opération donne une nouvelle quantité d'huile que l'on recueille à part, et qui constitue une qualité inférieure d'huile comestible.

Dans les villes qui perçoivent un droit d'octroi sur l'huile fabriquée, les réservoirs où l'huile se réunit sont fermés à clef; cette clef reste entre les mains d'un employé de l'administration.

Autrefois, une grande quantité d'huile était retenue dans les cuviers où toutes les eaux des réservoirs d'huile étaient réunies, et auxquels, en Provence, on donnait le nom spécial d'*enfers* ou *caquiers* [1]. Tel était l'état d'imperfection des moyens de fabrication, que sur 18,000 coupes d'huile fournies, par exemple, par le terroir de Draguignan, 202 restaient dans les caquiers.

Les tourteaux ou grignons retenaient aussi leur part d'huile suivant la force des pressoirs, et se vendaient à des prix différents, suivant les localités : là, 40 sous le sac, là, seulement 10 sous, suivant qu'ils avaient été plus ou moins fortement pressés. Ils étaient employés comme aujourd'hui encore, pour tenir lieu de combustible, quand, faute de moyens, on ne pouvait en retirer le reste de l'huile, ou quand on pensait que le bénéfice de cette dernière manipulation ne couvrirait pas les frais.

IV. Traitement des résidus. — Quand on veut pousser la fabrication jusqu'à ses dernières limites, les marcs d'olive non épuisés sont traités dans des établissements spéciaux, ou dans des parties différentes de la même usine, dits moulins à recense. On retire de ces marcs une huile d'olive de qualité très-inférieure, nommée huile de recence, huile d'enfer, huile lavée, etc. C'est ce que les Italiens désignent sous le nom d'*olii lavati*.

Dans les ateliers à recense, les marcs sont divisés sous une meule légère, et délayés en même temps par un courant d'eau, dans un premier moulin. Ils passent de là dans un second moulin ou débrouilloir. Les noyaux tombent au fond du liquide, tandis que les pellicules et la pulpe, plus légères, s'élèvent à la surface et sont entraînées dans des

1. Les enfers sont maintenant des citernes-étanches et voûtées dans lesquelles fonctionne un tube-siphon qui leur fait jouer le rôle de récipient Florentin.

bassins qu'on appelle enfers. Ils communiquent les uns avec les autres,
et se déversent l'un dans l'autre par des tuyaux ou siphons partant de
leur partie inférieure. On le voit, il se fait dans la succession de ces
bassins étagés un triage mécanique des parties légères et huileuses, que
l'on recueille à la surface, et des portions lourdes et sans huile qui
tombent au fond. Les pulpes et débris huileux recueillis sont chauffés
avec de l'eau dans des chaudières spéciales, puis enfin soumis à la
presse. Il s'en écoule une huile grossière ou de recense qui n'a que des
usages industriels.

Cette huile retient toujours de l'eau en quantité plus ou moins considérable. On peut en apprécier la quantité en chauffant l'huile de
recense dans une éprouvette graduée : la séparation se fait alors.

M. Domenico Capponi, de Taggia, a donné très-minutieusement la
description de ces dernières manipulations des marcs, manipulations
qui, suivant lui, demandent pour être profitables des soins et de l'intel-
ligence. (*Della fabricazione degli olii d'Oliva*, par Domenico Capponi, presidente del Comizio agrario di S. Remo, 1871.)

M. G. Cappi condamne absolument cette pratique. Suivant lui, de
bons pressoirs la rendent inutile, et elle ne saurait que causer des
pertes aux fabricants. Il établit, pour le prouver, l'actif et le passif de
cette pratique industrielle pour une production de 160 kilogrammes
d'huile lavée ou de recense. La perte est d'au moins 8 francs, et voici
comment :

La pâte qui a fourni 20 quintaux de bonne huile, produit en moyenne
160 kilogrammes d'huile lavée à 0 fr. 75, soit 120 francs, et 80 kilogrammes d'écumes à 0 fr. 90, soit 72 francs. Total : 192 francs. Ce
gain coûte 24 francs de cabas ou sacs, 28 francs de combustible ou
main-d'œuvre, 110 francs de bonne huile qu'on aurait pu retirer avec
de meilleurs pressoirs, 38 francs de différence sur les 80 kilogrammes
d'écume. Total : 200 francs. Pour produire 192 francs, il en a coûté
200. Perte : 8 francs, sans compter l'intérêt du capital représenté par
l'appareil à recenser.

Les résidus des huiles de recense, tant la pâte soumise à la dernière
pression et formée surtout de pellicules d'olives, que les noyaux eux-
mêmes qui sont plus ou moins brisés, ne sont pas encore dépourvus

d'huile [1]. Dans ces dernières années, on a poursuivi la matière grasse jusque dans ces déchets ultimes, et l'on est parvenu à en retirer une dernière catégorie d'huile inférieure, s'il se peut, aux huiles d'enfers.

C'est à l'aide d'un dissolvant des corps gras, le sulfure de carbone, que l'on est arrivé à ce dernier résultat. Cet agent peut retirer sans grandes dépenses les huiles contenues dans les marcs provenant soit directement de pressoirs perfectionnés, soit des moulins de recense.

En Italie et dans le midi de la France, fonctionnent déjà depuis quelques années des appareils qui mettent en œuvre le sulfure de carbone. On peut faire rendre aux marcs jusqu'à 12 pour 100 d'huile. Ils en rendront d'autant plus que les presses qui les auront exprimés auront été moins puissantes, et ce chiffre pourrait aller à 28 pour 100.

On peut traiter jusqu'à 12,500 kilogrammes de marcs à la fois dans chaque appareil, et produire en 30 heures 1,200 kilogrammes d'huile. Avec deux appareils conjoints, on double les rendements.

Le sulfure de carbone, après s'être chargé de la matière grasse, est surchauffé par de la vapeur d'eau qui le volatilise : on peut alors le condenser à l'aide de refrigérants, et le faire servir indéfiniment à de nouvelles opérations.

Notre savant ami, M. B. Décugis, dans son excellent Traité *Des touteaux des graines oléagineuses* (Toulon, chez l'auteur), montre avec quelle force les divers résidus de l'olive retiennent l'huile. Il semble, dit-il, que plus on retire d'huile du marc d'olive, et plus il en contient. « Le grignon de Provence renferme 12 pour 100 d'huile ; la pulpe de recense en donne 16 à ceux qui l'exploitent, et elle en retient encore de 20 à 30 pour 100 ; enfin le fabricant qui repasse la pulpe au sulfure de carbone, en retire 15 à 25 pour 100, et il en laisse encore 5 à 10, qu'un traitement en grand ne peut pas enlever. La boue de recense exposée au soleil en contient 10 pour 100. Ces quantités paraissent d'abord paradoxales, mais il suffit, pour s'en rendre compte, de considérer que c'est la pulpe qui contient l'huile et non le noyau ; or, dans le grignon, les débris de noyau entrent pour une part considérable. Dans les recenses, on commence par éliminer les noyaux brisés ; il n'est donc pas étonnant

---

1. La pulpe non repassée est souvent mise en réserve en Italie pour les feux de joie.

que 100 p. de pulpe contiennent beaucoup plus d'huile que 100 p. de
grignon. »

Les résidus presque privés de matière grasse servent de combustible dans les mêmes appareils, de telle sorte que le produit définitif de
l'Olivier est constitué par de l'huile d'olive de diverses qualités et un
peu de cendres.

On peut utiliser encore les marcs traités par le sulfure de carbone
comme engrais, directement, ou après les avoir répandus sur le sol des
écuries et étables, pour les imprégner de l'urine des animaux.

M. B. Décugis, dans l'ouvrage important pour les régions oléifères
que nous avons cité plus haut, juge avec beaucoup de compétence la
valeur des divers résidus de l'olive, grignon, pulpe de recense, pulpe de
recense repassée, lie et fèces d'olive, boue de recense.

Pour lui, le grignon est, de tous les tourteaux employés comme engrais,
le moins riche au point de vue de l'azote, de l'acide phosphorique, et des
sels, mais l'un des plus riches en matières organiques. Pour l'auteur que
nous nommons, les valeurs théoriques et commerciales des résidus de
l'olive, sont les suivantes :

	Prix chimique.	Prix commercial.
Grignon..	3 fr..	4 à 8 fr.
Pulpe de recense.	2 fr.	5 à 11 fr.
» » repassée .	4 fr..	1 »
Boue de recense.	6 fr.	0,15.

Voici d'ailleurs le tableau de la composition de ces résidus, par
M. B. Décugis.

	Eau.	Huile.	Mat. org.	Azote dans ces matières.	Sels ou cendres.	Acide phosphor.
Grignon.	10,5	10,85.	75,91.	0,81.	2,74.	0,19.
Pulpe de recense.	13,85.	29,15.	54,52.	0,97.	2,48.	0,15.
Pulpe de recense repassée.	8,00.	11,48.	75,42.	1,64.	5,00.	0,20.
Boue de recense.	11,10.	10,00.	74,28.	2,31.	4,62.	0,11.

On voit qu'il reste encore dans ces matières des principes dont l'agriculteur peut tirer parti.

C'est ainsi que l'industrie utilise aujourd'hui l'arbre poétique donné
par Minerve à la Grèce, puis répandu sur tous les rivages de la Méditerranée. Son feuillage n'est plus pour nous le symbole de la paix succédant aux combats sanglants, mais celui d'une tranquillité plus féconde

au sein de laquelle l'homme en lutte contre la nature seule, arrache aux
intermédiaires que le Créateur plaça entre le sol et lui, les richesses que
ceux-ci y ont puisées.

V. Épuration. — L'huile d'olive, quand elle vient d'être obtenue,
a besoin d'être laissée dans un repos absolu pour que les matières
étrangères se déposent. Il devient ensuite nécessaire de la transvaser
un certain nombre de fois pour l'avoir tout à fait pure.

Le repos n'est pas suffisant pour toutes les qualités d'huile, et plu-

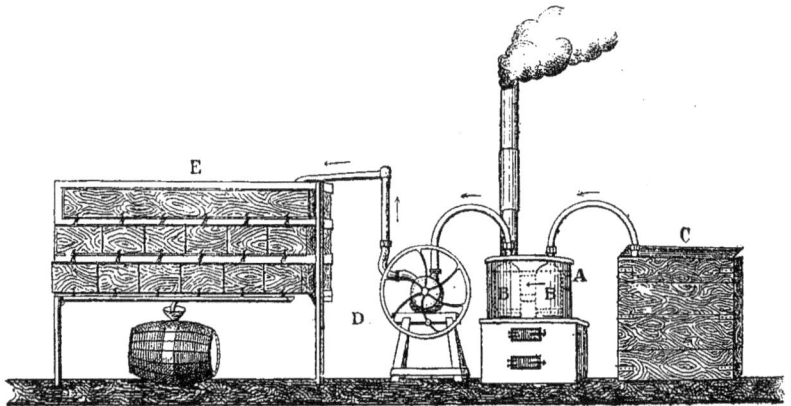

Fig. 109. — Filtre a huile d'olive de Pietro Isnardi de Livourne.
A, chaudière pleine d'eau servant de bain-marie. BB, cylindre de fonte étamée ou l'huile arrive du reservoir.
D, pompe aspirante et foulante. E, Filtre.

sieurs d'entre elles ont besoin d'un mode spécial de clarification ou de
dépuration. Cette clarification est nécessaire non-seulement pour donner
à l'huile une limpidité recherchée dans la plupart de ses usages, mais
encore pour en assurer la conservation. Eau, mucilage, matières
parenchymateuses, telles sont les substances dont il faut débarrasser
l'huile. Les appareils sont divers, suivant les localités, mais ce ne sont
que des filtres. En France, des caisses percées de trous et tapissées de
coton cardé reçoivent l'huile à épurer ; ailleurs, des tissus de coton
interposés entre des lits de charbon animal à grains et lavé, composent
le filtre. Tantôt c'est, d'après le procédé Grouvelle et Jannez, un lit de
mousse sèche. Tantôt c'est entre des couches de sable, de plâtre et de
charbon, que l'huile s'écoule. L'appareil Denis de Montfort est un filtre

de sable et charbon végétal en couches superposées. Celui de Cossus est fait de schiste carbonisé et de tourbe. Celui de Wright a pour matière filtrante de l'argile chauffée à 200°. M. Alexandre Bizzarri dépure les huiles en y projetant du kaolin et abandonnant au repos à une température tiède, puis filtrant sur du coton.

Un des plus intelligents producteurs de la Toscane, M. Pietro Isnardi de Livourne, a été primé à l'Exposition de Vienne pour des huiles d'olive de première qualité, dépurées par un procédé qui lui appartient. Cet appareil, représenté ci-dessous, permet de filtrer l'huile sans lui faire prendre le contact de l'air, et à une température modérée qui facilite l'opération. Le courant se fait suivant le sens des flèches. La caisse placée à gauche est un filtre de coton cardé (fig. 109).

VI. Conservation de l'huile d'olive. — Les anciens reconnaissaient parfaitement que l'huile d'olive perd de sa qualité en vieillissant, ce qui n'a pas lieu pour le vin : *Vetustas oleo tædium adfert, non item ut vino : plurimum que ætatis annuo est.* (Pline, liv. XV, iii.) Reconnaissons, ajoutait naïvement l'auteur que nous venons de citer, reconnaissons qu'ici la nature a montré sa prévoyance ; elle n'a pas voulu que l'ivrogne crût nécessaire de boire le vin encore nouveau, puisque la vieillesse le rend plus doux : elle n'a pas voulu qu'on ménageât l'huile, et cette nécessité en a popularisé l'usage. Avouons que Pline, pour un homme qui niait les dieux, prêtait une singulière sagacité à la nature.

Profondément ignorants des influences qui agissent sur l'huile pour la modifier dans ses qualités, ils avaient d'étranges théories sur sa conservation. Au livre VII, ch. xii, des *Saturnales*, Avienius pose cette question à Disaire : « Pourquoi le vin tourne-t-il à l'aigre dans des vases demi-pleins, tandis que, dans les mêmes circonstances, l'huile acquiert une saveur plus douce ? » Disaire répond : « L'huile, par suite de l'épuisement du fluide muqueux qu'elle renferme et qui est produit par la dessiccation du superflu de son humidité, acquiert un goût d'une nouvelle suavité. »

La meilleure huile d'olive rancit au bout d'un certain temps, quels que soient les moyens employés pour la conserver. Théodore de Saussure a démontré que ce goût désagréable coïncidait avec un épaississement de l'huile et provenait de l'absorption de l'oxygène.

De l'huile d'olive mise en contact avec ce gaz en mai, est restée cinq mois sans modifications notables. Dans le sixième mois, octobre, l'huile absorbait près de 1 centimètre cube de gaz par jour à la température de 15°. L'absorption a diminué pendant l'hiver. Au bout d'un an, l'absorption était de 154 centimètres cubes. Les deux années suivantes ont donné une absorption de 198 centimètres cubes, la quatrième année 28 centimètres cubes : total en quatre ans 380 centimètres cubes absorbés par cette huile. La décoloration, l'épaississement, la rancidité, progressaient avec l'absorption d'oxygène, dont 81,7 centimètres cubes seulement étaient transformés en acide carbonique.

Dans tous les pays oléifères, on conserve l'huile dans de grandes jarres en terre, vernissées à l'intérieur, rétrécies à leur partie supérieure, ce qui en rend la fermeture plus facile et plus hermétique. Des transvasements sont nécessaires dans les premiers temps ; la partie claire, dite huile superfine, est séparée des parties inférieures. Celles-ci s'éclaircissent encore par le repos et donnent une huile dite *fin fond*.

On fait encore usage de citernes carrées à parois d'ardoise et bien cimentées, et dont on ferme exactement l'ouverture. Les huiles d'olive pour l'industrie sont conservées dans des fosses cimentées nommées *piles*.

Les anciens avaient donné de très-bons conseils sur la conservation de l'huile d'olive ; ils recommandaient la propreté et la bonne exposition des celliers, de façon que la température n'y fût pas trop élevée. Pline croyait qu'en salant l'huile on l'empêchait de rancir, et que celle qui provenait d'un Olivier dont l'écorce avait été fendue se conservait mieux et était plus aromatique.

La rancidité n'est pas le seul défaut natif ou acquis de l'huile d'olive. Aucune substance n'est plus susceptible de se charger de substances aromatiques, le plus souvent désagréables. Les connaisseurs, car il y a pour les huiles d'olive des dégustateurs comme pour les vins, savent reconnaître toutes ces nuances. Ils distingueront la rancidité originelle due au terroir, à la variété d'olives, à la mauvaise préparation, de la rancidité due au temps. Ils reconnaîtront la saveur particulière de l'huile fabriquée avec des olives piquées par les vers, gelées pendant les froids, desséchées par le soleil, gâtées sur le sol, etc.

Ils reconnaîtront l'odeur communiquée à l'huile par la fumée, par le tabac des fumeurs, par le voisinage des écuries ou étables, par les litières de plantes aromatiques placées sous les animaux, etc., etc.

Quant à la rancidité absolue, ou à la saveur des huiles de recense, elle est à la portée des palais les moins délicats.

On le voit, la préparation, la conservation des huiles d'olive destinées à la table ne sauraient être entourées de trop de soins.

Le commerce expédiait jadis les huiles d'olive dans ces grandes jarres dont nous avons parlé. Aujourd'hui, les expéditions se font soit dans des fûts en bois, soit dans des estagnons en fer blanc pour les qualités comestibles. Les fûts ont l'inconvénient de communiquer une saveur désagréable à l'huile, les estagnons ne l'ont pas : ces derniers, de forme carrée et contenant 20 kilogrammes d'huile, peuvent être réunis dans une caisse en bois, d'expédition facile et très-maniable. On peut encore se servir de grosses pièces de 100 kilogrammes, en grosse tôle étamée, pareilles à celles dont le commerce se sert déjà pour l'huile de foie de morue.

Les contenants en cuivre ou en zinc devront être écartés avec le plus grand soin : l'huile d'olive attaque ces métaux à froid. On a gardé le souvenir d'empoisonnements par de l'huile d'olive renfermée dans des bouteilles de zinc ; à Béziers, entre autres localités, le fait s'est produit.

Les grandes maisons qui, à Marseille, à Nice, à Aix, etc., font le commerce de l'huile d'olive fine, la renferment dans d'élégantes bouteilles, bouchées au fin liége, capsulées, et portant leur marque. Quand l'huile d'olive a cette belle teinte blonde que la limpidité rehausse, le produit de l'Olivier se présente alors à l'acheteur avec tous ses avantages et toutes ses séductions. Le gourmet peut être tenté, car ce liquide onctueux, suave et légèrement parfumé, lui rappelle les excellentes choses dont il est le condiment naturel [1].

1. Huile d'olive se dit en allemand *baumœl*, *olivenœl*; en anglais, *oil of olive*; en danois, *boomolie*; en hollandais, *oly foly*; en italien, *olio d'oliva*; en portugais, *azeite*; en espagnol, *aceite*; en russe, *olivkovoe masle*; en suédois, *bomolja*.

Le commerce classe généralement ainsi les huiles d'olive comestibles.

Prix du litre.

Huile d'olive extra surfine vierge.	. . .	2 fr. 10 à 3 fr. 00
» » surfine..	. . . .	2 fr. 00 à 2 fr. 40
» » fine..	. . . .	1 fr. 75 à 2 fr. 25

Le prix varie suivant le chiffre des expéditions, et aussi suivant le mode d'expédition, barils, estagnons ou bouteilles. Les influences générales retentissent aussi sur les prix de l'huile d'olive comme sur celui de toutes les denrées alimentaires.

L'huile verte pour graissage des machines se vend de 1 fr. 20 à 1 fr. 40 le kilog.

Bien des tentatives ont été faites pour empêcher l'huile d'olive de rancir, ce qui est sa maladie la plus naturelle ; ou pour lui retirer la saveur rance quand elle l'avait acquise.

Les Grecs battaient l'huile rance avec de la cire blanche fondue dans l'huile, et du sel grillé encore chaud, puis fermaient les vases avec du plâtre.

Palladius conseillait de battre l'huile d'olive de mauvaise odeur avec deux *chœnicæ* d'olives vertes sans noyaux, par *metreta* d'huile.

Il était encore bon de suspendre dans l'olive piquée des olives vertes, des branches d'Olivier et du sel, contenus dans des nouets de linge, puis de transvaser au bout de trois jours.

Les briques torréfiées, des pains d'orge que l'on remplaçait de temps en temps, pouvaient opérer le même effet, dit l'agronome latin.

Le mauvais goût de l'huile d'olive était-il dû à quelque matière animale en décomposition, le coriandre, la graine sèche et broyée de fenugrec pouvaient le lui enlever. On y parvenait encore mieux, dit Palladius, en y éteignant du charbon de bois d'Olivier. C'est là peut-être la plus ancienne application du charbon comme désinfectant.

Les Grecs imitaient l'huile d'olive de Liburnie à l'aide de substances aromatiques, aunée, laurier, souchet, ajoutés à l'huile verte. Cette recette prévenait la rancidité.

De nos jours on a proposé d'enlever la rancidité naturelle de l'huile d'olive en l'agitant avec du vinaigre, avec de l'eau salée, avec de l'alcool, avec de la magnésie, avec du carbonate de soude.

Le traitement par les deux dernières substances a pour but la neutralisation des acides de l'huile d'olive rance : leur action doit être complétée en battant l'huile avec de l'eau bouillante.

Non-seulement on a tenté la restauration des huiles d'olive rances, mais encore la décoloration des sortes qui, comme celles de Toscane, sont un peu colorées quoique de bonne qualité.

. La lumière vive décolore l'huile d'olive, mais la rancit en même temps. Il en est de même quand on l'agite avec de l'eau.

Brunner mélangeait l'huile avec un mucilage de gomme et de charbon de bois, puis enlevait la matière grasse par l'éther, moyen coûteux, impraticable en grand.

Il en est de même de l'emploi du permanganate de potasse, du bi-oxyde d'azote : tous ces moyens peuvent décolorer mais font perdre à l'huile ses qualités comestibles.

Le mieux est de couper les bonnes huiles un peu colorées avec des huiles blanches.

Quant à celles qui sont destinées à l'industrie, il est rare qu'il y ait intérêt à les décolorer.

VII. Caractères, composition chimique de l'huile d'olive. Nous dirons en terminant quels sont les caractères de l'huile d'olive de bonne qualité, but auquel doit tendre la fabrication. La connaissance de ces caractères importe aussi beaucoup quand il s'agit de reconnaître comme nous le verrons plus loin la falsification de cette substance.

. L'huile d'olive est liquide, translucide, de couleur ambrée ou vert clair, de saveur douce et agréable, d'une odeur qui rappelle celle de l'olive, mais très-légèrement; onctueuse au toucher, laissant sur le papier une tache qui ne disparaît pas par la chaleur.

La densité de l'huile d'olive ordinaire est de 917° d'après Lefebvre, de 0,91647 d'après Cloez, de 0,9176 d'après Schubler : elle accuse 58°40 à l'alcoomètre centésimal d'après le même auteur.

La température influe de la manière suivante sur la densité de l'huile d'olive, d'après Th. de Saussure :

A 12 degrés cent.	elle est de.	. . . . .	0,9192
A 25 » »	elle est de.	. . . . .	0,9109
A 50 » »	elle est de.	. . . . .	0,8932
A 94 » »	elle est de.	. . . . .	0,8621

Le poids de l'hectolitre d'huile d'olive à 15° est de 67^k,10, tandis que le poids de l'hectolitre de l'huile de l'amande de l'Olivier est de 52^k,68.

Le point de congélation de l'huile d'olive a lieu à + 7° d'après Braconot; à + 2°,5 d'après Chateau; à 2°,75 d'après Chatin.

D'après Chateau le coefficient de dilatation de l'huile d'olive est de 1/1200. Son indice de réfraction, d'après Ch. Torchon, est 2,4671 à 21°.

Pour une quantité de 62 gr. brûlés en une heure, l'eau évaporée est de 230 gr.; à 100° l'huile d'olive perd 29,20 0/0 en eau.

L'huile d'olive ordinaire donne 1,79 0/0 de cendres.

Elle est insoluble dans l'eau. L'alcool ou l'éther en dissolvent 5/1000 environ.

L'huile d'olive présente la composition élémentaire suivante :

Carbone. 71,21
Hydrogène 13,36
Oxygène. 9,43

Au point de vue de sa composition immédiate, l'huile d'olive renferme :

Margarine. 28
Oléine. 72

Ces principes y sont associés à une matière colorante jaune, à une substance aromatique particulière et à des traces de matières azotées.

CHAPITRE X

FALSIFICATIONS DE L'HUILE D'OLIVE

Sommaire : I. Comment on falsifie l'huile. — II. Propriétés physiques propre à en faire reconnaître les mélanges. — Propriétés chimiques capables de déceler les mélanges.

I. Comment on falsifie l'huile d'olive. — Si les anciens avaient connu cette lèpre des civilisations modernes que l'on nomme la falsification, leur génie poétique n'eût pas manqué de la symboliser sous les traits de Céléno et de ses horribles sœurs.

L'huile d'olive, substance alimentaire, industrielle et médicinale, devait, en raison du prix élevé qu'elle atteint, tenter la cupidité contemporaine. Nous possédons, en effet, ce qui manquait aux anciens dans l'accomplissement de cette étrange industrie, c'est-à-dire des huiles qui, par leurs propriétés, se rapprochent assez de celle du fruit de l'Olivier, pour pouvoir lui être mélangées avec profit en raison de leur valeur inférieure; et avec une sécurité relative, en raison de la difficulté de reconnaître la sophistication.

L'huile d'olive dont faisaient usage les Grecs et les Romains, était en général détestable; elle eût plutôt servi à gâter les autres. Mais aujourd'hui que les huiles d'olive de première qualité exigent des soins et du travail, la tentation de chercher un gain facile, en les mélangeant d'autres produits similaires mais moins chers, est grande, et la falsification dont nous parlons très-étendue.

L'article 423 du Code pénal, la loi des 10, 19 et 26 mars 1851 ne sauraient être une barrière bien puissante pour arrêter le mal, aussi vaut-il mieux compter sur les moyens que la science met à la disposition de tous pour reconnaître la pureté de l'huile d'olive et déconcerter un art coupable.

L'adultération de l'huile d'olive est fort heureusement limitée dans ses procédés et dans ses moyens. On ne peut la fabriquer de toutes pièces comme le vin, par exemple. On ne peut que lui substituer partiellement des huiles qui ont avec elle certaines analogies, et le nombre en est restreint, limité.

Une autre circonstance précieuse, c'est que rarement la substance dont nous parlons est associée avec des huiles dangereuses au point de vue de la santé du consommateur. Les mélanges les plus ordinaires font déchoir la qualité du suc huileux de l'Olivier au grand détriment des gourmets et compromettent aussi la conservation de l'huile. D'autres inconvénients résultent de ces fraudes quand les huiles sont destinées à être mises en œuvre par l'industrie.

C'est surtout depuis le commencement de ce siècle que la sophistication de l'huile d'olive a été pratiquée sur une vaste échelle, et que parallèlement de nombreux moyens de la découvrir ont été successivement indiqués.

Nous disions que les ressources du falsificateur étaient limitées. Elles le sont d'abord par la valeur relative des huiles. L'huile d'olive ne peut être falsifiée que par celles qui sont moins chères, arachide, œillette, etc. On peut surtout lui mélanger à Marseille l'huile de sésame qui arrive sur cette place exonérée de tous droits.

Au point de vue des analogies, les seules huiles susceptibles d'être substituées à celle d'olive : sont celles d'œillette ou de pavot, d'arachides, de navette, de sésame. Les autres, huiles de lin, de colza, en diffèrent trop par la couleur et la saveur pour que la falsification puisse y avoir recours.

L'analyse, l'étude des propriétés physiques ou des réactions chimiques sont les seules moyens à l'aide desquels les substances simples ou les principes immédiats puissent se distinguer les uns des autres.

L'analyse ne peut servir à reconnaître les falsifications de l'huile d'olive, parce que les huiles, même les plus dissemblables à certains points de vue, offrent la même composition. L'huile d'olive et l'huile de croton tiglium, l'une alimentaire, l'autre puissant drastique, renferment :

carbone, hydrogène, oxygène, dans les mêmes proportions à peu près; la saponification révèle dans l'huile de croton, un acide huileux qui ne diffère de l'acide oléique que par une volatilité peu marquée. L'huile d'olive n'est pas siccative, l'huile de lin jouit de cette propriété, et cependant l'acide oléique de l'une, l'acide linoléique de l'autre, sont presque identiques.

Il faut donc avoir recours aux propriétés physiques ou aux réactions chimiques. Parlons d'abord des premières.

II. Propriétés physiques propres a faire reconnaitre les mélanges. Viscosité. — Jadis on distinguait l'huile d'olive de l'huile d'œillette par l'agitation. L'air introduit par ce moyen formait des bulles persistantes sous forme de chapelet dans la seconde, et rien dans la première.

La viscosité peut être comparée encore soit en étudiant l'écoulement des huiles par des tubes effilés (Massie), soit en déterminant l'ascenssion dans des tubes capillaires (Fr. Chatin).

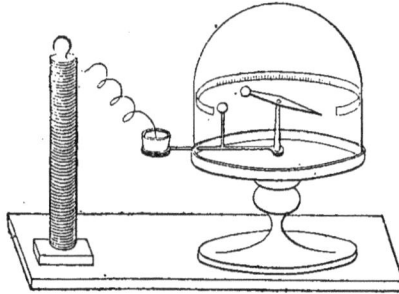

Fig. 110. — Diagomètre de Rousseau.

MM. Tromlinson et Fr. Chatin ont examiné les caractères que présente une goutte d'huile déposée à la surface de l'eau, et ont obtenu ainsi ce qu'ils nomment des figures de cohésion, capables, pensent-ils, de déceler la nature de ces liquides et même leurs mélanges. Ainsi, dans ces conditions, la goutte d'huile d'olive prend une forme irrégulière, tandis que l'arachide, l'œillette, le sésame, le colza, restent circulaires, et que l'huile de navette se découpe régulièrement sur ses bords.

Température des points d'ébullition et de congélation. — La première investigation, d'une nature très-délicate, ne conduirait qu'à des approximations.

Les points de congélation des huiles présentent des écarts qui peuvent les distinguer ou révéler leurs mélanges. Voici à quels degrés du thermomètre centigrade, ce phénomène se produit.

Olive pure.	. . . . . .	2°,5	Colza.	. . . .	6°
Arachide.	. . . . . .	2°	Noisette.	. . . .	10°
Coton.	. . . .	2°	Œillette.	. . . .	18°
Sésame.	. . . . . .	5°	Noix.	. . . .	27°

Les deux premières huiles offrent, on le voit, beaucoup d'analogie ; mais quand il y a mélange d'olive et d'arachide, à 8 degrés, des grumeaux ayant l'aspect de sable se déposent. L'olive pure se concrète à 4 degrés, et les grumeaux restent suspendus dans le liquide.

INDICE DE RÉFRACTION. — Ce moyen, indiqué par M. Ch. Torchon, en 1863, demande une expérimentation trop délicate, pour devenir pratique.

CONDUCTIBILITÉ ÉLECTRIQUE. — Elle a été mesurée à l'aide d'un ingénieux appareil, le diagomètre de Rousseau. L'huile d'olive conduit 675 fois moins vite que les autres : deux gouttes seulement d'œillette quadruplent cette conductibilité. Malheureusement, l'instrument, très-délicat dans la pratique, offre des chances d'erreur qui ont fait renoncer à son emploi (fig. 110).

DENSITÉS. — Les moyens basés sur les différences de densités des huiles, sont susceptibles de plus de précision, et sont d'un usage très-répandu dans le commerce. On apprécie la densité des huiles à l'aide de petits instruments flotteurs d'une construction analogue à celle de l'alcoomètre. Tel est, par exemple, l'oléomètre à froid de Lefèbre d'Amiens (1839). Cet instrument est construit et gradué de telle façon qu'il marque 17 degrés dans l'huile d'olive pure, et 25 degrés dans l'huile d'œillette qui est plus dense.

FIG. 111.

OLÉOMÈTRE

DE

LEFÈBRE.

L'écart entre les deux nombres étant de 8 degrés, si l'instrument ne s'enfonce dans l'huile que jusqu'à 18 degrés, cela indiquera un huitième de mélange ; s'il n'y descend que jusqu'à 21 degrés, les quatre degrés en plus révèleront un demi de mélange. L'oléomètre est gradué pour la température de 15 degrés centigrades (fig. 111).

Les huiles qui se rapprochent le plus de celle d'olive, sont indiquées ci-dessous avec leur titre à l'oléomètre dont nous parlons.

	Densité à 15°.	Poids de l'hectolitre.
Colza d'hiver.	9,150.	91,50
Navette d'hiver.	9,154.	91,54
Navette d'été.	9,157.	91,57
Colza d'été.	9,167.	91,67
Arachide.	9,170.	91,70
Olive.	9,170.	91,70
Amande douce.	9,180.	91,80
Faine.	9,207.	92,07
Ravison.	9,210.	92,10
Sésame.	9,235.	92,35
OEillette.	9,253.	92,53

L'élaïomètre de Gobley (1843), est un instrument du même genre fondé sur le même principe, la différence de densité des huiles d'olive et d'œillette. Sa construction est telle, qu'à la température de 12 degrés 5, qui est celle des caves à huile, son point d'affleurement dans l'huile d'œillette soit marqué 0 degré en bas, et son point d'affleurement dans l'huile d'olive, 50 degrés en haut. La distance entre 0 et 50 est divisée en 50 parties égales. Le degré obtenu par l'instrument dans un mélange des deux huiles est doublé, et alors, la différence pour arriver à 100 degrés, indique la quantité d'huile d'œillette ajoutée à l'huile d'olive. Si l'on a, par exemple, 30 degrés, le double, 60 degrés, indique la présence de 40 pour cent d'œillette. Il y a des corrections à faire quand on opère à des températures supérieures ou inférieures à 12 degrés 5. Il ne faut pas non plus oublier que les huiles provenant d'olives fermentées marquent 54 à 56 degrés à l'élaïomètre, et qu'on peut alors les ramener au titre de l'huile pure à l'aide d'un peu d'huile d'œillette : la saveur mettra en garde contre cette source d'erreurs (fig. 112).

Fig. 112.
ÉLAIOMÈTRE
DE GOBLEY.

M. Donny a eu l'ingénieuse idée de se servir de l'huile elle-même comme corps flotteur. Si l'on possède une huile d'olive type et, si après l'avoir colorée avec un peu d'orcanette ou de coralline, on introduit dans sa masse une goutte d'huile à essayer, cette goutte devra monter ou descendre, si sa densité diffère en moins ou en plus de celle du type. L'immobilité parfaite de la goutte révélera au moins une identité de densité.

M. Massie a construit un *densimètre* de précision qui permet une comparaison plus rigoureuse : voici quelques indications de cet instrument. Le premier chiffre 9 est supprimé.

Moutarde blanche.	13	Noisette.	162
Colza.	14	Arachide.	165
Navette.	154	Amande douce.	181
Olive vierge.	153	Faine.	210
— ordinaire.	156	Sésame.	216
— 3ᵉ expression. . . .	160	Pavot blanc.	240

Ces chiffres ne concordent pas avec ceux de Lefèbre, et diffèrent également de ceux donnés par M. Stilwel :

Olive jaune verdâtre. . . .	144	Colza jaune foncé. . . , .	168
Noisette.	154	Olive foncée.	169
Olive vierge pure.	163		

La conclusion à tirer de ces faits, c'est que la quantité des huiles peut rendre incertaines les indications tirées de la densité.

Disons enfin que MM. Heidenreich et Eug. Marchand ont montré que sans avoir recours à des densimètres spéciaux, on pouvait se servir de l'alcoomètre centésimal. A la température de 15° l'alcoomètre marque les degrés suivants dans différentes limites :

66°	dans l'huile de suif.		
60°,60	»	»	de navette.
60°,60	»	»	de colza.
58°,40	»	»	d'olives.
55°,25	»	»	d'œillette.
54°,40	»	»	de noix.
50°,	»	»	de lin.

Il ne faut jamais oublier que, pour une même huile d'olive, son âge fait varier les indications des densimètres : sans donc admettre avec M. Maumené que ces instruments ne sont bons qu'à aggraver les contestations commerciales, nous pensons qu'ils peuvent rendre des services dans certaines limites, et mettre, par exemple, les acheteurs en garde contre certaines fraudes, mais ce n'est pas par ce moyen que l'on pourra, par exemple, distinguer de l'huile d'olive celle d'arachide, de noisette, etc., puisque leurs densités sont très-voisines. Les densimètres perdent de leur sûreté quand les huiles sont impures. Ils ne peuvent enfin révéler la nature de l'huile frauduleusement substituée en partie à celle d'olive.

III. — Propriétés chimiques capables de déceler les mélanges. — Voyons maintenant comment, à l'aide de réactions chimiques, on peut déceler les huiles étrangères dans celle de l'Olivier. La science, on le verra, a dirigé ses investigations sur ce point avec une persistance qui indique l'intérêt de la question.

Procédé Poutet. — On trouve dans le t. V, *Journal de pharmacie*, n° 8 août, 1819, un rapport de Pelletier sur un mémoire de M. Poutet, pharmacien à Marseille, concernant la falsification de l'huile d'olive. Dans le t. VI du même recueil, p. 77, Pelletier rend compte des procédés de M. Poutet, et annonce les résultats très-satisfaisants que donne cette méthode d'essai. Ce travail, qui est un modèle d'exactitude et de clarté, eut un grand retentissement : pendant bien des années le commerce et l'industrie ont expérimenté les huiles d'olive à l'aide du procédé Poutet, et si depuis on lui a trouvé quelques défectuosités, il n'en a pas moins rendu d'immenses services dans cette branche de production.

Voici le mode opératoire. Battre l'huile avec un douzième de son poids de nitrate acide de mercure (mercure, 6 p., acide nitrique à 38° B., 7, 5), agiter le mélange de dix en dix minutes, pendant deux heures. Mettre en lieu frais, et constater vingt-quatre heures après la solidité du mélange. L'huile d'olive pure sera solidifiée, celle d'œillette restera liquide. Les mélanges des deux substances laissent venir la dernière à la surface, et offrent des consistances variables. On peut ainsi constater 10 pour 100 d'œillette dans l'huile d'olive ; au-dessous l'incertitude commence. Il faut, sous peine d'erreur, que le réactif soit récemment préparé. Cet inconvénient, dit M. Chevalier, n'est pas assez grave pour faire renoncer au procédé. Nous le pensons aussi, et M. Maumené va peut-être trop loin en disant « qu'une décision rendue sur cette base ne saurait être juste ».

Procédé F. Boudet. — Cette appréciation peut s'appliquer pleine-

ment au procédé d'essai publié en 1832 par Félix Boudet, qui repose
sur l'emploi de l'acide hyponitrique additionné de trois fois son
poids d'acide nitrique à 35° B. ; un demi-centième du réactif suffit pour
solidifier l'huile d'olive en 73 minutes en transformant son oléine en élaï-
dine : on peut alors renverser le flacon sans que l'huile s'écoule. L'huile
de noisette demande 163 minutes, et celle de colza deux heures pour leur
solidification. Les huiles d'œillette, de faine, de noix, restent liquides.
Boudet pensait que des quantités constantes d'œillette mêlées à l'huile
d'olive, prolongeraient le temps nécessaire à la solidification, qu'une huile
mêlée, par exemple, de un millième d'œillette, ne serait compacte que trente
à quarante minutes plus tard. Malheureusement MM. Soubeiran et Blon-
deau, dans un travail magistral et fort complet publié en 1841 (Journal
de pharmacie, n° 11, 27ᵉ année) sur les réactifs divers propres à déceler les falsifications des huiles, ces savants, dis-je, démontrèrent que le
temps de solidification de l'huile pure et de l'huile mélangée, se confon-
daient souvent et offraient ainsi beaucoup d'incertitudes.

En 1739, M. Fauré a repris l'étude de l'action du réactif Boudet su
les huiles et leurs mélanges. Voici quelques-uns de ses résultats :

Huiles.	Temps de la solidification.
Olive pure.	0 heure 56 minutes.
Olive ordinaire.	1 h. 4 »
Olive avec 5 °/₀ d'œillette.	1 h. 30 »
» avec 10 °/₀ »	2 h. 25 »
» avec 20 °/₀ »	4 h. 5 »
» avec 30 °/₀ »	11 h. 20 »
» avec 50 °/₀ » . . . . . , .	26 h. 30 »
» avec 5 °/₀ de noix..	1 h. 25 »
Noisette.	2 h. 52 »
Chenevis, colza, navette.	Plus de cinq heures.
Œillette, lin, noix, cameline.	Pas de solidification.

La coloration des mélanges d'huile et du réactif est aussi indiquée
par M. Fauré comme moyen distinctif, ainsi que les épaisissements
variables que détermine l'ammoniaque dans les huiles.

Les teintes que prend l'huile d'olive ou ses mélanges sous l'influence
des réactifs ont fréquemment été consultées par les chimistes experts
dans la question de la falsification de ces produits.

Ainsi, suivant Diesel, l'acide nitrique ordinaire colore l'huile d'olive en vert d'abord, en brun au bout de douze heures. Trois dixièmes d'huile de navette changent la teinte verte en gris jaunâtre. L'huile d'œillette prend de suite dans les mêmes conditions une teinte d'un blanc jaunâtre.

C'est l'acide nitrique saturé de bioxyde d'azote, que M. E. Barbot a employé en 1846; 2 grammes de ce réactif donnent à 20 grammes d'huile d'olive pure une teinte jaune citron, et la solidifient en trente minutes. Les huiles d'arachides, de colza, de lin, d'œillette, prennent dans ces conditions une teinte d'un jaune orangé. Les mélanges donneront des teintes intermédiaires, difficiles à saisir peut-être, aussi M. Barbot semble-t-il plus compter sur le temps de la solidification. Ainsi parties égales d'huile d'Olivier et d'huile d'œillette ne se solidifient qu'en deux heures trente minutes. Parties égales d'huile d'olive et d'arachide en cinquante minutes. On voit que des petites proportions d'huiles étrangères échapperaient facilement à ce procédé, dont le tableau suivant résume les indications.

Huiles.	Couleur donnée par le réactif.	Temps nécessaire à la solidification.
Huile d'olive épurée.	jaune citron.	. . 30 minutes
Huile d'olive pour la fabrication des draps. .	»	. . 40 »
Huile d'arachides.	jaune orange.	. . 60 »
Huile de Colza.	»	4 heures »
Huile d'œillette.		ne se solidifie pas.
Mélange de parties égales d'huile d'olives et d'arachides.		. 50 minutes
25 % d'arachides.		. 44 »
Mélange de parties égales d'huile d'olives et d'œillette. . .	2 heures 30	»
25 % d'œillette	1 » 17	»

M. Heydenreich a signalé, en 1841, l'emploi de l'acide sulfurique à 66° B. Une goutte d'acide tombant sur dix à quinze gouttes d'huile déposées sur une lame de verre, y produit une teinte variant avec le produit oléagineux expérimenté. On jugera de la valeur du procédé, en lisant sur les tableaux publiés par l'auteur, que, dans les huiles d'olive, d'œillette, d'arachides, les teintes obtenues sont le jaune pâle pour la première, le jaune serin pour la deuxième, le jaune gris sale pour la troisième. Le degré de pureté des huiles, des traces d'acide azotique font varier les résultats : il en est de même quand la densité de l'acide sulfurique change : ainsi, les acides à 1,47 et 1,62 n'agissent pas sur l'huile d'œillette, et teintent l'huile d'olive en vert. Tandis que l'acide à 1,53 colore les huiles d'œillette et d'arachide en blanc, celle d'olive en vert jaunâtre : reconnaître les mélanges par ce procédé semble chose difficile.

La solution de bichromate de potasse dans l'acide sulfurique, indiquée par M. Penot, donne aussi des teintes variables avec les diverses huiles.

Dans une brochure publiée à Reims en 1852, puis en 1862, dans le *Dictionnaire de chimie industrielle* de Barreswil et Aimé Girard, M. Maumené a indiqué l'élévation de température déterminée dans 50 grammes d'huile par 10 centimètres cubes d'acide sulfurique concentré, comme moyen de distinction des huiles et même de leurs mélanges. On agite l'huile et l'acide avec le thermomètre lui-même, dont on doit noter le degré au bout de deux minutes ; voici quelques résultats :

Huiles.	Température.	Huiles.	Température.
Olive.	42°	Faine.	65°
Amande douce.	53,5	Arachide.	67
Navette..	57	Sesame..	68
Colza..	58	Œillette.	74,5

Cette méthode qui, d'après l'auteur, prime toutes les autres, suffit pour indiquer que l'huile d'olive n'est pas pure quand elle donne, dans les conditions exposées ci-dessus, plus de 42°. M. Fehling, en 1854, est arrivé aux mêmes résultats.

M. Crace-Calvert, de Manchester (*Annales de chim. et de phys.*, t. XLIX et t. L), a basé, sur les diverses colorations déterminées par les acides, tout un système d'investigations. Quelques-unes des réactions obtenues peuvent s'appliquer à la distinction de l'huile d'olive et à la recherche de ses falsifications.

Nous établissons ci-dessous un tableau de ces réactions pour les huiles qui se rapprochent le plus de celle du fruit de l'Olivier.

Acide azotique à 1,18.

Pas de coloration.	Coloration jaune orangé ou rouge.	Coloration verte plus ou moins foncée.
Arachide.	—	Olive.
Œillette.	—	—

Acide azotique à 1,22.

Pas de coloration.	Coloration jaune orangé ou rouge.	Coloration verte plus ou moins foncée.
Arachide. Colza.	Œillette. Sésame.	Olive. —

Acide azotique à 1,33.

Arachide. Colza.	Œillette. Sésame.	Olive. —

Acide sulfurique à 1,47.

Arachide. Colza. Œillette.	— — —	Olive. Sésame. Chénevis

Acide sulfurique à 1,63.

Œillette. Sésame.	— —	Olive. Chénevis.

Acide sulfurique et nitrique.

Premier contact.

—	Olive.	Chénevis.

Eau régale.

Olive. Arachide. Œillette.	Sésame. Noix. —	Chénevis. — —

Acide phosphorique sirupeux.

Arachide. Œillette. Sésame.	Les huiles de poisson, (même dans la proportion de 1/1000 en mélange).	Olive. Chénevis. —

M. Roth propose un acide sulfurique chargé de vapeurs nitreuses, ou bien l'acide sulfurique concentré qui forme, avec les diverses huiles, des savons, lesquels projetés dans l'eau présentent alors des aspects différents.

En 1859, M. Cailletet [1], de Charleville (Vosges) (*Comptes rendus*, t. XXXIII), a publié quelques procédés basés sur des colorations ou solidifications, pour distinguer les huiles et reconnaître leurs mélanges. Les réactifs sont :

1° Un mélange d'acide sulfurique à 66° et d'acide azotique à 40°ᵒᵇ.

2° Acide azotique saturé de vapeurs nitreuses.

3° Mercure 1ᶜᶜ, acide azotique à 40° 12ᶜᶜ.

1. Cailletet, *Guide pratique de l'essai et du dosage des huiles*, Paris.

4° Acide hypoazotique agissant pendant cinq minutes à la température de + 100°.

M. Chateau a formulé, en 1861 [1], pour l'analyse des huiles, une série d'essais méthodiques à l'aide desquels on peut, par voie dichotomique, arriver à déterminer une espèce d'huile. L'auteur a porté ses investigations sur les différentes huiles d'olive commerciales : surfine, ordinaire, lampante, d'enfer, et l'on peut constater, en consultant le tableau des diverses réactions, qu'elles sont loin d'offrir les mêmes caractères. Prenons un exemple, l'action du bichlorure d'étain fumant. Voici les colorations que prennent les diverses sortes d'huile d'olive.

Olive surfine   } jaune, jaune pâle
Olive ordinaire } et jaune d'or.

Olive lampante. .   vert.
Olive d'enfer. . .   jaune rouge.

L'acide phosphorique sirupeux agit à froid, de la même manière, sur toutes ces sortes d'huiles d'olive, il les colore en vert. A chaud, ce même réactif colore en jaune les huiles d'olive ordinaire et d'enfer, et n'agit pas sur la surfine et la lampante. Le tableau ci-dessous résume les observations de M. Chateau.

HUILES.	BI-CHLORURE D'ÉTAIN.	ACIDE PHOSPHORIQUE SIRUPEUX		PER-NITRATE DE MERCURE.	PER-NITR. puis acide sulfurique.	CHLORURE DE ZINC.	ACIDE SULFURIQUE	
		à froid.	à chaud.				sans agitation.	agitation.
Olive surfine . .	jaune.	vert.	col. nulle	jaune verdâtre.	brun.	verdâtre.	jaune.	vert.
Olive ordinaire.	jaune.	vert.	jaune.	jaune verdâtre.	jaune rouge	verdâtre.	jaune.	vert.
Olive lampante.	vert.	vert.	col. nulle	jaune verdâtre.	brun.	verdâtre.		
Olive d'enfer...	jaune rouge	vert.	jaune.	jaune sale.	jaune rouge	verdâtre.	jaune rouge	
Olive recense . .	. . . . . .	vert.						
Œillette.	jaune.	. . . .	. . . .	. . . . .	. . . . .	col. nulle.		
Sésame.	jaune.	. . . .	. . . .	. . . . .	. . . . .	col. nulle.		
Arachide.	jaune rouge	. . . .	jaune.	. . . . . .	, ...	jaune orangé.		
Faine.	jaune rouge	. . . .	jaune.	. . . .	. . . . .	jaune orangé.		
Navette. . . .	vert.	vert.						
Colza.	vert.	vert.	jaune.					

L'étude de ces réactions conduit à de singulières remarques sur la nature intime des différentes espèces d'huiles d'olive. Ainsi, le bichlo-

2. Th. Chateau, *Traité complet des corps gras industriels*, chez Bance et Mallet-Bachelier, 2ᵉ édition, 1864.

rure d'étain identifie l'huile surfine et l'huile ordinaire : l'acide phosphorique à chaud les différencie profondément. L'acide phosphorique à
froid, le pernitrate de mercure, le chlorure de zinc, ne peuvent les
distinguer les unes des autres. L'acide phosphorique à chaud agit sur
l'huile d'arachide de la même façon que sur l'huile d'olive ordinaire ;
il en est de même du bisulfure de calcium. Le bichlorure d'étain
donne, avec l'huile lampante, une teinte verte, tandis qu'il colore l'arachide comme l'huile d'enfer. Le même réactif ferait confondre cette
huile lampante et l'huile de navette.

En résumé, quand on voit que les qualités diverses d'une même
huile d'olive peuvent se comporter différemment avec certains réactifs,
on doit penser qu'il en est de même des autres liquides oléagineux.
Cette réflexion fait douter de la valeur des moyens de distinction basés
sur les colorations des huiles par diverses substances chimiques, car
l'expert n'agit pas sur des types comme dans les laboratoires, mais sur
toutes les nuances possibles. D'après M. Chateau, on doit opérer en
versant quatre a cinq gouttes du réactif sur l'huile occupant dans un
verre de montre la largeur d'une pièce de 1 franc.

Le *Bulletin de thérapeutique* contient, dans son volume 63,
année 1862, page 451, un long article de M. C. Favrot, sur un nouveau
mode d'essai de l'huile d'olive, de l'invention de M. Hauchecorne, pharmacien à Yvetot. (Voir aussi *Année scientifique*, Figuier, t. IX, p. 181.)

L'eau oxygénée, tel est le réactif nouveau employé à la dose de
1 vol. pour 4 vol. d'huile ; voici les résultats :

Olive pure	vert pomme ou vert tendre.
OEillette	rose chair.
Sésame	rouge vif.
Arachide	gris jaunâtre.
Faine	rouge ocracé.

Les huiles provenant d'olives très-mûres (confiture des fabricants)
donnent la teinte vert pomme ; celles qui sont produites par les olives
tout venant, sans fruits gâtés, tendent vers le vert tendre, dont se
teintent aussi les huiles exprimées de fruits de premier choix. Les
huiles de Nice, Port-Maurice, Rivière de Gênes, ont toujours donné les
réactions de la première qualité ; celles d'Aix, de Grasse suivent de
très-près, dit M. Hauchecorne.

On peut encore, d'après le même chimiste, reconnaître, à l'aide de ce réactif, les falsifications de l'huile d'olive, ainsi que l'indique le tableau suivant.

Olive 90	OEillette	10	Teinte gris sale, reflet verdâtre.
— 70	—	30	Gris sale.
— 50	—	50	Gris rosé.
— 90	Arachide	10	Vert laiteux.
— 70	—	30	Gris léger.
— 50	—	50	Gris jaunâtre.
— 90	Sésame	10	Ambrée.
— 70	—	30	Orangé vif.
— 50	—	50	Rouge.
— 90	Faine	10	Gris sale, reflet jaune.
— 70	—	30	Jaune roussâtre.
— 50	—	50	Rouge ocracé clair.

L'huile d'arachide semble la plus difficile à reconnaître dans ces mélanges. L'huile d'olive rancie se comporte au réactif comme l'huile pure arachidée à 10 pour 100 : il y a cependant cette différence : l'huile d'olive rance, devenue laiteuse sous l'influence de l'eau oxygénée, s'éclaircit deux heures après, tandis que l'huile arachidée demeure laiteuse vingt-quatre heures.

Sur 292 huiles d'olive du commerce examinées chez les débitants, dans la Seine-Inférieure, M. Hauchecorne a trouvé qu'elles étaient mélangées,

> 1   avec œillette.
> 6   avec sésame.
> 100 avec arachides.

vingt échantillons seulement étaient de l'huile d'olive de premier choix.

La fraude par l'huile d'arachide atteint une perfection étonnante, grâce aux procédés de purification de cette dernière huile. L'huile d'olive supporterait 20 pour 100 d'arachide, sans que le réactif Poutet le décelât. M. Hauchecorne a constaté qu'une huile d'olive arachidée à 20 pour 100, se solidifiait au réactif Poutet douze minutes avant une huile d'olive provenant de la table de l'empereur Napoléon III ! !

> Et la garde qui veille aux barrières du Louvre
> N'en défend pas les rois.

En 1865 (*Union pharmaceutique*), M. Laillier propose l'acide chlorhydrique au huitième, ou le mélange d'acide chromique et d'acide azotique à 40°.

D'après cet observateur, toute huile d'olive devra être considérée comme falsifiée si, mélangée au quart de son poids d'acide chromique au 8e, elle donne après vingt-quatre heures un liquide opaque.

On trouve dans la *Revue hebdomadaire* de Ch. Mène, 1869, un travail de M. Sacc sur la distinction des huiles. De nouveaux réactifs sont employés dans ce but : acide acétique, alcool, noix de galle, azotate d'argent, trichlorure d'or ; aucun ne nous semble devoir s'appliquer efficacement à l'huile d'olive.

Schneider a aussi employé l'azotate d'argent fondu pour reconnaître la présence de l'huile de navette dans l'huile d'olive. On ajoute vingt à trente gouttes d'une solution alcoolique de ce sel à l'huile à essayer mélangée de deux parties d'éther. On agite dans un lieu obscur. La partie inférieure du liquide devient presque noire après la volatilisation de l'éther, si l'huile d'olive renferme de l'huile de navette.

M. Massie, pharmacien-major, a modifié de la manière suivante le procédé Poutet, auquel on revient toujours, malgré tant d'essais. (V. *Journal de pharmacie*, juillet 1870.)

L'opération est fractionnée en trois, temps.

1° Mélange de 5 grammes d'acide azotique à 40 ou 42° B., et de 10 grammes d'huile. Agitation, repos. Examen de la coloration des deux couches.

2° Addition de 1 gramme de mercure dans le mélange. Agitation. Repos. Examen nouveau de la coloration.

3° Agiter de dix minutes en dix minutes. Étude du temps nécessaire à la solidification.

Avec ce procédé, l'huile d'olive ordinaire se comporte de la manière suivante : 1° le contact de l'acide azotique la laisse colorée en blanc verdâtre claire ; 2° après addition de mercure, cette teinte passe au jaune paille ; 3° la solidification se fait en une heure.

Lipowitz emploie encore le chlorure de chaux pour reconnaître la falsification de l'huile d'olive par celle d'œillette. Enfin, en 1871, M. Renard (*Comptes-rendus de l'Ac. des sc.*, LXXIII, 1330) indique comme moyen de reconnaître l'huile d'arachide dans celle d'olive, le dosage de l'acide arachidique.

Nous ne disons rien des falsifications de l'huile d'olive par la graisse des volailles, ou par le miel; elles sont trop grossières et trop faciles à reconnaître.

Nous sommes loin d'avoir indiqué tous les moyens proposés pour déjouer la falsification de l'huile d'olive. MM. Eug. Marchand, Vimmec, Langlies, Latil, Glœssner, ont aussi fait des recherches dans cette voie.

En terminant ce chapitre, nous nous demandons si nous devons le conclure en répétant avec M. Bouis : « Il n'existe aucun moyen rigoureux et rapide pour résoudre cette question de la falsification de l'huile d'olive. » Si cela était vrai, l'Olivier serait menacé d'une décadence prochaine, son produit essentiel étant appelé à succomber devant la concurrence redoutable de l'arachide, de l'œillette, du sésame, etc. Rassurons-nous : le danger n'est pas sans remède. Nous ne sommes pas aussi désarmés que le pense M. Bouis; il y a dans l'arsenal des armes forgées contre la sophistication des moyens qui, entre des mains habiles, ont une réelle valeur, et la science n'a pas dit son dernier mot sur ce sujet.

L'exploitation industrielle de l'Olivier est encore dans l'enfance de l'art presque partout. Il ne rend ni en qualité ni en quantité tout ce qu'il doit produire un jour. Les régions oléifères de la Méditerranée sont destinées à un avenir meilleur, et l'arbre qui fut leur honneur, n'a rien à craindre des semences oléagineuses. Si la betterave avait été la première source du sucre, l'apparition de la canne eût semblé devoir lui porter un coup fatal, et cependant la betterave opprime la canne; il en sera de même de l'Olivier et des plantes oléifères. Quand, par suite d'une meilleure exploitation, son huile deviendra plus pure et plus abondante, ses prix baisseront : les terrains dévolus dans les régions du nord aux plantes oléagineuses, sont d'ailleurs réclamés pour des productions plus pressantes, les céréales, la viande de boucherie. L'Olivier, qui seul peut couvrir les coteaux qu'il décore de son pâle feuillage et qui ne peut y être remplacé par aucun végétal utile, restera forcément le maître de la production oléifère.

Le commerce français des huiles d'olive, en présence de la concurrence que l'Italie s'apprête à lui faire, sentira le besoin de conserver à nos produits le renom dont ils jouissent sur les marchés étrangers. De grandes maisons dans le Midi sont dans cette voie et gardent scrupuleusement leurs huiles de tout mélange. Nous comptons plus sur ces saines idées que sur la répression basée sur les progrès de l'art de déceler les falsifications.

En 1703, les marchands d'une grande ville manufacturière de France s'associant dans un besoin de défense commune et de dignité de leur profession, firent frapper un médaillon où la paix et la justice se serrent la main. (Voy. *Mœurs, usages et coutumes au moyen âge*, Paul Lacroix. F. Didot, édit.)

Nous plaçons cette empreinte sous les yeux de nos lecteurs : non-seulement elle est encore un souvenir du symbolisme pacifique de l'arbre dont nous faisons l'histoire; mais elle exprime une pensée qui nous semble terminer opportunément ce chapitre, c'est que le commerce vit autant de justice et de probité que de paix.

CHAPITRE XI

L'HUILE D'OLIVE CONSIDÉRÉE COMME SYMBOLE RELIGIEUX

I. CE QU'IL Y A DE MEILLEUR DANS L'OLIVIER. — Chez la plupart des plantes, la formation de l'embryon est le terme de la vie, le but de la végétation : tout concourt à sa production. Quand la semence tombe à terre, rien ne peut en général faire obstacle à sa germination, lorsque l'heure en est venue.

Il n'en est pas tout à fait ainsi chez l'Olivier cultivé. Autour du noyau, berceau solide du jeune embryon, la nature a déposé une pulpe huileuse qui est un empêchement au réveil du germe. Il faut en effet trois choses pour le tirer de son engourdissement : l'air, l'eau et la chaleur. L'huile qui l'entoure intercepte ces trois sources de vie, surtout les deux premières, et le plus souvent la jeune plante périt sans avoir pu sortir de son sommeil séminal.

S'il en est ainsi, l'Olivier peut donc être considéré comme un organisme dans lequel toutes les forces vives convergent vers un seul résultat, la production d'un fruit, dans lequel autour d'un inutile embryon s'accumule une huile limpide et douce.

Ce qu'il y a de meilleur dans l'Olivier, c'est son huile, et s'il fallait chercher dans la plante un principe supérieur, une partie noble, nous dirions que l'huile est l'essence de l'Olivier, la raison de sa vie, le but de son organisation. L'homme est fait pour contenir et servir un esprit, le cheval pour loger une force, le bœuf pour faire de la chair, le froment et la pomme de terre pour élaborer la fécule : l'Olivier est fait pour produire l'huile de son fruit.

Le présent de Pallas à l'Attique eût été de peu de valeur sans cette huile. L'Olivier, comme arbre, n'a ni la majesté du chêne et du platane, ni l'originalité du pin parasol, ni la grâce du palmier, ni la fraîcheur du laurier : mais il est utile par son huile, et cette utilité en fit l'arbre préféré de la sage Minerve, un don précieux pour la Grèce.

> Nisi utile est stulta est gloria.

Cette utilité glorieuse de l'arbre fonda dans la reconnaissance des peuples le culte de la Déesse, et fit de l'Olivier un arbre sacré. Son huile, c'est-à-dire ce qu'il y avait de meilleur en lui, fut offerte à la divinité, de même qu'on lui présentait les fleurs, les épis, l'encens, les victimes sans tache.

L'huile d'olive prit rang parmi les choses consacrées et parmi les substances nécessaires au culte. En dehors du paganisme, elle devint aussi un objet de vénération, un substratum mystique capable de cacher sous des voiles matériels un caractère sacré, un influx divin pouvant se communiquer à son contact.

Ce n'est pas un des côtés les moins intéressants de l'histoire de l'Olivier, que cet usage de l'huile dans les rites : il touche à la vie religieuse d'un grand nombre de nations, et nous le verrons apparaître dans les circonstances les plus solennelles de leur épopée. Disons d'abord ce qu'il a été dans le paganisme, et nous l'étudierons ensuite dans la loi mosaïque et dans les différentes confessions chrétiennes.

II. L'HUILE D'OLIVE DANS LE PAGANISME. — De même que les libations de vin revenaient à Bacchus, pour honorer Minerve, on lui offrait des libations d'huile d'olive :

> OEnea namque ferunt pleni successibus anni
> Primitias frugem Cereri, sua vina Lyæo,
> Pallados flavæ latices libasse Minervæ.
>
> METAM., livre VIII, v. 273.

21

— OEnée, dit-on, comblé des faveurs de l'année en avait offert les prémices aux dieux, les blés à Cérès, le vin à Bacchus, et à Minerve la liqueur qui lui est consacrée. —

Virgile, dans l'églogue V, met ces mots dans la bouche de Ménalque :

> Sis bonus o felixque tuis : en quatuor aras
> Ecce duas tibi, Daphni, duas altaria Phœbo ;
> Pocula bina novo spumantia lacte quotannis,
> Craterasque duo statuam tibi pinguis olivi.

Dans l'idylle 5, Théocrite fait dire aussi à Lacon qu'il offrira aux nymphes deux larges coupes, l'une d'un lait plus blanc que la neige, l'autre de l'huile la plus douce.

Rome eut un temple des nymphes qui fut brûlé par Clodius. Sur les autels de ces divinités gracieuses, le vin coulait rarement, encore moins le sang des victimes, mais on y déposait des coupes remplies de fruit, de lait, de miel et aussi d'huile d'olive,

Chez les Grecs, le suc de l'olive était non-seulement offert à la divinité, mais employé pour consacrer les choses. Non loin de Delphes, dit Pausanias (Liv. X, ch. xxiv), on rencontrait la pierre que l'on fit avaler à Saturne pour l'un de ses enfants. Objet de la vénération publique, elle était sans cesse baignée d'huile. Alexandre arrosa d'huile la pierre du tombeau d'Achille (*Q. Curce*, liv. II, iv). Les bornes qui limitaient les propriétés, élevées à la dignité de dieux, étaient arrosées d'huile, et décorées au jour de la fête des Termes.

Au livre Ier des *Florides*, il est question parmi les choses sacrées de la pierre baignée d'huile parfumée, *lapis unguine delibutus*.

Arnobe, suivant les usages de son temps, honora les idoles en les oignant d'huile d'olive : *Lubricatum lapidem, et ex olivi unguine sorditatum tanquam inesset vis præsens, adulabar.* — Je flattais une pierre toute gluante et toute engraissée d'huile d'olive, comme si elle avait eu quelque puissance. —

Substance précieuse sous un petit volume, l'huile, dit D. Bernard, permettait aux anciens d'offrir un culte facile à leurs divinités, même en voyage.

Le respect de l'huile d'olive fut porté très-loin, et dans les usages domestiques mêmes, il fallait la traiter avec une certaine révérence. La corrompre, c'était offenser la divinité. C'est pourquoi, suivant Ælius

Lampridius (dans la *Vie d'Héliogabale*), un oracle annonça aux Sybarites qu'ils périraient le jour où ils mêleraient l'huile d'olive au *garum*,
cette sauce putride faite d'entrailles de poisson et de saumure.

Pierio assure (liv. LXIII, Hierogl.) que l'huile fut considérée
comme un miroir de la divinité, parce qu'elle était un symbole de l'éter-
ternité qui est un attribut de Dieu.

Dans l'étymologie du mot *adolere*, sur laquelle on n'est pas d'accord,
n'y aurait-il pas un souvenir des emplois sacrés de l'*oleum*, huile
d'olive. *Adolere* signifie honorer la divinité. — Brûler quelque chose
sur les autels, — exhaler une bonne odeur, — offrir l'huile d'olive aux
dieux, la brûler sur leurs autels, oindre leurs images de cette substance
parfumée, n'était-ce pas là une partie du culte?

Si le lecteur désirait plus de détails sur la consécration des choses
inanimées par l'huile d'olive, il les trouverait dans Minutius Félix (c. 3.)
et dans Porphyre (de abst. Lib. 2, SS. 20, p. 138).

III. L a pierre de béthel. — C'est aux époques les plus reculées de
l'histoire du peuple de Dieu, qu'il faut remonter pour voir poindre l'emploi du suc de l'olive comme chose sacrée.

Sur le chemin poudreux de Bersabé à Haran [1], la journée avait été
brûlante. Déjà l'ombre des palmiers s'allongeait dans la plaine, et le ciel
s'empourprant, éclairait de reflets ardents la terre fatiguée; enfin le
soleil disparut dans les grands horizons de la Syrie. A ce moment un
voyageur apparut au sommet d'une éminence, ride insignifiante de l'immense étendue. C'était un homme jeune, à la taille élevée, aux formes
vigoureuses, au teint hâlé. Il tenait à la main le bâton recourbé des pasteurs ; la poussière attachée à sa longue chevelure, ou retenue aux plis de
son vêtement, attestait qu'il avait marché tout le long du jour, mais la
fatigue n'avait pas allangui sa juvénile ardeur, son pied nu laissait à
peine une trace légère sur le sable de la route.

Il s'arrêta cependant, et son œil interrogea l'immensité. Nul toit hospi-
talier n'apparut à ses regards, nul bruit n'arriva à ses oreilles! Des
pasteurs et des troupeaux ont passé dans les herbages voisins la veille

---

1. Genèse, ch. xxviii, v. 10.

ou le matin, mais à cette heure, ils sont loin, le silence et la solitude répondent seuls.

Qu'importe, l'air est tiède, et les étoiles scintillent : le voyageur s'écarte un peu du chemin, — et, étant venu en un certain lieu, comme il voulait s'y reposer après le coucher du soleil, il prit des pierres qui étaient là, en mit une sous sa tête, et s'endormit..... — [1].

Dans le calme de cette belle nuit d'Orient, un doux rêve va peut-être bercer plus mollement le voyageur, que le dur oreiller qu'il s'est choisi. Sans doute, il va voir au bord du grand fleuve de la fertile Mésopotamie, la patriarcale demeure de Bathuel, et les immenses troupeaux de Laban. Son attention sera surtout attirée vers la rive pour y chercher parmi les belles filles qui descendent y puiser une onde fraîche, celle que, pour obéir aux ordres de son père, il choisira pour compagne.

Mais non, ce dormeur agité d'un tressaillement étrange ne fait pas un songe d'amour : et sous ce front que la sueur inonde, passent des impressions moins légères que nous ne le supposions.

Jacob, car c'est lui qui dormait sur cette pierre, Jacob voyait, entre le ciel et la terre, une échelle immense que les anges de Dieu montaient et descendaient, et du haut de laquelle le Seigneur lui parlait. — Le Seigneur est vraiment en ce lieu-ci, dit-il en s'éveillant. — Que ce lieu est terrible, c'est véritablement la maison de Dieu et la porte du ciel. —

Jacob se levant donc le matin, prit la pierre qu'il avait mise sous sa tête, et l'érigea comme un monument, répandant de l'huile dessus [2]. —

Cet acte étrange accompli, dix-sept siècles avant notre ère, dans les splendeurs d'une belle matinée d'Orient, est une date mémorable. Cette pierre baignée d'huile, devint une chose sacrée, et debout dans la solitude, elle marqua pour les descendants d'Abraham le lieu terrible où le Dieu d'Isaac avait parlé. Jacob lui-même le dit : — Et cette pierre que j'ai dressée comme un monument sera la maison du Seigneur [3]. — Les générations passeront, mais la maison du Seigneur ne passera pas, et de siècle en siècle, jusqu'à nous, et au delà, la pierre se dressera partout, et quand au jour de la dédicace l'huile sacrée l'aura

1. Genèse, ch. xxviii, v. 11.
2. Genèse, ch. xxviii, v. 12, 13, 16, 17, 18.
3. Genèse, ch. xxviii, v. 22.

touchée, le lieu dans lequel elle s'élèvera sera terrible, ce sera la maison du Seigneur.

Dans le voyage qu'il accomplissait alors, Jacob portait donc avec lui une certaine quantité d'huile d'olive. Ce fait ne surprendra pas ceux qui connaissent l'antiquité, et qui savent que dans ces temps on marchait sans chaussures. Avant d'entreprendre une longue course, les voyageurs se huilaient les pieds; arrivés au lieu du repos, ils répétaient la même onction. Ils prévenaient ainsi les gerçures douloureuses ou hâtaient leur guérison. Le soin d'emporter avec soi ce remède si simple, est confirmé dans plusieurs passages de textes anciens que nous citons ailleurs [1], mais reprenons notre récit.

Plus tard, lorsque Dieu apparut à son serviteur pour lui donner l'ordre de quitter la maison de Laban, il lui rappellera les circonstances de cette aube sacrée, et lui dira :

— Je suis le Dieu de Béthel où vous avez oint la pierre, et où vous avez fait un vœu ; sortez donc promptement de cette terre; et retournez au pays de votre naissance [2]. —

Jacob obéit, et revit la terre de Chanaan : Mais quand il y fut revenu, Dieu voulut qu'il retournât au lieu du grand mystère, pour y demeurer. Dans cet endroit sacré, marqué par la pierre imbibée d'huile, Jacob devait encore entendre une voix d'en haut, y dresser une nouvelle pierre, et l'arroser de nouvelle huile [3].

Ainsi deux pierres grossières pénétrées d'un peu d'huile sortie du fruit de l'Olivier, voilà le temple du Créateur : voilà la borne milliaire d'où part Jacob et où il revient : voilà le centre d'où s'éloigneront les enfants du patriarche, mais vers lequel Josué ramenera le peuple de Dieu délivré de la servitude d'Égypte et des périls du désert.

Dans tous les temps et sur tous les points de la terre, les hommes, quel que fût l'état de leur civilisation, ont voulu perpétuer le souvenir des grands événements de leur histoire. Aux premiers âges, ils dressaient la pierre brute ou taillée, et pendant que les tribus aryiennes laissaient les menhirs sur le passage de leurs migrations, aux bords du

---

1. Plaute, *Comédie du marchand.*
2. Genèse, ch. xxxi, v. 13.
3. Genèse, ch. xxxv, v. 14.

Nil, les obélisques élevaient vers le ciel leurs sommets quadrangulaires. C'étaient des souvenirs plutôt que des monuments religieux, nulle consécration ne leur avait donné ce caractère.

Telles furent aussi les pierres que Jacob lui-même éleva dans d'autres circonstances. Ainsi au moment de quitter Laban :

Jacob prit une pierre et en ayant dressé un monument, il dit à ses frères : — Apportez des pierres, et les ayant ramassées ensemble, ils en firent un monceau et mangèrent dessus. —

— Laban appela ce monceau de pierre, le monceau du témoin... [1] —

L'huile ne coula point dans cette circonstance, car Dieu n'avait pas parlé dans ce lieu ; et la pierre ne fut qu'un souvenir de l'alliance établie entre Laban et le fils d'Isaac.

Jacob dressa encore un monument de pierre [2] sur le sépulcre de Rachel ; l'huile ne sacra pas non plus cette pierre commémorative : le Dieu vivant n'habite pas les tombeaux.

IV. Le parfum d'onction, les oblations, les lampes sacrées. — Deux siècles se sont écoulés. Les enfants de Jacob, attirés sur les bords du Nil par Joseph, y sont devenus un grand peuple : mais les souvenirs des ancêtres et de la terre natale ne sont pas sortis de leur mémoire. Le sol étranger leur est amer, et la domination de Pharaon odieuse. Moïse naît et délivre Israël dont il sera le législateur. C'est au sommet de Sinaï qu'il reçoit de Dieu même les lois qui doivent régir son peuple, et la règle du culte par lequel il veut être honoré.

Un temple s'élèvera à la gloire du Très-Haut : ce sera la maison du Seigneur, le lieu des sacrifices, le dépôt des objets sacrés. Dieu ne se contentera plus d'une simple pierre : ce qui convenait à une famille patriarcale ne suffirait pas à une nation. Tout sera changé, une seule chose restera comme un lien mystique entre les splendeurs du nouveau rite, et la simplicité de l'ancien : ce sera l'onction qui consacre, par l'huile sortie du fruit de l'Olivier. Ni le vin, ni le lait des brebis, ni le sang des troupeaux ne saurait la remplacer : il faut cette pure et transparente substance qui ne connaît pas la corruption des ferments.

1. Genèse, ch. XXLI, v. 45, 46, 47.
2. Genèse, ch. XXXV, v. 20.

Ce sera très-expressément l'huile d'olive mêlée de quelques parfums qui s'ajouteront à sa suavité native.

Écoutons le Seigneur lui-même, il sera formel et précis.

22. Le Seigneur dit encore à Moïse :

23. Prenez des parfums, de la myrrhe, la première et la plus excellente, le poids de cinq cents sicles ; de cinnamome, la moitié, c'est-à-dire le poids de 250 sicles ; et 250 sicles de la canne aromatique.

24. Vous y ajouterez 500 sicles de cassie du poids du sanctuaire, et une mesure de hin d'huile d'olive [1].

25. Vous ferez de toutes ces choses une huile et une onction, un parfum composé par l'art et l'adresse du parfumeur [2].

Dieu énuméra ensuite les vases et instruments sur lesquels l'huile d'onction devait couler. Ce furent l'arche d'alliance, l'autel des parfums, la table des pains de proposition, le chandelier d'or, l'autel des holocaustes, le lavoir et les vases qui en dépendaient. L'huile en les touchant, les consacrait, et celui qui les touchait ensuite, était sanctifié.

Elle prit place elle-même parmi les choses saintes et précieuses que renfermait le tabernacle : elle devait servir non-seulement dans le présent mais encore dans l'avenir aux enfants des Israélites. Elle ne pouvait être employée à d'autres usage qu'à ceux du culte : « On n'en parfumera point la chair de l'homme, » avait dit formellement le Seigneur. Enfin, il était interdit de l'imiter sous peine des châtiments les plus terribles.

33. Quiconque en composera de semblable et en donnera à un étranger, sera exterminé du milieu de son peuple [3].

Pour préparer cette huile sanctifiante, Dieu fit choix de Bézéléel, fils d'Uri, et lui donna pour aide Ooliab, fils d'Achisamenech [4].

Moïse invita le peuple d'Israël à donner au Seigneur tout ce qui serait nécessaire pour le culte. Tous firent leur offrande avec une volonté prompte et pleine d'affection.

---

1. Voyez le *Myrothecium sacrorum Elæchrismaton,* du père Fortunatus Scacchus de l'ordre des hermites de Saint-Augustin. Rome, 1627.

2. Exode, ch. xxx.

3. Exode, ch. xxx.

4. Exode, ch. xxxi, v. 2, 3, 28.

C'est alors que Bézéléel composa aussi l'huile pour en faire les onctions de consécration [1].

Ce fut Moïse qui, sur l'ordre du Seigneur, fit les premières consécrations avec l'huile d'onction. Depuis le tabernacle jusqu'au bassin, tout fut oint et sacré.

Lorsque, dit le savant Bergier, quelqu'un de ces intruments venait à être détruit et à s'user ou à se perdre, il put être réparé ou remplacé tant que cette huile d'onction subsista ; mais elle périt dans la destruction du premier temple bâti par Salomon, et manqua dans le deuxième, édifié par Zorobabel.

Après la pierre du temple, après les objets destinés au culte, restait à faire une dernière consécration, celle du souverain sacrificateur et des prêtres qui devaient l'aider dans ces fonctions élevées. Moïse reçut à cet égard, sur la montagne, les instructions les plus étendues, et le Seigneur lui indiqua de quelle façon il consacrerait prêtres, Aaron et ses enfants. L'huile d'onction devait encore intervenir dans cette ordination première, et le caractère sacré qu'elle allait conférer, devait passer pour jamais dans tous les prêtres qui succéderaient à Aaron.

Ce fut au premier jour du premier mois que cette grande fête du sacre d'Aaron eut lieu. Israël campait au pied du Sinaï, à l'entrée du désert. Afin de lui donner sans doute le courage et les forces nécessaires pour atteindre la patrie, Dieu voulut fonder parmi son peuple un culte qui, par quelques traits, lui rappelât le souvenir de son passé, et lui fît entrevoir, comme dans un mirage, cette terre d'Abraham, lieu de son repos et de sa grandeur. Dès l'aube, les trompettes résonnèrent, et les Israélites sortirent en foule de leurs tentes pour être les témoins de ce grand spectacle, à l'éclat duquel ils avaient tous contribué par leurs offrandes.

Moïse dressa d'abord le tabernacle, y porta l'arche renfermant les tables de la loi, et suspendit au-devant le voile. Il mit la table avec les pains de proposition dans le tabernacle, du côté du septentrion, et le chandelier d'or, avec ses lampes, du côté opposé. Il brûla des parfums sur l'autel d'or, offrit des holocaustes sur l'autel dressé dans le vesti-

---

1. Exode, ch. xxxvii, v. 29.

bule du témoignage, et remplit d'eau le bassin des purifications. L'onction parfumée fut alors apportée solennellement et, devant Dieu et le peuple, le grand législateur revêtit d'un caractère sacré, en les oignant, toutes ces splendeurs, toutes ces merveilles de l'art antique.

Debout, au milieu de ses fils, à l'entrée du tabernacle, Aaron attendait aussi l'heure solennelle où la bénédiction divine descendrait sur sa tête, au contact de l'onction parfumée.

Il s'était purifié dans le bassin sacré, avait revêtu la tunique de lin fin, la robe d'hyacinthe, l'éphod tissé d'or, d'hyacinthe et de pourpre, et le rational sur lequel resplendissaient, au milieu de quatre rangs de pierres précieuses, ces mots, *doctrine et vérité*. Sa tête avait reçu la tiare, et son front portait la lame d'or où se lisaient ces mots : *la sainteté est à celui qui est* [1].

Moïse s'avança vers lui, et de même qu'il avait versé l'huile sur l'autel, — 12. Il répandit aussi l'huile sur la tête d'Aaron, dont il l'oignit et le consacra [2]. — Aaron et ses fils pourront alors étendre leurs mains consacrées sur la victime, pour le péché, sur le bélier de l'holocauste au moment où leur sang coulera, ils pourront élever vers le Seigneur ces mains purifiées chargées d'offrandes ; et le sang des sacrifices, consacré lui-même par son mélange avec l'onction, pourra couler sur eux et leurs vêtements ; un caractère indélébile les a marqués pour jamais, et par l'huile, ils pourront le transmettre à leurs successeurs.

A la mort d'Aaron, ses fils revêtus de ses ornements durent recevoir une onction nouvelle. De même encore lorsque le sang de l'hostie pour l'expiation avait coulé sur l'autel, l'onction sainte pouvait seule lui rendre la consécration perdue par cette sorte de souillure.

A côté du grand rôle joué par l'huile d'olive, comme base du parfum d'onction, nous retrouvons la même substance mêlée à tous les sacrifices. Ici ce n'est plus au titre de substance consacrante que nous les voyons figurer sur les autels, mais comme un objet digne d'être offert au Seigneur. De la blanche et pure farine, et l'huile exprimée du fruit des Oliviers, telles sont dans les rites sacrés des Hébreux, les matières importantes des oblations.

1. Exode, ch. xxxix.
2. Lévitique, ch. viii.

Ainsi, après leur onction, les prêtres devaient offrir pour sacrifice perpétuel la dixième partie d'un éphi de fleur de farine, et le texte ajoute : — 21. Elle sera mêlée à l'huile et se cuira dans la poêle. Le prêtre qui aura succédé légitimement à son père, l'offrira toute chaude, comme une offrande d'odeur très-agréable au Seigneur.

Le chapitre II du Lévitique est consacré à l'exposé des sacrifices de farine et d'huile.

1. Lorsqu'un homme présentera au Seigneur une oblation en sacrifice, son oblation sera de la plus pure farine sur laquelle on répandra de l'huile, et il mettra de l'encens dessus.

2. Il la portera aux prêtres enfants d'Aaron, et l'un d'eux prendra une poignée de la farine, de l'huile et tout l'encens, et il le fera brûler sur l'autel en mémoire de l'oblation.

On pouvait encore offrir des pains sans levain cuits au four et formés de farine et d'huile, mais il fallait encore les arroser d'huile.

Lorsque ces sortes de beignets, au lieu d'être cuits au four, l'étaient dans la poêle ou sur le gril, il fallait encore les arroser d'huile après les avoir coupés.

Souvent c'étaient des épis encore verts que l'on offrait au Seigneur : mais l'obligation de les arroser d'huile restait la même. Le prêtre brûlait une partie des épis et de l'huile, et tout l'encens, il gardait le reste[1].

Outre les oblations au Seigneur, il y avait les sacrifices expiatoires du péché ; c'étaient encore des offrandes de farine, mais l'huile de l'Olivier ne devait pas y être mêlée ; elle était d'essence trop supérieure, et destinée à de trop nobles usages, pour servir dans ces circonstances. Le texte est précis. — « Que s'il n'a pas le moyen d'offrir deux tourterelles ou deux petits de colombes, il offrira pour son péché la dixième partie d'un éphi de fleur de farine, il ne l'arrosera point d'huile et ne mettra point d'encens dessus, parce que c'est pour le péché[2] ».

Pour l'expiation du péché de jalousie la farine d'orge destinée au sacrifice n'était pas non plus arrosée d'huile[3].

Si la souillure de l'âme éloignait l'oblation de l'huile, les maladies

1. Lévitique, ch. ii, du v. 4 au v. 15.
2. Lévitique, ch. v, v. 1.
3. Nombres, ch. v, v. 15.

du corps, qui rendaient impur, pouvaient disparaître par des sacrifices dont l'huile faisait partie. La lèpre était guérissable chez les Hébreux; mais elle laissait en quelque sorte au corps qui en avait été atteint, une flétrissure qu'un acte religieux seul pouvait faire disparaître. Voici le sacrifice que le malade devait faire pour la purification de cette terrible affection[1].

10. Le huitième jour il prendra deux agneaux sans tache et une brebis de la même année qui soit aussi sans tache, et trois dixièmes de fleur de farine mêlée d'huile pour être employés au sacrifice, et de plus une chopine d'huile à part.

Après avoir offert ces choses au Seigneur, immolé l'un des agneaux dont le sang doit toucher le lépreux.

15. Il (le prêtre) versera aussi de l'huile de la chopine dans sa main gauche,

16. Et il trempera le doigt de sa main droite dans l'huile et en fera sept fois les aspersions devant le Seigneur;

17. Il répandra ce qui restera d'huile en sa main gauche, sur l'extrémité de l'oreille droite de celui qui est purifié, sur les pouces de sa main droite et de son pied droit, sur le sang qui a été répandu pour l'offense;

18. Et sur la tête de cet homme.

Lorsque le Seigneur donna à Moïse les préceptes pour la sanctification des sacrifices réguliers, tels que ceux de chaque jour, du sabbat et de la pâque, l'huile ne fut point oubliée[2]. Le sacrifice quotidien était de deux agneaux d'un an accompagnés chacun de un dixième d'éphi de farine et d'un quart de hin d'huile d'olive très-pure. Au jour du sabbat, on offrait deux agneaux, deux dixièmes de fleur de farine mêlée d'huile. Le premier jour de chaque mois, même sacrifice de victimes variées, de farine et d'huile. Enfin le 14e et le 15e jour du premier mois, fête solennelle de la pâque, la quatrième partie d'un hin d'huile accompagnait encore avec de la farine le sacrifice du veau, du bélier et de l'agneau.

Dieu avait dit à Moïse : 31, Vous ferez aussi un chandelier de l'or le plus pur, battu au marteau avec sa tige, ses branches, ses coupes, ses

---

1. Lévitique, ch. XIV.
2. Nombres, ch. XXVIII et XXIX.

pommes et ses lis qui en sortiront. 32, Six branches sortiront des côtés de sa tige, trois d'un côté, trois de l'autre. 37, Vous ferez aussi sept lampes que vous mettrez au-dessus du chandelier, afin qu'elles luisent vis-à-vis l'une de l'autre [1].

Dans ces lampes sacrées qui devaient briller sans cesse dans le tabernacle, le Seigneur prescrivit de brûler de l'huile d'olive préparée d'une façon spéciale et d'une grande pureté. 20, Ordonnez aux enfants d'Israël de vous apporter l'huile la plus pure des olives qui auront été pilées au mortier, afin que les lampes brûlent toujours [2]. Et plus loin : 2, Ordonnez aux enfants d'Israël de vous apporter de l'huile d'olive très-pure et très-claire, pour en faire brûler sans cesse dans les lampes [3].

Cette partie du culte était d'une grande importance : le sanctuaire devait toujours être approvisionné d'huile d'olive, et ce fut un des fils d'Aaron, Eléazar, qui eut le soin d'entretenir les lampes. Il avait sous ses ordres les enfants de Caath, qui, lorsque Israël se mettait en route, devaient couvrir et porter le chandelier, les lampes, les pincettes, les mouchettes d'or, tous les vases pour l'huile et tout ce qui était nécessaire pour entretenir les lampes [4].

Le prophète Zaccharie eut une vision ou la relation entre le feu sacré brûlant sans cesse devant le Très-Haut, et l'Olivier, source de cette lumière, était matériellement indiquée. Il vit un chandelier à sept branches, qui n'était différent de ceux de Moïse et de Salomon, qu'en ce que l'huile tombait dans les lampes par sept canaux qui sortaient du fond d'une vaste coupe élevée à leur hauteur. Elle descendait dans ce plateau de deux conques qui la recevaient elle-même coulant goutte à goutte de l'extrémité des branches de deux Oliviers placés des deux côtés du chandelier (Zaccharie, ch. IV, v. 2).

Les interprètes des livres saints ont cherché à mettre d'accord les préceptes divins sur la forme et la disposition du candélabre, avec la vision de Zaccharie. Fr. Scaccho, dans son *Elæochrismaton*, discute les opinions. Il reproduit, page 64, une image du chandelier sacré, tel

---

1. Exode, ch. xxv.
2. Exode, ch xxvii.
3. Lévitique, ch. xxiv.
4. Nombres, ch. iv, v. 9, 16.

que l'un des paraphrastes de la Bible, Villalpandus, se le représentait. Les deux Oliviers, versant leur huile dans des récipients supérieurs aux lampes, apparaissent aux deux côtés du lampadaire. Scaccho lui-même tente de rendre par le dessin tout ce que Zaccharie a vu, et tout ce que le texte sacré lui-même indique. Adoptant la manière de voir de Vatable, autre interprète de la Bible, il donne, page 62, une représentation du chandelier à sept branches. Deux rameaux d'Olivier apparaissent encore de chaque côté, mais sans verser leur huile dans les lampes, lesquelles sont accompagnées chacune d'un petit appareil fait de de deux entonnoirs superposés, pour verser et filtrer l'huile d'olive (V. Scaccho, p. 54). Ces entonnoirs peuvent être saisis à l'aide de petites branches d'Olivier placées près de leur douille. Nous avons insisté sur ces détails, pour prouver une fois de plus la relation intime entre l'arbre dont nous faisons l'histoire et l'une des parties les plus importantes du culte hébraïque.

On voit par ce qui précède quelle était la place de l'huile d'olive dans les cérémonies religieuses du peuple de Dieu. Il devait se faire dans le tabernacle une grande consommation de ce liquide onctueux, d'autant plus qu'une partie de celui qui figurait dans les sacrifices et les oblations, était, après la consécration, employé à l'entretien de la nombreuse tribu qui avait charge des choses saintes. Comme tout ce qui servait au culte était donné par le peuple lui-même, nous trouvons dans l'Écriture de nombreux préceptes pour l'apport de l'huile d'olive à titre de prémices, d'offrandes ou de dîme. Dieu énumère à Moïse les choses qu'il devra recevoir comme prémices le jour du sabbat : l'huile pour entretenir les lampes et pour composer des parfums et des onctions d'excellente odeur [1], n'est pas oubliée.

Pour la dédicace du tabernacle, les douze tribus apportèrent leurs offrandes [2]. Le premier jour, Nahasson, de la tribu de Juda, offrit un plat d'argent du poids de 130 sicles, et un vase d'argent du poids de 70 sicles, qui étaient pleins tous deux de fleur mêlée avec de l'huile. Nathaniel, Éliab, Élisar, etc., représentants des autres tribus, apportèrent aussi dans des vases du même métal la farine et l'huile. Pour

1. Exode, ch. xxv, v. 6, et ch. xxv, v. 8.
2. Nombres, ch. vii.

l'offrande à faire lorsque les Israélites devaient entrer dans la terre promise, Dieu dit à Moïse : « Quiconque aura immolé l'hostie offrira pour le sacrifice, de pure farine, la dixième partie d'un éphi mêlée avec une mesure d'huile qui tiendra la quatrième partie de hin [1]. Et c'était toujours l'huile la plus pure qui, offerte ainsi, était ensuite la propriété du sanctuaire, car le Seigneur dit à Aaron : 12. Je vous ai donné tout ce qu'il y a de plus excellent dans l'huile, dans le vin et dans le blé qui est offert [2].

Les prophètes, les juges, tous les chefs du peuple de Dieu, lui rappelèrent sans cesse ces prescriptions. Ainsi Ézéchiel [3] décide que le batus sera la quantité d'huile à offrir pour les prémices [4]. Ailleurs il fixe à une mesure de hin la quantité d'huile que le jour de Pâques le prince devra joindre à chaque éphi de farine : sacrifice qui devra se répéter sept jours de suite en d'autres circonstances. Nous ne pouvons citer toutes les occasions où les textes sacrés reviennent sur ce sujet. Sous le règne d'Ézéchias, le peuple apportait fidèlement aux lévites non-seulement les prémices, mais encore la dîme de son huile. Après les malheurs de Juda, bien des irrégularités, bien des abus s'étaient glissés dans les offrandes : Néhémie fut obligé de redresser tout cela, et de rappeler le peuple aux anciennes coutumes : après quelques efforts l'ordre se rétablit, et Juda apportait dans les greniers le dixième du blé, du vin et de l'huile [5].

V. Le sacre des rois d'Israel. — Tout pouvoir vient de Dieu, et ceux qui exercent l'autorité en son nom et comme par délégation, doivent être revêtus d'un caractère sacré. Telle fut la royauté chez les Hébreux, un véritable sacerdoce. De même que Moïse, après en avoir reçu le pouvoir de Dieu sur la montagne, consacra Aaron, de même les souverains sacrificateurs, les prophètes, etc., marqués au front par

1. Nombres, ch. xv, v. 4.
2. Id., ch. xviii, v. 12.
3. Ézéchiel, ch. xlv, v. 14, 24, 25.
4. Le batus contient, d'après de Sacy, 27 pintes et un peu plus. Le hin était la sixième partie du batus; cette mesure contenait donc quatre pintes et quelque chose de plus. Le quart du hin, dont il est si souvent question comme mesure d'huile d'olive, était donc à peu près une pinte.
5. Esdras, liv. II, ch. xiii, v. 12.

l'huile d'onction, purent à leur tour, quand le pouvoir prit la forme monarchique, communiquer aux rois la consécration suprême. L'huile d'olive parfumée conservée dans le tabernacle et confiée à leur garde, fut versée par eux sur la tête des chefs de Juda ou d'Israël, qui fut alors appelé l'oint du Seigneur.

Le sacre des premiers rois d'Israël n'eut pas l'éclat qui entoura dans le désert la consécration d'Aaron et qui, dans la suite des temps, fit de cette cérémonie la plus belle et la plus solennelle des pompes humaines. De même que la consécration de la pierre de Béthel s'était faite le matin dans la solitude à la face du ciel, sans autre témoin que Dieu et Jacob, de même Samuel sacra Saül le matin dans un lieu écarté, après avoir éloigné son dernier serviteur.

Le Seigneur lui avait dit : « Je vous enverrai un homme de la tribu de Benjamin que vous sacrerez pour être le chef de mon peuple d'Israël [1], » afin qu'il n'y eût pas de méprise. Au moment où Samuel rencontra le futur roi, le Seigneur ajouta : « Voici l'homme dont je vous avais parlé. » C'est alors que le prophète, dans les conditions que nous venons d'indiquer, c'est-à-dire seul avec le fils de Cis, prit une petite fiole d'huile qu'il répandit sur la tête de Saül, et il le baisa et lui dit : « C'est le Seigneur qui par cette onction vous sacre pour prince sur son héritage [2]. »

Le secret de cette consécration fut gardé, car Saül, au contact de l'onction parfumée, avait été rempli de sagesse. Lorsque Samuel réunit le peuple à Maspha, pour procéder à l'élection du roi qu'il demandait, le hasard seul sembla présider à la désignation du chef d'Israël : mais quand le sort désigna successivement la tribu, la famille et enfin Saül lui-même, c'est que l'onction qu'il avait reçue de Samuel dans un lieu solitaire de la terre de Suph, l'avait déjà fait roi.

La seconde consécration royale ne fut pas entourée de plus d'éclat. L'esprit de Dieu devait bientôt se retirer de Saül, dont l'orgueil enflait le cœur : le Seigneur l'a rejeté et ne veut plus qu'il règne. Il appelle encore son serviteur Samuel et lui dit : « Emplissez d'huile la corne que vous avez, et venez, afin que je vous envoie à Isaï de Béthléem, car

---

1. I Livre des Rois, ch. IX, v. 16, 17.
2. I Livre des Rois, ch. X, v. 1.

je me suis choisi un roi entre ses enfants [1]. » Samuel part. Les enfants d'Isaï lui sont présentés les uns après les autres : en voyant l'aîné il demande au Seigneur si c'était celui-là qu'il avait choisi pour être son Christ [2]. Le Seigneur répond qu'il l'a rejeté. Mais lorsque, après les sept premiers, David, le petit gardeur de brebis, se présente, le Seigneur dit au Prophète : « Sacrez-le Présentement, car c'est celui-là. » Samuel prit donc la corne pleine d'huile, et il le sacra au milieu de ses frères. Depuis ce temps-là, l'esprit du Seigneur fut toujours en David [3].

Aussitôt que le parfum d'onction eût touché le front du dernier des fils d'Isaï, Saül tomba dans une noire mélancolie et devint la proie du malin esprit ; il n'est plus le Christ, c'est-à-dire l'oint du Seigneur, et va finir misérablement dans les champs de Gelboé. A la nouvelle de sa mort, David pourra s'écrier dans sa douleur : « Montagnes de Gelboé, que la rosée et la pluie ne tombent jamais sur vous. Qu'il n'y ait point sur vos coteaux de champs dont on offre les prémices : parce que c'est là qu'à été jeté le bouclier des forts, le bouclier de Saül, comme s'il n'eût point été sacré de l'huile sainte [4]. »

Bien qu'il n'eût pas encore ceint le bandeau royal, le vrai roi était David. Le Seigneur, après la mort de Saül, lui donna l'ordre d'aller à Hébron, où il devait trouver réunie toute la tribu de Juda. Là, en présence du peuple sur lequel il allait régner, il reçut une seconde consécration par l'huile sainte [5], afin qu'il régnât sur la maison de Juda.

Lorsque David approchera de sa fin, et quand ses enfants se disputeront, sous ses yeux, le trône, le grand prêtre Sadoc mettra fin à toutes ces compétitions en prenant du tabernacle la corne pleine d'huile, et sacrant Salomon [6]. En l'apprenant, Adonias, qui se croyait déjà sûr de la couronne, abandonnera toutes ses espérances et implorera la clémence de l'oint du Seigneur.

---

1. I Livre des Rois, ch. XVI, v. 1.
2. Christ, dit Lactance, n'est pas un nom propre mais un titre qui désigne la puissance et la royauté, en rappelant que l'onction en était le symbole chez les Juifs, comme la pourpre en était la marque chez les Romains. *Divin inst.*, 4, c. 7.
3. I Livre des Rois, ch. XVI. v. 12 et 13.
4. II Livre des Rois, ch. I, v. 21.
5. II Livre des Rois, ch. II, v. 4.
6. III Livre des Rois, ch. I, v. 19.

Rappellerons-nous encore, en finissant ce sujet, que le Seigneur ordonna à Élie de sacrer d'huile Hazaël, pour être roi de Syrie, et Jéhu, fils de Namsi, pour être roi d'Israël [1].

Tel fut, chez les Hébreux, la place et le rôle de l'huile de l'Olivier dans les cérémonies et les symboles du culte. Après les longs détails dans lesquels nous venons d'entrer, n'est-il pas permis de dire que sans l'arbre dont nous parlons, la religion du peuple de Dieu eût manqué de l'un de ses éléments matériels les plus essentiels. Cultiver, propager l'Olivier, si bien fait, d'ailleurs, pour les coteaux pierreux de la terre de Canaan. C'était à la fois, pour les Israélites, une nécessité d'ordre religieux et économique.

Dans le style de l'Écriture, une personne ointe était une personne sacrée. *Huile* signifiait l'onction même, et la personne qui l'avait reçue, roi, prêtre ou prophète ; et Isaïe pouvait dire : « Le joug d'Israël se brisera à l'aspect de l'huile, » c'est-à-dire par la présence d'un personnage sacré [2]. Le paraphraste chaldéen fait l'application de ces paroles au Messie dont le nom, comme nous l'avons dit, signifie, oint, sacré. Dans Zacharie on voit désignés, sous le titre de *Deux fils d'huile*, deux prêtres ou deux prophètes [3].

Les auteurs sacrés parlent, à chaque instant, de l'huile dans un sens figuré. Elle est considérée par eux comme un symbole de la grâce divine, qui s'insinue doucement dans notre âme, la console, la réjouit, la guérit, la fortifie, l'éclaire, et la fait briller par la vertu. Lorsque David [4] veut parler de l'abondance des biens de Dieu, il dit : « Vous avez engraissé ma tête d'huile. » Et quand il refuse de prendre part à la prospérité des méchants, il s'écrie : « Que l'huile du pécheur n'engraisse point ma tête [5]. »

VI. L'HUILE CONSACRÉE ET LA LOI NOUVELLE. — Près de quatre siècles après la venue de Jésus-Christ, saint Cyrille de Jérusalem, parlant aux fidèles nouvellement baptisés, leur adressait ces paroles :

---

1. III Livre des Rois, ch. xix, v. 15 et 16.
2. Isaïe, ch. x, v. 27.
3. Zacharie, ch. iv, v. 14.
4. Psaumes, 22, v. 5.
5. Psaumes, 140, v. 5.

« Vous avez été oints de la tête aux pieds d'une huile exorcisée, et vous avez participé aux fruits de l'Olivier fécond, qui est Jésus-Christ [1]. »

Toute l'économie sacrée du rôle mystique de l'huile, dans l'ancienne et la nouvelle loi, est dans ces paroles. De même que l'huile sort du fruit de l'Olivier pour nourrir, échauffer, éclairer, de même la grâce divine sort de Jésus-Christ pour vivifier, fortifier, illuminer les âmes. L'huile est le symbole de la grâce, l'Olivier fécond est celui du Christ ; tous deux sont des médiateurs, l'Olivier entre l'homme et la terre, dont les sucs ne sauraient nous arriver directement ; le Christ entre l'homme et le ciel, dont la divine rosée ne pouvait plus descendre sur les fronts.

Dans ce grandiose enchaînement, qui donne à la religion chrétienne la durée même de l'humanité, les rites et les symboles gardent la même signification : c'est l'autorité du Rédempteur qui vient donner une splendeur et une force nouvelle aux traditions sacrées. C'est par le contact d'une huile consacrée, forme matérielle de la grâce d'en haut, que l'esprit de force, de sagesse, se communiquera aux hommes, et que Dieu prendra possession des objets et des personnes qui lui seront consacrés : cette huile sera comme aux jours d'Israël, celle qui se forme dans le fruit de l'Olivier.

Nous allons dire rapidement l'usage de l'huile d'olive dans la liturgie catholique d'abord, et constater que rien n'a été changé essentiellement au rite ancien, auquel les peuples étaient accoutumés, et dont ils connaissaient la signification énergique.

L'usage de l'huile dans l'Église est presque aussi ancien qu'elle ; il serait inutile d'en rapporter ici les preuves nombreuses [2]. Comme dans l'ancienne loi Moïse avait été en communication avec Dieu, l'huile d'onction qui fut faite suivant ses ordres, fut naturellement chose sainte : dans l'Église, l'huile destinée aux onctions saintes dut avoir été préalablement bénite par ceux qui ont reçu le pouvoir de Jésus-Christ lui-même.

L'huile d'olive dans le culte catholique est la substance de trois sortes

---

1. Catéch. mystag., 2, n. 3.
2. Voir l'épître saint Jacques; Tertullien, lib. de *resurrectione carnis*; saint Cyprien, épist. 70, 71, 73; saint Jérôme, dialogue 4, *adversus Luciferiam*; saint Augustin, *adversus Judæos*, cap 4; Eusèbe, *Hist.*, lib. I, ch. 4.

d'huiles consacrées : 1° l'huile des infirmes pour le sacrement de l'extrême-onction ; 2° celle du saint-chrême pour les sacrements du baptême, de la confirmation et de l'ordre ; 3° l'huile des catéchumènes pour le sacrement de baptême, pour celui de l'ordination, pour le sacre des rois.

La consécration de ces huiles a toujours été considérée comme une fonction épiscopale. En 400, le Concile de Tolède ayant su que de simples prêtres le faisaient, le leur défendit. Le premier et le troisième Concile de Carthage, et plus tard le pape Gélase Ier, renouvelèrent cette défense. D'après le diacre Jean, cela ne fut toléré au neuvième siècle que par délégation des évêques, ou dans les pays comme l'Afrique, dans lesquels les siéges épiscopaux avaient disparu pendant la conquête des Sarrasins.

Saint Cyprien dit que l'on consacrait l'huile destinée à l'onction des baptisés sur l'autel même où l'on consacrait l'Eucharistie. Saint Basile le Grand parle de la bénédiction de l'huile pour les onctions, et de l'eau pour le baptême, comme d'une cérémonie venue des temps apostoliques.

La consécration des huiles se faisait d'abord en tout temps ; mais à partir du cinquième siècle, on s'accoutuma dans l'Église d'Occident à choisir le jeudi de la semaine sainte pour cette cérémonie. Le Concile de Meaux, en 845, en fit une obligation pour les évêques. La bénédiction qui ne se donnait d'abord, ce jour-là, qu'au saint-chrême, fut ensuite communiquée aux deux autres huiles.

La plus ancienne des trois bénédictions paraît avoir été celle de l'huile des infirmes, dont on rapporte l'institution à l'avis que l'apôtre saint Jacques a donné de faire l'onction avec la prière aux malades. Les bénédictions de la messe que l'on appelait *chrismale*, et qui était la seconde des trois messes du jeudi saint, commençaient par celle de l'huile des infirmes, dans les plus anciens sacramentaires de l'Église, et l'on s'est cru obligé de suivre cet ordre dans la suite des temps. Venait ensuite la bénédiction du saint-chrême, et en dernier lieu celle de l'huile des catéchumènes, que l'on nomme autrement *huile exorcisée*, quoique l'on exorcise aussi l'huile des infirmes, et celle qui entre dans la composition du saint-chrême [1].

1. Alban Butler, dans *Godescard*, t. I.

Nous ne décrirons pas ces cérémonies de la bénédiction des huiles, mais nous transcrirons cette formule mystique de l'exorcisme qui commence par ces mots : « Je t'exorcise créature d'huile, » afin de montrer de quelle force cachée l'huile extraite du fruit de l'Olivier devenait le *substratum*. La prière qui accompagne cette formule d'exorcisme indique bien aussi que c'est l'huile d'olive : *Quam ex olivarum succo exduxisti*, » qui doit être employée.

Exorcisme.

Exorciso te *creatura olei* per Deum patrem omnipotentem qui fecit cœlum et terram, mare et omnia quæ sunt in eis. Omnis virtus adversarii, omnis exercitus diaboli et omnis incussus, omne phantasma Satanæ eradicare et effugare ab hac *creatura olei* ut fiat omnibus qui eo usuri sunt, salus mentis et corporis,..... etc.

Invocation.

Domine Deus omnipotens cui astat exercitus angelorum cum tremore, quorum servitiam spirituale cognoscitur, dignare respicere et benedicere et sanctificare hanc creaturam olei *quam ex olivarum succo exduxisti*, et ex eo infirmos inungi mandasti,..... etc. (Boissonnet. *Dict. des cérémonies et rites sacrés*.)

Le saint-chrême, dont le nom, comme Christus, vient de χρίω, je oins, se faisait avec du baume et de l'huile : c'est ce qu'on a vu pratiquer dès le quatrième siècle. Le baume des Indes orientales et celui d'Amérique peuvent remplacer celui de la Mecque, quoique de substances fort différentes, ainsi que le pape Pie IV l'a formellement déclaré dans une lettre aux évêques de l'Inde, citée par Henriquez. On n'y a point admis d'autre mélange dans toute l'Église d'Occident, et les pères latins ont pensé que l'huile et le baume suffisaient pour exprimer ou représenter les dons du Saint-Esprit.

Les canons défendent de garder dans le même tabernacle le Saint-Sacrement et les saintes huiles, dont les Pères de l'Église ne parlaient jamais qu'avec vénération. Saint Théophile d'Antioche, Origène, saint Corneille, saint Irénée, ont exalté leurs vertus divines : « Nous sommes chrétiens, disait le premier au deuxième siècle, parce que nous recevons l'onction d'une huile sacrée. »

Les donatistes, sectaires hérésiarques de l'Afrique, méprisaient les huiles saintes. « On a vu, dit saint Optat qui les combattit, on a vu des donatistes jeter par la fenêtre une fiole remplie d'huile sainte : mais leur impiété n'a pas réussi ; quoique la fiole soit tombée de fort haut sur les pierres, elle a été soutenue par les anges qui ont empêché qu'elle ne fût brisée. »

Autrefois les évêques exigeaient du clergé, pour la confection du saint-chrême, une contribution qu'ils appelaient *denarii chrismales :* à présent, on tire seulement une légère rétribution des fabriques en leur distribuant les saintes huiles.

On ne doit employer que les huiles consacrées et bénites dans le courant de l'année, et il faut que les curés de paroisses s'en soient pourvus avant la fin de la quinzaine de Pâques. Ce qui reste de l'année précédente doit être versé dans la lampe qui brûle devant l'autel. Si pendant l'année on était exposé à en manquer, et qu'il fut difficile de s'en procurer ailleurs, on pourrait étendre ce qui reste avec de l'huile non bénite, mais avec de l'huile d'olive seulement.

Les Orientaux, grecs schismatiques, grecs et arméniens orthodoxes, ont perpétué chez eux l'usage du saint-chrême. Vardanes, docteur arménien, dit : « Nous voyons des yeux du corps dans l'Eucharistie du pain et du vin, et par les yeux de la foi et de l'entendement nous y concevons le corps et le sang de J.-C. De même dans le myron nous ne voyons que de l'huile, mais par la foi nous y apercevons l'esprit de Dieu. »

Ce n'était pas une petite chose en Orient que le droit de consacrer l'huile d'olive : autrefois, le seul patriarche d'Itchmiadzin en Arménie, avait le pouvoir de faire le saint-chrême ou myron.

Il en fournissait, dit Tournefort dans son *Voyage en Orient*, tous les États de Perse et de Turquie. Les Grecs même l'achetaient avec vénération, et l'on disait ordinairement que des trois Églises (Itchmiadzin en faisait partie), il sortait une fontaine d'huile sacrée, laquelle arrosait tout l'Orient. Mais plus tard, un évêque arménien nommé Jacob, qui résidait à Jérusalem, s'avisa de s'ériger en patriarche sous le bon plaisir du grand-vizir, refusa de prendre le myron venant du dehors, et se mit à en faire lui-même. Comme l'huile d'olive était à bon marché dans la Palestine, et se conserve longtemps, il en fit plus, dit toujours Tournefort, qu'il n'en fallait pour oindre pendant plusieurs années tous les Arméniens qui sont en Turquie. De là, un grand procès entre les deux patriarches, procès que la Porte entretenait habilement, en tendant la main aux deux parties.

Le myron se préparait alors, depuis les vêpres du dimanche des Rameaux, jusqu'à la messe du jeudi-saint, laquelle se célébrait sur le grand vaisseau où l'on conserve cette liqueur. On n'employait ni bois ni charbon pour faire bouillir la chaudière où on la préparait, et cette chaudière était plus grande que la marmite des Invalides. On faisait bouillir avec des bois bénis, et même avec tout ce qui avait servi aux Églises : vieilles images, ornements usés, livres déchirés et trop gras ; tout était réservé pour cette cérémonie. Ce feu ne devait pas sentir trop bon, mais l'huile d'olive était parfumée par des herbes et par des drogues odoriférantes. Ce n'étaient pas de petits clercs qui travaillaient à cette préparation : Le patriarche lui-même, vêtu pontificalement et assisté au moins de trois prélats en habits pontificaux, récitaient tous ensemble des prières pendant la cérémonie [1].

Les maronites, avant leur réunion à l'Église romaine, employaient dans la composition du saint-chrême l'huile d'olive, le baume, le musc, le safran, la cannelle, les roses, l'encens blanc, et d'autres substances. Le Père Dandini, envoyé au mont Liban en qualité de nonce du pape, en 1556, ordonna dans un synode que le saint-chrême ne fût à l'avenir composé que d'huile et de baume.

Le 28 septembre 1756, un synode maronite eut lieu au couvent de Sainte-Marie, dans le Kesrouan ; le nombre des évêques fut fixé à sept, et le patriarche eut droit de recevoir la dîme, les legs, de visiter tous les trois ans les diocèses de sa juridiction, de consacrer l'huile d'olive, et de la distribuer dans les sept diocèses. Le pape Benoît XIV approuva ces décisions en 1741.

C'est ainsi que peu à peu les choses se régularisèrent dans les Églises d'Orient d'une façon conforme à la dignité du culte.

---

1. Tournefort, *Voyage en Orient*, page 411, etc.

VII. REIMS ET NOTRE-DAME. — Le christianisme ayant perpétué le mystère des huiles consacrées, nous allons retrouver leur emploi dans toutes les circonstances où elles figuraient dans les rites de l'ancienne loi. Nous avons terminé leur histoire chez les Hébreux par la consécration royale, disons immédiatement comment, chez les nations chrétiennes, se continuèrent les mêmes traditions qui, de Saül à Charles X, n'ont presque pas subi d'interruption.

Depuis Théodose le Jeune, les empereurs d'Orient se faisaient couronner par les patriarches de Constantinople, et les rois catholiques des Visigoths avaient suivi cet exemple. Quant au sacre proprement dit, ou l'onction à la manière hébraïque, il reparaît vers le cinquième siècle chez les Brenins gallois, d'où il passe chez les Gaëls d'Écosse et d'Irlande et chez les Anglo-Saxons. Vers 573, Colomban, sur l'appel de Dieu, ordonna et consacra Aïdan roi des Scots septentrionaux. En 681, l'un des conciles de Tolède parle de l'onction royale donnée aux princes visigoths d'Espagne.

Nous retrouvons ensuite cette ancienne coutume chez les Francs, où elle fut portée par saint Boniface [1]. Enfin elle se répandit de là dans les diverses royautés sorties du démembrement de l'empire de Charlemagne. Cette consécration par l'huile d'olive eut une influence civilisatrice ; elle rappela aux rois barbares, élus et sacrés au nom du Seigneur comme les anciens rois d'Israël, qu'ils devaient joindre la douceur à la force, se montrer, non les maîtres farouches, mais les pères de leurs peuples.

En parlant du sacre de Pépin le Bref par saint Boniface, M. H. Martin apprécie ainsi le sens de cette consécration. « Tout fut nouveau et extraordinaire dans cette cérémonie : la participation des évêques à l'élection du roi, l'onction du saint-chrême conférée au chef du peuple franck par le représentant du chef de l'Église occidentale, et le serment prêté par le nouveau monarque à Dieu et à son peuple, ce sacre changeait le caractère de la royauté. Pépin n'était plus seulement comme le grand Clodowig, l'allié du clergé, il en devenait membre : il était l'oint du Seigneur, comme avaient été les rois d'Israël; c'est là qu'on doit

1. Ozanam, *Études germaniques*, t. II, p. 341.

chercher l'origine de ces idées sur le caractère indélébile de la royauté, et sur l'inviolabilité de la personne royale, qui ont survécu vaguement à l'état social et religieux dont elles étaient issues [1]. »

Après un serment solennel prêté par le monarque consacré, les prélats environnaient le prince, et l'officiant le sacrait en disant ces mots : — Que le Seigneur vous couronne de gloire, dans sa miséricorde, et qu'il vous oigne de l'huile de sa grâce pour le gouvernement du royaume, comme il a oint les prêtres, les rois, les prophètes, les martys qui par la foi ont vaincu les empires, pratiqué la justice.

Le jour de la Nativité, 25 décembre 800, dans la basilique de Saint-Pierre à Rome, un grand empereur recevait quelques années plus tard, la consécration solennelle, et l'huile sainte était versée sur son front par le souverain pontife lui-même. Cet empereur c'était Charlemagne.

Jusqu'à Louis le Jeune, la cérémonie du sacre des rois se fit sans grande pompe. Ce fut ce roi qui régla toutes les cérémonies de cette consécration, cérémonies qui furent accomplies pour la première fois au couronnement de Philippe-Auguste, son fils.

Les vingt-deux premiers rois de France avaient été élevés sur le pavois, de Pharamond à Childéric III ; trente-quatre ont été sacrés à Reims, avec cette huile mystérieuse dont voici la courte histoire. On prétend qu'au baptême de Clovis la foule était si grande que celui qui portait le saint-chrême ne pouvait fendre la presse. On vit alors une colombe descendre du ciel, tenant à son bec une ampoule pleine d'huile qu'elle déposa entre les mains de saint Remy. Cette ampoule, qui se conserva depuis dans la basilique de Saint-Remy, est une petite fiole en forme de poire, pleine d'une liqueur congelée, d'un rouge foncé. On la renfermait dans le tombeau de saint Remy, derrière le grand-autel [2]. Nous empruntons au bel ouvrage, *Les Arts au moyen âge*, etc., de M. Paul Lacroix, une gravure représentant le baptême de Clovis et la sainte ampoule, qui joue une si grande place dans l'histoire du rôle sacré de l'huile d'olive.

1. H. MARTIN, t. II, p. 228.
2. On garde à Saint-Martin de Marmoutiers, près de Tours, une fiole qui contient une huile sacrée. Ce fut avec cette huile et non avec celle de Reims, que l'on sacra le roi Henri IV.

Fig. 114. — BAPTÊME DU ROI CLOVIS.

Fragment d'une toile peinte de Reims, quinzième siècle. (*Arts au moyen âge*, etc., par Paul Lacroix. — F. Didot, édit.)

Le jour du sacre, les plus nobles et les plus puissants barons devaient dès l'aube aller chercher la sainte ampoule. Ils devaient tous jurer que, de bonne foi, ils la conduiraient et reconduiraient. Ce furent plus tard les chevaliers de la Sainte-Ampoule, hauts et puissants seigneurs du royaume qui remplirent ces fonctions.

Ce qui prouve que ces cérémonies avaient la même signification religieuse que la consécration des rois d'Israël par l'huile d'olive parfumée, c'est que pendant que l'archevêque oignait le roi le chœur chantait :

Le prêtre Sadoc et le prophète Nathan oignirent Salomon, roi de Jérusalem, et, venant joyeux, dirent : Vive le roi éternellement.

Voici comment les choses se passèrent au sacre du roi Louis XIII.
« Le cardinal de Joyeuse, averti de l'arrivée de la sainte ampoule, alla à l'instant pontificalement au-devant, et les huit évêques qui l'assistaient, avec les chanoines et les enfants de chœur de l'église. Mais avant que les religieux de Saint-Remy la délivrassent au dit cardinal, ils le firent suivant la coutume, obliger en main de notaire de la leur rendre le sacre parachevé.

« Le cardinal entra ensuite au chœur de l'église portant à découvert la sainte ampoule qu'il montra au peuple, et posa en toute révérence sur le grand-autel. A la venue d'icelle le roi se souleva de sa chaise et dévotement la vénéra ainsi que toute l'assistance.

« Le dit sieur cardinal retourna à l'autel pour y préparer la sacrée onction en la forme ensuivante.

« Il tira de la dite ampoule par une aiguille d'or un peu de liqueur de la grosseur d'un pois et la mêla du doigt avec le saint-chrême préparé en la patène pour oindre le roi.

« La dite onction préparée, les attaches des vêtements du roi furent défermées... Après les oraisons, le cardinal tenant en main la patène commença du pouce droit à oindre et sacrer le roi en sept parties : 1° au sommet de la tête, 2° sur l'estomac, 3° entre les deux épaules, 4° en l'épaule droite, 5° en l'épaule gauche, 6° et 7° aux plis et jointures des bras droit et gauche.

« Les consécrations et oraisons finies, le dit sieur cardinal ferma avec les évêques de Laon et de Beauvais les fentes de la chemise, camisole et vêtement du roi, pour la révérence des dites sacrées onctions.

« Outre l'onction faite es susdites parties, le roi fut encore oint du dit saint huile es palmes des deux mains par le dit cardinal. La dite onction faite le roi ayant les mains jointes, le dit sieur cardinal lui bailla des gants, déliés à ce qu'il ne touchât rien à nu pour la révérence de la sacrée onction. »

Au sacre de Louis XIV on jeta au peuple des pièces d'or et d'argent, portant d'un côté la ville de Reims avec une colombe au-dessus tenant la sainte ampoule, avec ces paroles : — *sacratus ac salutatus Rhemis 31 may 1654,* — et de l'autre — *Ludovicus XIV Franc. et Navar. rex christianissimus.*

La médaille du sacre de Louis XV portait d'un côté, — *Lud. X V rex christianissimus;* — et au revers, l'instant du sacre avec ces mots, — *Rex cælesti oleo unctus Remis 25 oct. 1722.*

Napoléon Ier, avec sa profonde connaissance du cœur humain, ne négligea jamais ce qui pouvait frapper l'esprit des peuples. Lui aussi voulut tremper sa jeune dynastie aux sources sacrées et présenter son front à l'onction faite d'huile de l'Olivier.

Dans le règlement des cérémonies du sacre, dont la pompe rehaussée par la présence du souverain Pontife se déroula sous les voûtes de Notre-Dame, le 2 décembre 1804, nous lisons :

XXII. Le grand-aumônier de France, le premier des cardinaux-archevêques, le plus ancien archevêque et le plus ancien évêque français se rendront auprès de Leurs Majestés, leur feront une inclination profonde, et les conduiront au pied de l'autel pour y recevoir l'onction sacrée.

XXIII. Leurs Majestés se mettront à genoux au pied de l'autel sur des carreaux.

XXIV. Sa Sainteté fera à l'Empereur et à l'Impératrice, une triple onction, l'une sur la tête, les autres aux deux mains.

XXVI. Les onctions de l'Empereur seront essuyées par le grand-chambellan, qui remettra au grand-aumônier le linge dont il se sera servi. La dame d'honneur qui essuiera les onctions de l'Impératrice, remettra de même au premier aumonier le linge qui aura essuyé cette onction.

Depuis le 29 mai 1825, jour du sacre de Charles X, Reims n'a plus vu ces grandes pompes royales, et l'huile consacrée du trésor de Saint-Remy n'est plus sortie du tombeau du saint archevêque.

Le schisme grec a gardé l'onction royale et les empereurs de toutes les Russies viennent à Moscou recevoir le contact sacré du suc de l'olive qui ne mûrit pas sous leur rigoureux climat.

C'est dans la cathédrale de l'Assomption que la cérémonie a lieu. Le couronnement proprement dit se fait avant la messe, le sacre ou l'onction après le canon.

C'est le métropolitain de Moscou qui, au milieu d'une pompe sans pareille, procède à ce grand acte. Il s'avance vers l'empereur et l'impératrice agenouillés sur un tapis de brocart d'or, portant le saint-chrême dans un vase précieux. Il y trempe un rameau d'or fait exprès pour la cérémonie, et oint le front, les paupières, les narines, les lèvres, les oreilles, la poitrine et les mains de l'empereur en disant :

Impressio doni Spiritus sancti.

Les traces de l'onction sont effacées par le métropolitain de Novo-gorod à Saint-Pétersbourg.

L'impératrice s'approche à son tour, le métropolitain lui administre l'onction du saint-chrême, mais seulement au front en prononçant les mêmes paroles.

VIII. ORDINATIONS ET DÉDICACES. — De même que dans l'ancienne loi, c'était par l'huile d'onction que le prêtre, le temple, les vases de l'autel étaient consacrés au Seigneur, c'est encore par le même signe que l'Esprit saint descend sur les évêques, sur les prêtres, sur le temple, sur les vases du sacrifice, et jusque sur les cloches, qui ont remplacé les trompettes sacrées. Elles annoncent aussi les fêtes de l'Église, mais de plus se réjouissent ou pleurent dans les diverses circonstances de la vie du chrétien. Comme autrefois, le suc de l'olive est associé aux plus grandes choses de la nouvelle loi.

Nous ne déroulerons pas ici la pompe de ces grands mystères. Qui ne connaît les belles cérémonies des consécrations et des ordinations dans nos cathédrales. Quand l'élu doit être élevé à la dignité épiscopale, toute la majesté du culte se déploie. C'est un moment solennel que celui où l'évêque consacrant fait, avec le saint-chrême, une onction en forme de croix qui embrasse toute la couronne de l'élu, et l'étend ensuite à toute cette couronne, en disant : « *Ungatur et consecratur caput tuum cœlesti benedictione, ordine pontificali.* »

Dans les ordinations, l'évêque oint les mains du prêtre pour marquer : 1° la plénitude de grâce qui lui est donnée, tant pour lui que pour les autres ; 2° qu'il doit être tout brûlant de zèle ; 3° qu'il est fait participant à l'onction sainte et sacrée du Fils de Dieu.

La dédicace des temples catholiques n'est que le souvenir de la consécration de la pierre de Béthel. Au milieu de cette grande pompe à laquelle préside l'évêque, les paroles de Jacob, dans la solitude où l'huile coula sur la pierre, se font entendre comme un écho des siècles écoulés : « Le Seigneur est vraiment en ce lieu. — Que ce lieu est terrible, c'est véritablement la maison de Dieu et la porte du ciel. »

Une dédicace est une suite d'onctions et de prières. Le saint-chrême et l'huile des catéchumènes y sont employés. On oint la porte de l'église, le lieu ou confession où doivent reposer les reliques, la pierre qui les recouvre. A trois reprises on fait cinq onctions sur l'autel, avec l'huile des catéchumènes. On répand le saint-chrême sur l'autel, sur le devant de l'autel et aux jointures de la pierre qui le recouvre. Il coule encore sur douze croix peintes sur les piliers ou les murs de l'église.

La consécration des patènes et des calices se fait par une onction en forme de croix, avec le saint-chrême, sur ces objets. Pour le baptême des cloches, on fait sept onctions successives à l'extérieur, avec l'huile d'olive des infirmes, et quatre onctions à l'intérieur avec le saint-chrême.

IX. Sacrements. — Nous allons parler maintenant de l'emploi de l'huile d'olive consacrée dans les sacrements de la nouvelle loi, baptême, confirmation, extrême-onction. Les sacrements sont des signes sensibles de la grâce invisible, institués pour la sanctification des âmes.

Le premier, le plus important, le plus nécessaire, c'est le baptême, puisqu'il est la porte de la vie chrétienne. Le saint-chrême et l'huile des catéchumènes sont indispensables, non-seulement pour oindre le nouveau chrétien, mais pour consacrer l'eau baptismale elle-même.

Après avoir exorcisé cette eau, avoir soufflé sur elle, et l'avoir encensée, le prêtre prend l'huile des catéchumènes, en verse par trois fois dans l'eau en forme de croix, en disant :

Sanctificetur et fœcondetur fons iste *oleo* salutis renascentibus ex eo in vitam æternam, etc.

Et versant encore dans l'eau, de la même manière, du saint-chrême, il dira :

Infusis chrismatis domini nostri Jesu Christi, Spiritus sancti Paracleti fiat in nomine sanctæ Trinitatis.

Puis reprenant les deux ampoules d'huile des catéchumènes et du saint-chrême, il en versera simultanément trois fois en forme de croix, en disant :

Commixtio chrismatis sanctificationis et *olei* unctionis et aquae baptismatis pariter fiat, etc.

Pour le baptême d'un enfant ou d'un adulte, c'est en premier lieu avec l'huile des catéchumènes que le prêtre fait une onction en forme de croix : d'abord sur la poitrine, en disant :

Ego te lineo *oleo* salutis.

puis entre les épaules en disant :

In Christo Jesu d. n. ut habeas vitam æternam.

Après avoir répandu trois fois l'eau baptismale sur le front du caté-chumène, le prêtre prend enfin du saint-chrême avec le bout du pouce droit, et en fait une onction sur le sommet de la tête de l'enfant.

Les Grecs, pour le baptême, consacrent aussi l'eau baptismale avec les huiles saintes. Dans quelques pays, on oint presque complétement le corps de l'enfant avec les huiles consacrées, de sorte que l'immersion peut se faire sans danger pour le néophyte, ainsi défendu par une couche d'huile d'olive.

Le chrétien avance dans la vie : il est à la veille d'entrer dans cette période de l'existence où les tempêtes sont terribles, où les luttes sont ardentes, où la force et la sagesse, dons de l'Esprit saint, sont plus nécessaires que jamais. Un nouveau sacrement va lui conférer ces biens précieux, et la matière de ce sacrement sera encore demandée à l'Oli-vier, c'est la confirmation. « Cujus materia est chrisma confectum ex *oleo*, quod nitorem significat conscientiæ, et balsamo, quod odorem significat bonæ famæ. » (Décret d'Eugène IV.)

Ainsi, de même que l'on oignait les athlètes avant de descendre dans la lice pour leur donner plus de force et de souplesse, avec cette même huile d'olive, mais consacrée, l'évêque oint le jeune chrétien qui, lui aussi, va livrer des assauts plus terribles que ceux du gymnase.

Le saint-chrême, disent les théologiens, composé d'huile d'olive et de baume, marque l'abondance de la grâce et la bonne odeur de la vie : car l'huile d'olive qui, de sa nature, est grasse, qui s'attache et s'étend aisément, exprime parfaitement la plénitude de grâces qui est répandue dans nos cœurs par le Saint-Esprit, dont l'onction nous adoucit ce que la loi de Dieu a de pénible, et fortifie le courage pour l'observer.

L'onction est faite sur le front, siège de la honte et de la crainte, pour enseigner au chrétien qu'il ne doit pas rougir de son divin modèle, et que marqué de la croix sur la plus noble partie du corps, il doit marcher désormais la tête haute.

L'Église grecque administre aussi la confirmation par l'onction du saint-chrême.

Enfin, au terme de la vie, il est un dernier combat, une lutte suprême pour lesquels le chrétien défaillant a besoin de forces nouvelles. A l'athlète épuisé, l'huile seule pourra rendre encore quelque vigueur et l'énergie suffisante pour vaincre dans un dernier assaut.

L'huile d'olive consacrée sous le nom d'huile d'olive des infirmes interviendra encore, et sera la matière du sacrement de l'heure dernière, du sacrement de la dernière onction. C'est sur les paroles de l'apôtre Jacques, épître 5, que repose l'institution de l'extrême-onction.

« Quelqu'un d'entre vous est-il malade, qu'il appelle les prêtres de l'Église et qu'ils prient sur lui en l'oignant d'huile au nom du Seigneur. »

Le décret d'Eugène IV précise l'emploi de l'huile d'olive. « Quintum sacramentum est extrema unctio; cujus materia est *oleum olivæ* per episcopum benedictum. »

Rien n'est plus propre, disent les théologiens, que l'huile d'olive pour signifier l'onction du Saint-Esprit qui se répand dans l'âme de l'infirme, adoucit ses peines, nourrit son espérance, augmente ses forces contre la maladie et le démon.

On oint les yeux, les oreilles, les narines, la bouche, les mains et les pieds, comme les principaux organes par lesquels l'homme pèche. A chaque onction le prêtre prononce ces mots : « Per istam sanctam unctionem et suam piissimam misericordiam indulgeat tibi Dominus quidquid per (*le nom du sens*, auditum visum, etc.) deliquisti.

Le sacrement de l'extrême-onction est en usage dans toute l'Église grecque sous le nom d'*huile sainte*, avec quelques rites différents de ceux de l'Église latine. Les Grecs n'attendent pas que le malade soit en danger. Ceux-ci vont eux-mêmes à l'église recevoir l'onction toutes les fois qu'ils sont indisposés. C'est ce que leur reproche Arcadius (liv. V, c. ult.); Dandini, dans son *Voyage dans le Liban*, distingue deux sortes d'onctions chez les maronites : l'une se fait avec l'huile de la lampe, bénite par le prêtre; elle se donne même à ceux qui ne sont pas malades, et ce n'est pas un sacrement : l'autre qui est pour les malades, est celle dont le prêtre consacre l'huile le jeudi saint.

Il existe en Angleterre une secte singulière désignée sous le nom de *peculiar people*, et dont les adeptes, mettant rigoureusement en pratique le quatorzième verset du cinquième chapitre de l'Épître de saint Jacques, que nous avons cité plus haut, appellent les anciens de l'Église quand un des leurs est malade, pour que ceux-ci prient pour lui et l'oignent : et c'est tout. En 1876, les tribunaux anglais ont assimilé à l'homicide par imprudence cette ridicule interprétation des textes sacrés.

Nous l'avons vu, la vie chrétienne débute par une onction, et finit par une onction, et c'est le suc béni du fruit de l'Olivier qui en est la substance. Quel rôle et quelle durée depuis la consécration de la pierre de Béthel jusqu'à la mort du dernier chrétien que touchera l'huile sainte?

En dehors du christianisme, l'huile est employée par quelques sectes dans leurs cérémonies religieuses. Nous pourrions, par exemple, citer les mormons. « Tout le monde sait, dit le capitaine Richard Burton, que le baptême, suivant la doctrine mormone, se fait par l'immersion; le néophyte, après être sorti du bain, est frotté d'huile et revêtu d'une chemise et d'un bonnet en calicot blanc. » M. Hyde, ancien ministre mormon, bravant les anathèmes épouvantables suspendus sur la tête des révélateurs des secrets mystères de la secte, écrivait : « Je reçus l'appellation d'Énoch, et je fus reconduit à notre chambre d'attente où chacun, assis à tour de rôle sur un tabouret, recevait sur la tête l'onction d'une huile parfumée, contenue dans un récipient d'acajou en forme de corne. On frottait de ce liquide le nez, les yeux, les oreilles, la bouche, les cheveux, enfin toutes les parties du corps, de manière à ce que toutes en fussent convenablement pénétrées et parfumées. » (*Tour du Monde*, 1862, page 370.)

X. LAMPES SACRÉES. — Dieu avait prescrit à Moïse de ne brûler que de l'huile d'olive d'une grande pureté dans les lampes qui, jour et nuit, scintillaient dans le tabernacle.

Cette prescription s'est maintenue d'âge en âge, et dans les lampes sacrées brûle toujours le suc onctueux de l'olive. Ni la lumière éclatante du gaz, ni les huiles de pierre, ni les mille combustibles découverts par l'industrie moderne, ne sauraient la remplacer. Elle se consume sans odeur et lentement dans le silence du saint lieu, et l'immortelle et douce clarté dont elle est l'aliment mystique, resplendit sans interruption depuis les temps bibliques jusqu'à l'heure présente.

> Dirons-nous quelle main, dans les lampes sans nombre,
> De la maison céleste, allume nuit et jour,
> L'huile sainte de vie et d'éternel amour.
>
> A. DE MUSSET, la *Nuit de Mai*.

Un jour, appuyé sur la balustrade de marbre de la confession des apôtres, dans la basilique de Saint-Pierre, j'interrogeai l'humble frère auquel incombe la lourde tâche d'entretenir jour et nuit les lampes en vermeil qui forment, au-dessus de la crypte, une splendide auréole. J'appris de lui qu'il était prescrit d'une façon expresse de n'employer que de l'huile d'olive à l'entretien de ces lampes. Il ajouta même ce détail : c'est que l'huile d'olive consommée dans la basilique, provenait d'une terre donnée depuis longtemps au Saint-Siége pour ce but spécial.

Aux premiers siècles de l'Église, la quantité des lampes allumées dans les sanctuaires était bien plus considérable qu'aujourd'hui. Il en est de même encore en Orient et dans tous les pays méridionaux, par rapport aux autres contrées. Il suffit pour s'en convaincre de visiter les sanctuaires célèbres d'Italie et d'Espagne. Dans ces pays, pas une madone devant laquelle ne brûlent une ou plusieurs lampes. En Espagne, des mendiants, désignés sous le nom de *lampareros*, vont partout quêter l'huile d'olive pour brûler devant le Saint-Sacrement ou la Vierge. Les Arabes même adoptèrent cet usage, quand ils conquirent l'Espagne : près de 1200 lampes brûlaient jour et nuit dans la mosquée de Cordoue, et la consommation d'huile d'olive dans ce temple s'élevait à plus de 1,000 arrobas ou 250 quintaux par an.

L'huile des lampes du sanctuaire, celle qui brûlait sur le tombeau des martyrs ou devant la madone vénérée, a toujours été considérée comme une chose consacrée dans l'Église catholique. L'huile d'olive provenant de la lampe allumée sur le tombeau d'un saint, était recherchée comme précieuse, et les fidèles pèlerins s'estimaient heureux quand il leur était permis d'en remporter avec eux quelques gouttes, Dieu ayant souvent récompensé leur foi par des faveurs miraculeuses.

Cette dévotion à l'huile des tombes illustres, a été la source d'une des découvertes archéologiques les plus importantes des temps modernes. Saint Grégoire le Grand, qui portait une affection paternelle à la reine des Lombards, Théodelinde, voulant récompenser sa piété, lui fit parvenir plusieurs fioles remplies de l'huile des lampes qui brûlaient sur le tombeau des martyrs. Afin que la reine se représentât plus exactemen les voies sacrées des souterrains de Rome, il fit accompagner cet envoi des huiles d'une indication topographique des tombeaux. Ce document précieux écrit sur papyrus et signé du prêtre Jean, a été retrouvé dans le trésor de l'église de Monza; c'est un plan des catacombes à la fin du sixième siècle. Outre la liste tracée sur le papyrus, le même ordre existe sur les étiquettes spéciales attachées à chaque fiole, et qui subsistent encore. Chaque fiole renfermait de l'huile empruntée aux lampes de plusieurs tombeaux. Celle qui porte un souvenir de celui de sainte Cécile, présente cette inscription :

SCA SAPIENTA. SCA SPES. SCA FIDES
SCA CARITAS. SCA CAECILIA. SCS TARCICIVS,
SCS CORNELIVS. ET MVLTA MILLIA SCORUM.

« Nous avons donc ici, dit Dom Guéranger, dans la vie de sainte Cécile, un monument de l'époque grégorienne. Cette humble fiole a traversé les siècles, et une partie de l'huile qu'elle contient fut extraite au temps de saint Grégoire d'une lampe qui brûlait près du tombeau de la vierge. Depuis, la crypte papale et celle de Cécile ont été dévastées, les marbres et les lampes ont disparu ; Cécile est remontée en triomphe dans Rome ; la solitude et la désolation ont pesé de tout leur poids, durant de longs siècles, sur ces souterrains autrefois l'objet d'une si ardente vénération ; mais ce vase rempli par une main pieuse à la lampe qui veillait près d'un tombeau, atteste la religion des Romains du sixième siècle. »

Parmi les fioles du trésor de Monza, l'une d'elles porte cette inscription, qui indique qu'elle a été remplie à la lampe qui brûlait devant la chaire de saint Pierre.

OLEVM DE SEDE VBI PRIVS SEDIT
SANCTVS PETRVS

L'huile d'olive était un remède populaire chez les Israélites ; de plus elle pouvait guérir les plaies morales quand elle était consacrée. Isaïe, parlant des vices des Israélites, dit (ch. I, v. 6) : « Que la plaie d'Israël n'a pas été frottée d'huile. »

Les disciples de Jésus-Christ oignaient d'huile les malades et les guérissaient (Marc, ch. VI, v. 13), non en vertu de l'huile, mais par le pouvoir divin qu'ils avaient reçu.

C'était avec l'huile et le vin que le Samaritain pansa la blessure de l'homme que les voleurs avaient laissé pour mort sur le chemin de Jérusalem à Jéricho (Saint Luc, X, 34).

Ces traditions perpétuèrent l'emploi de l'huile d'olive, consacrée d'une façon quelconque, comme un remède agissant par la grâce divine.

Septime Sévère, dans son enfance, avait été guéri d'une maladie grave par un esclave chrétien nommé Proculus Torpacion, qui avait fait sur lui une onction au nom du Christ. Ce fait prédisposa l'empereur Septime à l'indulgence envers les chrétiens (Cécile, etc., 423).

Sulpice Sévère rapporte que saint Martin guérit plusieurs fois les maladies avec l'huile qu'il avait bénie, et que souvent cette huile se

multiplia miraculeusement. Varnefrid [1] attribuait la guérison de maux
d'yeux à l'application de l'huile de la lampe qui brûlait devant l'autel
de saint Martin. Daniel stylite, guérissait aussi les malades en les
cignant avec l'huile des lampes brûlant devant les reliques des saints :
enfin saint Nilus rétablit la santé d'un enfant épileptique par le même

Fig. 115. — SAINT NILUS GUÉRISSANT UN ENFANT ÉPILEPTIQUE
AVEC L'HUILE D'OLIVE DE LA LAMPE SACRÉE. (Dominiquin.)

moyen, et cette scène a fait l'objet d'une des plus belles toiles du
Dominiquin (fig. 115).

A l'heure où nous écrivons, cette vénération pour l'huile sainte des
lampes n'est pas morte : nous l'avons retrouvée vivante et profondément enracinée en Italie, et particulièrement à Rome. Il nous est souvent arrivé, à l'heure où la journée du travailleur finit, d'entrer dans les
églises, et là nous avons été témoin d'une dévotion touchante : des

1. De Gest. Longob, 1, 2, ch. 15.

hommes, des femmes de tous les âges et de toutes les conditions, entrant ou sortant, n'oubliaient jamais d'aller respectueusement baiser les pieds de la madone qui se trouve près de la principale porte. Presque tous ensuite trempaient légèrement le doigt dans l'huile de la lampe allumée devant la sainte image, et se oignaient le front, les tempes, les lèvres ou la gorge. Les femmes faisaient elles-mêmes ces onctions saintes sur leurs petits enfants. Je ne pouvais voir sans émotion ces témoignages d'une foi populaire dans son naïf épanouissement, et je voulus aussi toucher ce suc mystérieux de l'olive, source de lumière et de grâce divine.

Au mois de juin 1874, des pèlerins des États-Unis d'Amérique vinrent au tombeau des apôtres. Ils visitèrent la ville sainte et les monuments qui parlent de sa grandeur écoulée ou présente. Mgr de Mérode, archevêque de Melitène, leur offrit une hospitalité telle que pouvait la donner un chrétien et un grand seigneur. Au dernier jour, le pieux évêque célébra pour eux la messe sur le tombeau de saints martyrs, et lorsque l'heure de la séparation fut venue, comme aux jours de la primitive Église, il fit remettre à chacun des pèlerins venus du Nouveau Monde, une fiole renfermant de l'huile d'olive des lampes qui brûlaient près de l'autel pendant le saint-sacrifice.

XI. L'HUILE D'OLIVE ET LES PARFUMS. — L'usage de l'huile d'olive dans les cérémonies du culte chez les Hébreux, avait passé dans les habitudes de la vie, tant la religion tenait de place et se mêlait à tout chez les descendants d'Abraham.

L'huile parfumée était de toutes les fêtes sacrées dans les rites mosaïques : elle consacrait les personnes et les choses, les élevait en dignité, leur assurait respect, inviolabilité. En dehors même du temple, l'huile d'olive parfumée servit à exprimer les mêmes choses. Se parfumer était un signe de réjouissance, parfumer les personnes que l'on recevait était une marque de vénération.

La privation de l'huile parfumée fut un des caractères de la pénitence rigoureuse.

Genua mea infirmata sunt a jejunio et caro mea immutata est propter oleum

— disait le psalmiste (108). Ailleurs, Joab, indiquant les marques du deuil et de la tristesse, disait : — Lugere te simula, et induere veste lugubri, et ne ungaris oleo : pleurez, revêtez des habits sombres, ne vous oignez pas d'huile. — (2 Reg., 14.)

Nous comprendrons maintenant cette expression du roi prophète (ps. 103) : *Exhilare faciem in oleo*, c'est se parfumer le visage, ce qui ne se faisait que dans les jours de réjouissance. Isaïe (ch. LXI, v. 3), dit aussi : *Oleum gaudii pro luctu* [1], pour exprimer la joie qui succède à la tristesse, et qu'on ne saurait mieux rendre qu'en se oignant d'huile parfumée. Nous lisons encore dans l'Ecclésiaste (c. IX, v. 8) : « Que vos habits soient toujours blancs, et que l'huile ou le parfum ne manque pas à votre tête. » Ce n'était pas là, dit Bergier, un précepte d'hygiène, mais un moyen de recommander la pureté de l'âme dont la joie est la marque la plus sûre.

Répandre l'huile parfumée sur quelqu'un, c'était lui donner une marque d'honneur et de respect. « Cet usage était inviolable, particulièrement lorsqu'il s'agissait de grands dîners. Aussi au fur et à mesure que les convives arrivaient dans une grande maison, le maître, après les avoir embrassés et leur avoir donné un baiser, les accompagnait au lavoir où les domestiques leur lavaient les pieds... Le lavage fini, d'autres serviteurs apportaient aux convives des parfums et des huiles odoriférantes, et les répandaient sur leurs têtes ou sur leurs mains. » (Ventura, *Fem de l'Év.*, p. 307.)

C'est à cette coutume et à cet usage de l'huile parfumée dans tout l'Orient, que se rapporte un des épisodes les plus suaves et les plus touchants de la vie du Sauveur, épisode qui ne pouvait trouver place ici que parmi les emplois religieux du suc de l'olive.

C'était à Naïm, Jésus-Christ venait d'accomplir plusieurs prodiges.

36. Un Pharisien ayant prié Jésus de manger chez lui, il entra dans la maison du Pharisien et se mit à table.

37. Et une femme de la ville qui avait été de mauvaise vie, ayant su qu'il était à table dans la maison du Pharisien, elle y apporta un vase d'albâtre plein d'une huile odoriférante.

38. Et se tenant derrière, aux pieds de Jésus, elle se mit à pleurer ;

1. Ps. 44 : Dilexisti justitiam, et odisti iniquitatem propterea unxit Deus, Deus tuus oleo lætitiæ.

et elle lui arrosait les pieds de ses larmes, et elle les essuyait avec ses cheveux ; elle lui baisait les pieds et les oignait avec cette huile.

Et au Pharisien surpris de cet acte, le Christ dit :

44. ..... Vois-tu cette femme ; je suis entré dans ta maison et tu ne m'as pas donné d'eau pour me laver les pieds ; mais elle a arrosé mes pieds de larmes et les a essuyés avec ses cheveux.

46. Tu n'as pas oint ma tête d'huile, mais elle a oint mes pieds d'une huile odoriférante. (Luc, ch. vii.)

Plus tard, c'est à Béthanie, le pays des Oliviers, et dans la maison de Simon le Lépreux ; une pécheresse, la même sans doute, vient encore remplir, à la place de l'hôte, les devoirs de l'hospitalité.

7. Une femme vint à lui avec un vase d'albâtre plein d'une huile de parfum de grand prix qu'elle lui répandit sur la tête lorsqu'il était à table [1].

Et aux disciples qui, dans leur grossièreté, blâmaient une telle libéralité et regrettaient que les 300 deniers, valeur de cette huile d'olive parfumée, n'eussent pas été donnés aux pauvres, Jésus répondit :

11. Vous aurez toujours des pauvres parmi vous, et vous ne m'aurez pas toujours.

12. Et lorsqu'elle a répandu ce parfum sur mon corps, elle l'a fait pour m'ensevelir par avance. (Mathieu, ch. xxvi.)

C'est que l'huile d'olive parfumée était un moyen d'honorer ceux sur qui elle était répandue, pendant la vie comme après la mort.

L'espace nous manque pour énumérer ici tous les aspects du rôle de l'huile d'olive dans les cultes. Comme expression figurée, par exemple, elle était d'un usage fréquent. L'Évangile désigne les vertus et les bonnes œuvres par l'huile d'une lampe (Math., ch. xxv, v. 3 et 4). Dans l'Apocalypse (ch. xi, v. 4), deux chandeliers garnis d'huile représentent deux personnages remarquables par l'éclat de leurs vertus. La facilité avec laquelle l'huile se répand fait dire au psalmiste (Ps. 108, v. 18, etc.), en parlant du pécheur, que la malédiction le pénétrera comme l'huile, jusqu'à la moelle de ses os.

---

1. Magdeleine, déjà pardonnée, put répandre ce parfum sur la tête du Sauveur, sans cela cet acte ne lui eût point été permis. Le roi prophète avait dit : — *Oleum peccatoris non impinguet caput meum.*

Le nom de Jésus est une huile versée sur nous, disent souvent les théologiens.

Saint Bernard compare le nom de l'époux à l'huile, car comme l'huile entretient la chaleur, nourrit, s'emploie comme médicament, de même ce nom échauffe l'âme, nourrit les affections du cœur, guérit ses plaies et calme toutes ses douleurs..... Toute nourriture de l'âme qui n'est point arrosée de cette huile, ni assaisonnée de ce sel, est nécessairement sèche et insipide. (Saint Bernard, *Serm.* 15, *in Cant. et Serm.* 2, de circumc.)

Rappelant que la montagne des Oliviers représente la sublime beauté de Jésus, Alcuin disait : « Le fruit de l'Olivier convient à ce mystère, on le met sous le pressoir et il donne l'huile qui est le signe de la miséricorde, car l'huile surnage au-dessus de tous les liquides, comme il est écrit que les miséricordes du Sauveur sont au-dessus de tous ses ouvrages. »

Tel a été dans l'antiquité, et tel est aujourd'hui, le rôle mystique du suc de l'olive dans le culte rendu à Dieu.

Ce n'était pas assez pour l'Olivier, que tous les peuples l'aient salué comme le symbole des jours prospères. Ce n'était pas assez que l'art, dans tous les temps, l'eût fait apparaître comme un signe radieux entre les nobles images de la Paix et de la Justice (fig. 116).

Il devait encore, pour sa gloire, fournir au culte du vrai Dieu l'huile de son fruit, depuis Jacob jusqu'à nous.

Effacez l'Olivier de la terre, et les rites sacrés perdent une des substances les plus intimement liées à l'expression matérielle de leur signification profonde. Sur toute la surface du monde, en effet, coule cette huile d'olive consacrée. L'enfant de l'Esquimau, sous sa hutte de neige, est marqué au front par cette huile sacrée, sortie du fruit d'un arbre qu'il ne connaîtra pas, et que mûrit, sous d'autres cieux, le pâle soleil qui l'éclaire. Dans les profondeurs inconnues du continent africain, au bord des grands fleuves, sur le front de l'enfant noir, coule ce même suc sorti du fruit d'un arbre qu'il ne verra pas, et pour lequel son soleil a trop d'ardeurs. L'enfant de la Nouvelle-Zélande ou de ces îles perdues du Pacifique immense, sera marqué d'une croix avec le suc consacré de l'olive que lui apporte le missionnaire. De la Terre de

Fig. 116. — LA PAIX ET LA JUSTICE, d'après une ancienne peinture.
(Voir *Mœurs, Usages et Coutumes au moyen âge*, par Paul Lacroix. — F. Didot, éditeurs.)

Feu, sous son linceul de glace, aux grands lacs, les fronts reçoivent, avec l'onction sainte, ce caractère sacré qui fait du Fuégien aux longs bras, du fier Patagon, du chasseur des Pampas, de l'indolent Brésilien, des Fils du soleil, du Peau-Rouge, du Yankee et du Canadien, les enfants d'un même père, dans un même baptême !

Crois donc, noble Olivier, et que ton huile, symbole de la fraternité humaine, ne manque jamais à la terre !

CHAPITRE XII

UNE PAGE D'HYGIÈNE DANS L'ANTIQUITÉ

SOMMAIRE : 1. Les onctions.— II. L'onction huileuse et les exercices. — III. Usage général de l'onction. — IV. Les onctions et les bains. — V. Des huiles d'olive parfumées.

I. LES ONCTIONS. — Aristophane, dans la comédie des *Acharnenses*, fait dire à l'un de ses personnages :

> καὶ περὶ τὸ χωρίον ἑλλᾶδας απκν ευ γύκλῳ
> ὥστ' ἀλείφεσθαὶ σάπ' αυτῶν κἀμὲ ταῖς νουμηνιαίς.

— Et je planterai tout autour de la propriété des Oliviers, pour que tous' deux nous nous oignions d'huile aux festins de la nouvelle lune.

Ces mots nous révèlent une nouvelle préoccupation des anciens dans le soin qu'ils donnaient à la culture de l'Olivier.

C'était, en effet, une des habitudes les plus générales de l'antiquité que de faire servir l'huile d'olive simple ou perfectionnée à l'usage extérieur.

Les onctions et les frictions huileuses à la surface du corps tenaient une large place chez les populations des pays oléifères qui bordaient la Méditerranée, une place beaucoup plus considérable qu'on ne se l'imagine.

Bien qu'Oribaze emploie quelquefois un seul mot τρίψεως pour désigner ici l'onction modérée qui précédait la natation, là, la friction huileuse dite *apothérapique* qui suivait les exercices violents, il est certain que oindre et frictionner sont deux actes différents, et les anciens avaient aussi pour eux des noms distincts. Ainsi, le même auteur dit ailleurs (*Coll. med.*, liv. incert. VI) :

χρίεσθαι δε ἐλαίῳ, εν τρίψει μαλακῇ.

Oindre d'huile et frictionner doucement.

Plus loin, il définit, d'après Dioclès, les résultats de l'onction et de la friction huileuse, en disant :

La friction fortifie la peau, l'onction l'amollit. (*Coll. med.*, liv. incert. 22.)

Il est permis de reconnaître cependant que des nuances difficiles à saisir séparaient, dans certains cas, la friction de l'onction, et que l'on peut réunir leur étude.

Comment se fait-il qu'une coutume aussi répandue à tous les degrés de l'échelle sociale ait presque entièrement disparu ? Affaire de mode, dira-t-on ; mais il y avait là plus qu'une mode, cet usage était en honneur sur les bords de la Méditerranée, chez des peuples de génie et d'origine très-différents, Arabes, Juifs, Grecs. Les habitudes de luxe s'en vont avec la difficulté des temps ; ici, ce n'est pas le cas, puisque les onctions huileuses n'étaient pas le privilége exclusif des classes riches.

Dans l'esprit des peuples qui s'y adonnaient, il y avait, à côté de satisfactions voluptueuses, un intérêt de premier ordre, la santé. Consulté sur le moyen de conserver ce bien précieux qui met tous les autres en valeur, Démocrite déclarait que l'on ne peut vivre longtemps sans incommodité : *Si interna viscera melle, externa vero oleo irrigaveris*. César Auguste questionnant Romulus Polio sur les moyens qu'il avait employés pour porter jusqu'à cent ans sa robuste vieillesse exempte d'infirmités, répondit comme Démocrite : *Intus mulso, foris oleo*, miel au dedans, huile au dehors.

Les gens chargés de oindre les athlètes se nommaient des *aleiptes*, mais quand l'onction visait plus particulièrement un but hygiénique, des médecins spéciaux, *medici unctores* ou *iatraleiptes*, étaient chargés de ce soin. Dans une de ses lettres, Pline le Jeune demande à Trajan la dignité de citoyen romain pour un de ces *iatraleiptes* nommé Harpocrate, qui, par ses onctions, l'avait tiré d'une grave maladie.

Un remarquable passage de Clément d'Alexandrie nous présente à la fois le rôle utile et l'abus sensuel de l'onction huileuse chez les anciens.

« Il y a de suaves parfums qui n'énervent pas, qui n'excitent pas à l'amour, qui ne sont pas faits pour d'impures jouissances et la toilette des courtisanes, mais dont l'usage modéré est sain. Ils fortifient le cerveau quand il est malade, et réconfortent le cœur ; il ne faut pas repousser ces onctions parfumées, mais en attendre le même secours que de médicaments (liv. II, *Paedag.*, ch. iv). »

L'onction huileuse était donc une pratique d'hygiène occupant une large place dans la vie des anciens, et jouissant d'une haute estime. C'est ce qui fait difficilement comprendre pourquoi elle a disparu et les raisons pour lesquelles nul n'ait songé à la restaurer parmi les modernes.

Elle commença à décroître quand le culte de la force physique cessa d'avoir la même faveur chez les peuples. Lorsque la victoire aux jeux olympiques, le succès dans les arènes ou les gymnases ne furent plus la source des plus grands honneurs, l'emploi de l'huile à l'extérieur finit par tomber en désuétude.

Le christianisme y contribua beaucoup, en apportant chez les peuples une notion plus délicate de la pudeur. La nudité antique s'est voilée peu à peu. Aux temps où Homère nous montre Ulysse courant tout nu autour du tombeau de Patrocle, où Sparte introduisait dans ses arènes la jeunesse de l'un et l'autre sexe, sans autre costume que celui de la Vérité ; au temps enfin où, devant des foules immenses, athlètes et gladiateurs étalaient sous le *velarium* des cirques leurs formes superbes, l'onction huileuse était le seul vêtement jeté sur cette étincelante nudité. Ce voile de la transparence duquel notre pudeur s'alarmerait maintenant avait pour les anciens un grand avantage : sans cacher cette beauté plastique dont ils ont fixé les plus rares modèles dans d'impérissables chefs-d'œuvre, il empêchait le refroidissement du corps en modérant la transpiration.

L'adoption de vêtements plus complets, et surtout l'usage du linge rendirent l'onction huileuse moins nécessaire. Des habitudes de propreté nouvelles repoussèrent cette coutume qui laissait une sorte de cambouis à la surface de la peau, et imprégnait les tissus d'une substance grasse rancissant promptement.

C'est donc dans le passé seulement qu'il faut chercher les détails de cette coutume, dont nous allons essayer de refaire l'histoire à l'aide des textes.

II. L'ONCTION HUILEUSE ET LES EXERCICES. — Varron énumérant les emplois de l'huile d'olive, dans son temps, la compare au vin.

« Olea ut uva per idem bivium redit in villam, alia ad cibum eligitur, alia ut eliquescat, ac non solum corpus intus unguat, sed etiam extrinsecus : itaque dominum et in balneas et gymnasium sequitur[1]. »

Parlons d'abord des onctions huileuses comme prélude des exercices corporels. Démosthènes nous apprend[2], que tous les ans, l'assemblée générale de la nation à Athènes choisissait un magistrat qui, sous le nom de gymnasiarque, avait la direction de tous les gymnases de la ville. Un des devoirs de sa charge était de fournir l'huile d'olive que les athlètes employaient pour donner plus de souplesse à leurs membres[3].

Dès les premiers temps de Rome, le goût des exercices du gymnase et des onctions huileuses fut très-vif. Dans les maisons particulières, dans les lieux publics, à la campagne à la ville, partout c'était un plaisir de oindre les membres nus, pour les préparer à la lutte. Martial, racontant les distractions de la campagne, écrivait :

> Hinc oleo corpusque frico mollique palæstra
> Stringo libens[4].

Partout à Rome, on rencontrait des gymnases. La jeunesse y cultivait ses muscles beaucoup plus que son esprit; elle y perdait son temps, dit Martial, aux leçons de maîtres de gymnastique qui lui graissaient la peau en lui volant son argent.

> At juvenes alios fracta colit aure magister.
> Et rapit immeritas sordidus unctor opes.

Il en était encore ainsi, du temps de Quintilien : Les jeunes gens et les hommes faits, revêtus de la couche d'huile d'olive qui les préparait à tous les exercices du corps, passaient un temps si considérable dans les lieux où on s'y livrait, que le grand écrivain disait tristement :

> Maxima pars vitæ in oleo consumitur.

1. Varron, *De re rustica*, liv. I, chap. LV.
2. In leptin, p. 544.
3. Leptin, orat., p. 575.
4. Liv. IV, épigr. 91.

On consommait dans les gymnases des quantités d'huile, qui représentaient des sommes importantes, et donnaient lieu à toutes sortes de tripotages. « Jamais, dit Cicéron plaidant contre Verres, nous n'avons vu préteur si bien porté pour les gymnases; mais en prenant fait et cause pour les athlètes, il s'arrangeait pour partager l'huile avec eux [1]. »

Pénétrons, si vous le voulez, à l'heure des exercices, dans un de ces sanctuaires de la force.

Lorsqu'après avoir laissé tomber ses vêtements flottants, la foule des jeunes hommes remplissait l'arène des gymnases, les *aleiptes* chez les Grecs, les *reunctores* à Rome, descendaient au milieu de cette jeunesse ardente et pressée de dépenser dans les efforts de la lutte une séve exubérante. Alors, à longs flots, sur ces corps robustes, sur ces muscles tendus, coulait la liqueur de Pallas, qui devait assouplir les membres, faciliter les mouvements, prévenir la lassitude qui suit les violents exercices. A peine chaque athlète sortait-il tout luisant des mains des *aleiptes*, qu'il se vautrait, dit Hippocrate, dans le sable fin, pour tempérer la chaleur et l'humidité de l'huile [2].

La lutte va commencer, les adversaires prennent ces attitudes menaçantes et ramassées, que Canova représenta dans deux marbres célèbres. Leurs bras luisants, aux veines saillantes, se tendent :

Vara nec injecto ceromate brachia tendis [3] :

bientôt les combattants se saisissent et se serrent; la sueur se mêle à l'huile et à la poussière qui les couvre, et forme à la surface de la peau un enduit sordide dont ils laissent des traces sur les murailles du gymnase, où les acculent les hasards de la lutte, ou contre lesquelles, chancelants, épuisés, ils cherchent un appui :

1. 2° action contre Verres, ch. XXII.
2. Un fragment d'Acheus Γυμνοὶ γὰρ ὄθουν. . . . dont voici la traduction latine, rend merveilleusement cette scène. — Nudi enim brachia nitentia motitabant pubertatis turgentes incedunt, recenti splendentes flore validos circum lacertos; affatim oleo pedes pectusque inungunt, ut qui domi assueverunt luxuriæ.
Parmi les trésors de la villa Albani, on admire un athlète avec son flacon d'huile, et les salles du Louvre possèdent (n° 395) un beau marbre représentant le même sujet.
3. Martial, liv. VII, épig. 32.

> . . . . . sic lubrica ponit
> Membra Therapnæa resolutus gymnade Pollux [1].

Avant de reprendre les vêtements, il faudra débarrasser la surface du corps de cet enduit visqueux : les *aleiptes* reviendront, armés de ces sortes d'étrilles dont Mercurial [2] a donné des dessins, et que l'on a retrouvées en si grande quantité dans les fouilles de Pompéi. On raclera l'athlète jusqu'à le faire crier peut-être, on raclera jusqu'aux murs de l'enceinte, car ces ordures, ces *strigmenta* [3], mélange de sueur, d'huile et de poussière, ont une grande valeur comme médicament, et tel gymnasiarque en retirera, bon ou mal an, jusqu'à huit mille sesterces.

> Nec perdit oleum lubricus palæstrita [4].

Hors du gymnase, nous allons voir l'onction huileuse préluder à toutes les luttes, à tous les jeux de force ou d'adresse.

Le fils de la légère Atalante, le beau Parthénopée, se prépare à la lutte : les flots abondants de la liqueur de Pallas vont couler sur son corps, et l'huile épaisse changera la couleur de sa peau :

> . . . . . . tunc Palladios non inscius haustus
> Incubuit, pingui que cutem fuscatur olivo [5].

Ailleurs, c'est Tydée et Agyllée qui se disposent aux rudes exercices de Pales. — Après avoir abreuvé d'huile leur peau luisante, chacun d'eux s'avance rapidement au milieu de la lice, et se couvre de sable.

> Postquam oleo gavisa cutis petit æquor uterque
> Procursu medium, atque hausta vestibus arena [6].

Comme aux beaux jours de la patrie troyenne, la jeunesse que commandait Enée se huilait aussi pour les exercices du palestre :

> Exercent patrias oleo labente palæstras
> Nudati socii [7].

---

1. Stace, liv. IV, silve II.
2. Mercurial, *de arte gymnastica*.
3. πάτος ὁ ἀπὸ παλαίστρας (Oribase, *Coll. med.*, xiv, 40). Le Patos, lisons-nous dans le même auteur, est composé de poussière, d'huile et de crasse ou de sueur humaine. La poussière a la propriété de refroidir et de répercuter, l'huile est ramollissante, la sueur et la crasse favorisent la perspiration !
4. Liv. III, épigr. 58, vers 25.
5. Thébaïde, liv. VI, vers 575.
6. Thébaïde, liv. VI. vers 847.
7. Enéide, liv. III, vers 281.

Et plus loin dans les mêmes circonstances :

Nudatosque humeros oleo perfusa nitescit [1].

L'onction huileuse, comme prélude aux exercices du corps, avait bien pour le vulgaire ce résultat général d'assouplir les membres, mais les médecins de cette époque y voyaient encore d'autres avantages, et pour les atteindre, sans les dépasser, ils avaient formulé toutes les conditions hygiéniques de cette friction préparatoire. Oribase résumait ainsi les idées de la science médicale de son temps, sur ce point (*Coll. med.*, VI, 13). — Si, après s'être déshabillé, on passe de suite aux mouvements très-forts, avant que tout le corps ne soit ramolli, les superfluités atté-nuées et les conduits dilatés, il y a danger de rupture ou de tiraillement de quelqu'une des parties solides ; il y a danger aussi que les superfluités n'obstruent les conduits par la rapidité de la respiration. Afin que cela n'arrive pas, il faut réchauffer le corps en le frottant modérément avec un linge de coton, ensuite avec de l'huile (κἄπειτα διὰ ἐλαίον τρίβειν) ; car je ne conseille pas d'employer l'huile avant que la peau ne soit réchauffée, et que les conduits ne soient dilatés, et pour tout dire, en un mot, que le corps ne soit préparé à recevoir l'huile.

Parmi les exercices du corps, il en était un dans lequel l'onction hui-leuse était surtout utile, c'était la natation. — Que l'on nage dans la mer ou ailleurs, on doit toujours auparavant s'oindre modérément. — Tel était le conseil d'Oribase et des médecins de son époque (*Coll. med.*, VI, 27).

Ovide, en sa dix-neuvième épître, a tracé un des plus suaves tableaux de l'antique poésie. Sur l'une des rives du Bosphore, Héro attend Léandre, l'intrépide nageur. Le feu qui dirigera sa course vient d'être allumé. Que les instants sont longs pour Héro! Aussi pour tromper son angoisse, minute par minute, elle retrace à sa vieille nourrice les phases de l'héroïque entreprise.

Jam ne putas exisse domo mea gaudia nutrix?
An vigilant omnes, et timet ille suos?
Jam ne suas humeris illum deponere vestes
Pallade jam pingui tingere membra putas?

1. ENÉIDE, liv. V, vers 135.

Héro, ton sein se soulève, car au bord des flots sur lesquels il s'élance, ton imagination t'a montré dans la nuit ce beau nageur plus blanc qu'un marbre de Paros. Rassure-toi, le suc de l'olive a coulé sur ces formes robustes et souples; l'onde pourra maintenant glisser et jaillir sur ces épaules nues sans les mouiller; la fraîcheur des courants n'émoussera pas cette ardeur juvénile, et la fatigue ne saurait surprendre ces bras vigoureux et fermes, qui déjà frappent l'eau d'un rhythme égal et sur!

Dans l'exercice de la course comme dans tous les autres, jeunes femmes et jeunes filles usaient des onctions. — Aucune de nous, disaient-elles dans l'épithalame d'Hélène, aucune de nous, qui courons la même carrière, qui, le corps frotté d'huile, allons avec un mâle courage sur les bords de l'Eurotas disputer la victoire, aucune de nous n'est parfaite comparée à la belle Hélène (Théocrite, idylle 18).

Lorsque dans les luttes du gymnase l'onction huileuse était considé-rée comme un élément de succès, il devait en être de même dans des luttes autrement sérieuses, puisque le sort de la patrie en dépendait, c'est-à-dire dans la guerre. Plutarque, voulant montrer Thémistocle allant combattre pour son pays, écrit seulement ces mots. « Il se oignit. » L'appel aux armes du prophète Isaïe était ce cri : *Ungite clypeum.* Malheur au général dont l'armée manquait d'huile d'olive, malheur à celui qui, par incurie, négligeait de mettre cet atout dans son jeu. C'est pour ne l'avoir pas fait que l'armée romaine, disent les historiens, fut écrasée sur les bords de la Trébie par Annibal. Le général carthaginois ne commit pas cette faute ; il veilla jusqu'à ce que le dernier de ses sol-dats se fût frotté d'huile : *Oleo mollirent artus.*

Après les grandes fatigues, la friction huileuse était considérée comme le meilleur moyen de dissiper la lassitude. Les anciens mé-decins désignaient cette onction réparatrice sous le non d'*apothérapie.* Non-seulement elle prévenait ou dissipait la fatigue, mais, comme on le disait alors, elle évacuait *les superfluités* qui, après avoir été échauf-fées et atténuées, restaient encore dans l'organisme. Oribase précise la manière dont on devait pratiquer cette friction apothérapique, et indique de la façon suivante le rôle qu'y jouait l'huile d'olive : « Il faut verser beaucoup d'huile sur le corps de celui qu'on frotte, car cette huile aide à la douceur et à la rapidité de la friction, et en même temps elle offre un avantage très-considérable : celui d'affaiblir la tension et de ramollir les parties fatiguées. (*Coll. med.*, vii, 16). »

Rien ne semblait plus propre à reposer des efforts de la natation, par exemple, que la pratique des onctions. « En sortant de l'eau, on devra se faire frotter par plusieurs personnes avec de l'huile, jusqu'à ce que la peau en soit réchauffée. (*Coll. med.*, x, 6.) » On conseillait même, quand cela était possible, de se frictionner soi-même, rien n'étant plus capable de chasser la fatigue.

Homère, au livre VI de l'*Odyssée*, nous présente la belle Nausicaa recevant de son père, avant de se rendre au fleuve, un lecythus plein d'huile d'olive pour se oindre, elle et ses femmes.

La course était aussi suivie d'une onction. Callimaque, dans l'*Ode à Pallas*, dit : « Après avoir parcouru cent vingt fois le stade, Pallas alors préféra frotter ses membres du suc onctueux de l'arbre qui lui est consacré : jeunes filles ne lui apportez donc que le suc récemment exprimé de l'olive. »

Les anciens se mettaient rarement en route sans se munir d'un vase rempli d'huile. S'il en eût été autrement, comment comprendre que Jacob, après le songe dans la solitude de Béthel, ait pu le matin consacrer, en l'arrosant d'huile, la pierre sur laquelle il avait dormi.

Voici la preuve qu'il en était ainsi. Au cinquième acte, scène deuxième de la comédie du *Marchand*, de Plaute, l'auteur met ces mots dans la bouche de Charinus :

> . . . . Tollo ampullam atque hinc eo.

c'est-à-dire : « Je prends la fiole d'huile et je pars. »

Lorsque, après un long chemin parcouru, on arrivait à un gîte, le premier devoir de l'hospitalité était de faire une onction huileuse sur les membres du voyageur.

Au livre II, ch. xxviii, verset 15 des *Paralipomènes*, nous lisons : « Ils les oignirent à cause qu'ils étaient fatigués. »

Milon recommande bien à Fotis ce parfait modèle de la servante maîtresse de ne pas oublier ce point :

« Fotis, dit-il, prenez le bagage de notre hôte et déposez-le avec soin dans cette pièce. En même temps prenez dans l'armoire, et apportez-lui au plus vite, l'huile pour se frotter, du linge pour s'essuyer, enfin tout ce qui tient à la toilette, ensuite vous le conduirez aux bains les plus proches. » (Apulée, *Métam.*, liv. I, p. 41, éd. Pank.)

Dans la guerre, après les longues marches, par exemple, les soldats, transportant dans les camps les habitudes de la vie civile, faisaient usage de l'huile d'olive en frictions. Quinte-Curce raconte que les soldats d'Alexandre, après avoir franchi le Caucase, et manquant d'huile, se frottaient les membres avec le suc exprimé du sésame. Au livre IV, Xénophon attribue aux onctions huileuses le salut des hommes qu'il ramenait en Grèce à travers mille périls. Quand ils traversèrent les pays couverts de neige, tous se oignaient devant les feux du bivouac, et le corps ainsi huilé perdait sa lassitude et résistait mieux ensuite aux grands froids.

Homère (*Iliade*, X) nous montre Ulysse et Diomède se glissant dans le camp des Troyens pour y surprendre le secret des défenses de l'ennemi. Au retour de cette expédition dangereuse, brisés par l'émotion et la fatigue, leur premier soin est de se laver et de se oindre avant de prendre un repas : « Hique loti et uncti pingui oleo jentaculo assidebant. »

Faut-il parler ici de luttes d'un autre genre dans lesquelles on ne pensait pas qu'il fût inutile de fortifier celui qui devait s'y livrer, par une onction huileuse. La médecine antique avait dans son arsenal thérapeutique des agents d'une activité redoutable, tel était l'Ellébore. Le patient était souvent invité à faire son testament avant de recevoir l'assaut de ce terrible jouteur, et l'on ne pouvait l'aborder sans avoir le corps robuste :

Τοὺς μέλλοντας ἐλλεβορίζεσθαι εὐτόνους κατα σῶμα. (*Coll. med.*, VIII, 1.)

C'était pour renforcer cette vigueur naturelle que l'on prescrivait de frotter d'huile d'olive l'infortuné qui devait prendre l'Ellébore.

. , . . . τῇ ὑστεραίᾳ διδόναι τον ἐλλέβορον, προανατρίψαντας ἐν ἐλαίῳ ἤ συχως. (*Coll. med.*, VII, 26.)

On frictionnait encore comme des athlètes les aliénés, avant le repas, dans lequel, parmi les bouillies ou autres mets, on devait leur glisser le terrible médicament.

Enfin quand le malade, épuisé par cette lutte étrange, avait pu terrasser cet adversaire du dedans, c'est-à-dire le vomir, on prenait de l'huile d'olives vertes, et on le oignait pour lui enlever la lassitude ou lui rendre la tête plus légère. (*Coll. med.*, VIII, 21.)

III. USAGE GÉNÉRAL DE L'ONCTION.—En dehors même des fatigues de la guerre et des exercices des gymnases, l'onction huileuse était pour les anciens un plaisir, sinon une nécessité.

Dès les temps les plus reculés, les populations de la Judée employèrent l'huile d'olive en frictions. La stérilité des Oliviers et la privation d'huile pour se frotter, est une des menaces faites aux contempteurs de la loi. (Deutéronome, ch. XXVIII, v. 40.)

Lorsque la veuve de l'un des prophètes vint supplier Élisée de l'assister dans sa misère profonde, l'homme de Dieu lui demanda : « Qu'avez-vous dans votre maison ? » Elle répondit : « Votre servante n'a dans sa maison qu'un peu d'huile pour m'en oindre. » (Rois, IV, ch. IV, v. 12.) Tant il est vrai que le besoin d'onction l'emportait même sur celui de la nourriture, et le peu d'huile qui restait chez cette veuve, semblait devoir être plus profitable au corps, employée à l'extérieur qu'au dedans.

Voici un bon bourgeois d'Athènes qui rentre chez lui les mains pleines d'argent, c'est Philocleus. L'argent, c'est le nerf de la guerre et de beaucoup d'autres choses. Mille soins, mille caresses attendent au logis l'homme à la bourse ronde. Philocleus énumère ces câlineries domestiques, au nombre desquelles la friction huileuse tient une belle place.

> . . . . . χαὶ πρῶτα μὲν ἐ θυγὰ ηρ με
> ἀπονίζῃ χαὶ τω πόδ' ἀλείῃη. , ...[1].

Pour jouir de l'onction huileuse dans tout ce qu'elle avait d'exquis, les anciens provoquaient souvent la fatigue qui est, à cette pratique d'hygiène, ce que l'appétit est à un bon dîner.

Dans une de ces admirables maisons de campagne de l'antique Italie, où les Romains somptueux réunissaient un luxe et un confortable dont nous n'avons pas idée, Pline le Jeune nous décrit une des plus grandes

_____

[1]. Guêpes, vers 607 et 608.

sensualités qu'on puisse concevoir. Aux heures tièdes du jour, se dépouillant de vêtements incommodes, il arpentait une plage de sable fin au bord des flots sonores. Un soleil sans ardeurs, des brises embaumées, une atmosphère marine d'une rare pureté, quels éléments incomparables pour faire de ce bain d'air une volupté suprême ! Et après, quand la fatigue était venue, l'huile la plus suave versée, étendue par la main légère d'un bel esclave, détendait délicieusement les muscles amollis, et préparait au repos précurseur du repas. Telle était une des phases de cette sensuelle existence, dont Pline le jeune exprimait si bien le sybaritisme quand il écrivait à son ami Fuscus.

> Iterum ambulo, ungor, exerceor, lavor.

Au fond de sa paisible retraite de Tibur, Horace, décrivant les jouissances de sa vie, n'oublie pas la friction d'une huile suave.

> Ad quartam jaceo post hanc vagor, ago, lecto,
> Aut scripto quod me tacitum juvet, ungor olivo.

Et ce n'est pas, on peut l'en croire, d'une huile empruntée aux lanternes publiques, comme celle dont se servait Natta :

> Non quod fraudatis immunis Natta lucernis
> (Livre I, satyre VI.)

Ainsi, dans la vie de Philocleus, de Pline et d'Horace, l'emploi extérieur de l'huile d'olive semble être une habitude régulière, revenant aux mêmes heures du jour, et alternant avec d'autres exercices. Il en était réellement ainsi, et les hygiénistes de l'antiquité n'avaient, sous ce rapport, rien livré au caprice de chacun. Les onctions et les frictions huileuses avaient une telle importance à leurs yeux, qu'ils en avaient réglé l'usage suivant les sexes, les âges et les tempéraments.

Aux femmes, ils recommandaient les frictions huileuses modérées, faites de haut en bas. L'onction préparatoire et la lutte même leur étaient conseillées dans certaines limites. (*Coll. med.*, liv. incert. IV.)

Les femmes enceintes devaient, dans les premiers temps, remplacer les bains par des onctions et de molles frictions. (*Coll. med.*, liv. incert. VI.)

L'enfant, dès son entrée dans la vie, recevait une onction huileuse ssaisonnée de sel. Les jours suivants, on l'oignait avec de l'huile douce, en modelant et en figurant ses parties diverses. Plus tard encore, la friction se faisait au réveil ; lorsque l'enfant, après avoir joué, demandait à manger, on ne lui donnait des aliments, que quand il avait accepté la friction et le bain qui la suivait : ce régime durait jusqu'à quatorze ans.

Qu'on lise le chapitre intitulé *Du régime salubre* de Dioclès, dans Oribase, ainsi que celui *Du régime approprié aux saisons* d'Athénée, dans le même auteur, et l'on verra l'emploi de l'huile d'olive faisant partie de l'hygiène pendant toute l'existence. Chaque jour, après le réveil, — c'est le moment de frotter tout le corps avec un peu d'huile, — cette huile est mêlée d'un peu d'eau pendant l'été, et employée telle quelle pendant l'hiver. Après cela, on oindra le nez, les oreilles de préférence, avec de l'huile parfumée de bonne odeur, et si on n'en a pas, avec de l'huile d'olive aussi pure, aussi odoriférante que possible. La tête ne réclamera pas de soins moins impérieux : ces soins consistent surtout dans la friction et l'onction avec de l'huile mêlée d'eau en été, avec de l'huile mêlée de vin en hiver.

Après ces premiers soins donnés au corps venaient la promenade ou les affaires, qui conduisaient jusqu'au déjeuner, lequel était précédé d'onctions et de frictions. Après le déjeuner, léger sommeil ; après le sommeil, les affaires, puis la promenade. Au retour, onctions nouvelles précédant le bain froid pour les jeunes gens, le bain chaud pour les hommes âgés.

La diversité des tempéraments rendait l'emploi de l'huile d'olive à l'intérieur non moins nécessaire. L'affliction ou l'insomnie avaient-elles desséché le corps, l'onction avec des flots d'huile et une friction douce y remédiait. Tombait-on dans un état contraire, la quantité de l'huile à employer était modérée, et la friction énergique.

Si nous allions plus loin dans la recherche de ces mœurs antiques, nous rencontrerions des habitudes lascives, qui s'étalaient d'ailleurs au grand jour, et n'étaient un secret pour personne. Harpax, au 4e acte de *Pseudolus*, pouvait dire sans choquer l'assemblée : « *Uncti hi sunt senes, fricari sese ex antiquo volunt.* » Ces vieillards se sont fait huiler les reins ; ils demandent à être frottés suivant leur vieille habitude.

Le Juste, dans les *Nuées*, d'Aristophane, s'élève cependant contre ces frictions huileuses et surtout contre l'usage d'oindre les enfants [1].

Chez les Romains, *homo lubricus*, était simplement un homme huilé dont les surfaces avaient été rendues glissantes par le suc de l'olive. Nous en avons tiré l'expression d'homme lubrique, avec un sens différent, qui sans doute s'est trouvé sous la lettre. M. Littré dit au mot *lubrique* : « Qui glisse vers les plaisirs des sens. » Le *homo lubricus*, l'homme huilé des anciens, n'était autre chose qu'un athlète prêt à tous les combats : à ceux dont la récompense était le feuillage austère de l'Olivier ; à ceux dans lesquels le vainqueur se couronnait de roses, quand les jours de la décadence furent venus.

L'usage de l'onction huileuse était tellement enraciné chez les anciens, qu'ils auraient cru manquer à tous les égards envers les morts, s'ils n'avaient versé, étendu sur eux des flots d'huile d'olive.

« Une assez mauvaise petite vieille, dit Horace, avait réglé, avant de mourir, que son cadavre tout luisant d'huile serait porté au bûcher par son héritier le plus proche. Il la porterait sur son épaule nue. »

Cadaver
Unctum oleo largo nudis humeris tulit heres [2].

On trouvait à Rome des individus chargés tout particulièrement de ce soin, d'oindre les morts. Nous lisons, en effet, dans des fragments d'Apulée. (VIII *de l'Hermagoras*, liv. I.)

— Le convoi étant terminé, les pollincteurs se disposèrent à retourner chez eux.

Fab. Planc. Fulgentius, dans ses notes sur le vieux langage, donne au mot *pollinctor* cette étymologie : « *pollutorum unctores*, » c'est-à-dire « *cadaverum curatores* ».

IV. LES ONCTIONS ET LES BAINS. — Les anciens, on le sait, usaient dans une large mesure, soit des bains d'eau chaude, soit des bains de vapeur. Presque toujours, les deux formes balnéaires étaient réunies dans les mêmes établissements, dont les proportions grandioses font

[1]. A Rome, les gamins se faisaient pousser la barbe en se frottant les lèvres d'huile : — et ut celerius rostrum barbatum haberem labra de lucerna ungebam. — Satyricon, CLXXVI.
[2]. Liv. II, satire V, l'*Art de s'enrichir*.

aujourd'hui notre étonnement. Après le Colysée, les ruines les plus impo-
santes de la Rome antique sont celles des bains de Caracalla et celles
des bains de Dioclétien. On reste frappé de surprise quand on pénètre
dans ces *balnearium* où l'eau arrivait par d'énormes canaux ; et
quand on voit suspendues à de grandes hauteurs au-dessus des mosaïques du sol les voûtes massives de ces thermes, il est facile de comprendre quelle place les ablutions tenaient dans la vie romaine.

Il n'y avait pas de bains de vapeur, ou de bains d'eau chaude qui ne
fussent accompagnés d'onctions générales d'huile d'olive. Les Romains,
avant l'introduction des mœurs grecques, ne se oignaient qu'après le
bain ; plus tard, ils le firent avant et après, et Strabon nous apprend que
cette coutume parvint jusqu'aux peuples riverains du Douro.

Cette coutume hygiénique avait pour résultat immédiat de boucher les
pores de la peau et de modérer la transpiration, source d'affaiblisse-
ment. De plus, le corps ainsi huilé devenait beaucoup moins sensible
à l'influence de la température extérieure. L'onction contribuait enfin
à la détente générale en augmentant la souplesse des fibres mus-
culaires.

Quand on donnait aux malades des bains de sable chaud, les onctions
huileuses et même les affusions d'huile étaient prescrites. Ici, il fallait
surtout combattre la sécheresse et la tension de tout le système cutané
(*Coll. med.*, X, 8).

Chez les Romains, les établissements de bains les plus complets se
composaient :

1° De l'*apodyterium*, pièce pour se déshabiller ;

2° Du *laconicum*, étuve sèche où l'on provoquait la sueur ;

3° Du *caldarium*, où se prenait le véritable bain d'eau chaude ;

4° Du *frigidarium*, ou réservoir d'eau froide ;

5° Du *tepidarium*, pièce modérément chauffée dont l'apodyterium
tenait souvent lieu.

Les Grecs donnaient le nom d'ἀλειπτήριον à la pièce où se faisaient les
onctions d'huile d'olive ; près d'elle se trouvait le magasin des huiles.

Les maisons de bains publics étaient très-multipliées chez les
Romains. Pline le Jeune, quand il arrivait sans s'être fait annoncer dans
l'une de ses fastueuses villas, pouvait, dans le village voisin, choisir

entre deux ou trois établissements où le bain et l'huile était toujours prêts.

On conçoit dès lors quelle quantité d'huile d'olive on devait consommer dans ces circonstances. Nous nous faisons difficilement une idée aujourd'hui de la valeur que représentait cette consommation. Voici un fait qui peut verser quelque lumière sur ce point. Dans sa 34e lettre à Trajan, Pline[1] lui propose, pour relever les bains publics de Pruse, d'y consacrer, entre autres ressources, l'argent que les habitants de cette ville avaient coutume d'employer à l'usage du bain. « Deinde « quam ipsi erogare in oleum soliti parati sunt in opus balnei conferre.[2] »

L'habitude des bains et des onctions était répandue dans toutes les classes de la société, puisque l'Etat ou les villes se chargeaient de la fondation d'établissements publics. Il y avait, à Rome particulièrement, des bains à la portée de toutes les bourses. Martial nous montre Aper encore pauvre, fréquentant les bains à bon marché, où des esclaves aux jambes torses apportent le linge, où de hideuses vieilles sont au vestiaire, et où il reçoit l'aumône d'une goutte d'huile d'un baigneur hernieux.

« Atque olei stillam daret enterocelicus unctor [3]. »

La peau sur laquelle, au sortir du bain, on avait ainsi étendu une couche huileuse, ne tardait pas à être revêtue d'une sorte d'enduit dû à l'épaississement de l'huile par l'action de l'air et par son mélange avec toutes les impuretés apportées par l'atmosphère ou les vêtements. Aussi, l'on peut considérer l'usage si fréquent du bain chez les Anciens comme une conséquence même de l'onction huileuse. C'est en contact

---

1. Liv. X.

2. Une vieille inscription lapidaire reproduite p. 166, par F. Scaccho, dans le *Sacrorum Elæochrismaton Myrothecium*, n'est autre chose qu'un legs d'huile d'olive pour les bains, etc., aux citoyens de la ville de Côme.

> I. CÆCILIVS. L. F. CILIO. III. VIR. A. P.
> QVI. TESTAMENTO. SVO. H. S. N. XXX
> MVNICIPIBVS. COMENSIBVS. LEGAVIT.
> QVORVM REDITV QVI ANNIS. PER
> NEPTVNALIA. OLEVM. IN CAMPO ET IN
> TERMIS ET BALNEIS OMNIBVS. QVAE.
> SVNT COMI POPVLO. PRAEBERETVR.

3. Liv. XII, épigr. 70.

avec l'eau chaude, dans les deux parties du *caldarium*, le *labrum* ou l'*alveus*, ou bien dans la vapeur d'eau des thermes, que ce vernis sordide pouvait être ramolli suffisamment pour que le *tractator*, armé du strygile, pût en débarrasser le derme.

Une excellente gravure de Mercuriali (*De Arte gymn.*, I, 10, p. 51), reproduite dans le deuxième volume des œuvres d'Oribase de MM. Bussemaker et Daremberg (fig. 11), nous montre les baigneurs se *strygilant* eux-mêmes, ou se faisant *strygiler* par leurs voisins ; un faisceau de strygiles est pendu dans un coin. Ce dernier ouvrage reproduit encore, d'après Casali, un πύελος dans lequel un homme se fait racler par un éphèbe tenant en main le strygile.

Les Romains portaient avec eux l'huile et l'étrille dont ils se servaient. Apulée, au livre II des *Florides*, parle d'un certain Hippias qui s'était fabriqué lui-même le vase à mettre l'huile et le strygile. « Enim « non pigebit me commemorare, quod illum non puditum est ostendere : « qui magno cœtu prædicavit, fabricatam sibimet ampullam quoque olea- « riam, quam gestabat, lenticulari forma, tereti ambitu, pressula rotun- « ditate : juxtaque honestam strigileculam..... »

L'antiquité de l'emploi de l'huile d'olive, ἔλαιον, en frictions après le bain, est démontrée par un document bien précieux, un papyrus datant du temps des Lagides, et de la 25ᵉ année du règne d'Evergète II, à une époque où l'Egypte était peuplée de Grecs, c'est-à-dire 145 ans avant J.-C.

Voici le texte de ce papyrus qui nous intéresse :

« Un esclave d'Aristogène, fils de Chrysippe d'Alabanda, député, s'est échappé d'Alexandrie.

« Il se nomme Hermon, et est aussi appelé Nilos ; Syrien de naissance, de la ville de Bambyce ; environ 18 ans, taille moyenne, sans barbe, jambes bien faites, creux au menton, signe près de la main gauche.....

« Il avait (quand il s'est enfui) une ceinture contenant, en or monnayé, trois pièces de la valeur d'une mine, et dix perles, un anneau de fer sur lequel sont un lecythus et des strygiles ; son corps était couvert d'une chlamyde et d'un périzoma.

« Celui qui le trouvera recevra, etc., etc. »

Cette réclame antique, semblable à celle que nous lisons à la quatrième page des journaux pour la perte d'un chien, nous intéresse surtout par

ce détail : « Il avait un anneau sur lequel sont un lécythus et des strigiles, — κρίνον σιδηρούν εν ᾧ λήκυθος καί ξύστραι. —

Hermon était donc un de ces esclaves attachés au service personnel du
maître, et chargés de porter les ustensiles nécessaires au bain, le vase à
huile, λήκυθος, et les strigiles pour gratter la peau. C'est aux esclaves
chargés de ces fonctions que les anciens donnaient le nom de ληκυτοφορος.

Le musée Pie-Clementin possède une statue d'un jeune nègre tenant
de la main gauche un anneau duquel pendent un lecythus et une xystra,
c'était aussi un esclave lécythopnore.

Dans un passage altéré d'Hésychius, M. Letrone a trouvé un mot
exprimant la réunion des deux objets portés au bain. Le lécythus et la
xystra, c'est le mot Ξυστρολήκυθον. Voici la phrase de l'auteur cité :
Ξυστρολήκυθον, κάδη καί βίσσα ελαίον, λουτρικά. Ce qui veut dire xystrolecython, kadia et bissa d'huile, ustensiles de bain.

Ainsi donc, outre le lecythus, considéré généralement comme destiné
à renfermer les huiles parfumées d'un prix élevé, on portait quelquefois
au bain un autre vase, βίσσα ou βῆσσα, contenant de l'huile ordinaire pour
les onctions générales. Suivant l'aisance des particuliers, le lecythus,
qui figurait toujours parmi les ustensiles de bain, pouvait renfermer de
l'huile d'olive parfumée ou de l'huile simple.

On a retrouvé le xystrolecython sur des médailles et des peintures
antiques; on le voit dans la main de héros ou de personnages jeunes
comme le symbole de l'Éphébie ou des jeux du gymnase.

Dans tous les monuments, le lecythus a toujours la même forme :
celle d'un vase très-bombé, presque sphérique, au col fort étroit. Les
Latins ont toujours traduit lecythus par ampulla, et la description de ce
vase dans Apulée se rapporte à celle du lecythus des médailles de
Tarente et des vases de Canosa.

Phèdre appelle *lavationem argenteam* les instruments de bain en
argent : sans doute l'étrille et le vase à renfermer l'huile d'olive pour les
onctions [1].

Quelquefois enfin c'était dans une corne de rhinocéros que les Romains
somptueux faisaient porter au bain l'huile qui leur était néces-

1. PHÈDRE, liv. V, fable IV.

saire [1]. Autrefois l'huile pour l'onction royale était aussi contenue dans une corne : « *Imple cornu tuum oleo*, » dit le Seigneur à Samuel en l'envoyant sacrer David.

Nous avons décrit l'effet physiologique produit par l'onction huileuse. Il est une circonstance qui pouvoit, dans certaines limites, modifier ou compliquer cette action, c'est la qualité de l'huile.

Écoutons Oribase (*Coll. med.*, XV, 1), son jugement en cette matière est celui de Galien lui-même « L'huile d'olive est humectante et modérément chaude, pourvu que ce soit l'espèce la plus douce, celle qu'on fait surtout avec les fruits mûris sur pied : au contraire, l'huile d'olives vertes et qu'on appelle aussi omphacine, a des propriétés refroidissantes proportionnées à son degré d'astringence. L'huile vieille, si elle provient d'une huile douce qu'on a laissée vieillir, est plus chaude et plus favorable à la perspiration que l'huile fraîche ; quant à celle qui provient de l'huile d'olives vertes, elle a, aussi longtemps qu'elle a conservé son astringence, des propriétés mixtes ; mais quand elle a entièrement perdu cette qualité, elle devient semblable à l'autre. Lorsque l'huile douce est subtile (or une huile est subtile quand elle est pure et transparente, lorsque, étant employée en onction, une petite quantité suffit pour s'étendre sur une grande partie de la surface du corps, et lorsqu'elle est absorbée par la peau), il faut admettre que c'est là la meilleure, et qui possède au plus haut degré les vertus propres de l'huile : telle est, par exemple, l'huile du pays des Sabins.. .. L'huile d'olives sauvages n'a pas un tempérament simple, mais elle est à la fois détersive et astringente. Cette huile est aussi sèche qu'une huile peut l'être ; après elle vient l'huile d'Istrie, puis celle d'Espagne ; l'huile de Lybie et de Cilicie sont les plus grasses : celle du pays des sabins est à la fois grasse et subtile ; celle des îles Cyclades, de la Grèce et de l'Asie, tient le milieu entre toutes ces espèces. »

Alors même qu'ils étaient administrés comme agents thérapeutiques, les bains étaient encore accompagnés d'onctions huileuses. Oribase, d'après Galien, indique comment se faisaient ces onctions.

« On ne laissera pas attendre les malades dans la partie intérieure du

---

1. Était-ce bien une corne de rhinocéros ? Martial dit quelque part :

> Gestavit modo fronte me juvencus,
> Verum me rhinocerota me putabas.

bain qu'il se produise des sueurs abondantes, mais on les plongera aussitôt que possible dans l'eau de la baignoire. Après la sortie du bain, on
s'empressera de les essuyer et on leur oindra le corps avant qu'il ne soit
entièrement sec. Il est nécessaire d'examiner s'il faut verser l'huile sur
le corps du malade lorsqu'il est déjà en sueur, ou avant qu'il transpire,
immédiatement après qu'il s'est déshabillé, ou bien s'il ne faut faire ni
l'un ni l'autre et recourir à l'huile quand il commence à suer un peu ;
mais quiconque se rappelle ce que nous avons dit sur les propriétés de
l'huile d'olive, sait que le temps mentionné en troisième lieu est le meilleur pour l'administrer, et il sait aussi qu'il ne faut la verser qu'après
l'avoir préalablement chauffée. En effet, cela ramollit et raréfie le corps,
tandis que l'huile froide mise en contact avec lui, non-seulement ne saurait produire par sa nature aucun de ces deux effets, mais au contraire
exposerait le baigné aux horripilations. »

V. Des huiles d'olive parfumées. — A part quelques exceptions,
au nombre desquelles était l'huile de Vénafre vantée par Horace, l'huile
dont on se servait généralement en Italie pour les onctions était d'une qualité détestable. Les meilleures huiles de ce temps, *l'oleum omphacinum*,
l'oleum viride, étaient rares et chères, et réservées pour les plus riches.
L'oleum cibarium, la plus mauvaise de toutes, était la plus employée,
surtout pour les frictions générales ; et c'était elle que l'on servait dans
les bains publics où on la conservait dans *l'elæothesium* ou *unctua-
rium*.

Pense-t-on que l'habitude d'oindre sans cesse la peau avec une huile
âcre et nauséeuse fût sans inconvénient pour la santé ? n'était-elle pas
souvent l'origine de ces affections cutanées chroniques si fréquentes
chez les anciens. Une huile assez infecte pour éloigner les reptiles veni-
meux de ceux qui s'en étaient oints, c'est Juvénal qui le dit, devait être
très-irritante :

> Propter quod Romæ cum Boccare nemo lavatur,
> Quod tutos etiam facit a serpentibus atris [1].

C'est cependant avec l'huile d'olive de cette qualité que Caton, amiral

---

1. Juvénal, satire 5, vers 90.

de la flotte romaine, se frottait, ainsi que les rameurs de ses galères ; Pline le dit expressément.

On comprend facilement que, pour corriger la mauvaise odeur de l'huile d'onctions, on ait adopté l'usage de lui associer des parfums. A une époque ou la concentration des aromes par la distillation n'était pas découverte, la macération des substances odoriférantes dans l'huile d'olive, constituait nous allons le voir, le mode le plus usité de préparation des parfums. Mais ces *unguenta* étant d'un prix élevé, les riches seuls pouvaient s'en servir en onctions générales : on les employait, au contraire, très-fréquemment en onctions partielles.

Il n'entre pas dans notre plan de faire l'histoire de ces préparations de luxe : nous établirons seulement deux choses. 1° que l'huile d'olive était le dissolvant ordinaire des principes aromatiques : 2° que les parfums dont elle faisait ainsi partie étaient d'un usage tellement répandu que d'énormes quantités de cette substance, devaient y passer.

Plutarque en certain passage (de Iside et Osiride) disait expressément καὶ γὰρ ἔλαιον ὑλίω μύρου λέγωμεν, — nous nommons huile d'olive la matière des *onguents*. Les Hébreux, les Grecs et les Romains la firent toujours entrer dans les substances fluides parfumées, dont ils se servaient pour se oindre : c'est ce qui fait que le mot hébreu, grec ou latin qui signifiait huile d'olive, fut souvent employé seul pour désigner ces huiles parfumées.

Au chapitre XXX de l'Exode, Moïse, parlant de la composition du parfum d'onctions, se sert du mot *scemen*, pour désigner l'huile d'olive qui doit en faire partie. Le même mot, accompagné d'un adjectif, indiquait diverses huiles d'olives parfumées, puis on le trouve encore employé seul pour nommer les mêmes huiles odoriférantes. Au chapitre I du Cantique on lit : « Ton nom est comme l'huile (d'olive) répandue, aussi les vierges t'aimèrent..... attire-moi, nous te suivrons à l'odeur de tes huiles parfumées. »

Homère, en plusieurs passages, voulant désigner des huiles parfumées, se sert du mot ἔλαιον (*oleum* des latins). Ainsi au livre III de l'*Odyssée*, il montre Polycaste, la plus jeune des filles de Nestor, lavant, puis oignant Télémaque avec les plus suaves parfums, λίπ' ἐλαίω.

Plus loin (livre IV), le fils d'Ulysse, reçu chez Ménélas, est l'objet des mêmes soins, l'huile parfumée coule encore sur ses membres délicats et robustes : καὶ χρίσαν ἐλαίω.

Nous pourrions multiplier les preuves pour montrer que le mot ἔλαιον (huile d'olive) désignait souvent seul, chez les Grecs, les différentes préparations odoriférantes auxquelles étaient tour à tour donnés les noms de ἀλείμματα, ἀλείφατα, μύρα, χρίσματα, ἡδύσματα, σύμματα, quand on voulait préciser la composition ou l'usage de ces substances.

Le mot σύμματα, par exemple, s'appliquait surtout à l'huile d'olive rendue moins fluide par des substances résineuses, composition qui répondait plus spécialement à ce que l'on nomme aujourd'hui *onguent*.

Athénée (livre XV, *Dipnos.*, ch. 10) fait énumérer par Socrate les diverses sortes d'huiles d'olive parfumées servant aux femmes ou aux hommes, précédant ou suivant les exercices ou les bains.

La nature des parfums mêlés à l'huile en spécifiait l'emploi, les ἀλείφατα étaient autres que les χρίσματα : autre chose était aussi l'action exprimée par le verbe ἀλείφω : autre chose celle indiquée par le verbe χρίω : le sens de ces verbes correspondait aux mots latins *linire*, *ungere*. Clément d'Alexandrie, disait : « *Differt autem omnino ungere se unguento ab eo quod est liniri unguento, illud enim fœmineum.* — Les hommes nobles et vertueux, dit Casaubon, se servent seulement des χρίσματα. On a remarqué que saint Luc, en parlant des onctions, ne se sert jamais que du mot χρίω ; *spiritus, dominus super me cujus causa unxit me* (ch. 4).

Chez les Romains, l'huile d'olive était aussi la base des différentes préparations parfumées,

> Hæc sibi corrupto casiam dissolvit olivo,

s'écriait Perse, déplorant les mollesses de son siècle (livre II, v. 64). Les Lacédémoniens, dit Sénèque (livre IV, ch. XIII), chassèrent les parfumeurs qui perdaient l'huile d'olive, — *quia oleum disperderent*.

Parfois les noms composés des parfums indiqueront plus expressément la présence et l'emploi de l'huile d'olive. *Roseum olivum* signifiait huile d'olive parfumée à la rose, type des hédysmates de Pline (du verbe ἡδύνω, rendre suave).

On sait que le célèbre parfum de Corinthe, dont Dioscoride nous a laissé la formule, était composé d'huile d'olive parfumée par la fleur du dattier et l'iris; que le fameux parfum d'*amaracus de Cos* avait la même huile pour véhicule; que l'*omphacion* (huile d'olives vertes) se chargeait du parfum de la fleur de vigne pour constituer l'*œnanthinum*.

Le mot *ungere*, oindre, s'applique bien à l'emploi de parfums fluides, *unguenta*, faits d'huile d'olive. Enfin le mot *olere*, sentir bon, ne dérive-t-il pas d'*oleum*?

Il nous reste à montrer l'immense consommation des huiles parfumées chez les anciens, et par là l'énorme quantité d'huile d'olive qui s'y dépensait.

— Malheur à vous, riches de Sion, qui buvez le vin dans des vases à col long, et vous oignez des plus suaves huiles parfumées,— s'écriait le prophète Amos au temps d'Osias.

Ce n'était pas seulement au bain que les huiles d'olives parfumées coulaient largement, les repas, et surtout les festins d'apparat n'avaient pas lieu sans onctions. — David lavé et oint d'huile parfumée se leva, demanda du pain et mangea, — lisons-nous dans les Écritures (II Reg., cap. 12). Au psaume XXII, le roi-prophète s'écrie : — Vous avez préparé une table devant moi, vous avez oint ma tête d'une huile parfumée. —

Senèque, s'élevant contre cet usage, ne pensait pas que les onctions valussent l'exercice comme préparation au repas. Mais c'était une habitude tellement enracinée, que Plutarque nous montre Pompée vaincu, après Pharsale, fuyant César, et prenant cependant le temps de se oindre avant un repas hâtif. Athénée représente aussi de misérables hommes, vivant dans les forêts à la façon des bêtes fauves, se complaisant dans les onctions préparatoires de leurs repas,

Si l'onction accompagnée d'ablutions précédait ordinairement le repas, les onctions d'huile parfumée se continuaient au cours même des festins, — *inter pocula*. — Les preuves abondent; ici c'est un auteur qui fixe la lecture de ses œuvres à tel moment du festin indiqué par l'emploi des huiles à la rose. Là, c'est Athénée qui décrit un festin où au lieu de distribuer les parfums dans les alabastres, on lâche dans la salle des colombes imprégnées d'huiles odoriférantes diverses, et qui battant des ailes, font tomber sur les convives une rosée parfumée. C'est encore Properce.

> . . . . . . noxque inter pocula currat
> Et crocino nares myrrheus ungat Onyx.
> Livre III.

Lucrèce lui-même, livre IV, *De natura rerum*, écrit :

> Convivia, ludi ;
> Pocula crebra, unguenta, coronæ, serta parantur.

De nombreux passages nous montrent de jeunes garçons et de belles filles préposées à la distribution des huiles parfumées. Athénée, par exemple, dans le festin de Caranus, fait passer dans la salle les chanteurs, les chanteuses, les instrumentistes, puis les jeunes femmes portant chacune deux vases d'huiles parfumées. Catulle (Poëme 13) indique assez le rôle voluptueux de ces distributeurs de parfums.

> Nam unguentum dabo quod meæ puellæ
> Donarunt Veneres cupidinesque,
> Quod tu cum olfacies, Deos rogabis.
> Totum ut te faciant, Fabulle, nasum.

C'est au rôle de ces porteuses d'huiles parfumées que Samuel faisait allusion quand, voulant détourner le peuple de prendre un roi, il lui disait : — De vos filles, il fera ses parfumeuses (*unguentarias*). —

Les huiles parfumées étaient un luxe d'origine asiatique. Plutarque, dans la *Vie d'Alexandre*, fait le dénombrement des parfums que le vainqueur d'Issus trouva dans les trésors de Darius. La Grèce et l'Italie, où l'on oignait tout, les colombes messagères d'amour, comme les aigles romaines, tombèrent dans ces excès.

En Italie, de grands entrepôts étaient ouverts aux huiles parfumées. Capoue, placée au centre de l'une des régions oléifères les plus riches, se livrait sur la plus grande échelle à cette industrie, et le marché de Séplasia, dont Cicéron parle souvent, était une des curiosités de cette capitale du luxe et de la mollesse.

Les pythagoriciens et jusqu'à Diogène, dit-on, n'étaient pas indifférents aux huiles parfumées. Pour couper court à cet entraînement, Solon édicta contre les *unguentarii* des peines sévères, car ils contribuaient à la décadence des peuples. Homère a bien représenté le père des dieux buvant l'ambroisie, mais il n'a jamais prêté à cette majesté la faiblesse de l'usage des huiles parfumées.

Aux premiers temps du christianisme, les Pères de l'Eglise condamnèrent ce luxe efféminé; Clément d'Alexandrie, surtout, tonnait contre cet abus d'un usage dont l'Évangile avait cependant parlé avec honneur. — Il importe avant tout, disait-il, que chez nous les hommes ne sentent pas les huiles parfumées. — L'homme qui sent toujours bon, disait un autre (*Hyeronimus ad Demetriadem*), ne sent pas bon.

Ils avaient raison, le sybaritisme ne connaissait plus de bornes; chaque partie du corps avait son huile parfumée.

> Lavatur autem recte aliquis
> In aureo quodam solio unguento
> Ægyptio pedes linit, et crura.
> Phœnicino buccas et ubera.
> Sysimbrino vero utrumque brachium :
> Amaricino supercilium et comam,
> Serpillyno cervicem, atque genua.

Les *aromatarii*, les *pigmentarii*, et surtout les *unguentarii* avaient le secret de ces compositions auxquelles ils consacraient d'énormes quantités d'huile d'olive.

Conservées dans des alabastres, leur valeur était encore rehaussée comme aujourd'hui par la marque de fabrique. Les Piver et les Rimmel du temps étaient Niceros, Marcellianus, etc. ; c'est de ce dernier que Martial disait (livre II, épig. XXXIX, à Rufus) :

> Cujus olet toto pinguis coma Marcelliano.

Le menu peuple ne se fournissait pas dans ces coins-là. Il y avait pour lui de grossiers aromes fixés dans les lies épaisses de la Sabine :

> . . . . Ceromata fæce de Sabina.
> Liv. IV, ép, VI. contre Rassa.

lesquels, les jours de fête, remplaçaient l'*oleum cibarium*.

A tous les degrés donc de la hiérarchie sociale, on pouvait répéter le mot de Properce (livre III, élég. XVII) :

> Lævis odorato cervix manabit olivo.
> — L'huile d'olive odorante coulait sur tous les fronts.

Que reste-t-il chez les peuples modernes de ces usages antiquès; où faut-il aller pour en trouver les traces? Sur les bords de la Méditerranée, aux lieux où l'Olivier croît encore, quelques tribus arabes de la Kabylie ont conservé l'habitude de se oindre.

Dans sa *Médecine des Arabes*, M. Bertherand écrit ce qui suit: « Nos

Kabyles, que le peu de troupeaux prive de laines suffisantes, ont l'habitude d'étendre de l'huile à la surface du corps : cette couche additionnelle devient une sorte de vêtement, et rend la peau moins sensible au froid. En outre de la protection contre les variations atmosphériques, les insectes et l'action des vapeurs miasmatiques, les onctions ont le précieux avantage de modérer la transpiration (Bertherand, *Médecine des Arabes*, p. 323).

Ainsi, près des rives de Carthage, aux lieux où Didon, pour se préparer à recevoir Énée, faisait couler sur son sein, palpitant des émotions de l'attente, le suc de l'olive embaumé des parfums de la Cyrénaïque, l'Arabe grossier et sordide étend sur sa peau brunie l'huile infecte sortie des mêmes Oliviers.

CHAPITRE XIII

L'OLIVIER DANS LA MÉDECINE DES PEUPLES MÉDITERRANÉENS

Sommaire : I. Feuilles et fleurs. — II. Usages médicaux de l'huile d'olive chez les anciens et chez les modernes. — III. L'huile d'olive dans la médecine vétérinaire. — IV. Gomme de l'Olivier.

I. Feuilles et fleurs. — Comment penser qu'un arbre qui jouait un si grand rôle chez les anciens ne possédât pas, dans toutes ses parties, des vertus propres à guérir les maladies?

L'Olivier sauvage et l'Olivier cultivé ont été employés en médecine ; voici ce que Pline disait du premier (liv. XXIII, ch. 38) :

« Les feuilles de l'Olivier sauvage ont les mêmes vertus que celles de l'Olivier cultivé. La cendre des jeunes pousses est plus efficace contre le débordement des humeurs. Il apaise les inflammations des yeux, déterge les ulcères, fait renaître les chairs enlevées, ronge doucement les superflues, enfin dessèche les ulcères et les cicatrices.

« Une vertu qui lui est particulière, c'est que la décoction de ses feuilles arrête les crachements de sang. Ses feuilles, appliquées avec du vin, sont un bon tonique pour les panaris, les charbons et toutes sortes d'abcès. Pour ceux qui suppurent, on les applique avec du miel, leur décoction et le suc de l'arbre sont employés dans les collyres. Le même suc, avec du miel, est utile en injections dans les maux d'oreilles.

« Les fleurs, en cataplasme, guérissent les condylomes et les épinictides. Appliquées sur le ventre avec de la farine d'orge, elles sont bonnes pour la diarrhée ; et sur la tête, avec de l'huile, pour en calmer les douleurs.

« Les jeunes tiges, cuites en cataplasme avec du miel, raffermissent les téguments de la tête. On les prescrit en aliments pour arrêter les cours de ventre ; rôties et pilées avec du miel, elles détergent les ulcères rongeurs et font aboutir les charbons. »

Q. Serenus conseillait de mâcher les feuilles d'Olivier sauvage pour raffermir les gencives (III, 25).

Dans tout cela, il n'y a de fondées que les prescriptions qui reposent sur les propriétés astringentes incontestables de l'*Oleaster*.

Pline attribue aux diverses parties de l'Olivier cultivé des propriétés aussi étendues (liv. XXIII, XXXIV). « Les feuilles, dit-il, sont astringentes et purgatives au plus haut degré. Mâchées et appliquées sur les ulcères, elles les modifient : en liniment avec l'huile, elles calment les douleurs de tête. Leur décoction avec le miel est excellente pour les parties qui ont souffert de la cautérisation, pour les inflammations des gencives avec du miel ; elles arrêtent les hémorrhagies. Leur suc est bon pour les ulcères et les pustules rouges des yeux, le renversement de la prunelle, les larmoiements invétérés ». Ce suc des feuilles, dont nous passons bien des vertus, se préparait en pilant des feuilles d'Olivier avec du vin et de l'eau de pluie, et faisant sécher.

« Les fleurs, disait le même auteur, n'ont pas moins de vertus que les feuilles. On brûle les jeunes tiges pour que leurs cendres fournissent une espèce de *spodium* que l'on brûle de nouveau, après l'avoir arrosé de vin ; on applique ces cendres sur les abcès ou les tumeurs inflammatoires. Mêlées avec du gruau, c'est un bon cataplasme pour les yeux. »

Pline indiquait encore l'écorce des jeunes racines d'Olivier comme douée d'une astringence considérable. Il les conseillait avec du miel contre l'hémoptysie et les crachements purulents.

La cendre même de l'arbre, incorporée avec de la graisse, guérissait, d'après lui, les tumeurs et les fistules (livre XXIII, 35).

N'oublions pas que ceci est de la médecine sur laquelle dix-neuf siècles ont passé ; à côté de fausses idées apparaît l'utilisation bien raisonnée des propriétés astringentes des diverses parties de l'arbre.

Oribase, dans ses *Synopsis*, donne un certain nombre de recettes dont les feuilles d'Olivier sont l'élément essentiel. Ainsi, les fissures se traitaient avec des raclures de linge et de l'amidon brûlé, triturés avec le suc des feuilles de l'Olivier (IX, 17). Les cataplasmes de feuilles d'Olivier, bouillies dans du vin ou dans de l'eau, s'employaient contre les ulcères putrilagineux (VII, 11), les épinyctys (VII, 42), l'acrocordon, les formicaires (VII, 44), et les anthrax des paupières (VIII, 45). '

Le tannin abonde dans toutes les parties de l'Olivier et fixe ainsi la place qu'il peut occuper dans la matière médicale sérieuse.

En outre, M. de Luca, professeur de chimie à Naples, a publié de nouveaux travaux sur les feuilles et les fleurs d'Olivier, et y a découvert la mannite en abondance. Il y a là l'indice d'une consanguinité bien marquée avec les frênes, qui sont de la même famille que l'Olivier.

En plaçant les fleurs d'Olivier dans l'alcool pendant le mois de juin, aux premiers froids la mannite se précipite. Cette substance disparaît après la fécondation.

La manne croît dans les feuilles jusqu'à leur état parfait et décroît ensuite. En faisant macérer ces feuilles dans l'eau, puis évaporant, on obtient la manne.

Les propriétés fébrifuges des feuilles de l'Olivier ont attiré depuis longtemps l'attention des praticiens. Les médecins espagnols des provinces, où les fièvres intermittentes sont endémiques, les emploient en poudre fine à la dose de quatre gros par jour jusqu'à celle de huit gros. Pendant nos guerres d'Espagne, les médecins français, privés de médicaments, se servirent de la décoction et de l'extrait de feuilles d'Olivier pour combattre les fièvres d'accès et plusieurs autres maladies. Une thèse a été soutenue en décembre 1814, à l'Ecole de Strasbourg, par M. Faure, chirurgien-major du 103e de ligne, sur les propriétés fébrifuges des feuilles dont il s'agit. Devant la même École, le 30 novembre 1816, M. P. Béguin (de Cuers), chirurgien sous-aide à l'hôpital militaire de Toulon, soutint une thèse confirmant les opinions de M. Faure, sous les ordres duquel il avait servi en Espagne.

Témoin de l'efficacité de l'emploi des feuilles d'Olivier comme fébrifuges, Béguin en fit l'expérience sur lui-même en 1811, dans l'Estramadure, — contre une fièvre ataxique continue, qui dégénéra en intermittente tierce dont le quinquina n'avait pu empêcher les fréquentes récidives, — la décoction et l'extrait furent employés jusqu'à la dose de deux gros dans du vin. Béguin insiste sur la nécessité d'imiter les médecins espagnols qui emploient à hautes doses, six onces de feuilles en décoction concentrées, ou deux gros d'extrait.

En 1823, on proposa un remède secret pour remplacer le quinquina. Pelletier fut chargé de l'analyse. Quand ce travail fut terminé, on apprit que la matière contenait des feuilles d'Olivier pulvérisées. Le docteur Pallas, élève de Vauquelin, avait signalé dans ces feuilles une substance particulière, qu'il pensait être douée de propriétés fébrifuges.

Landerer a isolé le principe amer des feuilles d'Olivier, et l'a nommé *olivine* ou *olivite*.

M. Faucher a proposé l'extrait hydro-alcoolique comme fébrifuge.

M. Hoste prépare, avec les feuilles de l'Olivier sauvage, un extrait hydro-acide (oleasterium), qu'il préconise comme succédané du sulfate de quinine.

En Provence, on use souvent de gargarismes astringents de feuilles d'Olivier.

Les Arabes, dont l'Olivier est un des arbres les plus nécessaires, lui font jouer un rôle important dans le traitement des maladies. Voici un talisman sacré contre la fièvre intermittente, donné par le prophète Mohammed lui-même : « Prenez cent feuilles d'Olivier, écrivez sur chacune ces mots : « Au nom de Dieu, tout ce qui existe, existe par sa volonté, il guérit de la fièvre, quand il veut, celui qui l'adorera. » Placez ensuite toutes ces feuilles dans un linge bien propre, et attachez-le autour de la tête, la guérison sera prompte. »

Contre les larves du *musca vomitoria* qui envahissent les plaies, et souvent même l'homme sain, voici ce que l'on doit faire : « Prenez sept baguettes d'Olivier, frappez sept fois avec chacune d'elles, séparément, la partie qu'occupent les larves, réunissez ensuite les sept baguettes avec un fil noir, laissez-les quelque temps sur la tête du malade, les vers ne reparaîtront plus sur la plaie. »

Voulez-vous savoir comment on peut se débarrasser des punaises, ce parasite extérieur de l'homme ? Nous en adresserions volontiers la recette à certains hôteliers du midi qui ont l'Olivier sous la main : « Un jeudi, avant que le soleil ne paraisse à l'horizon, placez dans l'endroit où sont les punaises trois feuilles d'Olivier sur lesquelles vous aurez écrit : « Dieu n'écoute personne, il n'y a que ce qu'il a dit ; et celui qui

le reconnaît, en lisant le *Fatha*, chasse par son pouvoir les punaises. »
Effectivement, disent les Arabes, les insectes disparaissent de suite, et
ne se montrent jamais plus. »

Contre une vermine plus intime encore, ils emploient les feuilles
sèches d'Olivier, la cendre de bois de tamarin, avec lesquelles et l'eau
on fait une pâte.

Les feuilles de l'arbre de Pallas ont été fréquemment employées chez
les anciens dans la médecine des animaux : ainsi, Columelle donne la
recette suivante contre l'indisposition des bœufs : « Infusez dans un
congius d'eau 4 livres de cimes de lentisques et d'Olivier sauvage, avec
1 livre de miel. » Contre la fièvre des bestiaux, il prescrivait : « Des tiges
de choux cuites dans l'huile, avec du garum : puis, cimes de lentisque et
d'Olivier. » Le même auteur interdit l'usage des feuilles d'Olivier sauvage chez les bœufs en traitement pour la dyssenterie [1].

II. Usages médicaux de l'huile d'olive chez les anciens et
chez les modernes. — Ce titre pourra sembler, au premier abord,
ne devoir fournir rien de bien intéressant, la substance dont nous parlons
n'ayant aucune action puissante sur l'économie. Il est certain qu'elle
occupe une place fort modeste dans l'arsenal thérapeutique des modernes, mais il n'en a pas toujours été ainsi : jadis, elle était fort employée
chez les peuples qui cultivaient l'Olivier. Comme nous écrivons ici une
page d'histoire, nous mesurerons l'importance médicale de l'huile
d'olive à la multiplicité de ses usages chez les anciens, plutôt qu'à sa
valeur réelle comme médicament.

Nous allons tenter une étude de l'emploi médical de l'huile d'olive

1. M. B. Décugis a fait, dans l'ouvrage les Tourteaux, l'analyse des feuilles de
l'Olivier brun et de l'Olivier cayon du Var. Voici les résultats :

	Olivier brun.	Olivier cayon.
Eau.	48,59	49,85
Matière totale sèche.	51,41	51,15
Matières salines.	5,65	5,83
— ligneuses.	14,00	11,00
— grasses.	1,81	2,66
— carbonées.	26,45	26,12
— azotées.	3,50	4,44
Azote dans ces matières. . . .	0,56	0,71

en Grèce et en Italie. Ces deux pays peuvent être confondus ; dans l'antiquité leurs histoires médicales ne sauraient se distinguer l'une de l'autre,
les doctrines et les moyens ayant été les mêmes. Elles ont été fondues,
d'ailleurs, en un seul corps par les grands écrivains qui résumaient
en eux toute la science hypocratique ancienne, Galien, et Oribase surtout, qui compulsa tout ce que l'Orient et l'Occident avaient produit
dans cette voie.

Nous allons donc montrer d'abord l'emploi de l'huile d'olive chez les
Grecs et les Romains dans le traitement des maladies, puis nous verrons ses usages chez les Arabes et les modernes.

L'huile d'olive servait en médecine pure de toute association, ou bien
chargée de principes volatils ou colorants empruntés à d'autres substances, ou bien enfin comme partie intégrante de compositions plus ou
moins complexes : nous parlerons d'abord de l'huile simple.

On distinguait pour l'emploi médical, l'huile ordinaire, la vieille huile,
et l'amurque ou lie d'huile.

L'huile ordinaire dont nous avons vu les nombreux usages en onctions
pour assouplir le corps servait, sous la même forme, dans le traitement
des fièvres éphémères, et figurait au nombre des médicaments *euporistes*, c'est-à-dire qu'on se procure facilement. Oribase, dans un fragment adressé à Eunape, décrit ainsi cette médication :

« Ceux qui, par suite de lassitude, sont pris de fièvre éphémère,
doivent être doucement frottés d'huile en grande quantité, et mis au bain.
Si la fièvre tient à la sécheresse, on insistera moins sur les frictions, mais
plus sur les bains. Si cette fièvre provient de soucis, de chagrins et de
veilles, on doit employer rarement les bains, mais on fera des frictions
peu prolongées avec de l'huile en abondance, tiède, de qualité supérieure, et qui n'ait aucune astringence. Quand la fièvre provient de
l'insolation, on prescrit au début des réfrigérants, et en même temps des
bains fréquents, et des frictions peu prolongées avec peu d'huile.
Comme réfrigérant on se servira d'huile aux roses, ou d'huile d'olives
vertes, huile préparée sans sel..... On pratique des affusions sur la
tête, à la région du sinciput, en versant de haut l'huile froide à travers
une pièce de laine..... Ceux qui ont la fièvre par suite de privation
d'aliments, devront être mis au bain dès le déclin du premier accès,

puis on fera des affusions avec de l'huile tiède en grande quantité, et des frictions douces. » (*Euporistes*, III, 2.)

Si l'on veut avoir une idée complète de l'importance du rôle des affusions et frictions à l'huile d'olive chez les anciens, il faut lire, dans Cœlius Aurélianus, la description de la méthode circulaire ou métasyncrèse, pour le traitement des longues maladies et spécialement du mal de tête. A chaque phase du cycle reparaissent les onctions légères sur les articulations, les compresses huileuses sur les tempes et le crâne. Les affusions d'huile froide ou tiède sur la tête avec l'huile d'olives vertes. (Voyez E. Bouchut, *Hist. des doctr. médicales.*)

Mêmes affusions d'huile pour combattre la fièvre tierce légitime (*Eup.*, III, 3), pour modérer les sueurs (*Eup.*, III, 8), et pour conjurer les menaces de convulsions tétaniques ; mais dans ce dernier cas, la très-vieille huile était de rigueur (Or., *Synop.*, VII, 22). Dans le tétanos authentique, on appliquait sur le cou du patient une vessie pleine d'huile chaude (Philumène, VIII, 17). La vieille huile réussissait encore en onctions dans la nyctalopie, celle d'olives sauvages retardait la canitie, et les embrocations sur la tête calmaient la soif et paraient aux suites des chutes sur cette partie.

Le bain entier d'huile d'olive fut même employé, « contre les fièvres chroniques, accompagnées de refroidissement, contre la fatigue et contre les douleurs des nerfs voisins des os. » Oribase donne, d'après Hérodote, une description détaillée de la façon dont on doit administrer le bain d'huile, et des précautions à prendre pour pouvoir retirer du bain le malade, dont les surfaces lubréfiées ne peuvent être saisies par les moyens ordinaires. C'est à l'aide d'un drap percé de trous et fixé sur des atelles, que l'on procédait à cette opération.

Quant aux effets de l'huile, voici ce qu'écrit le médecin de l'empereur Julien. — D'abord, l'huile ne doit produire que des picotements doux, mais, quand les malades auront séjourné pendant quelque temps dans cette huile, au repos, ils doivent lui imprimer des mouvements avec leurs propres mains, et les aides devront, de leur côté, faire des affusions dans une juste mesure, car il faut savoir que ce mouvement excite une chaleur plus considérable et plus forte qu'on ne s'y attendait. Si les malades ont besoin d'un bain d'une température plus élevée, on y ajoutera l'huile chauffée au degré plus fort, mais on ne versera cette huile que sur les pieds du malade. Pendant qu'on fait des affusions, les malades doivent plonger la tête dans l'huile. — L'article se termine par des indications sur la longueur du bain, qui doit se régler sur les forces du malade, et les sueurs excessives qu'il détermine (*Coll. med.*, X, 37).

L'huile d'olive s'employait très-souvent à l'extérieur contre les blessures légères; sans l'intervention du médecin. Le fameux Giton du Satyricon pratiquait admirablement bien cette chirurgie d'urgence. — Giton commença par panser, avec une toile d'araignée trempée dans l'huile (*araneis oleo madentibus*), la blessure qu'Eumolpe avait reçue au front (ch. XCVIII). Pétrone indique encore l'huile et le vin dans d'autres circonstances. — *Vulnerati in lecto plagas oleo et vino medemur* (Satyricon, CXXVI).

Parmi les variétés d'huile, Pline estimait que l'*omphacium* était, tenu dans la bouche, un bon remède pour les gencives malades, et pour conserver la blancheur des dents.

La vieille huile avait, au contraire, ses préférences pour échauffer les corps, provoquer la sueur, résoudre les tumeurs, dissiper la léthargie : faute de vieille huile, il conseillait de faire bouillir la nouvelle pour lui en communiquer les propriétés (Pline, livre 23, XL).

L'huile d'Olivier sauvage, plus légère et beaucoup plus amère que celle de l'Olivier franc, n'était employée qu'en médecine d'après Pline.

L'huile d'olive passait pour un excellent contre-poison. — Prise dans de l'eau miellée ou dans une décoction de figues sèches, elle neutralise toutes sortes de poisons ; elle est bonne contre le plâtre et la céruse, avec de l'eau, elle est salutaire contre l'opium, et aussi contre les buprestes, les cantharides, les salamandres, les pityocampes ; prise toute pure et vomie ensuite, elle détruit tous les venins précités (Pline, liv. 23, XL). —

Passons maintenant aux préparations désignées par Pline sous le nom d'huiles artificielles (liv. 15, VII). Il en comptait 48 : on ne les connaissait pas encore du temps de Caton, qui n'en dit mot. Ces huiles artificielles, très-souvent employées en médecine, n'étaient autre chose que de l'huile d'olive, chargée des différents principes de substances que l'on faisait digérer avec elle. Les huiles de myrte ordinaire, ou de myrte sauvage (petit houx), se préparaient en faisant bouillir l'huile extraite d'olives non mûres, avec le suc exprimé des jeunes feuilles de ces arbustes : leurs principes aromatiques et la chorophylle se dissolvaient. Pour l'huile de cyprès et de *Daphne gnidium*, leurs fruits cédaient par macération, leur matière âcre à l'huile d'olive.

L'huile rosat était à son tour la base d'une foule de préparations, et servait seule pour faire disparaître les rugosités de la langue ou les maux de tête.

Il est souvent question d'une autre huile désignée sous le nom de Σικυώνιον ἔλαιον, huile de Sycione. Ce n'était autre chose que de l'huile d'olives vertes, que l'on faisait à plusieurs reprises bouillir avec de l'eau : pratique qui était surtout usitée à Sycione. Aétius, Paul d'Égine, etc., parlent cependant d'une autre préparation du même nom, obtenue en faisant bouillir des concombres (σίκυωνια,) dans l'huile d'olive.

La gleucine, autre huile composée, souvent employée en médecine, s'obtenait en faisant cuire du moût à petit feu, avec de l'huile d'olive. Sans le secours du feu, on pouvait procéder autrement, en laissant pendant vingt-deux jours le marc de raisin en contact avec l'huile, et remuant deux fois par jour. On ajoutait ensuite différentes substances aromatiques, du nard celtique, de l'aspalathe, du costus, etc. Telle était l'*Oleum gleucinum*, de γλεῦκος, moût.

Les substances alcalines, comme la chaux, les cendres, étaient fréquemment associées à l'huile d'olive, et formaient ainsi des savons liquides usités à l'extérieur. La notion de l'action réciproque de ces deux substances était loin d'être claire alors, puisque Pline disait que, si ces deux matières s'unissent, c'est que toutes les deux sont ennemies de l'eau.

La chaux éteinte et l'huile constituaient un remède contre les blessures des nerfs (Orib., *Syn.*, 7, 22). L'huile et la chaux vive étaient bonnes contre les écrouelles (Oribase, *Syn.*, 7, 29).

Les préparations faites d'huile d'olive et de cendres étaient communes. Contre les fissures on usait d'un liniment de cendre de lierre titurée dans un mortier de plomb (*Syn.*, IX, 35). La cendre d'ail et l'huile était usitée contre les ulcères de la tête, la cendre de cancre dans l'huile, contre la lèpre, celle de tête de perche, dans les maladies des femmes.

La mixture huileuse de cendre de murex contre les tumeurs, l'association étrange de l'huile à la rose et de la cendre de crottes de chien,
contre les rhagades; celles de loir, de ver de terre, de fiente de poule,
délayées dans l'huile, contre les luxations ; enfin les liniments de cendre
de hérisson, et de cendre de tête de chien figuraient encore dans cette
étrange matière médicale.

L'action des composés plombiques sur l'huile d'olive qui a reçu, dans
ce siècle, de si nombreuses applications thérapeutiques, fut soupçonnée
par les anciens : quelques-unes de ces préparations sont des emplâtres
imparfaits. On faisait bouillir de l'huile de la litharge dorée, de la cire et
de la résine pour guérir les excoriations (Orib., *Syn.*, 75) ; on prescrivait
contre les ulcères carcinomateux l'huile d'olives vertes triturée dans un
mortier de plomb avec un pilon de plomb (Orib., *Syn.*, 7, 11).

L'huile d'olive entrait encore dans la composition du cérat simple ou
de cérats plus ou moins compliqués. Oribase donne ainsi le mode de
préparation du *cérat refroidissant :* « On fond dans l'huile d'olive la
cire, on la fait refroidir dans un mortier pour la pétrir, en ajoutant
autant d'eau froide que le cérat peut en absorber. Employez de préférence
l'huile aux roses préparée avec de l'huile d'olive verte sans sel ; que la
quantité d'huile soit le triple de celle de la cire (Orib., *Syn.*, VII, 32). »
Quand on voulait préparer des médicaments de la consistance des onguents, contre la fatigue, on mettait quatre fois plus d'huile que de cire.
Pour les médicaments de la consistance des emplâtres, l'huile et la cire
entraient dans le cérat en parties égales. Voici une formule de cérat composé employé pour résoudre les tumeurs : « Cire, encens 20 drachmes,
écume d'argent 40, cendre de murex 10, vieille huile 1 hémine ».

Nous rapporterons encore à la médication huileuse ces aliments pré-
parés avec beaucoup d'huile, et que les anciens médecins prescrivaient
aux malades.

On guérissait, par exemple, la boulimie en donnant des aliments ou des
remèdes noyés dans l'huile. Le meilleur moyen de guérir l'éléphanthiasis,
c'était de manger des vipères à la sauce blanche, laquelle se composait
d'huile de poireau et d'aneth. Le homard grillé à l'huile était bon pour les
gerçures des pieds (Orib., *Syn.*, VII, 46 et 51). Rien ne valait dans les maladies du poumon les rats d'Afrique bouillis dans l'huile. Le chou grillé

et frotté d'huile faisait, d'après Caton, cesser l'insomnie. Les sèches à l'huile, sel et farine, étaient laxatives ; le foie de pastenague, cuit dans l'huile, dissipait la lèpre ; la friture de jaunes d'œufs convenait dans la lienterie.

Il faut donner ici une mention particulière à la crasse des palestres, et à la raclure des athlètes, mélanges de sueur, d'huile et de poussière. Toute l'antiquité a préconisé les vertus émollientes, résolutives et fortifiantes de ces impuretés. C'est surtout aux femmes qu'on les administrait dans les mille misères de leur nature spéciale : résolution des tumeurs, inflammations diverses, douleurs de nerfs, luxations, nodules de la goutte ; elles étaient souveraines dans ces nombreuses circonstances, aussi leur prix était fort élevé.

Pour donner au lecteur une plus complète idée de l'emploi de l'huile d'olive dans la médecine des anciens, nous allons le conduire à Rome chez une célébrité médicale.

Hylas, ne pouvant satisfaire sa nombreuse clientèle avec un simple *narthecium*, avait établi chez lui un vaste débit de drogues auquel on venait des parties les plus reculées de la ville. Un certain nombre d'élèves et d'aides s'occupaient là de la partie la plus lucrative de l'art : remèdes et consultations, tout y était réuni à la grande commodité du client.

Le local était considérable, tant pour contenir l'arsenal des drogues que la thérapeutique d'alors prodiguait sans mesure, que pour recevoir les malades et les commères qui, tous les matins, venaient là médire du temps, de la politique, de leurs petites misères, et surtout du prochain. Deux pièces principales constituaient l'établissement : l'officine et le magasin, qui pouvait passer pour une *cella olearia*, tant était grande la quantité d'huile d'olive réunie dans des jarres adossées contre les murs. Dans une cour, un marais artificiel contenait des grenouilles, des tortues, des escargots ; des rats d'Afrique et des souris grises allaient et venaient dans une cage ; des vipères enlacées dormaient dans un bocal, et deux renards dans un tonneau grillé suivaient des yeux les mouvements des allants et des venants.

Un certain ordre régnait dans l'arrangement des vases contenus dans la première pièce. Voici l'étagère des cendres animales, cendre de scrpent, de tête de chien mort de la rage, de crottes de chien, de poils d'anus d'hyène, de tête de perche, de vers de terre, de belettes brûlées vives, etc. A côté le compartiment des fientes desséchées ou conservées dans l'huile d'olive; fientes de poules, de pigeons, de veau, de porc, de chien, d'âne, etc. Puis les produits minéraux et végétaux; tous les matins des fournisseurs habitués apportaient de la campagne les laits de femme, de brebis, de chèvre, les urines fraîches très-variées, et les plantes nécessaires pour la journée.

Hylas est sorti de grand matin et déjà ses prescriptions arrivent. C'est d'abord un affranchi de Lentinus le goutteux, qui vient avec deux esclaves chercher un grand chaudron plein d'huile, dans lequel un renard entier a cuit 1. Cette huile va composer la partie active d'un grand bain d'huile dont Lentinus veut essayer encore. Il a tout employé contre la terrible affection, les cataplasmes de miel, de sel et d'huile d'olive mêlés, le liniment de cendre de belette brûlée vive, celui de vieille huile et de soude, puis les orties cuites dans l'huile, tous ces *fomenta podagrorum*, comme les nommait Horace, n'ont rien fait.

Pendant qu'on sert les gens de Lentinus, Priscus et Nerva entrent en causant.

PRISCUS. — Je ne m'attendais pas à vous trouver encore ici, je vous croyais parti pour vos terres du Picenum : seriez-vous malade?

NERVA. — Non, mais à la veille de quitter Rome, j'ai voulu me munir d'un bon spécifique contre la morsure des reptiles dangereux qui abondent dans nos campagnes, et m'ont enlevé l'année dernière mon plus cher voisin, Sophronius.

PRISCUS. — Mieux vaut prévenir que guérir, Nerva; ne savez-vous pas qu'en faisant macérer dans l'huile d'olive, soit des fruits de cèdre, soit du galbanum, ou trois feuilles d'origan, voir même de la graisse de vipère, on compose d'excellents liniments dont l'usage éloigne les serpents?

NERVA. — On m'a conseillé en topique, des semences de cumin écrasés dans l'huile; je vais aussi prendre le liniment de laser et d'huile d'olive, très-bon contre la piqûre des scorpions.

---

1. Orib., *Syn.*, IX, 57.

Priscus. — Le laser ! Savez-vous ce que cela vous coûtera ? Chez nous, nous employons des remèdes moins chers et que tout le monde a sous la main, le mélange d'huile, de sel ou de vinaigre, ou le même parfumé aux feuilles de menthe sauvage ; mais tenez, des vrilles de vigne contusées avec l'huile d'olive, c'est encore ce qu'il y a de meilleur. C'est comme pour les piqûres d'abeilles et la morsure des chiens, nous n'employons que l'asperge broyée dans l'huile et le liniment d'iris.

Nerva. — En fait de recettes, Priscus, ma vieille Marubia pourrait vous revendre, elle a des remèdes de campagne pour toutes les petites misères et tous les accidents. L'huile de nos olives en fait la base. Pour les brûlures, par exemple, elle l'emploie, soit associée avec les feuilles d'arum, soit avec la cendre de fiente de pigeons, ou avec celle de tête de chien, de loir ou de grande vipère. Contre le mal de dents, ses moyens sont aussi simples, et elle soulage souvent. La décoction huileuse de vers de terre, celle de pucerons de mauve ; le liniment de cendre de peau de serpent ou celui de cendre de tête de chien mort de la rage, lui suffisent. Vous ne le croyez pas, mais elle m'a guéri de bien des rages de dents en m'attachant au bras, avec de la laine, de la fiente de moineau chauffée dans l'huile. Un jour où rien ne faisait, elle m'a proposé un autre remède que j'ai refusé : il m'eût fallu prendre dans la main gauche une araignée, la piler dans l'huile rosat, et me l'introduire dans l'oreille du côté du mal (voyez Pline, livre XXX). Mais ce qui vaut encore mieux que tout cela, c'est de se procurer de la cervelle de chien de mer, et de la faire cuire dans l'huile d'olive. Il suffit de s'en frotter les dents une fois par an pour n'en plus souffrir. Vous riez ! Adieu ; je vais prendre du cumin.

Hylas rentre.

Hylas. — Salut, Priscus ; Je suis à vous dans un instant. *S'adressant à l'un de ses élèves* : Avons-nous beaucoup de grenouilles ?

L'élève. — Oui, maître.

Hylas. — Vous en prendrez 36, vous allez leur arracher le cœur, et ces cœurs, vous les ferez cuire dans un setier de vieille huile d'olive sous la tourtière de cuivre. Vous recommanderez à la servante de Chrestilla d'injecter ce liquide dans l'oreille de sa maîtresse, du côté de la mâchoire souffrante. Et, puisque vous allez aux grenouilles, prenez-en quatre autres, faites-les cuire dans l'huile d'olive, salez et ajoutez *ccastoreum* et nouvelle huile. Albus, atteint de torticolis, va passer ici en se rendant au forum ; vous lui ferez boire le tout, et j'espère que sa tête, droite et libre sur ses épaules, ne sera pas un sujet de risée pour ses clients. Ne perdez ni les intestins ni les peaux des grenouilles dont vous arracherez les cœurs, et quand vous aurez un moment, vous les ferez cuire dans l'huile d'olive ; les premiers constituent un excellent liniment contre le frisson, et les seconds contre la fièvre quarte. La belle Philénis m'en veut beaucoup de ne le lui avoir pas prescrit, au lieu de lui faire attacher à son insu, sous son péplum, trois grenouilles étouffées dans l'huile, ce dont, il paraît, elle ne s'est aperçue que chez Turgidus.

Hylas revient vers Priscus : « Eh bien, et Métella ?

Priscus. — Depuis trois mois, je prends soir et matin le mélange d'huile d'olive et de fientes de limaçon et de pigeon que vous m'avez prescrit ; depuis trois mois, je me fais les applications de fenouil broyé dans l'huile où vous m'avez dit de les faire.

Hylas. — Eh bien ?

Priscus. — Métella veut retourner chez sa mère.

Hylas, *(à a servante de Chrestilla qui entre,)* : — (Vous venez trop tôt) attendez-là. *(A Priscus)* — Continuez encore un mois les fientes ; laissez, si vous voulez, le fenouil, et à la place, frottez-vous souvent avec un liniment de chicorée sauvage et d'huile d'olive. Bassus a réussi, par ce moyen, à fléchir l'indifférence de Stella. — Hylas rentre dans son cabinet avec Aper, qui vient d'arriver.

La vieille Fabia entre et va s'asseoir près d'Alba, la servante de Chrestilla.

Fabia. — Vous êtes donc toujours ici, Alba ; qu'a-t-elle donc encore, votre maîtresse ?

Alba. — Des caprices ; et vous, auriez-vous quitté Ligella ?

Fabia. — Depuis huit jours. C'est toujours comme cela ; témoin secret des outrages du temps voilés par mes artifices, j'étais importune.

Alba. — Vous l'avez, en effet, bien changée.

Fabia. — Toutes les recettes de Suburra ! Oui, c'est à moi qu'elle doit le regain de beauté qui lui tourne la tête et lui vaut de tardifs hommages. Vous vous souvenez d'elle, Alba ; vous vous rappelez ses yeux rouges, sa peau rude comme celle d'une esclave d'Egypte, son teint hâlé et semé de taches, sa grosse verrue, son poil follet sur le menton, et sa chevelure éclaircie.

Chaque jour, je lui passais sur les paupières, tantôt du suif de bœuf cuit dans l'huile, ou de la mie de pain dans l'huile aux roses, tantôt le liniment de mélanthium et d'iris : avec de la laine grasse trempée dans l'huile d'olive, j'adoucissais sa peau de requin. De mes mains, je pétrissais la gomme, l'huile et la fiente de veau qui chassaient le hâle de son museau. Que de liniments de cendre de hérisson ou de loir ; que de fromage de chèvre et d'huile d'olive, j'ai successivement mis sur ses surfaces tannées pour en faire disparaître les taches ; ma boîte de corne où, dans la plus vieille huile la plus blanche fiente de poule macérait depuis cinquante ans est vide !

La corne de chèvre, brûlée et délayée dans l'huile, lui a fait des sourcils superbes. Sa chevelure est noire et touffue : ceci est un secret à moi ; c'était sous le consulat de Crispus, je perdais mes cheveux : un soir, un affranchi de Sabellus, à qui j'avais rendu quelques bons offices, m'apporta un objet difforme : « Tenez, me dit-il en riant, notre vieil ânon est mort, prenez cela, brûlez-le, délayez-en la cendre dans l'huile avec du plomb, servez-vous-en, vos cheveux repousseront. »

J'ai réprimé le poil follet qui commençait à frisotter sous son nez avec le liniment huileux de cendre de cancre et de scolopendre. L'ortie bouillie dans l'huile, et la grenouille sèche cuite dans le même liquide n'avaient pas réussi. Quant à sa verrue, la fiente de poule dans l'huile nitrée en a eu raison de suite.

ALBA. — Mais, c'est une résurrection !

FABIA.—Un récrépissage, mais cela ne lui a servi de rien ; je n'aurai pas perdu tant de peine et de vieille huile pour être brutalement congédiée. Depuis quelque temps, Sparsus, épris de ces apparences, lui faisait assidûment la cour ; il était même question d'hymen. La belle, croyant toucher au port, était pour moi d'une humeur détestable ; en un instant, j'ai glacé les transports du galant.

ALBA. — Comment donc ?

FABIA. — En lui servant incorporée dans le suc de l'olive un peu de

cendre de poil d'anus d'hyène[1]. J'ai dégoûté encore un autre; préten-
dant à sa main, le riche et stupide Carandas. Ligella croyait bien le
tenir par un artifice dont elle entendit parler un jour au vieux Pline
notre voisin, lequel racontait qu'en donnant un peu de foie de souris
dans une figue à un porc, on peut se faire suivre par lui, et que pareil
moyen réussit pour l'homme. Le malheureux Carandas avait reçu
l'appât ; mais, averti par moi, il a bu un plein verre d'huile d'olive, ce
qui l'a désensorcelé[2].

ALBA. — Et chez qui servez-vous, maintenant ?

FABIA. — Chez Arétulla la Sicilienne.

ALBA. — On la dit fort malade.

FABIA. — J'espère qu'elle durera assez, pour que j'aie le temps de lui
rendre quelques services, et obtenir une place sur son testament. Elle est
à Rome pour se faire traiter par Hylas d'une ancienne dyssenterie. Je
viens chercher ici une vieille peau de serpent pour en faire, avec de l'huile
d'olive, et dans un vase d'étain, un liniment spécial. Hylas espère lui
rendre les forces, il ne la nourrit que de jabots de poule rôtis et servis
dans l'huile.

Un aide d'Hylas remet à Alba le topique pour sa maîtresse, et à Fabia
la peau de serpent ; elles s'éloignent.

HYLAS, *sortant avec Aper*. — Quant aux maux d'oreilles si fréquents à
Rome, pour peu que vous ayez de l'huile d'olive chez vous, vous avez à
choisir entre mille remèdes. Le lait de femme, le suc de saule, le suc
d'euphorbe, celui de la rue peuvent lui être mêlés, ou, vous pouvez vous
en servir après l'avoir employé à faire cuire, soit des câpres, soit de la
graine d'arum, soit des oignons et de l'ail.

APER. — Je vous rends grâces, adieu. — Mais dites-moi donc de quelle
maladie est mort Charinus, je viens d'apprendre cette nouvelle par le
petit Urbicus son parent ?

HYLAS. — D'un érisypèle à la face. C'est mon confrère Hérodote qui le
voyait. Appelé à la dernière extrémité, tout était inutile, on lui avait appliqué successivement des bouillies de feuilles de mauve, et de jaunes d'œufs
cuits dans l'huile.

1. PLINE, liv. 28.
2. PLINE, liv. 29.

APER. — La pauvre Alauda dut être bien désolée?

HYLAS. — Oui, mais un peu d'huile épaissie par l'ail eut raison de ses suffocations.

APER. — Après tout, elle hérite.

HYLAS. — De cent mille sesterces!

Il nous eût été facile de multiplier encore ces exemples de l'emploi continuel de l'huile d'olive chez les anciens. Pline, le *Synopis* et les *Euphoristes* d'Oribase nous les auraient fournis. Ce que nous avons dit suffit pour prouver qu'ils ont tiré de ce liquide oléagineux les mêmes services que nous lui demandons aujourd'hui. Ils l'ont employé surtout à l'extérieur, comme dissolvant des huiles essentielles de rose, de myrte, d'anis, d'ail, et de principes très-variés appartenant à la scille, à la rue, au laurier, au genêt, au rhamnus, à la clématite, à la mercuriale, aux arums, aux têtes de stellion, aux cosses du bois, aux escargots sans coquilles, etc.; en l'unissant aux cendres, à la chaux, ils en faisaient des savons liquides, qu'ils administraient surtout dans les brûlures. Ils ont connu l'usage des cérats dans le pansement des plaies ; enfin, en introduisant l'huile dans des bouillies de substances végétales, mauve, oignons de lis, pourpier, gruau, orge, farine de froment, feuilles de bette, etc., ils constituaient d'excellents cataplasmes émollients. Ils l'ont enfin employée comme contre-poison de substances dont elle peut, en effet, en les enveloppant, paralyser l'action.

Bien des siècles après, nous retrouvons l'huile en usage fréquent dans la médecine des populations chez lesquelles elle était commune et abondante. Garidel, professeur d'anatomie à Aix, nous donnera une excellente idée des vertus que l'on attribuait de son temps, en Provence, au suc huileux du fruit de l'arbre apporté par les Phocéens. On pourra juger qu'à cette époque les hommes les plus élevés par leurs connaissances, avaient peut-être sur certaines choses des idées moins justes que les anciens, tant il est vrai de dire : — Un peu de science éloigne du vrai, beaucoup de science y ramène. — Nos lecteurs liront avec surprise les lignes suivantes écrites par l'illustre médecin naturaliste :

« L'usage qu'on fait aujourd'hui de l'huile dans la médecine, est ou intérieur ou extérieur. Il est certain que l'huile, qui est une liqueur sulfureuse, chargée de beaucoup d'acide, est émolliente et laxative; elle adoucit par ses soufres l'acrimonie des sels, surtout si elle est récente, et comme on dit : *exquisitioris notæ*. Celle qu'on nomme *omphacion*' qui est tirée des olives vertes, est astringente et syptique. L'huile devient résolutive, si on la distille mêlée à des briques ardentes, par la retorte : c'est ce qu'on appelle improprement huile de briques, ou huile des philosophes : les briques absorbent ces sels acides de l'huile, rendent les parties sulfurées plus dégagées. »

L'ignorance des anciens valait mieux que cela. Garidel employait comme eux les grands bains d'huile contre la fièvre hectique et l'atrophie ; les demi-bains d'huile, dans les affections des reins et maladies de la vessie. A l'intérieur, il la prescrivait pour exciter les vomissements, tuer les vers, en bouchant leurs trachées, et calmer les passions iliaques, comme on appelait honnêtement la constipation. Enfin, il la conseillait aussi dans les empoisonnements. Dans ce cas, c'était par *ses soufres* que l'huile émoussait *la pointe des sels caustiques et corrosifs*.

Un siècle plus tard, un autre médecin provençal, Béguin, traite, dans une thèse spéciale, des usages de l'huile d'olive en médecine, et particulièrement dans son pays natal. Il signale, par exemple, l'emploi de cette substance combinée avec le jus de citron, dans les maladies gastro-adynamiques, vermineuses, remède familier, dit-il, à toutes les mères de famille. Il parle encore de son usage, mêlée avec du sirop de fenouil, dans le catarrhe vésical, et dans les maux d'oreilles et les piqûres d'abeilles.

De nos jours, l'huile d'olive n'est plus employée à l'intérieur que comme laxative et anthelmintique.

Ses usages externes sont excessivement variés. L'art chirurgical l'utilise pour faciliter l'introduction et le glissement du doigt, de la main, ou des instruments dans diverses opérations. Odier, de Genève, l'a préconisée contre les brûlures, et a parlé de ses remarquables propriétés résolutives.

Un médecin français, le docteur Aubrun, a repris cette étude. Pendant plusieurs années, il s'est servi d'huile d'olive dans toutes les contusions ou entorses avec ou sans épanchement sanguin, et il assure que ce moyen lui a réussi constamment pour faire disparaître, *en vingt-quatre heures*, les ecchymoses et les épanchements sanguins qui accompagnent ou suivent les contusions et les entorses. Voici la manière d'opérer : on fait une onction avec l'huile d'olive sur toute la partie qui est le siége dn gonflement, on recouvre de ouate arrosée elle-même d'huile, toute la partie malade ; on enveloppe le tout de taffetas gommé, et l'on abandonne le membre au repos pendant vingt-quatre heures, on renouvelle ce pansement, s'il y a lieu. C'est bien au suc hui'eux de l'olive que le docteur Aubrun attribue la guérison, car il dit expressément : « Toutes les huiles médicinales ou autres n'ont pas, à l'égal de l'huile d'olive, les propriétés résolutives constatées comme celle-ci » (voyez *Bulletin de Thérapeutique*, t. LIV, année 1858).

De tout temps l'huile d'olive a été vantée contre la piqûre des vipères, et comme pouvant en arrêter les conséquences funestes. En 1736, un marchand, disent les uns, un paysan disent les autres, se faisait mordre dans les rues de Londres par des vipères, et trempant immédiatement la blessure dans l'huile d'olive, les accidents consécutifs ainsi que la douleur étaient conjurés. Cela fit assez de bruit pour que l'Académie des sciences de Paris s'en émût, et chargeât deux de ses membres, Geoffroy et Hernault, de vérifier le fait. Malheureusement, le prétendu spécifique fut trouvé fort inefficace (Voy. *Comptes rendus*, année 1737).

Assimilant la peste à une fermentation putride, on crut aussi, à une certaine époque, que les onctions d'huile d'olive, bouchant les pores de la peau, empêcheraient en temps d'épidémie les genres morbifiques de l'atmosphère de pénétrer dans l'économie. Le Père Louis|de Pavie avait soutenu que les marchands d'huile d'olive du Levant étaient à l'abri de la peste, et parla d'expériences concluantes faites à l'hôpital de Smyrne. Desgenettes, dans son *Histoire médicale de l'armée d'Orient*, sans y croire absolument, ne déconseille pas l'usage des frictions huileuses. Béguin pense qu'on doit recommander cette pratique, — ne fût-ce que pour augmenter le courage. — Enfin, en 1819, le docteur Sérafino Sola fit inoculer à 18 déserteurs espagnols un mélange à parties égales de virus et d'huile d'olive ; aucun ne périt, et ils furent graciés. Ceci ne prouve rien, car la peste n'est pas transmissible par inoculation.

Nous ne ferons pas ici l'exposition de toutes les formes médicamenteuses modernes desquelles fait partie l'huile d'olive ; elle sert de base à une foule de liniments, de cérats, d'onguents, d'emplâtres, dont les uns sont consacrés par le Codex, les autres par l'usage populaire. Chaque pays a les siens, tel est, par exemple, l'aceite de Nicodémus, remède très en vogue en Espagne. On l'attribue à saint Nicodème ; il est composé d'huile d'olive, de vin blanc, de térébenthine et d'aloès.

Les Arabes font fréquemment usage de l'huile d'olive et l'on croirait, en parcourant leurs formulaires, retrouver les antiques recettes de Pline.

Quand un Arabe tombe malade un samedi, les marabouts, sans étudier les symptômes, connaissent d'avance la marche de la maladie et prescrivent un liniment d'huile d'olive, d'anis et de sésame.

Dans les maladies de peau, ils font usage d'un savon noir composé d'huile d'olive et de cendres de laurier rose ; c'est leur *Saboun Akal*. La cendre de laurier est aussi remplacée par le soufre (*Kebrit*).

L'eczéma chronique est traité par un autre savon liquide, formé d'huile d'olive, de cendres de vieux souliers, de poils de chèvre, de coton et de son d'orge ; contre les dartres on emploie une bouillie d'huile et jaunes d'œufs.

On fait passer les boutons des enfants avec de l'huile d'olive bouillie avec la noix de galle ou la racine de ricin.

Contre la calvitie on frictionne la tête avec un liniment d'huile d'olive et de cendres de *mermar*. Celles-ci sont souvent remplacées par le produit de l'incinération des poils de hérisson, ou de foie de jeune jument. Le suc de rue associé à la vieille huile guérit la teigne ; le même liniment additionné de bile de chèvre fait passer la céphalalgie. Enfin, le coryza est traité par le suc de l'olive et les coques d'œufs mélangés.

Ils font une sorte de cérat en faisant bouillir : huile d'olive, cire, tiges de genêt et pommes de pin.

Contre les piqûres d'insectes ils se servent de la friction huileuse, puis cautérisent.

Dans les empoisonnements, les médecins arabes administrent la graine de *Mimosa flava* écrasée dans l'huile d'olive.

Nous avons vu que les anciens ne faisaient pas toujours usage de la meilleure huile pour les emplois médicaux, que l'huile rance était parfois spécialement indiquée. Ils se servaient encore de l'amurque, *amurca*, écume d'huile, lie d'huile, que l'on traduit à tort par le mot *marc d'olives* (il y avait un nom spécial. *fraces*, pour les résidus de l'expression des

olives). Ainsi tout ce que Pline dit des vertus thérapeutiques du marc
d'olives se rapporte à l'*amurca* (livre 15).

Le grand compilateur célèbre les propriétés de cette substance que
l'on conservait dans les *amurcaria*. L'amurque contient des débris du
sarcocarpe de l'olive; aussi on peut lui attribuer des propriétés émollientes. Elle ne saurait, par exemple, remédier à l'atonie des gencives.
On comprend encore qu'elle ait été dirigée contre certaines affections
herpétiques; pour faciliter la réduction des luxations; dans la goutte,
pour en calmer les douleurs; mais il est faux qu'elle puisse faire tomber
les dents et guérir les fistules. Pline distinguait des qualités d'amurque,
celle des olives noires et celle des olives blanches.

On trouve aussi dans Oribase plusieurs indications de l'emploi de la
lie d'huile cuite, en topiques ou en onctions.

III. — L'HUILE D'OLIVE DANS LA MÉDECINE VÉTÉRINAIRE DES
ANCIENS ET DES MODERNES. — Les anciens qui firent pour eux un
usage si considérable d'huile d'olive et de marc d'huile dans le traitement de leurs maladies, durent les employer aussi pour leurs animaux.
Caton, Columelle, Varron, Palladius, Végèce, nous ont laissé de nombreuses formules de médecine vétérinaire dans lesquelles les produits
huileux de l'Olivier se montrent fréquemment.

Le mélange d'huile d'olive et de vin, deux substances que les Romains
possédaient en abondance, était fréquemment prescrit.

Les animaux pris de fièvre, dit Varron, seront baignés, puis frottés
d'huile et de vin tiède.

Quand on tondait les brebis on les lotionnait souvent avec de l'huile et
du vin mêlés; ou bien avec du bouillon de lupins, et lie de vieux vin et
lie d'huile mélangés.

> Sparge salem et tenui permulce vulnus olivo.
>
> GRATIUS FALISCUS, *Cynégitiques*, v. 395.

Les fractures étaient entourées de laine trempée dans l'huile et le
vin.

On administrait aux chevaux fatigués ou atteints de rétention d'u-
rine la même mixture. On versait encore dans la gorge des bœufs pris
d'indigestion une hémine d'huile avec un sextarius de vin.

Rien n'était efficace pour maintenir un troupeau en bonne santé, comme
d'ajouter à son fourrage du marrube blanc avec de l'huile et du vin :
c'est Columelle qui donne ce conseil aux éleveurs de son temps.

L'huile d'olive dans laquelle on avait broyé de l'ail, introduite par
les narines, faisait disparaître les excroissances de la langue des bœufs ;
ou bien mêlée de jus de poireau, elle calmait leur toux, et guérissait l'altération des poumons. Trois cyathi du même jus de poireau, et une hémine d'huile versés dans la gorge pendant plusieurs jours, convenaient
parfaitement contre les blessures des épaules.

Un animal montrait-il de l'inappétence, on savait que deux cyathi de
graine de nielle infusés dans trois cyathi d'huile, et additionnés d'un
sextarius de vin lui rendraient la santé.

La fièvre des mâles était traitée par instillation dans la narine gauche d'un sextarius d'excellent garum, avec une livre d'huile et trois à
quatre blancs d'œufs.

Dans toutes les exploitations rurales on avait toujours sous la main
une espèce d'onguent préparé avec de l'huile d'olive et de la poix,
on l'employait dans mille circonstances.

Les blessures des bœufs, l'apostume, l'usure de la corne des pieds, les
maladies des yeux, se guérissaient avec de l'huile ; on y ajoutait, suivant
les cas, de la cendre, ou bien encore du vieux oing quand avec de la
charpie on s'en servait pour le remplissage des vieux ulcères. L'huile et
la poix étaient préférées au miel qui offrait l'inconvénient d'attirer les
mouches.

Un autre onguent fait de vieille huile de moelle de bœuf et de sang de
bœuf à doses égales, servait à frictionner les bêtes atteintes d'ébranle-
ment de la nuque.

Le sel, l'huile et le vinaigre servaient contre les ulcères des pieds, et
la rupture des cornes.

La morsure des animaux dangereux, de la musaraigne ; par exemple,
était traitée par un liniment de musaraigne même, cuite dans l'huile. La
piqûre des serpents ou plutôt ses conséquences étaient combattue par
une mixture de cimes de frêne, de vin, et d'huile versés dans la gorge.

L'huile d'olive était enfin administrée seule, en frictions, contre la calvitie du cou, concurremment avec des frictions de limaille de tuile. Chaude,

on la versait dans la gorge des animaux qui avaient avalé des sangsues.
L'huile des lampes allumées versée goutte à goutte sur les clous les guérissait, et l'huile réduite aux deux tiers, c'est-à-dire le goudron d'huile
d'olive, servait contre la gale.

De l'amurque, dans la médeçine vétérinaire. Columelle disait d'une
manière générale en parlant des troupeaux *Maxime tamen habetur
salutaris amurca*. La lie d'huile passe pour le remède qui leur est le
plus salutaire.

L'amurque, c'était, nous l'avons vu, la lie provenant de la dépuration
par repos de l'huile d'olive. Caton la conseillait comme le meilleur pré-
servatif contre la gale des moutons, après sa purification et son mélange
avec des lies de bon vin, et d'eau dans laquelle des graines de lupin avaient
macéré.

Le liniment d'amurque, d'origan, et de soufre, valait encore mieux.

Virgile a recommandé l'amurque dans les mêmes circonstances.

> Aut tonsum tristi contingunt corpus amurca
> Et spumas miscent argenti, vivaque sulfura.
> Idæasque pices, et pinguis unguine ceras
> Scillamque, elleborosque, gravis nigrumque bitumen.
>
> *Géorgiques*, livre III, v. 348 et suiv.

Gratius Faliscus, dans son *Traité de cynégétique*, prescrit l'amurque
mélangée avec la poix, le bitume et le vin, contre la gale des chiens.

> Tunc et odorato medicata bitumina vino
> Imponas pices, immundæque unguem amurcæ.
>
> Vers 415 et 416.

Le marc d'olive remplaçait parfois la lie d'huile. G. Faliscus dit en effet

> Substantasque, fraces, diffusaque massica prisco
> Sparge eado.. . . . .
>
> Vers 74.

Columelle lui-même donne comme un bon remède contre le coriago
des bœufs, ce même marc d'olives mélangé de vin et de graisse.

IV. Gomme de l'Olivier. — L'Olivier laisse exsuder un suc qui se
concrète à l'air ; il est connu et désigné sous les noms de gomme ou
résine de l'Olivier.

Il est fait mention de ce produit pour la première fois par Théophraste, dans sa description des plantes des bords de la mer Rouge (*Hist. des pl.*, liv. IV, ch. VIII).

Dans le livre XVI de sa *Géographie*, Strabon cite aussi quelques îles désertes de la mer Rouge, comme les lieux où l'on trouve l'espèce d'Olivier nommé Olivier d'Éthiopie, d'où découle une substance douée de vertus médicinales.

Scribonius Largus faisait usage de la gomme d'Olivier d'Éthiopie dissoute dans le vinaigre, comme un remède propre à guérir la gale (*De Comp. medicam.*, cap. CIII, ad scabiem.)

Dioscorides (I, 142) consacre à cette production un chapitre tout entier, il la compare à la scammonée. Pour lui, l'Olivier d'Éthiopie qui la fournit est identique à l'Olivier sauvage, l'*Oleaster*.

En Arabie, dit Pline (liv. XII, ch. XXXVIII), les Oliviers laissent couler un suc dont on prépare un médicament que les Grecs appellent *enhemon*, et qui, employé à cicatriser les plaies, produit un effet merveilleux. Ce suc appliqué sur les gencives guérit les maux de dents.

Galien, Aétius d'Amidène, Paul d'Égine, en parlent dans de nombreux passages de leurs livres.

Césalpin, Wecker, Amatus Lusitanus, Baccio, Geoffroy, confondirent la gomme de l'Olivier avec la gomme *élémi*, attribuée aussi à un arbre d'Éthiopie, et dont le nom *élémi* semblait être une corruption du mot olive.

G. Bauhin trouve des similitudes entre les deux produits, mais les distingue.

D'après Paoli (Mémoire sur la gomme de l'Olivier, *Giornale de fisica*, etc., di Brugnatelli, 5° bim. 1815; extrait par J. Pelletier, *Journal de pharm. et sc. access.*, t. II, p. 111, 18, 16). Le mot *enhemon* se donnait, chez les anciens, à des médicaments très-divers, employés contre les blessures et les hémorrhagies, et dans lesquels la gomme d'Olivier entrait toujours en assez grande quantité. Pour lui, l'Olivier de la mer Rouge est identique à l'*Olea europœa*, et l'on doit considérer la gomme de l'Olivier d'Éthiopie comme identique à celle de nos Oliviers, et qui fut désignée en Italie, dans la Calabre, sous le nom de gomme Lecce.

C'est en Calabre que l'on en trouve en plus grande quantité. D'après

Presta, les paysans se font un métier d'en faire la récolte ; ils partent armés de longs roseaux taillés en bec de flûte, et vont dans les bois d'Oliviers. Ils reconnaissent les rameaux à écorce lisse susceptibles de donner la gomme, à la moins grande quantité de feuilles qu'ils portent ordinairement.

Le *Journal de pharmacie et sciences accessoires* (t. II, p. 337) a publié un Mémoire sur la gomme d'Olivier de P. Pelletier (1816). L'auteur reprend et examine les expériences de Paoli sur la gomme d'Olive.

Il signale dans ce produit nommé improprement gomme, puisqu'il est soluble dans l'alcool :

1º Une substance sui generis, l'*olive ;*

2° Une résine brune ;

3° De l'acide benzoïque.

On obtient facilement l'*olivile* en traitant la poudre de gomme d'Olivier par l'éther : on dissout le résidu dans l'alcool bouillant, et on laisse cristalliser la dissolution filtrée. On lave sur un filtre avec de l'alcool froid, on fait recristalliser, et l'on obtient enfin l'*olivile* blanche en petites aiguilles brillantes, rayonnées. Sa formule à l'état anhydre est C^{28}, H^{18}, O^{10}.

Nous ne dirons rien de plus de cet élégant produit, le plus inutile jusqu'ici de ceux qui prennent naissance dans les cellules de l'arbre de Minerve.

Nisi utile est stulta est gloria.

CHAPITRE XIV

USAGE ECONOMIQUE ET INDUSTRIEL DE L'HUILE D'OLIVE

SOMMAIRE : I. L'huile d'olive dans l'alimentation à toutes les époques. — Usage chez les Juifs, chez les Grecs, chez les Romains, chez les peuplesmodernes. — II. Emploi de l'huile comme combustible. — III. Applications diverses de l'huile d'olive.

I. L'HUILE D'OLIVE DANS L'ALIMENTATION A TOUTES LES ÉPOQUES. — Les corps gras constituent ce que les physiologistes nomment un aliment respiratoire : riches en carbone, ils sont destinés à être brûlés dans le poumon, et sont ainsi en relation intime avec la calorification.

Le Groënlandais, qui vit sous une température moyenne de 15°, consomme plus de 100 kilogrammes de matières grasses par an. L'Allemand, d'après Liébig, en ingère 22 kilogrammes dans la même période de temps. L'habitant de Paris en absorbe 12 kilogrammes en moyenne ; enfin, pour les méridionaux, la proportion serait encore moindre. La quantité des corps gras nécessaires à l'entretien de la vie décroît donc avec l'élévation de température des climats.

L'Olivier, qui est un producteur de matière grasse, et en même temps un arbre des régions relativement chaudes du globe, semblerait donc avoir moins d'utilité pour les populations qui le cultivent que pour celles des pays situés plus au nord. Cela serait vrai, que cela ne diminuerait en rien son importance, puisque c'est surtout le commerce d'exportation qui enrichit les peuples ; mais l'huile d'olive est d'une nécessité première pour les méridionaux. Leur régime est, en effet, composé en partie de substances végétales dépourvues de corps gras. Le lait, le beurre, la viande, sont plus rares et d'un prix plus élevé en Provence et dans d'autres pays des bords de la Méditerranée, que dans les régions moyennes de l'Europe, l'huile d'olive vient établir la compensation.

A toutes les époques on en a fait comme assaisonnement une très-grande consommation, dans les pays où croît l'Olivier, car, pour employer l'expression de Brillat-Savarin, elle n'est *succulente* qu'unie à d'autres substances. Dans les règles monastiques les plus rigoureuses, son usage fut toujours admis, afin de tenir lieu des corps gras d'origine animale, éloignés de cette alimentation débilitante.

Usage de l'huile d'olive chez les Juifs. — La Palestine, dans toute son étendue, nous l'avons vu était une terre fertile en Oliviers. Les hommes de Sichem, de Silo et de Samarie imploraient la clémence d'Ismaël, en lui disant :

8. . . . . . ne nous tuez pas, parce que nous avons des trésors dans nos champs, des trésors de blé, d'orge, d'huile et de miel. . . . .

(Jérémie, XLI.)

L'huile était considérée comme un des biens les plus précieux de la Terre promise ; aussi le prophète Jérémie s'écrie :

12. Ils viendront et ils loueront Dieu sur la montagne de Sion ; ils accourront en foule pour jouir des biens du Seigneur, du vin, de l'huile. . . . . (Jérémie, XXXI.)

Et pour leur recommander de la conserver avec soin, il dit ailleurs :

10. . . . . . et pour vous, recueillez les fruits de la vigne, des blés et de l'huile, et serrez-les dans vos vaisseaux et dans vos greniers. . . . .

(Jérémie, XL.)

L'abondance de l'huile d'olive dans une maison était considérée comme une bénédiction du Seigneur et un signe d'aisance :

20. Il y a un trésor précieux et de l'huile dans la maison du juste.....

(Proverbes, ch. XXI.)

Dans les époques de calamité, rien n'était perdu tant qu'il restait de la farine et de l'huile, les choses indispensables à la vie ; nous en trouvons la preuve dans la touchante histoire du prophète Élie et de la veuve de Sarepta, au temps où le ciel s'étant fermé, l'eau ne fécondait plus la terre.

10. Élie aussitôt s'en alla à Sarepta. Lorsqu'il fut venu à la porte de

la ville, il aperçut une femme veuve qui ramassait du bois, il l'appela et lui dit : « Donnez-moi un peu d'eau dans un vase afin que je boive. »

11. Lorsqu'elle s'en allait lui en quérir, il lui cria derrière elle : « Apportez-moi, je vous prie, en votre main une bouchée de pain. »

12. Elle lui répondit : « Je vous jure par le Seigneur votre Dieu, que je n'ai pour tout pain qu'un peu de farine dans un pot, autant qu'on en prendrait avec trois doigts, et un peu d'huile dans un petit vase. Je viens ramasser ici deux bâtons de bois pour aller apprêter à manger à moi et à mon fils, afin que nous mangions et que nous mourions ensuite. »

13. Élie lui dit : « Ne craignez point, faites comme vous avez dit ; mais faites pour moi auparavant de ce petit reste de farine un petit pain cuit sous la cendre, et apportez-le-moi, et vous en ferez après cela pour vous et pour votre fils.

14. Car voici ce que dit le Seigneur, le Dieu d'Israël : « La farine qui est dans le pot ne manquera point, et l'huile qui est dans ce petit vase ne diminuera point, jusqu'au jour auquel le Seigneur doit faire tomber la pluie sur la terre. »

15. Cette femme donc s'en alla. Elle fit ce qu'Élie lui avait dit, et Élie mangea et elle et sa maison ; et depuis ce jour-là

16. La farine du pot ne manqua point, et l'huile du petit vase ne diminua point, selon la parole que le Seigneur avait prononcée par Élie.

(III Livre des Rois, ch. xviii.)

C'est encore l'huile d'olive qui sera multipliée miraculeusement par un autre prophète, pour récompenser la fidélité d'un serviteur de Dieu.

1. Alors une femme de l'un des prophètes vint crier à Élisée, et elle dit : « Mon mari, qui était votre serviteur, craignait le Seigneur ; et maintenant son créancier vient pour prendre mes deux fils et les rendre ses esclaves. »

2. Élisée lui dit : « Que voulez-vous que je fasse ? Dites-moi, qu'avez-vous dans votre maison ? » Elle répondit : « Votre servante n'a dans sa maison qu'un peu d'huile pour m'en oindre. »

3. Élisée lui dit : « Allez, empruntez de vos voisins un grand nombre de vaisseaux vides ;

4. « Et étant rentrés dans votre maison, fermez la porte sur vous, et

vous tenant au-dedans vous et vos fils, versez de cette huile que vous avez dans tous ces vases, et quand ils seront pleins vous les ôterez. »

5. Cette femme alla donc faire ce qu'Élysée lui avait dit. Elle ferma sa porte sur elle et sur ses enfants ; ses enfants lui présentaient les vaisseaux et elle versait l'huile dedans.

6. Et lorsque tous les vaisseaux furent remplis, elle dit à son fils : « Apportez-moi encore un vaisseau » ; il lui répondit : « Je n'en ai plus, » et l'huiles s'arrêta.

7. Cette femme alla dire tout ceci à l'homme de Dieu, qui lui dit : « Allez vendre cette huile, rendez à votre créancier ce qui lui est dû, et vous et vos fils vous vivrez du reste. »

Lorsque Judith partit pour le camp d'Holoferne, elle donna à sa servante à porter un petit vaisseau où il y avait du vin et un vase d'huile, de la farine, des figues sèches, du pain et du fromage. Pour faire croire au général que les Juifs étaient à la dernière extrémité, elle lui dit qu'ils manquaient de vin, de farine et d'huile, et qu'ils allaient être obligés de consommer celles de ces choses qui avaient été consacrées au Seigneur.

Chaque fois qu'il se faisait quelque part une grande réunion de peuple, l'huile d'olive n'était jamais oubliée parmi les choses nécessaires à sa subsistance. C'est ce qui eut lieu pour le sacre de David.

40. . . . . . Tous les peuples des environs, jusqu'aux tribus d'Issachar, de Zabula et de Nephtali, apportaient des vivres sur leurs ânes, des chameaux, des mulets et des bœufs pour les nourrir. Ils apportaient de la farine, des figues, des raisins secs, du vin, de l'huile. . . . .

(Paralip., l. I, ch. xII.)

Plus tard, c'est Salomon qui, ayant demandé à Hiran, roi de Tyr, des ouvriers, lui écrit :

10. « Je donnerai pour la nourriture de vos gens, qui seront occupés à la coupe de ces bois, 20,000 sacs de froment et autant d'orge, avec 20,000 barils de vin et 20,000 barriques d'huile. »

Hiran répond :

15. « Envoyez donc, mon Seigneur, à vos serviteurs le blé, l'orge, l'huile et le vin que vous leur avez promis. (Paralip. l. II, ch. II.) »

Quand, par ordre de Cyrus, on songea à rebâtir le temple, les mêmes mesures furent nécessaires :

7. Ils distribuèrent donc de l'argent aux tailleurs de pierre et aux maçons, et ils donnèrent à manger et à boire, avec de l'huile, aux Sydoniens et aux Syriens afin qu'ils portassent des bois de cèdre du Liban....

(Esdras, liv. I, chap. III.)

Darius fit donner ainsi aux Juifs le froment, le sel, le vin et l'huile (Esdras, liv. I, ch. VI) ; et Artaxercès, comblant Esdras de ses faveurs, ordonna aux trésoriers du royaume de lui donner :

22. Jusqu'à 100 talents d'argent, 100 muids de froment, 100 tonneaux de vin, 100 barils d'huile et le sel sans mesure (Esdras, liv. I, ch. VII).

Un produit d'une nécessité aussi pressente que l'huile ne pouvait être abandonné aux fluctuations des bonnes et mauvaises années ; aussi, nous voyons en plusieurs endroits de l'Écriture sainte qu'il existait des magasins publics d'huile. Roboam, par exemple, bâtit plusieurs villes ;

11. Et quand il les eut fermées de murailles, il y mit des gouverneurs et y fit des magasins de vivres, c'est-à-dire d'huile et de vin.

(Paralip., liv. II, ch. p.c.)

98. (Ezéchias) avait aussi de grands magasins de blé, de vin et d'huile. . . . . (Paralip., liv. II, ch. XXXII.)

Les Israélites produisaient une quantité d'huile d'olive supérieure à leurs besoins et l'exportaient de tous les côtés :

17. Les peuples de Juda et d'Israël ont entretenu aussi leur commerce avec vous (Tyr), et ils ont apporté dans vos marchés le plus pur froment, le baume, le miel, l'huile et la résine. (Ezéchiel, XXVII.)

Ce qui montre encore que les grands propriétaires se faisaient livrer en nature les principaux produits de leurs terres pour en faire commerce, c'est ce passage de saint Luc, ch. XVI :

5. Ayant fait venir chacun de ceux qui devaient à son maître, il dit au premier : « Combien devez-vous à mon maître ? »

6. Il répondit : « 100 barils d'huile. »

L'huile d'olive était principalement consommée associée avec de la farine ; on faisait ainsi des espèces de gâteaux cuits au four. On faisait aussi frire dans l'hulle de la farine pétrie avec de l'eau et différentes substances aromatiques.

Au second livre des Rois, chapitre VII, on lit que David, en réjouissance du retour de l'Arche dans Jérusalem :

19.« Donna à tout le peuple d'Israël, tant aux hommes qu'aux femmes, à chacun un pain en façon de gâteau, un morceau de bœuf rôti et un tourteau de farine cuite avec de l'huile. . . . . »

Il fallait que la friture eût chez les Israélites une grande importance, car on lit encore dans la Bible :

31. « Le lévite Mathathias, fils aîné de Sellum, descendant de Coré, avait l'intendance sur tout ce qu'on faisait frire dans la poêle.

L'huile d'olive était donc, au point de vue alimentaire, un objet de première nécessité dans les contrées dont nous parlons, et nous comprendrons maintenant cette voix mystérieuse de l'Apocalypse, au ch. vi :

6. « . . . . mais ne gâtez ni le vin, ni l'huile. »

Il en est encore ainsi aujourd'hui. Quand Chateaubriand visita la Palestine, le rolt d'huile d'olive ou deux oques un quart, c'est-à-dire huit livres de France, se vendait trois piastres à Jérusalem.

La cuisine à l'huile dominait ; le potage à l'huile d'olives était de règle, et les légumes ne se mangeaient pas autrement.

Usages de l'huile d'olive chez les Grecs. — Minerve n'avait pas donné l'Olivier à la Grèce pour être seulement la parure verdoyante de ses coteaux pierreux ; ce présent n'aurait pas valu celui de Neptune, si l'Olivier n'avait pas eu d'autre utilité.

L'huile d'olive était considérée chez les Grecs comme une des choses les plus nécessaires à la vie :

ἄλφιτον. ἔλαιον, οἶνον.
La farine, l'olive, le vin.

Voilà les trois substances présentées par Aristophane au vers 420 des *Thesmophoriazusæ* comme les plus indispensables à l'homme.

Dans un fragment de Ménandre, intitulé *Gubernatores*, il dit à un jeune homme : « Crois-tu donc qu'on acquiert tout avec de l'argent, par exemple, les choses nécessaires à l'existence, le pain, le vinaigre, les légumes et l'huile. »

La même idée est reproduite dans ce fragment de Philémon : « La plus légitime possession pour l'homme est la terre, qui lui fournit abondamment ce que notre nature exige, le froment, l'huile, le vin, les figues, le miel. »

Ξυρη σ ἔλαιον, οἶνον, ἰσχάδας μέλι.

C'est pour cela que dans les *Acharnenses*, Dicæpolis célèbre le
bonheur de vivre aux champs, où l'on a ces choses en abondance et de
première qualité, où personne ne vous dit : achète du charbon, de
l'huile, du vinaigre, d'où le mot acheter est banni, car soi-même on
produit tout cela et le cœur n'est pas fatigué de cet *achète*.

Nous ne nous étonnerons donc plus si Cario, dans *Plutus*, énumérant
tout ce qui constitue le luxe et l'abondance d'une maison, n'oublie pas
la citerne pleine d'huile d'olive.

Το φρέαρ δ'ἔλαιον μεστον.

Vers 1810.

Chateaubriand qui, dans les *Martyrs*, a reproduit si fidèlement et
avec un charme poétique achevé, les mœurs et les usages des anciens
Grecs, nous montre l'huile d'olive prenant place parmi les substances
alimentaires les plus précieuses, et conservée avec le plus grand soin.
« La fille aînée de Lasthènes descendit dans un souterrain frais et voûté ;
on conservait dans ce lieu toutes les choses pour la vie de l'homme. Sur
des planches de chêne attachées aux parois du mur, on voyait des outres
remplies d'une huile aussi douce que celle de l'Attique ; des mesures de
pierre en forme d'autel ornées de têtes de lions et qui contenaient la fine
fleur de froment. Des vases de miel de Crète, moins blanc mais plus
parfumé que celui de l'Hybla. Des amphores de vin de Chio, devenues
comme un baume par le long travail des ans. »

L'huile d'olive entrait dans les assaisonnements les plus généralement
employés. Une des sauces les plus communes à Athènes, pour manger
le poisson bouilli, se composait d'huile d'olive, de jaunes d'œufs, de
porceaux, d'ail et de fromage (Aristop., *in equit.* v, **768**).

Écoutons cette confidence d'un gourmet : « S'il me tombe entre les
mains un poisson dont la chair est ferme, j'ai soin de le saupoudrer de
fromage râpé et de l'arroser de vinaigre ; s'il est délicat, je me contente
de jeter dessus une pincée de sel et quelques gouttes d'huile. »(Archest.
ap .Athen, lib. VII, cap. xx, p. **321**.)

A Athènes, l'huile entrait dans une foule de préparations culi-
naires. Avec de la farine de froment, du lait, de l'huile d'olive et du
sel, on préparait ces pains si délicats dont l'usage venait des Cappa-
doiens.

La farine de sésame, du miel et de l'huile, constituaient de fins beignets.

L'orge mondé en poudre, de l'huile, des jus de poularde, de chevreau et d'agneau, composaient un mets excellent quand l'huile était bonne. Il en était de même des gâteaux de farine, de fromage et d'huile. (Athénée, lib. III, cap. xxviii, p. 113.)

Les ἐγκριδοπῶλαι dont parle Aristophane dans le fragment XI des *Danaïdes*, étaient des marchands d'ἐγκρίς,, sorte de pâtisserie cuite d'abord dans le miel, puis dans l'huile. Sans doute le passage et le cri particulier des vendeurs affriandait au fond des gynécées les belles Grecques entre les doigts desquelles l'egkris, qui demandait à être mangé tout chaud, laissait ses traces luisantes et onctueuses.

Les oiseaux étaient aussi accommodés à l'huile d'olive. Dans la comédie des *Oiseaux*, Aristophane met un singulier discours dans la bouche de Pisthetaerus. Celui-ci révèle à la gent emplumée qui l'écoute, de combien de façons les cuisiniers les apprêtent. « Ils ne vous mangent pas seulement rôtis, mais ils ajoutent du fromage émincé, de l'huile, du silphium, du vinaigre,, etc. »

ἀλλ' ἐπικνῶσιν τυρὸν, ἔλαιον
σίλφιον, ὄξος.

vers 453, 533.

Les Athéniens donnaient le nom de sauce blanche à une mixture préparée à chaud avec huile d'olive, aneth, poireau, sel. C'était l'aioli du temps.

L'huile d'olive n'était pas interdite dans les mets destinés aux malades ou aux convalescents, bien qu'on la considérât comme propre à donner aux aliments une tendance à produire les humeurs crues et épaisses.

Pour éviter cet inconvénient, Oribase prescrivait « de se servir, tant pour les bouillies que pour les mets secondaires, d'huile qui n'ait pas la moindre odeur, et qui ne trahisse au goût aucune propriété. » L'huile d'olive verte (ομφακινον) satisfaisait à ces conditions. (*Coll. med.*, IV, 9.)

Voici quelques-uns des mets accommodés à l'huile indiqués par le grand praticien dont nous venons de citer le nom.

Les *itria* étaient des gâteaux de farine au miel, cuits sur un fer chaud, puis mangés à l'huile.

On donnait aussi aux estomacs délicats une décoction de lentilles avec sel et huile d'olive. (*Coll. med.*, I, 22.)

On mangeait le fenugrec, la manne et les racines de gouet à l'huile. La friture de courges parfumée à l'origan est encore indiquée. (*Coll. med.*, I, 35.)

Les purgatifs doux pouvaient être remplacés par une bouillie de farine de fèves, de fromage grillé et d'huile d'olive.

Nous venons de parler de fritures : on n'en connaissait pas d'autres en Grèce que celles à l'huile d'olive.

οἱ ταγηνῖται σκευάζονται διὰ ἐλαίου μόνον. (*Coll. med.*, I, 7.)

J'engage les gourmets à lire dans Oribase la suite du passage dont je viens de citer la première ligne : ce sera pour eux un plaisir délicat d'entendre parler friture dans la langue d'Homère ; la traduction ne vaudra pas l'original.

« Les fritures se font uniquement avec l'huile d'olive; on la verse dans une poêle placée sur un feu qui ne fume pas ; quand cette huile est chaude, on verse dedans la farine de froment délayée dans beaucoup d'eau; par la cuisson dans l'huile, cette farine se prend et s'épaissit promptement comme du fromage nouveau ; alors les cuisiniers retournent le gâteau de façon que la partie supérieure devienne inférieure et touche à la poêle, et que la partie inférieure qui est suffisamment cuite soit ramenée à la surface de l'huile; quand la partie inférieure est prise, ils retournent deux ou trois fois le gâteau jusqu'à ce qu'il leur semble également cuit de tous les côtés. »

Ne croirait-on pas entendre Caresme ou Gouffé? Non c'est le médecin de l'empereur Julien qui parle si bien friture.

Usages de l'huile d'olive chez les Romains. — Le mot *oleum* était uniquement appliqué chez les Latins à l'huile d'olive; il vient d'*Olea* Olivier, lequel n'est qu'une altération très-légère du mot ἐλαία résultant, comme cela se présente souvent, de la prononciation en *e* fermé de la diphthongue αι.

L'Italie, pays d'Oliviers, était une des contrées où l'huile d'olive existait en plus grande abondance : la qualité de quelques crus, tels que celui de Vénafre. était partout connue.

Pline estimait tant les huiles d'Italie qu'il pensait que ce fut une des choses qui attirèrent les Barbares vers cette région. « On rapporte, dit-il (livre XII 11), que les Gaulois arrêtés par les Alpes, rempart jusqu'alors insurmontable, se déterminèrent pour la première fois à se répandre en Italie, parce que Hélicon, artisan helvétien ayant travaillé quelque temps à Rome, en avait rapporté des figues sèches et des raisins, de l'huile et du vin. Qu'on les excuse donc d'avoir cherché ces productions, même au prix de la guerre. » La conclusion était inattendue, mais il en résulte que l'huile fut un des appâts des Barbares : hélas ! que de Barbares encore convoitent nos huiles, et surtout nos vins, à nous, descendants des Gaulois !

Indépendamment des localités célèbres pour les huiles fines, l'Italie produisait des qualités très-différentes, suivant les soins apportés à la fabrication, et l'état des olives soumises au pressoir, les voici :

1° *Oleum acerbum*, désignée encore sous les noms de *O. aestivum, O. spanum, O. crudum* elle correspondait à l'*Omphacinon* ou à l'*Omotribes* des Grecs et se retirait des olives acerbes (1).

2° *Oleum strictivum*, c'était l'huile destinée aux usages extérieurs : elle correspondait à l'huile verte des Grecs, et se retirait des olives semi-acerbes.

3° *Oleum cativum*, nommée encore *O. romanicum, O. commune :* elle se retirait des olives noires, et correspondait à l'*Oleum maturum* des Grecs.

4° *Oleum cibarium*, cette qualité, la plus mauvaise de toutes, se retirait des olives noires depuis longtemps, meurtries et même gâtées. Elle n'eût certes pas alléché les Barbares ; car elle était aussi grossière que le *panis cibarius*, le *vinum cibarium*, qui étaient le partage des esclaves de la fière République.

Les marchés d'huile devaient avoir chez les Romains une importance considérable. Le quai de Vélabre, au pied du mont Aventin, semble avoir été à Rome un des points où se concentrait le commerce de cette denrée alimentaire. Sans doute des mercuriales réglaient les cours de la vente, et ce qui est certain, c'est que les marchands d'huile s'entendaient par-

---

1. V. P. d'Egine, *Op. med.* lib. 7 ; Isidor, lib. 17.

faitement pour vendre le plus cher possible. Dans la 1ᵉ scène de l'acte III des *Captifs*, Plaute met ces mots dans la bouche d'Ergasile :

« *Omneis compacto rem agunt quasi in Velabro oleari.* » Ils s'entendent tous comme des marchands d'huile sur le quai de Vélabre.

Il est sans doute ici question de commerce en gros. On voit à Pompéi un modèle de magasin d'huile de ce genre ; c'est un cellier dans lequel sont placées huit jarres énormes, destinées à contenir le liquide oléagineux. C'était un approvisionnement d'au moins dix hectolitres d'huile d'olive.

La vente au détail savait par le luxe de ses aménagements, attirer le public. Nous avons visité, avec le plus grand intérêt, la boutique du marchand d'huile de la rue de l'Odéon à Pompéi (fig. *117*). Toutes les dispositions pour recueillir l'huile qui pouvait couler sur el comptoir étaient prises : celui-ci était couvert d'une table de cipollin, et de marbre gris, revêtue extérieurement d'une plaque ronde de porphyre entre deux rosettes. Le fruit de l'Olivier faisait tous les frais de cette remarquable boutique, car on y retrouva des olives molles et pâteuses, dans huit vases d'argile. Le Musée Bourbon, à Naples, présente à la curiosité des amateurs d'antiquités divers objets provenant de ces magasins d'huile.

Chaque maison un peu aisée dans les villes avait en outre son approvisionnement particulier. Dans un cabinet voisin d'une cuisine, et servant d'office, on a découvert des jarres d'huile rangées sur un banc. Parmi les instruments de cuisine de cette époque, on a retrouvé l'*apulare* et la *trua* : c'étaient des espèces de cuillères plates percées de trous pour frire les œufs.

Les riches Romains retiraient leur huile d'olive de leurs terres, et en avaient chez eux de grands approvisionnements, soit pour subvenir à une grande consommation, soit pour parer aux mauvaises années. Plaute nous l'apprend d'une manière assez piquante dans un passage de Pseudolus (acte I, scène 11) où Leno interpelle ainsi la belle Xistilis :

« Toi, Xistilis, dont les amis ont chez eux d'immenses provisions d'huile, écoute-moi : s'ils ne m'en apportent pas une bonne part promptement, je te mettrai à l'étroit dans ta chambre..... Comment, vipère, lorsque tu as des galants si bien fournis d'huile, tu ne procures pas à tes camarades de

quoi rendre leurs cheveux plus luisants, ni à moi de quoi rendre mes ra-
goûts plus onctueux ? »

On comprendra maintenant qu'à la scène suivante, le même personnage puisse dire à un fils de famille ruiné : « Achète de l'huile à crédit et
vends-la comptant, tu rembourseras ainsi deux cents mines en un

Fig. 117. — LA BOUTIQUE DU MARCHAND D'HUILE A POMPÉI
d'après une photographie.

instant. » C'est que le commerce des huiles avait une grande importance
et une grande étendue, et qu'il était fait par les producteurs et par des
revendeurs, c'est-à-dire par des gens de toutes les catégories sociales.

Des distributions d'huile au peuple se firent souvent dans de solennelles circonstances ; c'est ainsi que le triomphe de César, après la prise
d'Utique, fut suivi de grandes largesses. Le triomphateur fit donner *par*

tête 400 deniers, 10 boisseaux de blé, 10 livres d'huile, puis il traita tout
le peuple romain à 22,000 tables. En admettant que le peuple romain
fût composé de 200,000 citoyens, c'est donc 20,000 hectolitres d'huile
qui furent ainsi répartis. En réduisant ce chiffre à la moitié, il est
encore le double de ce que Paris consomme par an d'huile d'olive.

C'était, nous dit Perse, un moyen de briguer les suffrages populaires :

> . . . . Oleum atrocreasque popello
> Largior . . . .
>
> PERSE, satyre VI,

En argot moderne, c'est ce qu'on appellerait *graisser la patte* des
électeurs.

Il y avait à Rome de grands approvisionnements publics d'huile, et
les heureux de la fortune populaire ne se gênaient pas plus qu'aujour-
d'hui, et puisaient dans tous les trésors de la République pour payer les
dettes. . . . . . de la reconnaissance.

Ces grandes réserves avaient leur utilité dans les temps de disette, et
il y en eut de terribles. On souffrait du manque d'huile presque autant
que du manque de blé ; cette denrée montait alors à des prix fabuleux.
En 773, à Rome, au dire de Valère Maxime, il y eut une telle disette aux
environs du Bosphore, que l'on donnait 6,000 deniers pour une mesure
d'huile.

C'est parce qu'ils avaient de l'huile en abondance et qu'ils ne la
gâtaient pas pour en faire des parfums, que Virgile estimait que les
laboureurs jouissaient de toutes les félicités essentielles :

> Nec casia liquidi corrumpitur usus olivi.
>
> *Géorgiques*, livre II, vers 466.

Nous allons chercher maintenant comment les Romains consommaient
leur huile. Nous dirons tout d'abord que l'association vulgaire de l'huile
au vinaigre ne leur était pas inconnue. J'ai vu, dans le musée des Antiques, au Vatican, un huilier fort ancien ; il différait des nôtres en ce
que les deux burettes, au lieu d'être indépendantes, étaient accolées ; il
fallait prendre autant de vinaigre que d'huile, à moins que l'orifice des
vases ne fût différent.

Horace a mis en action, et d'une façon piquante, cette association
culinaire :

Ac nisi mutatum, parcit defundere vinum; et
Cujus odorem olei nequeas perferre licebit
Ille repotia, natales aliosve dierum
Festos albatus celebret, cornu ipse bilibri
Caulibus instillat, veteris non parcu aceti.

Liv. II, Sat. II.

« Il ne boit son vin (Avidenius) que s'il tourne à l'aigre, et son huile exhale une odeur insupportable. Le lendemain de ses noces, le lendemain de son jour natal, aux plus grandes fêtes, on l'a vu, vêtu de rien et tenant à la main sa burette avare, humecter de cette huile infecte ses vieux choux arrosés d'un vinaigre éventé. » (Traduction de J. Janin.)

Horace avait sans doute un souci plus grand de la qualité de l'huile qui paraissait sur sa table ; les vers suivants le prouvent bien :

Sunt quorum ingenium nova tantum crustula promit
Nequaquam satis in re una consumere curam :
Ut si quis solum hoc, mala ne sint vina laboret,
Quali perfundat pisces securus olivo.

Liv. II, Sat. IV.

« Laissons les petits génies s'occuper uniquement du petit four ; il faut convenir que ce n'est pas assez pour occuper toute une vie, et ne voilà-t-il pas un homme au grand complet, qui, dans un festin, n'a songé qu'à donner du vin passable, et ne s'est pas inquiété de l'huile des fritures ! »

Puisque nous tenons l'épicurien de Tibur, demandons-lui la recette de quelques-unes de ces sauces dans lesquelles il excellait sans doute.

« Apprenez que nous reconnaissons deux sauces : la sauce au pauvre homme et la sauce à la Lucullus. Pour la première, il suffit de bonne huile ; ajoutez gros vin et saumure. »

Voilà la sauce au pauvre homme, celle aussi de l'*aurea mediocritas*. Voici maintenant celle des grandes tables :

Huile d'olive exquise, gros vin, saumure, fines herbes hachées menu et mêlées au safran de Corique ; il faut que tout cela fermente ; enfin, quand vous la retirerez du feu, arrosez votre composition de bonne huile de vénafre, et servez chaud. » Le texte est précis :

Insuper addes
Pressa Venafranæ quod bacca remisit olivæ.

L'huile d'olive, et de la meilleure, devait encore composer la sauce pour une lamproie (liv. II, satire VIII) :

His mixtum jus est oleo, quod prima Venafri
Pressit cella, garo de succis pissis Iberi,

. . . .

— Huile vierge de Vénafre, essence d'anchois d'Espagne, vin d'Italie, un vin de cinq feuillets s'il vous plaît, ou tout au moins de bon vin de Chio versé quand la cuisson est parfaite, ajoutez une pincée de poivre blanc et du fort vinaigre tiré du raisin de Lesbos. (Traduction de J. Janin.)

Si nous nous bornions à cet aperçu culinaire sur les emplois de l'huile d'olive dans la bonne chère romaine, nous serions bien incomplets ; évoquons donc la corporation entière des gâte-sauce armés de leurs *apulare* et de leurs *trua ;* enflammons leur ardeur en leur répétant avec Euclion :

> Coquite, facite, festinate nunc jam, quantum lubet.
> Cuisez, fricassez, hâtez-vous tant qu'il vous plaira.
>
> Annulaire, acte III, scène III.

Les menus qu'ils vont exécuter devant nous sont empruntés à l'une des meilleures cuisines bourgeoises du temps, due à la plume du plus grave des républicains, à celle de M. P. Caton, l'homme sombre au *Delenda Carthago.* Voici ses recettes, non pour détruire Carthage, mais pour préparer les beignets.

« Mélangez du fromage avec du gruau, faites-en autant de beignets que vous jugerez à propos, versez de l'huile dans une chaudière bien chaude ; ne cuisez à la fois qu'un ou deux beignets, retournez-les fréquemment avec deux baguettes ; lorsqu'ils sont cuits, retirez-les, enduisez-les de miel, saupoudrez-les et servez ainsi. »

De l'encytus.

« Faites l'encytus de la même manière que les beignets, si ce n'est que vous vous servez d'un vase creux et percé ; vous mettez également dans de l'huile chaude, et vous donnez une forme élégante. Retournez-le à différentes reprises avec deux baguettes, frottez-le d'huile d'olive, dorez-le, et quand il ne sera plus trop chaud, servez-le avec du miel ou du vin miellé. » C'était, on le voit, une pièce montée.

Du savillum.

« Mélangez exactement une demi-livre de farine, deux livres et demi de fromage, trois onces de miel, comme pour le *libum*, et ajoutez un œuf. Frottez d'huile un plat de terre dans lequel vous disposerez tous vos ingrédients préalablement mélangés. Fermez le vase avec son couvercle, et tâchez que la cuisson pénètre jusqu'au centre du gâteau. Aussitôt qu'il est cuit, retirez-le du plat, enduisez-le d'huile, saupoudrez de pavots. » C'était encore une sorte de gâteau, chargé de matière grasse, dont l'huile d'olive faisait tous les frais. Il en était de même de cette autre préparation désignée, par Caton, sous le nom de *placenta* : c'étaient des boulettes de pâte lissées avec une étoffe imbibée d'huile d'olive, et aromatisées avec des feuilles de laurier trempées dans l'huile.

L'huile d'olive intervenait dans la confection du *moretum*, qui n'était pas sans analogies avec l'aïoli : il se composait d'ail, de fromage, et de plantes aromatiques broyées avec de l'huile et un peu de vinaigre :

> Ergo Palladis guttas instillat olivi,
> Exiguique super vires infundit aceti,
>
> *Moretum*, v. 12 et suiv.

Voilà quelle était l'importance du suc huileux de l'Olivier chez les Romains. On le considérait comme une des choses dont on pouvait le moins se passer. Aussi, quand les Vestales coupables étaient descendues dans le caveau sépulcral où elles devaient mourir, on plaçait près d'elles une légère provision de subtances alimentaires, dont l'huile même n'était pas exclue.

Usages de l'huile d'olive dans les temps modernes. — Il vint cependant un temps où l'huile d'olive rencontra un concurrent terrible qui lui disputa les tables opulentes. A l'époque de Pline on disait déjà du nouveau venu, le beurre, que son emploi distinguait les riches des pauvres « *qui divites a plebe discrnat* ». Bien des causes contribuèrent à cette décadence, et surtout la mauvaise qualité croissante de l'huile.

Nous avons parlé de ces immenses approvisionnements d'huile désignés encore aujourd'hui, en Italie, par l'épithète d'*annona*. L'empereur Sévère fut loué par Sparzianus pour avoir introduit tant d'huile à Rome, qu'elle eût non-seulement suffi aux usages de toute la ville pendant cinq ans, mais encore de toute l'Italie. (V. Pitise, *Lexic. antiq. Rom.*) La meilleure huile rancit dès la deuxième année, qu'en devait-il être de celle des années d'abondance qui était préparée avec si peu de soin ?

Les huiles fines de Vénafre étant moins recherchées, les agriculteurs commencèrent à se préoccuper beaucoup plus de la quantité que de la qualité. Enfin, l'abandon graduel des mœurs antiques, cultes, onctions, bains pour lesquels les gens de la classe élevée recherchaient encore les huiles sans goût et sans odeur, amena, comme le fait remarquer Presta, le délaissement presque complet de ces sortes si estimées de la Sabine, de Titorée, de Turio, de Samos, etc. — La barbarie n'avait plus souci que de la quantité.

Toutes ces causes de dépréciation pour l'huile d'olive ont duré jusqu'à nos jours. Ainsi, l'usage de faire à Rome de grands dépôts d'huile, a passé des empereurs romains aux papes. « On a placé au château de Saint-Ange, dit M. Francis Wey, dans de longs magasins qui ressemblent à l'entrepont d'un navire, des provisions d'huile qui, tant les coutumes se perpétuent dans les pays antiques, sont distribuées dans de grandes amphores en argile, d'une forme quinze cents fois séculaire, alignées sur deux rangs, et encastrées dans du ciment, comme chez les boutiquiers de Pompéi. »

Un jour que nous attendions, à Rome, l'ouverture de l'église Sainte-Marie-des-Anges, nos regards furent attirés sur une inscription en marbre placée à la gauche du portail. Nous la reproduisons :

Providentia optimi principis
CLEMENTIS III PONT-MAX
Puteis ad conservationem olei effossis
Annonam — oleariam constituit.
Anno MDCCLXIIII. Pontif VII.

Je voulus savoir en quelle situation se trouvaient ces puits à l'huile : un frère capucin, un brave alsacien, dont les yeux se mouillèrent quand je lui parlai de son pays natal, me répondit que la municipalité romaine les louait à des particuliers. Ainsi ces magasins qui, sous les empereurs comme sous les papes, étaient établis pour pouvoir livrer au peuple l'huile à bon marché dans les temps de disette, sont entre les mains de marchands d'huile, qui la lui livrent à bon prix quand la récolte à manqué.

On consomme encore en Italie de grandes quantités d'huile, surtout dans la cuisine populaire. Nous avons dit que la qualité en était très-inférieure. A Vénafre même, Presta l'a vérifié, on faisait de son temps une huile détestable. La fabrication commence à se relever, et d'excellentes huiles comestibles sont aujourd'hui offertes aux gourmets. De Cesare a fait un rapport fort intéressant sur les huiles d'olive présentées à l'Exposition de Vienne par l'Italie, et il a surtout signalé celles de la Rivière de Gênes, de Lucques et de Bari.

Disons toutefois que l'alimentation populaire se contente encore de produits très-inférieurs. M. Cappi, dans son enquête sur la production oléifère, le dit à chaque page : il signale des multitudes de localités dont l'huile est tout au plus bonne à être brûlée. D'autres, comme la Sardaigne, dont les huiles sont épurées en Toscane et vendues comme provenant de ce dernier pays.

Quand on a parcouru la Péninsule, fréquenté les marchés et les trattorias, on peut se faire une idée de la consommation et de la qualité des huiles. C'est en plein vent que se font les fritures dans certaines rues, et l'odorat peut percevoir les âcres parfums qui s'en dégagent. Un soir de septembre, je flânais dans le grand marché de Florence : c'était l'heure du repas populaire, une foule nombreuse et bruyante remplissait les méandres de cette asile de toutes les victuailles. Les marchands de pêches et de raisins, les vendeurs de pastèques criaient à tue-tête les vertus et les prix de leurs denrées. Là les figues, les aubergines, les tomates débordaient des paniers de sparte ; plus loin la friture affriandait les passants. Je m'arrêtai devant une jeune et alerte *frituriére* qui me semblait être une des plus considérables de sa corporation.

Devant elle, dans un vase profond, l'huile d'olive bouillante faisait entendre son grésillement particulier. A côté, sur un large plat en fer-blanc, rampaient, se nouaient et se dénouaient dans la farine des centaines d'anguilles écorchées. De temps en temps la *cuoca*, étendant son bras nu vers le plat et saisissant une poignée d'anguilles, les agitait au-dessus de sa tête en jetant un cri strident.

Cette femme, enluminée par l'ardeur de son fourneau, éclairée par les lueurs fumeuses de sa friture, m'apparut comme une Euménide brandissant les serpents de la discorde. Son visage prenait surtout une étrange expression quand elle cinglait comme avec un fouet les misérables bêtes sur les bords de son chaudron, avant de les plonger dans l'huile brûlante, à la surface de laquelle on les voyait quelque temps se tordre en relevant la tête.

À Rome, à Naples, on assiste aux mêmes spectacles : l'odeur de la friture se mêle à celle des pinolis grillés. J'ai voulu goûter des pâtisseries faites avec moitié huile et moitié graisse, c'est horriblement mauvais. J'ai flairé dans les trattorias populaires les brocolis à l'huile et au vinaigre, ce mets classique et dont on se régalait au temps de Cicéron : c'est détestable.

En Espagne, l'huile d'olive est l'assaisonnement principal ; on en consomme d'énormes quantités. La qualité de celle qui se mange dans le peuple est encore moins bonne qu'en Italie, et cependant les Espagnols la préfèrent à toutes les autres qui leur semblent fades.

Grâce à cette huile et à la façon dont on la prodigue, les étrangers ont souvent de mauvais moments dans le pays où fleurit l'*olla podrida*. La plupart des voyageurs ont exprimé leur opinion à cet égard, soit qu'ils aient humé dans les *ferias* l'odeur des fritures publiques, ou qu'ils aient voulu tâter à Madrid ou sur l'Alméida de Séville, des *bunelos al uso de Andalucia*. sortant tout chauds des *puestos* tenus par de brunes gitanas. Partout l'odeur âcre de l'huile rance venait gâter le fumet du bœuf et du lard s'échappant des vastes chaudières, ou celui des piments, des tomates et des *garbanzos* (pois chiches).

Le Portugal use aussi de beaucoup d'huile d'olive dans la cuisine indigène. Comme en Espagne, les mauvaises qualités sont en grande majorité et communiquent leur rancidité aux mets dans lesquels on les prodigue. Il faut être du pays pour tâter sans dégoût de l'*assorda*, cette soupe froide à l'huile, à l'ail, à l'oignon et au vinaigre : le poulet à l'huile laisse encore beaucoup à désirer.

En France, les huiles réservées à la consommation sont généralement meilleures ; les unes sont vertes, ce sont les huiles d'olive vierges, qui présentent ce goût de fruit si cher aux méridionaux : les autres sont blondes et n'ont aucune saveur particulière. Les huiles d'Aix, celles de Grasse et de Ginasservis, celles de Nice, ont une renommée justement acquise. Beaucoup d'autres localités produisent dans le Midi d'excellentes huiles qui valent les précédentes et pourraient constituer des crus spéciaux, au lieu de paraître sous le titre d'huiles d'Aix ou de Nice.

Jadis, à Paris [1], le commerce de l'huile d'olive, associé à celui de la chandelle, formait une corporation distincte ayant ses maîtres jurés et ses règlements particuliers. Le Conservatoire des Arts-et-Métiers possède une collection de vingt mesures en cuivre qui servaient d'étalon pour la vente de l'huile d'olive ; elles sont renfermées dans une armoire grillée portant cette inscription : « Le présent porte-étalon a été donné à la communauté des maîtres chandeliers huiliers, par les sieurs François Pochet et Pierre Berthelin, du temps de leur jurande de garde du coin et de l'étalon royal. »

C'est surtout en Provence que triomphe la cuisine à l'huile. L'habitant du Midi estime peu le beurre, et dans le peuple les « culs-de-beurre », comme on appelle les gens du Nord, sont en mince estime au point de vue culinaire. Il faut dire que pour le pur Provençal, le Nord commence à Montélimart. Pour nous, qui en qualité de Breton sommes très-enfoncé dans le beurre, nous ne médirons pas cependant de la cuisine à la provençale. Libres aux fanatiques d'exalter l'aïoli, cette *suprême* du genre, mais nous avouerons que certaines compositions du crû, dans lesquelles l'huile joue comme condiment le principal rôle, sont parfaites, et font le plus grand honneur à la cuisine française.

Le nombre des mets accommodés à l'huile est très-varié en Provence : des légumes froids mangés à l'huile à la friture brûlante, il y a loin. Dans ce pays, l'habitant des campagnes a bientôt préparé un plat.

Mireille leste et accorte, avec l'huile des Oliviers, assaisonne en un tour de main un plat de féveroles,

> Mireiro, vitamen, braveto,
> Emé l'oli de l'ouliveto
> Le garniguè'n plat de faveto.
>
> *Mistral.*

L'emploi de l'huile d'olive dans la friture mérite une mention particulière ; c'est à son sujet que les luttes du beurre et de l'huile ont été les plus passionnées.

Nous rejetons d'abord cette opinion que l'École de Salerne formulait ainsi :

---

[1]. Quiconques est huiliers à Paris, il peut faire huile de olives, de amandes, etc.
Livre des métiers, 159.

— La friture est malsaine et le rôti constipe. — Personne ne souscrira à cet aphorisme brutal, et chacun peut apporter une preuve du contraire. Cependant il y a friture et friture, et l'huile ne convient pas toujours pour ce genre de préparation. Ecoutons un expert consommé dans l'espèce, c'est Brillat-Savarin qui va parler.

« L'expérience a appris qu'on ne doit se servir d'huile d'olive que pour les opérations qui peuvent s'achever en peu de temps, ou qui n'exigent pas une grande chaleur, parce que l'ébullition prolongée y développe un goût empyreumatique et désagréable qui provient de quelques parties de parenchyme dont il est très-difficile de la débarrasser et qui se charbonnent. »

Nous voudrions citer en entier la *théorie* de la friture de Brillat-Savarin, exposée par un ancien des jours à maître Laplanche, *potagiste* de 1re classe, mais *friturier* incertain : bornons-nous aux explications suivantes :

« Les choses frites sont bien reçues dans les festins, elles y introduisent une variation piquante, elles sont agréables à la vue, conservent leur goût primitif, et peuvent se manger à la main, ce qui plaît toujours aux dames.

« La friture donne au besoin des secours pour les cas imprévus, car il ne faut pas plus de temps pour frire une carpe de quatre livres que pour cuire un œuf à la coque.

« Tout le mérite d'une bonne friture provient de la surprise. Pour que la surprise ait lieu, il faut que ce liquide brûlant ait acquis assez de chaleur pour que son action soit brusque et instantanée. La surprise une fois opérée, modérez le feu afin que la coction ne soit pas trop précipitée, et que les sucs que vous avez renfermés, subissent au moyen d'une chaleur prolongée le changement qui les unit et en rehausse le goût.

« N'oubliez pas, quand il vous arrivera quelques-unes de ces truites qui dépassent à peine un quart de .ivre, et qui proviennent des ruisseaux d'eau vive qui murmurent loin de la capitale, n'oubliez pas, dis-je, de les frire avec ce que vous aurez *de plus fin en huile d'olive* ; ce mets si simple, dûment saupoudré et rehaussé de tranches de citron, est digne d'être offert à une Eminence.

« Traitez de même les éperlans dont les adeptes font tant de cas. L'éper-

lan est le bec-figue des eaux : même petitesse, même parfum, même
supériorité. »

Nous connaissons un pays où la friture a pris les proportions les plus
considérables, où de nombreuses populations sont occupées à frire une
partie de l'année, vivant, s'enrichissant de cette industrie, et offrant
ainsi aux pays où croît l'Olivier un débouché considérable pour leurs
huiles. Quand on parcourt la côte de Bretagne du mois de mai à la fin de
novembre, et de Nantes à Brest, partout on sent la friture, partout
l'huile d'olive grésille dans d'immenses poêles où viennent se confire les
millions de sardines pêchées sur la côte voisine. Je ne dis pas que
l'odorat ne sera pas quelquefois lésé des âpres parfums qui s'échappent
des *fricasseries*, le nez d'une Eminence en pâtirait sans doute, mais il
ne s'agit pas ici d'une truite ou d'un éperlan destinés à des gourmets ;
c'est une grande fabrique de substance alimentaire. L'industrie, qui
réalise des merveilles, est arrivée à ce résultat, en opérant dans les
bourgades maritimes de l'Armorique, la rencontre de deux produits
bien dissemblables et partis de points bien différents : celle d'une espèce
arrivant on ne sait de quels coins mystérieux de l'Océan sur nos côtes
attiédies, avec le suc huileux de l'arbre de Pallas, l'hôte des rivages
ensoleillés de la Grèce, de l'Italie et de la Provence.

Nous ne poursuivrons pas plus loin cette exposition des emplois
alimentaires de l'huile d'olive ; toutes les populations méditerranéennes
qui produisent l'huile en consomment. L'Arabe de Tripoli, avec la
farine d'orge, en fait l'élément principal de sa *bazina*. Les Kabyles
mangent beaucoup de mets à l'huile ; font-ils rôtir un mouton, ils
l'arrosent d'huile ; les fèves bouillies avec de l'huile et de l'ail sont un
grand régal. Les plus pauvres mangent le couscous avec un peu de
piment et d'huile d'olive, qu'ils nomment *zit khalou*. Le paysan des
environs de Beyrouth s'en sert pour assaisonner son pilau, et l'habitant
des rives du Jourdain mange encore les sauterelles frites dans l'huile.

Dans les pays méridionaux, l'huile d'olive apporte à l'alimentation
essentiellement végétale, le contingent des corps gras nécessaires à
l'acte respiratoire, et par suite à la chaleur du corps : aussi l'huile d'olive
fut-elle autorisée dans ces contrées par les canons ecclésiastiques, pendant le temps du carême. C'est pour suppléer à l'huile qui faisait défaut

dans le Nord, que l'usage du beurre fut tardivement toléré, et encore, les fidèles devaient-ils, pour faire cette substitution, remplacer la pénitence par des aumônes ou autres bonnes œuvres. Une des tours de la cathédrale de Rouen doit son nom de *Tour du beurre*, à ce qu'elle fut bâtie avec les dons faits par les personnes qui usèrent de l'autorisation de remplacer l'huile d'olive par le beurre.

Aux pays mêmes où croît l'Olivier, quelques religieux ou chefs d'ordre poussèrent la sévérité jusqu'à interdire l'huile d'olive, la considérant sans doute comme éminemment propre à entretenir la sensualité dans les repas. Les anachorètes d'Antioche en usaient très-modérément. Saint Macaire, d'Alexandrie, n'en consommait qu'un petit vase par an. Les moines de saint Publius se la permettaient de Pâques à la Pentecôte seulement. Saint Fulgens et saint Antoine (abbé) n'en voulurent prendre que sur leurs vieux jours, et saint Jean-Chrysostome un des pères de l'éloquence sacrée, poussait la mortification jusqu'à ne vouloir employer que celle de sa lampe !

II. Emploi de l'huile d'olive comme combustible dans l'éclairage. — Si l'huile d'olive n'est venue qu'après la chandelle comme moyen d'éclairage, dans la patrie du poëte Martial, elle paraît avoir été très-anciennement employée en Grèce, et son usage, comme source de lumière, semble remonter aussi loin que l'Olivier lui-même.

Nous savons, en effet, que dans le sanctuaire le plus vénéré de Minerve, celui du Palladium, une lampe d'or, merveilleux ouvrage de Callimaque, brûlait nuit et jour. On n'y versait l'huile d'olive qu'une fois par an, et la mèche de lin carpasien (abeste) ne se consumait jamais.

Ce fut peut-être la première lampe, *uncta lucerna*, alimentée par le suc huileux du fruit de l'arbre de Pallas ; il était bien juste qu'elle brûlât d'abord devant l'image sacrée de la déesse à laquelle la Grèce devait l'Olivier.

Du temple, l'usage de la lampe passa dans les demeures particulières, et l'abondance de l'huile dans l'Attique et toutes les petites républiques voisines, en généralisa l'emploi. Parmi les nombreuses preuves que nous pourrions donner de ce fait, nous citerons seulement ce passage des *Guêpes*, dans lequel le Chœur dit à je ne sais qui : « Pourquoi, insensé, tires-tu la mèche avec le doigt, quand nous manquons d'huile? »

La lampe remplaça bientôt en Italie la chandelle, cette humble source de lumière, que Martial nomme la servante de la lampe. Là encore, l'huile d'olive abondait, et surtout l'huile de qualité inférieure; on la brûlait de mille façons, c'est-à-dire dans des lampes de formes infiniment variées, quoique essentiellement constituées par le réservoir et la mèche. Les musées regorgent de lampes anciennes, en terre, en bronze, etc., isolées ou suspendues élégamment, ou réunies en grand nombre sur des candélabres et des lustres.

Il n'y a pas de doute à concevoir sur la nature du liquide oléagineux brûlé dans ces lampes, c'était l'*oleum*.

Carmé, pour retrouver le calme, retourne sa lampe où meurt soudain la lumière avide d'huile.

> Inverso bibulum restinguens lumen olivo.
>
> VIRGILE, *Ciris ad Messalam*, v. 344.

Sur la mer de Paphos, que faut-il pour une nuit sans sommeil? de l'huile dans la lampe, et du vin dans les coupes!

> Et oleo lucerna, et vino calix abundet.
>
> APULÉE, *Mét.*, livre II.

« Déjà réveillé, le maître d'hôtel avait ranimé les lampes expirantes. »

> Jam et tricliniarches experrectus lucernis occidentibus oleum infunderat.
>
> *Satyricon*, CXXII.

Terminons ces preuves par une dernière citation, qui nous montrera les lampes remplaçant les antiques chandelles sur un candélabre à plusieurs branches. Dans un banquet fort animé, un de ces appareils tomba sur la table du festin.

> — Candelabrum etiam supra mensam eversum, et vasa omnia cristallina comminuit, et oleo ferventi aliquot convivos respersit
>
> *Satyricon*, ch. XXII.

Les bonnes huiles étaient rares en Italie, et celle qu'on destinait à être brûlée ne valait même pas grand'chose; sa mauvaise odeur, l'usage de la parfumer chez les riches, et les champignons qu'elle formait en brûlant, vont nous servir à l'établir.

Il fallait que l'huile d'olive qui se consumait dans les lampes fût

bien mauvaise pour que Pline ait laissé tomber cette réflexion mélancolique :

— Miseret atque etiam pudet æstimantem quam sit frivola animalium superbis-
simi origo, quum plerumque abortus causa fiat odor a lucernarum.

Liv. VII, v. 6.

— Quelle pitié, quelle honte, quelle mesquine origine que celle du plus fier des
animaux, puisque l'odeur d'une lampe mal éteinte suffit pour le faire rejeter du
sein de sa mère.

Quelle infection que celle que répandait la lampe fumeuse de la sale
Léda, pour que Martial ait pu s'écrier :

> Quod spurcæ moriens lucerna Ledæ,
> Quod ceromata fæce de Sabina,
> Quod vulpis fuga viperæ cubile,
> Mallem, quam quod oles, olere Bassa.

Liv. IV, épig. 4.

Pour masquer cette puanteur, on brûlait chez les petites maîtresses
et les sybarites des huiles parfumées par Cosmus ou par Niceros ; ce
dernier avait, dans cette spécialité, une grande réputation. Martial,
énumérant les voluptés de nuits fortunées, parle de la lampe, humide
des parfums de Niceros, qui en fut le muet témoin :

> Felix lectulus, et lucerna vidit
> Nimbis ebria Nicerotianis !

Livre X, épig. 38.

Nous avons dit enfin que la qualité inférieure de l'huile produisait,
pendant sa combustion, des champignons, des petillements, ces
mille petites circonstances enfin que l'imagination interprétait dès ce
temps de bien des manières, comme elle le fait encore.

> Ne nocturna quidem carpentes pensa puellæ
> Nescivere hiemem ; testa quin ardente viderent
> Scintillare oleum, et putres concrescere fungos.

— Les jeunes filles elles-mêmes en tournant, le soir, leurs fuseaux, savent
deviner la tempête, quand elles voient l'huile en feu pétiller, et des champignons
se former sur la mèche.

Le passage suivant des *Métamorphoses* d'Apulée appuie encore ce
que nous cherchons à établir.

La nuit était arrivée, et Pamphile, regardant la lampe : « Que de pluie
pour demain ! » dit-elle. Son mari lui demanda comment elle le savait :
« C'est la lampe qui me le prédit, » répondit-elle. Milon éclata de rire ;

« Vive Dieu ! dit-il, c'est une dame sybille que nous entretenons dans la personne de notre lampe, puisque de son foyer comme d'un observatoire, elle contemple le soleil et tout ce qui se passe dans les régions célestes. » (Liv. II, p. 69).

L'huile d'olive était encore employée pour arroser les corps livrés au bûcher, et en activer la combustion. Virgile nous montre cet usage aux *Funérailles* de Misène (liv. VI, v. 224) :

> Congesta cremantur
> Turea dona, dapes, fuso crateres olivo.

Plus loin, nous voyons aussi l'huile versée sur les entrailles des victimes exposées aux flammes.

> Et solida imponit taurorum viscera flammis
> Pingue super oleum infundens ardentibus extis !

III. APPLICATIONS DIVERSES DE L'HUILE D'OLIVE. — Outre son usage dans l'alimentation, la médecine, les onctions, et comme combustible, l'huile d'olive, récente ou vieille, était employée de plusieurs manières.

On l'utilisait, comme agent conservateur, dans une foule de circonstances.

C'est en l'arrosant souvent d'huile d'olive parfumée par le nard que l'on conservait une célèbre statue de Diane, à Ephèse, faite de plusieurs pièces de bois de vigne. L'huile maintenait l'état des jointures.

La vieille huile passait pour empêcher l'ivoire de se carier ; la statue de Saturne, à Rome, en était remplie. C'était cependant aux dépens de la beauté de l'ivoire, qui finissait par prendre une teinte jaune désagréable.

La statue d'ivoire de Jupiter Olympien était posée sur un pavé de marbre noir avec un rebord de Paros. Ce pavé était toujours recouvert d'une couche d'huile d'olive destinée à empêcher l'humidité d'altérer la statue (Pausanias).

Le suc onctueux du fruit de l'Olivier servait, dans l'ancienne Italie, à la préparation et à la conservation des cuirs.

> Ut bovis exuvias multo qui frangere olivo
> Dat famulis, tendunt illi, tractuque vicissim
> Taurea terga domant, pingui fluit unguine tellus.

> *Argonaut.*, livre VI, vers 358.

— Comme un cuir est amolli à force d'huile par des esclaves qui le tendent, le foulent tour à tour et font ruisseler sur la terre l'onctueuse liqueur.

La lie d'huile d'olive ou l'amurque était d'une grande utilité chez les Romains. Aussi Varron pouvait-il dire (liv. I, 60) : « On tire de l'olive deux produits différents, l'huile que tout le monde connaît, et le marc dont l'utilité est trop ignorée. » Et plus loin, il ajoutait : « Les agriculteurs expérimentés ont bien raison de conserver le marc d'huile en tonneaux avec autant de soin que l'huile et le vin » (liv. I, 61).

La craie, la paille hachée mêlées à l'amurque, constituaient un excellent enduit pour le crépissage des habitations. Cet enduit, disait le grave Caton, éloignera l'humidité, ne se laissera pas entamer par les rats, empêchera l'herbe de croître et les murs de se lézarder. (Caton, CXXIX.)

Palladius faisait enduire les murs des greniers d'une composition presque semblable, et faite d'amurque, de boue et de feuilles d'Olivier sauvage ou d'Olivier franc ; les blés conservés dans ces greniers étaient à l'abri des charançons.

Les aires à battre le blé étaient arrosées d'amurque, puis nivelées à l'aide du cylindre ou de la batte. (Caton, CXXIX.)

Des calendes de mars au 10 avril, d'après Columelle, on devait répandre de la lie d'huile extraite sans sel au pied des Oliviers malades ; on l'employait seule ou mélangée d'urine.

Pour débarrasser les néfliers, les figuiers, la vigne et les pruniers des vers, on les aspergeait, dit Palladius, de lie d'huile. Le même moyen arrêtait la chute des figues avant leur maturité. L'amurque broyée avec les lupins préservait tous les arbres des fourmis et faisait mourir les taupes.

Les agriculteurs trempaient leurs semences dans le marc d'huile, afin que les grains devinssent plus gros.

> Semina vidi equidem multos medicare serentes,
> Et nitro prius et nigra perfundere amurca.
>
> *Géorgiques*, liv. I, v. 194.   σ

Voulait-on conserver les branches de myrte avec leurs baies, les rameaux de figuier avec leurs fruits, on les plongeait dans un vase plein d'amurque, et l'on bouchait hermétiquement. Les figues sèches se conservaient bien encore dans un vase dont les parois intérieures avaient été frottées d'amurque bouillie.

Pour augmenter la durée des essieux, des courroies, des souliers, etc., on les frottait d'amurque bouillie.

Avis aux ménagères, c'est le sage Caton qui le leur donne. Les artisans ne rongeront pas les vêtements dans des buffets frottés d'amurque réduite à moitié par la cuisson. Même moyen pour préserver les meubles des piqûres et leur donner du brillant. La vaisselle de cuivre elle-même deviendra comme un miroir, quand on la frottera avec la même substance.

Enfin, le bois imprégné d'amurque brûlait mieux et sans fumée.

Il faut en prendre et en laisser parmi les utilités de l'amurque ou lie d'huile d'olive ; mais on comprendra maintenant pourquoi Varron s'élevait contre la coutume de quelques-uns qui en laissaient perdre dans les champs.

Le suc huileux du fruit de l'Olivier est, pour nous servir de l'expression technique, une des *matières premières* que l'industrie met en œuvre.

L'art de la teinture en consomme des quantités importantes. Ce n'est pas l'huile douce, fine et légère, résultant de la simple expression des olives, et ne renfermant que peu de matières étrangères, que l'on recherche pour la fabrication des toiles peintes, par exemple ; c'est au contraire une huile dite grasse dans le commerce, que l'on obtient en faisant subir aux olives l'action de l'eau chaude avant de les soumettre à la pression, et qui, par conséquent, renferme une grande quantité de matières extractives. Dans les fabriques on la nomme huile tournante, appellation qui rappelle le pouvoir qu'elle possède, étant mélangée à une dissolution de carbonate potassique ou sodique à 2°, de produire de suite une émulsion lactescente, légèrement teintée en jaune. Plus cette émulsion est durable, plus l'huile qui la fournit est estimée.

L'huile tournante est employée dans la préparation des toiles destinées à la teinture en rouge turc. Elle entre dans quelques mordants d'alumine, pour augmenter l'éclat du rouge, ainsi que dans quelques couleurs d'application, et particulièrement dans le noir.

L'huile d'olive est encore employée pour le graissage des laines et des draps; mais on lui a substitué les huiles de graisses moins chères, et surtout l'acide oléique de fabrique, dont l'emploi est très-économique.

La fabrication des savons consomme encore d'énormes quantités d'huile d'olive. Elle entre principalement dans la composition des savons durs. Ce n'est pas de l'huile d'olive de premier choix que l'on emploie, et pour que le savon soit moins ferme, l'huile d'olive est additionnée d'un dixième d'huile de graisse ou d'acide oléique. L'huile d'olive et celle d'amandes se saponifient mieux que toutes les autres.

Les huiles d'olive de contrées différentes donnent des savons de qualités diverses. Les huiles de la Provence, très-riches en margarine, donnent un savon plus ferme que celui que font les huiles du midi de l'Italie. Ces dernières donnent un savon très-blanc, mais trop mou, parce qu'elles sont moins riches en acide solide ; il en est de même des huiles d'olive de la Corse et de la Sardaigne, qu'on doit mélanger avec d'autres huiles. Les huiles de la Sicile donnent des savons colorés en vert, et celles du Levant sont dans le même cas. Les huiles d'Espagne ont, dans la fabrication des savons, les mêmes propriétés que celles de Provence, et celles de Tunis donnent des produits mous et colorés. L'huile d'olive est associée avec le suif de mouton, pour la fabrication du savon de toilette dit de Windsor.

En parlant de l'Olivier à propos de teinture et de savons, nous nous demandons si c'est bien de l'arbre de Pallas poétisé par la Grèce et l'Italie, qu'il est question ! Eh bien, oui : entre l'apparition de cet arbre sur le rocher de l'Acropole, et l'heure où nous écrivons, il y a toute la distance qui sépare la chaste Minerve du savon de Marseille, la cité phocéenne. Aux deux extrémités de cette longue durée, que les choses diffèrent ! ce même suc huileux de l'olive qui, sur les bords de la Méditerranée, servait à graisser les membres de l'homme, les dégraisse aujourd'hui après avoir été combiné par la chimie avec un alcali. Qu'importe, nous ne regrettons pas le temps où les bergers de Théocrite faisaient leurs idylles sous l'Olivier fleuri. En le considérant comme la source féconde de l'une de ces *matières premières*, que l'industrie transforme dans nos noires et bruyantes fabriques, l'arbre dont nous finissons l'histoire n'en a que plus de prix à nos yeux ; il sait être de son époque, et nous pouvons avec plus de raison que jamais lui don ner encore une fois cette louange que les anciens lui prodiguaient si justement :

Eximia ejus ratio est.

Nous n'avons fait qu'effleurer ces derniers titres de l'Olivier à notre estime ; nous avons voulu seulement jeter, de la porte des usines, un regard sur les transformations qu'y subit le produit principal de notre arbre, sans perdre de vue les campagnes que teinte son pâle feuillage.

Daniel Elzévir avait adopté, pour marque de librairie, une Minerve avec l'Olivier, et cet ancien adage :

Ne extra Oleas

« Ne dépassez pas les Oliviers. » C'était en souvenir d'une rangée d'Oliviers qui entourait et limitait le Stade où les Grecs disputaient le prix de la course.

Nous nous traçons aussi ces limites : la voie parcourue est déjà longue, c'est assez d'atteindre le but, ne le dépassons pas.

Ne extra Oleas.

TABLE ALPHABÉTIQUE
DES MATIÈRES

Les Chiffres placés avant les mots indiquent les Numéros des Figures ; ceux qui les suivent se rapportent aux Pages.

FIN DE L'OUVRAGE